全国高等职业教育机电类专业"十二五"规划教材

电力电子与运动控制系统

李月芳　陈　崬　主　编
蒋正炎　　副主编

U0310446

中国铁道出版社
CHINA RAILWAY PUBLISHING HOUSE

内 容 简 介

本书包含电力电子技术(项目一、二、三、五)与运动控制技术(项目四、六、七)两部分内容。电力电子技术部分主要讲述了基本电力电子器件,分析了晶闸管可控整流电路、交流调压电路、直流斩波电路、逆变电路等的工作原理,并分别以"调光灯、变频器"等电气装置为载体,讲述了典型电力电子电路的调试与维护方法;运动控制技术部分主要分析了直流调速系统、基于 PLC 控制的变频调速系统与伺服控制系统的结构和工作原理,并分别以"龙门刨工作台直流调速系统、带式输送机控制系统"等机电控制系统为载体,讲述了上述了典型机电控制系统的调试与维护方法。

本书适合作为机电一体化技术等电气类专业的教材,也可供相关技术人员参考。

图书在版编目(CIP)数据

电力电子与运动控制系统/李月芳,陈柬主编. —北京:
中国铁道出版社,2013.12
全国高等职业教育机电类专业"十二五"规划教材
ISBN 978 - 7 - 113 - 16981 -7

Ⅰ.①电…　Ⅱ.①李…　②陈…　Ⅲ.①电力电子学—高
等职业教育—教材②自动控制系统—高等职业教育—教材
Ⅳ.①TM1②TP273

中国版本图书馆 CIP 数据核字(2013)第 217574 号

书　　名:电力电子与运动控制系统
作　　者:李月芳　陈柬　主编

策　　划:祁 云　　　　　　　读者热线:400 - 668 - 0820
责任编辑:祁 云　　　　　　　特邀编辑:王　冬
编辑助理:绳　超
封面设计:付　巍
封面制作:白　雪
责任印制:李　佳

出版发行:中国铁道出版社(100054,北京市西城区右安门西街 8 号)
网　　址:http://www.51eds.com
印　　刷:北京鑫正大印刷有限公司
版　　次:2013 年 12 月第 1 版　　2013 年 12 月第 1 次印刷
开　　本:787 mm×1 092 mm　1/16　印张:23　字数:555 千
印　　数:1 ~ 3 000 册
书　　号:ISBN 978 - 7 - 113 - 16981 -7
定　　价:43. 80 元

　　随着科学技术的不断进步，自动化技术的发展速度正在不断加快，涉及领域也越来越广，在现代化建设中发挥了重要作用，改变着我国工业现代化的整体面貌，对社会的生产方式、人们的生活方式和思想观念也产生了重大的影响。在信息科学、计算机科学和新能源等推进下，不断向智能化、网络化、集成化的方向发展。

　　由全国工业和信息化职业教育教学指导委员会自动化技术类专业教学指导委员会、江苏省高职教育研究会自动化类专业协作委员会、中国铁道出版社共同发起成立了"全国高等职业教育机电类专业'十二五'规划教材编审委员会"，组织出版适应新时期自动化技术类系列教材。本系列教材基于"加强基础，循序渐进，学以致用，力求创新，重在工程应用"的原则，通过对多年专业教学研究，对课程内容进行整合、交融和改革，以不同模块和教学项目进行组合，以典型工程应用项目为案例，重在培养学生工程实践能力，满足各类学校特色办学的需要。并力求做到：

　　1. 适用性

　　本系列教材结合自动化技术类专业教学标准，根据培养目标和专业定位，按技术基础课、专业核心课、综合实训课和教学实践等环节进行选材和组稿，注重课程之间的交叉与衔接，尽量减少教材内容上的重复。内容精练，易于学习，易于应用。

　　2. 工程性

　　本系列教材选取大量企业工程应用案例，通过项目和任务引入理论知识，边学边做，让学生掌握实际工作中所需要用到的各种能力。培养学生的工程维护及故障分析能力，目标明确，培养效果好。

　　3. 创新性

　　本系列教材强调与时俱进，力求反映课程改革成效，体现新技术、新发展、新应用、新成果，注重理论创新和实践创新，以满足产业转型升级对人才培养的要求。

4.权威性

本系列教材的编委由长期从事高等职业教育工作并在教学第一线的知名教授和有多年工程实践经验的企业技术人员组成。本系列教材理论与实践相结合，紧密行业、企业新技术，内容贴合实际，实用性好。组稿过程严谨细致，为确保本系列教材的质量提供了有力保障。

本系列教材适合作为自动化技术类专业和相关专业教学用书，也可作为维修电工职业培训和鉴定用书。本系列教材的出版，先后得到全国数十所高职院校相关领导、国内知名企业技术人员和广大教师的支持和帮助，在此表示衷心感谢。

书中难免存在不足之处，欢迎广大师生和企业技术人员提出宝贵的意见和建议。

全国高等职业教育机电类专业"十二五"规划教材编审委员会

狄建雄

2013 年 8 月

本书是围绕电气类专业"机电设备电气系统的调试与维护"岗位职业能力而开发的项目式教材，重点突出调速系统（或电气装置）的调试与维护能力的培养。

在整体结构上，本书以覆盖典型技术的机电设备控制系统（或电气装置）为载体，共设计了7个项目，项目按照由单一技术到综合技术应用为逻辑顺序展开（见下图）。项目1、项目2、项目3分别以调光灯、内圆磨床主轴电动机直流调速装置、开关电源为载体，体现直流调压技术；项目4以龙门刨工作台用直流调速系统为载体，体现PID技术、检测技术、直流调速技术等的综合应用；项目5以变频器为载体，体现变频技术、逆变技术；项目6以带式输送机闭环控制系统为载体，体现了变频技术、检测技术、PLC技术、模-数转换技术等综合应用；项目7以行走机械手速度与位置控制系统为载体，体现了伺服控制技术、检测技术、PLC技术的综合应用。

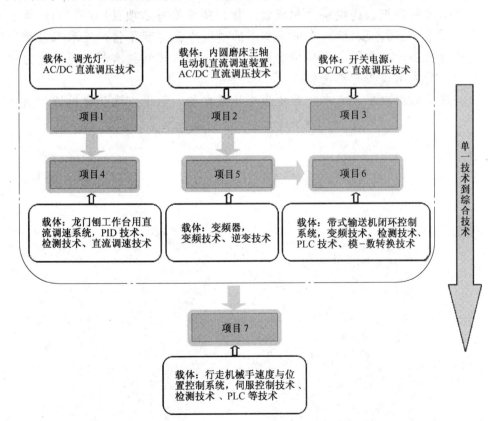

前言 FOREWORD

在内部结构上，本书各项目内部采用"项目导向，任务驱动"的结构，每个项目都由真实可操作的工作任务驱动，体现以实践知识为重点，以理论知识为背景，注重学生实践能力和应用能力的培养，体现理论知识够用的原则；项目拓展知识，为学生个人发展提供需求。

在教学内容上，本书以岗位工作任务为依据，同时兼顾国家职业资格标准（高级维修电工），主要包括内圆磨床主轴电动机直流调速装置、龙门刨工作台用直流调速系统、带式输送机闭环控制系统、行走机械手的速度与位置控制系统的调试与维护等任务，任务突出典型性和实用性。

本书是由常州轻工职业技术学院、南京化工职业技术学院、常州三禾工自动化科技有限公司、中国亚龙科技有限公司共同开发的项目化教材，由常州轻工职业技术学院李月芳和南京化工职业技术学院陈柬任主编，常州轻工职业技术学院蒋正炎任副主编。李月芳编写了前言、项目4、项目5，并负责全书的组织、提纲编写和统稿工作；陈柬编写了项目1～项目3；蒋正炎编写了项目6、项目7。在编写本书的过程中，得到了常州三禾工自动化科技有限公司、中国亚龙科技有限公司、浙江天煌科技有限公司的大力支持，在此表示衷心的感谢！

限于编者水平，本书中难免存在不足之处，敬请广大读者批评和指正。

编　者

2013年11月

CONTENTS 目录

项目1　调光灯的装调与维修 ·· 1

　　任务1　认识晶闸管、双向晶闸管和单结晶体管 ······················ 2

　　　　子任务1　认识晶闸管 ·· 2

　　　　子任务2　认识双向晶闸管 ······································ 5

　　　　子任务3　认识单结晶体管 ······································ 6

　　任务2　单结晶体管触发电路及单相半波电路的调试 ·················· 17

　　　　子任务1　单结晶体管触发电路的调试 ·························· 17

　　　　子任务2　单相半波可控整流电路的调试 ························ 18

　　任务3　单相交流调压电路的调试 ·································· 27

　　　　子任务1　KC05触发电路的调试 ······························ 27

　　　　子任务2　单相交流调压电路调试 ······························ 28

　　任务4　调光灯的安装与调试 ·· 31

　　项目拓展知识 ·· 33

　　小结 ·· 37

　　练一练 ·· 37

项目2　内圆磨床主轴电动机直流调速装置的调试与维修 ················ 40

　　任务1　锯齿波触发电路及单相桥式全控整流电路的调试 ·············· 41

　　　　子任务1　锯齿波触发电路的调试 ······························ 41

　　　　子任务2　单相桥式全控整流电路的调试 ························ 43

　　任务2　集成触发电路及单相桥式半控整流电路的调试 ················ 50

　　　　子任务1　集成触发电路的调试 ································ 51

　　　　子任务2　单相桥式半控整流电路的调试 ························ 52

　　任务3　三相集成触发电路及三相半波整流电路的调试 ················ 58

　　　　子任务1　三相集成触发电路的调试 ···························· 59

　　　　子任务2　三相半波整流电路的调试 ···························· 60

　　任务4　三相桥式全控整流电路的调试 ······························ 67

　　项目拓展知识 ·· 74

　　小结 ·· 79

　　练一练 ·· 79

项目3　台式计算机开关电源的调试与维护 ···························· 83

　　任务1　GTR、电力MOSFET、IGBT的认识与特性测试 ·············· 86

　　　　子任务1　GTR、电力MOSFET、IGBT的认识 ·················· 86

　　　　子任务2　GTR、电力MOSFET、IGBT特性测试 ················ 89

　　任务2　直流斩波（DC/DC变换）电路的调试 ······················ 98

　　　　子任务1　控制与驱动电路的调试 ······························ 98

　　　　子任务2　直流斩波电路的测试 ································ 99

目录 CONTENTS

任务3　半桥型开关稳压电源电路的调试 ⋯⋯⋯⋯⋯⋯⋯⋯⋯⋯⋯⋯⋯⋯⋯⋯ 107
　　子任务1　控制与驱动电路的调试 ⋯⋯⋯⋯⋯⋯⋯⋯⋯⋯⋯⋯⋯⋯⋯⋯⋯⋯ 108
　　子任务2　半桥型开关直流稳压电源的调试 ⋯⋯⋯⋯⋯⋯⋯⋯⋯⋯⋯⋯⋯ 109
任务4　台式计算机开关电源的调试与维护 ⋯⋯⋯⋯⋯⋯⋯⋯⋯⋯⋯⋯⋯⋯ 117
项目拓展知识 ⋯⋯⋯⋯⋯⋯⋯⋯⋯⋯⋯⋯⋯⋯⋯⋯⋯⋯⋯⋯⋯⋯⋯⋯⋯⋯⋯ 121
小结 ⋯⋯⋯⋯⋯⋯⋯⋯⋯⋯⋯⋯⋯⋯⋯⋯⋯⋯⋯⋯⋯⋯⋯⋯⋯⋯⋯⋯⋯⋯⋯⋯ 129
练一练 ⋯⋯⋯⋯⋯⋯⋯⋯⋯⋯⋯⋯⋯⋯⋯⋯⋯⋯⋯⋯⋯⋯⋯⋯⋯⋯⋯⋯⋯⋯⋯ 129
项目4　龙门刨床工作台用直流调速系统的分析与调试 ⋯⋯⋯⋯⋯⋯⋯⋯⋯ 132
任务1　认识直流调速系统 ⋯⋯⋯⋯⋯⋯⋯⋯⋯⋯⋯⋯⋯⋯⋯⋯⋯⋯⋯⋯⋯ 135
　　子任务1　认识开环直流调速系统 ⋯⋯⋯⋯⋯⋯⋯⋯⋯⋯⋯⋯⋯⋯⋯⋯⋯ 135
　　子任务2　认识转速负反馈直流调速系统 ⋯⋯⋯⋯⋯⋯⋯⋯⋯⋯⋯⋯⋯⋯ 136
任务2　分析转速负反馈直流调速系统的稳定性能 ⋯⋯⋯⋯⋯⋯⋯⋯⋯⋯⋯ 144
　　子任务1　建立转速负反馈直流调速系统的动态数学模型 ⋯⋯⋯⋯⋯⋯ 144
　　子任务2　判断转速负反馈直流调速系统的稳定性 ⋯⋯⋯⋯⋯⋯⋯⋯⋯⋯ 148
任务3　转速负反馈直流调速系统的连接与静特性测试 ⋯⋯⋯⋯⋯⋯⋯⋯⋯ 167
　　子任务1　测试直流电动机开环外特性 ⋯⋯⋯⋯⋯⋯⋯⋯⋯⋯⋯⋯⋯⋯⋯ 168
　　子任务2　速度调节器调零及其限幅值调节 ⋯⋯⋯⋯⋯⋯⋯⋯⋯⋯⋯⋯⋯ 169
　　子任务3　整定测速发电机变换环节的转速反馈系数 ⋯⋯⋯⋯⋯⋯⋯⋯ 170
　　子任务4　转速负反馈直流调速系统的连接与调试 ⋯⋯⋯⋯⋯⋯⋯⋯⋯⋯ 171
任务4　模拟龙门刨床工作台用直流调速系统的连接与调试 ⋯⋯⋯⋯⋯⋯ 190
　　子任务1　认识龙门刨床工作台用直流调速系统 ⋯⋯⋯⋯⋯⋯⋯⋯⋯⋯ 190
　　子任务2　模拟龙门刨床工作台用直流调速系统的单元调试 ⋯⋯⋯⋯⋯ 191
　　子任务3　模拟龙门刨床工作台用直流调速系统的连接与调试 ⋯⋯⋯⋯ 193
项目拓展知识 ⋯⋯⋯⋯⋯⋯⋯⋯⋯⋯⋯⋯⋯⋯⋯⋯⋯⋯⋯⋯⋯⋯⋯⋯⋯⋯⋯ 200
小结 ⋯⋯⋯⋯⋯⋯⋯⋯⋯⋯⋯⋯⋯⋯⋯⋯⋯⋯⋯⋯⋯⋯⋯⋯⋯⋯⋯⋯⋯⋯⋯⋯ 205
练一练 ⋯⋯⋯⋯⋯⋯⋯⋯⋯⋯⋯⋯⋯⋯⋯⋯⋯⋯⋯⋯⋯⋯⋯⋯⋯⋯⋯⋯⋯⋯⋯ 205
项目5　变频器的认识与操作 ⋯⋯⋯⋯⋯⋯⋯⋯⋯⋯⋯⋯⋯⋯⋯⋯⋯⋯⋯⋯ 209
任务1　认识变频器 ⋯⋯⋯⋯⋯⋯⋯⋯⋯⋯⋯⋯⋯⋯⋯⋯⋯⋯⋯⋯⋯⋯⋯⋯ 211
　　子任务1　认识交 直 交变频器的内部结构 ⋯⋯⋯⋯⋯⋯⋯⋯⋯⋯⋯⋯ 211
　　子任务2　单相并联逆变电路的调试 ⋯⋯⋯⋯⋯⋯⋯⋯⋯⋯⋯⋯⋯⋯⋯⋯ 214
任务2　三相SPWM变频调速系统的调试 ⋯⋯⋯⋯⋯⋯⋯⋯⋯⋯⋯⋯⋯⋯⋯ 226
任务3　三菱FRD700变频器的参数设置及运行 ⋯⋯⋯⋯⋯⋯⋯⋯⋯⋯⋯⋯ 232
　　子任务1　认识三菱FRD700变频器的结构 ⋯⋯⋯⋯⋯⋯⋯⋯⋯⋯⋯⋯⋯ 233
　　子任务2　三菱FRD720S0 4KCHT变频器的面板基本操作 ⋯⋯⋯⋯⋯⋯ 234
　　子任务3　采用变频器操作面板实施电动机启停和正反转控制 ⋯⋯⋯⋯ 235

CONTENTS 目录

　　　子任务4　采用外部开关实施电动机的启停和正反转控制⋯⋯⋯⋯⋯⋯⋯⋯235

　　项目拓展知识⋯⋯⋯⋯⋯⋯⋯⋯⋯⋯⋯⋯⋯⋯⋯⋯⋯⋯⋯⋯⋯⋯⋯⋯⋯⋯⋯244

　　小结⋯⋯⋯⋯⋯⋯⋯⋯⋯⋯⋯⋯⋯⋯⋯⋯⋯⋯⋯⋯⋯⋯⋯⋯⋯⋯⋯⋯⋯⋯⋯252

　　练一练⋯⋯⋯⋯⋯⋯⋯⋯⋯⋯⋯⋯⋯⋯⋯⋯⋯⋯⋯⋯⋯⋯⋯⋯⋯⋯⋯⋯⋯⋯252

项目6　带式输送机闭环控制系统的调试与维护⋯⋯⋯⋯⋯⋯⋯⋯⋯⋯⋯⋯⋯254

　　任务1　采用PLC的变频器简单控制⋯⋯⋯⋯⋯⋯⋯⋯⋯⋯⋯⋯⋯⋯⋯⋯⋯255

　　　子任务1　带式输送机的安装⋯⋯⋯⋯⋯⋯⋯⋯⋯⋯⋯⋯⋯⋯⋯⋯⋯⋯255

　　　子任务2　PLC与变频器的安装⋯⋯⋯⋯⋯⋯⋯⋯⋯⋯⋯⋯⋯⋯⋯⋯⋯257

　　　子任务3　带式输送机的启停和正反转控制⋯⋯⋯⋯⋯⋯⋯⋯⋯⋯⋯259

　　　子任务4　带式输送机的多级调速控制⋯⋯⋯⋯⋯⋯⋯⋯⋯⋯⋯⋯⋯261

　　任务2　采用PLC的变频器无级调速控制⋯⋯⋯⋯⋯⋯⋯⋯⋯⋯⋯⋯⋯⋯270

　　　子任务1　变频器的模拟量端口连接⋯⋯⋯⋯⋯⋯⋯⋯⋯⋯⋯⋯⋯⋯270

　　　子任务2　PLC实现模拟量调速编程⋯⋯⋯⋯⋯⋯⋯⋯⋯⋯⋯⋯⋯⋯273

　　任务3　带式输送机闭环控制系统的调试与维护⋯⋯⋯⋯⋯⋯⋯⋯⋯⋯278

　　　子任务1　带式输送机的物料分拣⋯⋯⋯⋯⋯⋯⋯⋯⋯⋯⋯⋯⋯⋯⋯278

　　　子任务2　带式输送机的转速反馈控制⋯⋯⋯⋯⋯⋯⋯⋯⋯⋯⋯⋯⋯284

　　　子任务3　PLC与变频器的通信控制⋯⋯⋯⋯⋯⋯⋯⋯⋯⋯⋯⋯⋯⋯287

　　项目拓展知识⋯⋯⋯⋯⋯⋯⋯⋯⋯⋯⋯⋯⋯⋯⋯⋯⋯⋯⋯⋯⋯⋯⋯⋯⋯⋯295

　　小结⋯⋯⋯⋯⋯⋯⋯⋯⋯⋯⋯⋯⋯⋯⋯⋯⋯⋯⋯⋯⋯⋯⋯⋯⋯⋯⋯⋯⋯⋯303

　　练一练⋯⋯⋯⋯⋯⋯⋯⋯⋯⋯⋯⋯⋯⋯⋯⋯⋯⋯⋯⋯⋯⋯⋯⋯⋯⋯⋯⋯303

项目7　行走机械手的速度与位置控制系统的调试与维护⋯⋯⋯⋯⋯⋯⋯306

　　任务1　步进电动机控制系统的连接与调试⋯⋯⋯⋯⋯⋯⋯⋯⋯⋯⋯⋯307

　　　子任务1　认识与使用步进电动机⋯⋯⋯⋯⋯⋯⋯⋯⋯⋯⋯⋯⋯⋯307

　　　子任务2　认识与使用步进驱动器⋯⋯⋯⋯⋯⋯⋯⋯⋯⋯⋯⋯⋯⋯310

　　　子任务3　PLC控制步进驱动器及电动机⋯⋯⋯⋯⋯⋯⋯⋯⋯⋯⋯314

　　任务2　交流伺服电动机控制系统的连接与调试⋯⋯⋯⋯⋯⋯⋯⋯⋯321

　　　子任务1　认识伺服电动机⋯⋯⋯⋯⋯⋯⋯⋯⋯⋯⋯⋯⋯⋯⋯⋯⋯321

　　　子任务2　认识和使用伺服驱动器⋯⋯⋯⋯⋯⋯⋯⋯⋯⋯⋯⋯⋯⋯325

　　　子任务3　三菱PLC控制伺服驱动器及电动机⋯⋯⋯⋯⋯⋯⋯⋯⋯330

　　任务3　行走机械手的速度与位置控制系统的调试与维护⋯⋯⋯⋯⋯335

　　　子任务1　回原点控制⋯⋯⋯⋯⋯⋯⋯⋯⋯⋯⋯⋯⋯⋯⋯⋯⋯⋯⋯335

　　　子任务2　相对定位控制⋯⋯⋯⋯⋯⋯⋯⋯⋯⋯⋯⋯⋯⋯⋯⋯⋯⋯337

　　　子任务3　绝对定位控制⋯⋯⋯⋯⋯⋯⋯⋯⋯⋯⋯⋯⋯⋯⋯⋯⋯⋯341

　　项目拓展知识⋯⋯⋯⋯⋯⋯⋯⋯⋯⋯⋯⋯⋯⋯⋯⋯⋯⋯⋯⋯⋯⋯⋯⋯⋯343

　　小结⋯⋯⋯⋯⋯⋯⋯⋯⋯⋯⋯⋯⋯⋯⋯⋯⋯⋯⋯⋯⋯⋯⋯⋯⋯⋯⋯⋯⋯353

　　练一练⋯⋯⋯⋯⋯⋯⋯⋯⋯⋯⋯⋯⋯⋯⋯⋯⋯⋯⋯⋯⋯⋯⋯⋯⋯⋯⋯353

项目 ① 调光灯的装调与维修

学习目标

1. 能分析晶闸管导通和关断的原理,能认识晶闸管主要类型、参数、功能。
2. 能用万用表测试晶闸管、双向晶闸管和单结晶体管的好坏。
3. 能正确调试单相半波可控整流电路。
4. 能正确调试单结晶体管触发电路。
5. 能对调光灯电路进行焊接、调试和排除故障。

项目描述

某调光灯实物图如图 1-1(a)所示,旋动调光旋钮便可以调节灯泡的亮度。调光灯电路原理图如图 1-1(b)所示,分析调光灯的工作原理;检查元器件的好坏,并根据原理图正确安装元器件;调试安装好的电子线路,使其能正常工作。

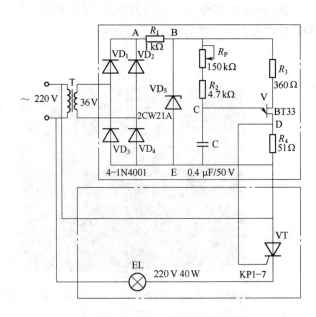

（a）调光灯实物图　　　　　　　　（b）调光灯电路原理图

图 1-1　调光灯实物图及电路原理图

任务1　认识晶闸管、双向晶闸管和单结晶体管

任务目标

1. 能分析晶闸管导通和关断的原理,能认识晶闸管主要类型、参数、功能。
2. 能用万用表测试晶闸管、双向晶闸管和单结晶体管的好坏。

晶闸管、双向晶闸管和单结晶体管是什么器件? 我没有见过呀!

它们都是属于电力电子器件,各自有不同的用途,外形、符号也有所区别。

实验室都有实物。我们先认识晶闸管吧!

任务实施

子任务1　认识晶闸管

1. 判别晶闸管的型号及电极

晶闸管是一种大功率半导体器件。晶闸管从外形上分类主要有塑封型、螺栓型、平板型。具有三个极:阳极 A、阴极 K、门极(即栅极,又称控制极)G,各引脚名称如图 1-2(a)所示。晶闸管的图形符号及文字符号图 1-2(b)所示。

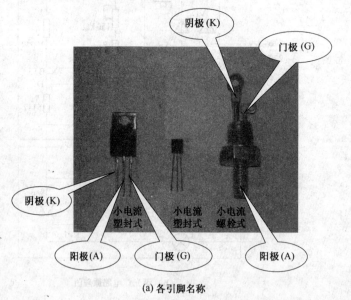

(a) 各引脚名称　　　　　　　　　　(b) 图形符号及文字符号

图 1-2　晶闸管的引脚名称及符号

晶闸管的内部结构和等效电路如图 1-3 所示,它是 PNPN 四层半导体器件,具有三个 PN 结。

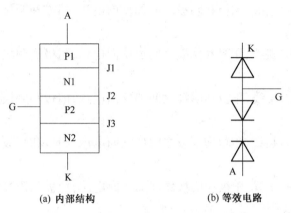

(a) 内部结构　　　　　　(b) 等效电路

图 1-3　晶闸管的内部结构和等效电路

晶闸管若从外观上判断,三个电极形状各不相同,无需做任何测量就可以识别。小功率晶闸管的门极比阴极细,大功率晶闸管的门极则用金属编制套引出,像一根辫子。有的在阴极上另引出一根较细的引线,以便和触发电路连接,这种晶闸管有四个电极,也无须测量就能识别。

2. 判别晶闸管的好坏

在实际的使用过程中,很多时候需要对晶闸管的好坏进行简单的判断,通常采用万用表法进行判别。

①万用表挡位置于 $R \times 100$ 挡,将红表笔接在晶闸管的阳极,黑表笔接在晶闸管的阴极,观察指针摆动情况。

②将黑表笔接晶闸管的阳极,红表笔接晶闸管的阴极,观察指针摆动情况。

实测结果:正反向电阻值(以下简称阻值)均很大。(接近∞)

原因:晶闸管是四层三端半导体器件,在阳极和阴极之间有三个 PN 结,无论如何加电压,总有一个 PN 结处于反向阻断状态,因此正反向阻值均很大。

③将红表笔接晶闸管的阴极,黑表笔接晶闸管的门极,观察指针摆动情况。

④将黑表笔接晶闸管的阴极,红表笔接晶闸管的门极,观察指针摆动情况。

理论结果:当黑表笔接控制极,红表笔接阴极时,阻值很小;当红表笔接控制极,黑表笔接阴极时,阻值较大。

实测结果:两次测量的阻值均不大

原因:在晶闸管内部控制极与阴极之间反并联了一个二极管,对加到控制极与阴极之间的反向电压进行限幅,防止晶闸管控制极与阴极之间的 PN 结反向击穿。

3. 晶闸管的导通与关断条件的测试

晶闸管导通与关断条件实验电路如图 1-4 所示。阳极电源 E_a 连接负载(白炽灯)接到晶闸管的阳极 A 与阴极 K,组成晶闸管的主电路。流过晶闸管阳极的电流称为阳极电流 I_a,晶闸管阳极和阴极两端电压称为阳极电压 U_a。门极电源 E_g 连接晶闸管的门极 G 与阴极 K,组成控制电路又称触发电路。流过门极的电流称为门极电流 I_g，门极与阴极之间的电压称为门极电压 U_g。用指示灯来观察晶闸管的通断情况。该实验分九步进行。

第一步：按图 1-4(a)接线，阳极和阴极之间加反向电压，门极和阴极之间不加电压，指示灯不亮，晶闸管不导通。

第二步：按图 1-4(b)接线，阳极和阴极之间加反向电压，门极和阴极之间加反向电压，指示灯不亮，晶闸管不导通。

第三步：按图 1-4(c)接线，阳极和阴极之间加反向电压，门极和阴极之间加正向电压，指示灯不亮，晶闸管不导通。

第四步：按图 1-4(d)接线，阳极和阴极之间加正向电压，门极和阴极之间不加电压，指示灯不亮，晶闸管不导通。

第五步：按图 1-4(e)接线，阳极和阴极之间加正向电压，门极和阴极之间加反向电压，指示灯不亮，晶闸管不导通。

第六步：按图 1-4(f)接线，阳极和阴极之间加正向电压，门极和阴极之间也加正向电压，指示灯亮，晶闸管导通。

第七步：按图 1-4(g)接线，去掉触发电压，指示灯亮，晶闸管仍导通。

第八步：按图 1-4(h)接线，门极和阴极之间加反向电压，指示灯亮，晶闸管仍导通。

第九步：按图 1-4(i)接线，去掉触发电压，将电位器阻值加大，晶闸管阳极电流减小，当电流减小到一定值时，指示灯熄灭，晶闸管关断。

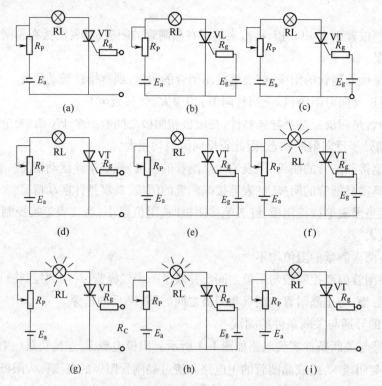

图 1-4　晶闸管导通与关断条件实验电路

晶闸管导通和关断实验现象与结论列于表1-1。

表1-1 晶闸管导通和关断实验现象与结论

实验顺序		实验前灯的情况	实验时晶闸管条件		实验后灯的情况	结　　论
			阳极电压 U_a	门极电压 U_g		
导通实验	1	暗	反向	反向	暗	晶闸管在反向阳极电压作用下,不论门极为何电压,它都处于关断状态
	2	暗	反向	零	暗	
	3	暗	反向	正向	暗	
	4	暗	正向	反向	暗	晶闸管同时在正向阳极电压与正向门极电压作用下,才能导通
	5	暗	正向	零	暗	
	6	暗	正向	正向	亮	
关断实验	1	亮	正向	正向	亮	已导通的晶闸管在正向阳极作用下,门极失去控制作用
	2	亮	正向	零	亮	
	3	亮	正向	反向	亮	
	4	亮	正向(逐渐减小到接近于零)	任意	暗	晶闸管在导通状态时,当阳极电压减小到接近于零时,晶闸管关断

实验表明:

①当晶闸管承受反向阳极电压时,无论门极是否有正向触发电压或者承受反向电压,晶闸管不导通,只有很小的反向漏电流流过晶闸管,这种状态称反向阻断状态,说明晶闸管像整流二极管一样,具有单向导电性。

②当晶闸管承受正向阳极电压时,门极加上反向电压或者不加电压,晶闸管不导通,这种状态称正向阻断状态。这是二极管所不具备的。

③当晶闸管承受正向阳极电压时,门极加上正向触发电压,晶闸管导通,这种状态称为正向导通状态。这就是晶闸管闸流特性,即可控特性。

④晶闸管一旦导通后维持阳极电压不变,将触发电压撤除依然处于导通状态,即门极对晶闸管不再具有控制作用。

结论:

①晶闸管导通条件:阳极加正向电压,门极加适当正向电压。

②晶闸管关断条件:流过晶闸管的电流小于维持电流。

子任务2　认识双向晶闸管

双向晶闸管的外形与普通晶闸管类似,有塑封型、螺栓型、平板型。但其内部是一种NPNPN五层结构的三端器件。有两个主电极T1、T2,一个门极G,其外形如图1-5所示。

1. 判别双向晶闸管的极性

①用万用表 $R×1\ Ω$ 挡,用红、黑两表笔分别测任意两引脚间正反向电阻,结果其中两组读数为无穷大。若一组为数十欧姆,该组红、黑表所接的两引脚为第一主极T1和控制极G,另一空引脚即为第二主极T2。

②确定T1、G极后,再仔细测量T1、G极间正、反向电阻,读数相对较小的那次测量的黑表

（a）小电流塑封型 　　　　（b）螺栓型 　　　　（c）平板型

图 1-5　双向晶闸管的外形

笔所接的引脚为第一阳极 T1，红表笔所接引脚为控制极 G。

③将黑表笔接已确定的第二阳极 T2，红表笔接第一阳极 T1，此时万用表指针不应发生偏转，阻值为无穷大。再用短接线将 T2、G 极瞬间短接，给 G 极加上正向触发电压，T2、T1 间阻值约 10 Ω。随后断开 T2、G 间短接线，万用表读数应保持 10 Ω 左右。

④互换红、黑表笔接线，红表笔接第二阳极 T2，黑表笔接第一阳极 T1。同样万用表指针应不发生偏转，阻值为无穷大。用短接线将 T2、G 极间再次瞬间短接，给 G 极加上负的触发电压，T1、T2 间的阻值也是 10 Ω 左右。随后断开 T2、G 极间短接线，万用表读数应不变，保持在 10 Ω 左右。符合以上规律，说明被测双向晶闸管未损坏，且三个引脚极性判断正确。

2. 判别双向晶闸管的好坏

①用万用表 $R×1k$ 挡，黑表笔接 T1，红表笔接 T2，表针应不动或微动，调换两表笔，表针仍不动或微动为正常。

②将万用表量程换到 $R×1$ 挡，黑表笔接 T1，红表笔接 T2，将触发极与 T2 短接一下后离开，万用表应保持几到几十欧的读数；调换两表笔，再次将触发极与 T2 短接一下后离开，万用表指针情况同上。经过①、②两项测量，情况与所述相符，表示元器件是好的，若情况与②结果不符，可采用③所示方法测量。

③对功率较大或功率较小但质量较差的双向晶闸管，应将万用表接 1～2 节干电池，黑表笔接电源负极，然后再按②所述方法测量判断。

子任务3　认识单结晶体管

国产单结晶体管的型号主要有 BT31、BT33、BT35（BT 表示特征半导体），其实物图、引脚如图 1-6 所示。

1. 判别单结晶体管的极性

①判断单结晶体管发射极 e 的方法是：把万用表置于 $R×100$ 挡或 $R×1k$ 挡，用黑表笔接假设的发射极，红表笔接另外两极，当出现两次低电阻时，黑表笔接的就是单结晶体管的发射极。

②单结晶体管基极 b1 和 b2 的判断方法是：把万用表置于 $R×100$ 挡或 $R×1k$ 挡，用黑表笔接发射极，红表笔分别接另外两极，两次测量中，电阻大的一次，红表笔接的就是 b1 极。

应当说明的是，上述判别 b1、b2 的方法，不一定对所有的单结晶体管都适用，有个别单结晶体管的 e-b1 间的正向电阻值较小。不过准确地判断哪极是 b1，哪极是 b2，在实际使用中并不特别重要。即使 b1、b2 用颠倒了，也不会使晶体管损坏，只影响输出脉冲的幅度（单结晶体管多作为脉冲发生器使用）。当发现输出的脉冲幅度偏小时，只要将原来假定的 b1、b2 对调过来就可以了。

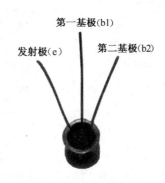

第一基极(b1)

发射极(e)　　第二基极(b2)

图1-6　单结晶体管实物及引脚

2. 判别单结晶体管的好坏

将万用表置于 $R×1$ k 挡，将黑表笔接发射极 e，红表笔依次接两个基极（b1 和 b2），正常时均应有几千欧至十几千欧的电阻值。再将红表笔接发射极 e，黑表笔依次接两个基极，正常时阻值为无穷大。

单结晶体管两个基极（b1 和 b2）之间的正、反向电阻值均为 2～10 kΩ 范围内，若测得某两极之间的电阻值与上述正常值相差较大，则说明该单结晶体管已损坏。

☆ 任务相关知识

一、晶闸管

1. 晶闸管的工作原理

由晶闸管的内部结构可知：它是四层（P1N1P2N2）三端（A、K、G）结构，有三个 PN 结，即 J1、J2、J3，因此可用三个串联的二极管等效。当阳极 A 和阴极 K 两端加正向电压时，J2 处于反偏，P1N1P2N2 结构处于阻断状态，只能通过很小的正向漏电流；当阳极 A 和阴极 K 两端加反向电压时，J1 和 J3 处于反偏，P1N1P2N2 结构也处于阻断状态，只能通过很小的反向漏电流，所以晶闸管具有正反向阻断特性。

晶闸管的 P1N1P2N2 结构又可以等效为两个互补连接的晶体管（见图1-7）。晶闸管的导通关断原理可以通过等效电路来分析。

当晶闸管加上正向阳极电压，门极也加上足够的门极电压时，则有电流 I_G 从门极流入 N1P2N2 管的基极，经 N1P2N2 管放大后的集电极电流 I_{C2} 又是 P1N1P2 管的基极电流，再经 P1N1P2 管的放大，其集电极电流 I_{C1} 又流入 N1P2N2 管的基极，如此循环，产生强烈的正反馈过程，使两个晶体管快速饱和导通，从而使晶闸管由阻断迅速地变为导通。导通后晶闸管两端的电压降一般为 1.5 V 左右,流过晶闸管的电流将取决于外加电源电压和主回路的阻抗。

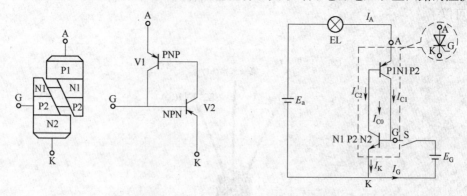

(a) 以互补晶体管等效   (b) 晶闸管工作原理等效电路

图 1-7   晶闸管工作原理的等效电路

$$I_G \uparrow \longrightarrow I_{B2} \uparrow \longrightarrow I_{C2}(=\beta_2 I_{B2}) \uparrow = I_{B1} \uparrow \longrightarrow I_{C1}(=\beta_1 I_{B1}) \uparrow$$

晶闸管一旦导通后,即使 $I_G = 0$,但因 I_{C1} 的电流在内部直接流入 N1P2N2 管的基极,晶闸管仍将继续保持导通状态。若要晶闸管关断,只有降低阳极电压到零或对晶闸管加上反向阳极电压,使 I_{C1} 的电流减少至 N1P2N2 管接近截止状态,即流过晶闸管的阳极电流小于维持电流,晶闸管方可恢复阻断状态。

2. 晶闸管的阳极伏安特性

晶闸管的阳极与阴极间电压和阳极电流之间的关系,称为阳极伏安特性。其伏安特性曲线如图 1-8 所示。

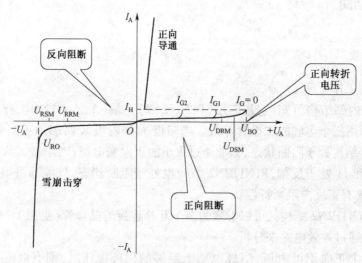

图 1-8   晶闸管阳极伏安特性曲线

图中第 I 象限为正向特性,当 $I_G = 0$ 时,如果在晶闸管两端所加正向电压 U_A 未增到正向转折电压 U_{BO},晶闸管都处于正向阻断状态,只有很小的正向漏电流。当 U_A 增到 U_{BO} 时,则漏电流急剧增大,晶闸管导通,正向电压降低,其特性和二极管的正向伏安特性相似,称为正向转折或"硬开通"。多次"硬开通"会损坏晶闸管,通常不允许晶闸管这样工作。一般采用对晶闸管的门极加足够大的触发电流使其导通,门极触发电流越大,正向转折电压越低。

晶闸管的反向伏安特性如图 1-8 中第Ⅲ象限所示,它与整流二极管的反向伏安特性相似。处于反向阻断状态时,只有很小的反向漏电流,当反向电压超过反向击穿电压 U_{RO} 时,反向漏电流急剧增大,造成晶闸管反向击穿而损坏。

3. 晶闸管的主要参数

在实际使用的过程中,往往要根据实际的工作条件合理选择晶闸管,以达到令人满意的技术经济效果。怎样才能正确选择晶闸管呢? 这主要包括两个方面:一方面根据实际情况确定所需晶闸管的额定值;另一方面根据额定值确定晶闸管的型号。

晶闸管的各项额定参数在晶闸管生产后,由厂家经过严格测试而确定,作为使用者来说,只需要能够正确地选择晶闸管即可。表 1-2 列出了一些晶闸管的主要参数。

表 1-2　晶闸管的主要参数

型号	通态平均电流/A	通态峰值电压/V	断态正反向重复峰值电流/mA	断态正反向重复峰值电压/V	门极触发电流/mA	门极触发电压/mV	断态电压临界上升率/(V/μs)	冷却方式
KP1	1	≤2.0	≤3	50 ~ 1 600	<20	<2.5	25 ~ 800	自然冷却
KP3	3	≤2.2	≤8	≤2.2	<60	<3	25 ~ 800	自然冷却
KP5	5	≤2.2	≤8	100 ~ 2 000	<60	<3		自然冷却
KP10	10	≤2.2	≤10	100 ~ 2 000	<100	<3	25 ~ 800	自然冷却
KP20	20	≤2.2	≤10	100 ~ 2 000	<150	<3		自然冷却
KP30	30	≤2.4	≤20	100 ~ 2 400	<200	<3	50 ~ 1 000	强制风冷　水冷
KP50	50	≤2.4	≤20	100 ~ 2 000	<250	<3		强制风冷　水冷
KP100	100	≤2.6	≤40	100 ~ 3 000	<250	<3.5		强迫风冷　水冷
KP200	200	≤2.6	≤40	100 ~ 3 000	<250	<3.5		强制风冷　水冷
KP300	300	≤2.6	≤40	100 ~ 3 000	<250	<3.5		强制风冷　水冷
KP400	400	≤2.6	≤40	100 ~ 3 000	<250	<3.5	100 ~ 1 000	强制风冷　水冷
KP500	500	≤2.6	≤40	100 ~ 3 000	<250	<3.5		强制风冷　水冷
KP600	600	≤2.6	≤40	100 ~ 3 000	<250	<3.5		强制风冷　水冷
KP800	800	≤2.6	≤40	100 ~ 3 000	<250	<3.5		强制风冷　水冷
KP1000	1 000	≤2.6	≤40	100 ~ 3 000	<250	<3.5		强制风冷　水冷

(1)晶闸管的电压定额

①断态重复峰值电压 U_{DRM}。在图 1-8 所示的晶闸管阳极伏安特性曲线中,规定:当门极断开,晶闸管处在额定结温时,允许重复加在晶闸管上的正向峰值电压称为断态重复峰值电压,用 U_{DRM} 表示。它是由伏安特性中的正向转折电压 U_{BO} 减去一定裕量,成为晶闸管的断态不重复峰值电压 U_{DSM},然后再乘以 90% 而得到的。至于断态不重复峰值电压 U_{DSM} 与正向转

折电压 U_{BO} 的差值,则由生产厂家自定。这里需要说明的是,晶闸管正向工作时有两种工作状态:阻断状态简称断态;导通状态简称通态。参数中提到的断态和通态一定是正向的,因此,"正向"两字可省去。

②反向重复峰值电压 U_{RRM}。相似地,规定:当门极断开,晶闸管处在额定结温时,允许重复加在晶闸管上的反向峰值电压称为反向重复峰值电压,用 U_{RRM} 表示。它是由伏安特性中的反向击穿电压 U_{BR} 减去一定裕量,成为晶闸管的反向不重复峰值电压 U_{RSM},然后再乘以90%而得到的。至于反向不重复峰值电压 U_{RSM} 与反向转折电压 U_{RO} 的差值,则由生产厂家自定。一般晶闸管若承受反向电压,它一定是阻断的,因此参数中"阻断"两字可省去。

③额定电压 U_{Tn}。将 U_{DRM} 和 U_{RRM} 中的较小值按百位取整后作为该晶闸管的额定值。例如,一晶闸管实测 $U_{DRM}=812$ V,$U_{RRM}=756$ V,将两者较小的756 V按表1-2取整得700 V,该晶闸管的额定电压为700 V。

在晶闸管的铭牌上,额定电压是以电压等级的形式给出的,通常标准电压等级规定为:电压在1 000 V以下,每100 V为一级,1 000～3 000 V,每200 V为一级,用百位数或千位和百位数表示级数。晶闸管标准电压等级见表1-3。

表1-3　晶闸管标准电压等级

级别	正反向重复峰值电压/V	级别	正反向重复峰值电压/V	级别	正反向重复峰值电压/V
1	100	8	800	20	2 000
2	200	9	900	22	2 200
3	300	10	1 000	24	2 400
4	400	12	1 200	26	2 600
5	500	14	1 400	28	2 800
6	600	16	1 600	30	3 000
7	700	18	1 800		

在使用过程中,环境温度的变化、散热条件及出现的各种过电压都会对晶闸管产生影响,因此在选择晶闸管的时候,应当使晶闸管的额定电压是实际工作时可能承受的最大电压的2～3倍,即

$$U_{Tn} = (2 \sim 3)U_{TM} \tag{1-1}$$

④通态平均电压 $U_{T(AV)}$。在规定环境温度、标准散热条件下,器件通以额定电流时,阳极和阴极间电压降的平均值,称为通态平均电压(一般称为管压降),其数值按表1-4分组。从减小损耗和器件发热来看,应选择 $U_{T(AV)}$ 较小的晶闸管。实际上,当晶闸管流过较大的恒定直流电流时,其通态平均电压比出厂时定义的值要大,约为1.5 V。

表1-4　晶闸管通态平均电压分组

组　别	A	B	C	D	E
通态平均电压/V	$U_T \leqslant 0.4$	$0.4 < U_T \leqslant 0.5$	$0.5 < U_T \leqslant 0.6$	$0.6 < U_T \leqslant 0.7$	$0.7 < U_T \leqslant 0.8$
组　别	F	G	H	I	
通态平均电压/V	$0.8 < U_T \leqslant 0.9$	$0.9 < U_T \leqslant 1.0$	$1.0 < U_T \leqslant 1.1$	$1.1 < U_T \leqslant 1.2$	

（2）晶闸管的电流定额

①额定电流 $I_{T(AV)}$。由于整流设备的输出端所接负载常用平均电流来表示,晶闸管额定电流的标定与其他电气设备不同,采用的是平均电流,而不是有效值,又称通态平均电流。所谓通态平均电流是指在环境温度为 40 ℃ 和规定的冷却条件下,晶闸管在导通角不小于 170°电阻性负载电路中,当不超过额定结温且稳定时,所允许通过的工频正弦半波电流的平均值。将该电流按晶闸管通态平均电流系列取值(见表 1-2),称为晶闸管的额定电流。

但是决定晶闸管结温的是损耗的热效应,表征热效应的电流是以有效值表示的,其两者的关系为

$$I_T = 1.57 I_{T(AV)} \qquad (1-2)$$

例如,额定电流为 100 A 的晶闸管,其允许通过的电流有效值为 157 A。

由于电路不同、负载不同、导通角不同,流过晶闸管的电流波形不一样,从而它的电流平均值和有效值的关系也不一样,晶闸管在实际选择时,其额定电流的确定一般按以下原则:在额定电流时的电流有效值大于其所在电路中可能流过的最大电流的有效值,同时取 $(1.5\sim2)$ 倍的裕量,即

$$1.57 I_{T(AV)} = I_T \geq (1.5\sim2) I_{Tm} \qquad (1-3)$$

所以

$$I_{T(AV)} \geq (1.5\sim2)\frac{I_{Tm}}{1.57} \qquad (1-4)$$

例 1-1 一晶闸管接在 220 V 交流电路中,通过晶闸管电流的有效值为 50 A,如何选择晶闸管的额定电压和额定电流?

解:晶闸管额定电压

$$U_{Tn} \geq (2\sim3) U_{TM} = (2\sim3)\sqrt{2}\times220\ V \approx 622\sim933\ V$$

按晶闸管标准电压参数系列(见表 1-3),可以取 700 V、800 V 和 900 V 共三个等级,即 7 级、8 级、9 级。一般取 8 级。

晶闸管的额定电流

$$I_{T(AV)} \geq (1.5\sim2)\frac{I_{TM}}{1.57} = (1.5\sim2)\frac{I_{TM}}{1.57}\ A \approx 48\sim64\ A$$

按晶闸管通态平均电流参数系列(见表 1-2)取 50 A。

②维持电流 I_H。在室温下门极断开时,器件从较大的通态电流降到刚好能保持导通的最小阳极电流称为维持电流 I_H。维持电流与器件容量、结温等因素有关,额定电流大的晶闸管维持电流也大,同一晶闸管结温低时维持电流增大,维持电流大的晶闸管容易关断。同一型号的晶闸管其维持电流也各不相同。

③擎住电流 I_L。在晶闸管加上触发电压,当器件从阻断状态刚转为导通状态就去除触发电压,此时要保持器件持续导通所需要的最小阳极电流,称为擎住电流 I_L。对同一个晶闸管来说,通常擎住电流比维持电流大数倍。

④断态重复峰值电流 I_{DRM} 和反向重复峰值电流 I_{RRM}。I_{DRM} 和 I_{RRM} 分别是对应于晶闸管承受断态重复峰值电压 U_{DRM} 和反向重复峰值电压 U_{RRM} 时的峰值电流。它们都应不大于表 1-2 中所规定的数值。

⑤浪涌电流 I_{TSM}。I_{TSM} 是一种由于电路异常情况（如故障）引起的并使结温超过额定结温的不重复性最大正向过载电流,用峰值表示。浪涌电流有上下两个级,这些不重复电流定额用来设计保护电路。

（3）门极参数

①门极触发电流 I_{gT}。室温下,在晶闸管的阳极与阴极间加上 6 V 的正向阳极电压,由断态转为通态所必需的最小门极电流,称为门极触发电流。

②门极触发电压 U_{gT}。产生门极触发电流 I_{gT} 所必需的最小门极电压,称为门极触发电压。为了保证晶闸管的可靠导通,常常采用实际的触发电流比规定的触发电流大。

（4）动态参数

①断态电压临界上升率 du/dt。du/dt 是在额定结温和门极开路的情况下,不导致从断态到通态转换的最大阳极电压上升率。实际使用时的电压上升率必须低于此规定值。

限制器件正向电压上升率的原因是:在正向阻断状态下,反偏的 J2 结相当于一个结电容,如果阳极电压突然增大,便会有充电电流流过 J2 结,相当于有触发电流。若 du/dt 过大,即充电电流过大,就会造成晶闸管的误导通。所以在使用时,采取保护措施,使它不超过规定值。

②通态电流临界上升率 di/dt。di/dt 是在规定条件下,晶闸管能承受而无有害影响的最大通态电流上升率。

如果阳极电流上升太快,则晶闸管刚一开通时,会有很大的电流集中在门极附近的小区域内,造成 J2 结局部过热而使晶闸管损坏。因此,在实际使用时要采取保护措施,使其被限制在允许值内。

（5）晶闸管的型号

根据国家的有关规定,普通晶闸管的型号及含义如下:

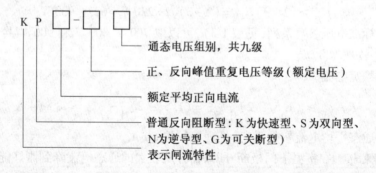

二、双向晶闸管

1. 双向晶闸管的结构

双向晶闸管的内部结构、等效电路及图形符号如图 1-9 所示。

从图 1-9 可见,双向晶闸管相当于两个晶闸管反并联,不过它只有一个门极 G,由于 N3 区的存在,使得门极 G 相对于 T1 端无论是正的还是负的,都能触发,而且 T1 相对于 T2 既可以是正的,也可以是负的。

常见的双向晶闸管引脚排列如图 1-10 所示。

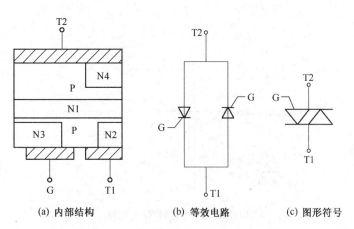

(a) 内部结构　　　　(b) 等效电路　　　(c) 图形符号

图 1-9　双向晶闸管内部结构、等效电路、图形符号

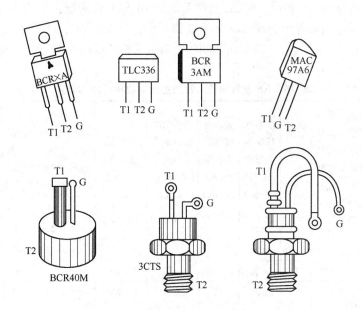

图 1-10　常见双向晶闸管引脚排列

2. 双向晶闸管的特性与参数

双向晶闸管有正反向对称的伏安特性曲线。正向部分位于第 I 象限,反向部分位于第 III 象限,如图 1-11 所示。

双向晶闸管的主要参数中只有额定电流与普通晶闸管有所不同,其他参数定义相似。由于双向晶闸管工作在交流电路中,正反向电流都可以流过,所以它的额定电流不用平均值而用有效值来表示。定义为:在标准散热条件下,当器件的单向导通角大于 170°,允许流过器件的最大交流正弦电流的有效值,用 $I_{T(RMS)}$ 表示。

双向晶闸管额定电流与普通晶闸管额定电流之间的换算关系式为

$$I_{T(AV)} = \frac{\sqrt{2}}{\pi} I_{T(RMS)} \approx 0.45 I_{T(RMS)} \tag{1-5}$$

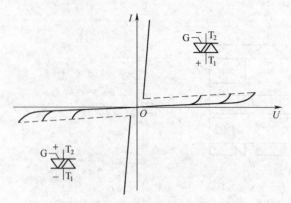

图 1-11 双向晶闸管伏安特性

以此推算,一个 100 A 的双向晶闸管与两个反并联 45 A 的普通晶闸管电流容量相等。

国产双向晶闸管用 KS 表示。例如,型号 KS50 - 10 - 21 表示额定电流 50 A,额定电压 10 级(1 000 V),断态电压临界上升率 du/dt 为 2 级(不小于 200 V/ μs),换向电流临界下降率 di/dt 为 1 级(不小于 1% $I_{T(RMS)}$)的双向晶闸管。有关 KS 型双向晶闸管的主要参数和分级的规定见表 1-5。

表 1-5 KS 型双向晶闸管的主要参数和分级的规定

系列	额定通态电流(有效值)$I_{T(RMS)}$ /A	断态重复峰值电压(额定电压)U_{DRM}/V	断态重复峰值电流 I_{DRM} /mA	额定结温 T_{im} /℃	断态电压临界上升率 du/dt /(V/μs)	通态电流临界上升率 du/dt /(A/μs)	换向电流临界下降率 $(du/dt)_c$ /(A/μs)	门极触发电流 I_{GT} /mA	门极触发电压 U_{GT}/V	门极峰值电流 I_{GM}/A	门极峰值电压 U_{GM}/V	维持电流 I_H /mA	通态平均电压 $U_{T(AV)}$/V
KS1	1		<1	115	≥20	—		3 ~ 100	≤2	0.3	10		上限值:各厂由浪涌电流和结温的合格形式实验决定并满足 $\mid U_{T1} - U_{T2} \mid$ ≤0.5 V
KS10	10		<10	115	≥20	—		5 ~ 100	≤3	2	10		
KS20	20		<10	115	≥20	—		5 ~ 200	≤3	2	10		
KS50	50	100 ~ 200	<15	115	≥20	10	≥0.2% $I_{T(RMS)}$	8 ~ 200	≤4	3	10	实测值	
KS100	100		<20	115	≥50	10		10 ~ 300	≤4	4	12		
KS200	200		<20	115	≥50	15		10 ~ 400	≤4	4	12		
KS400	400		<25	115	≥50	30		20 ~ 400	≤4	4	12		
KS500	500		<25	115	≥50	30		20 ~ 400	≤4	4	12		

3. 双向晶闸管的触发方式

双向晶闸管正反两个方向都能导通,门极加正负电压都能触发。主电压与触发电压相互配合,可以得到四种触发方式:

①Ⅰ+触发方式:主极 T1 为正,T2 为负;门极电压 G 为正,T2 为负。特性曲线在第 Ⅰ 象限。

②Ⅰ-触发方式:主极 T1 为正,T2 为负;门极电压 G 为负,T2 为正。特性曲线在第 Ⅰ 象限。

③Ⅲ+触发方式：主极 T1 为负，T2 为正；门极电压 G 为正，T2 为负。特性曲线在第Ⅲ象限。

④Ⅲ－触发方式：主极 T1 为负，T2 为正；门极电压 G 为负，T2 为正。特性曲线在第Ⅲ象限。

由于双向晶闸管的内部结构原因，四种触发方式中灵敏度不相同，以Ⅲ+触发方式灵敏度最低，使用时要尽量免，常采用的触发方式为Ⅰ+和Ⅲ－。

三、单结晶体管

1. 单结晶体管的结构

单结晶体管的结构如图 1-12（a）所示，图中 e 为发射极，b1 为第一基极，b2 为第二基极。由图可见，在一块高电阻率的 N 型硅片上引出两个基极 b1 和 b2，两个基极之间的电阻就是硅片本身的电阻，一般为 2 ~ 12 kΩ。在两个基极之间靠近 b1 的地方以合金法或扩散法掺入 P 型杂质并引出电极，成为发射极 e。它是一种特殊的半导体器件，有三个电极，只有一个 PN 结，因此称为"单结晶体管"，又因为单结晶体管有两个基极，所以又称"双极二极管"。

单结晶体管的等效电路如图 1-12（b）所示，两个基极之间的电阻 $R_{bb} = R_{b1} + R_{b2}$，在正常工作时，R_{b1} 随发射极电流大小而变化，相当于一个可变电阻器。PN 结可等效为二极管 VD，它的正向导通压降常为 0.7 V。单结晶体管的图形符号如图 1-12（c）所示。触发电路常用的国产单结晶体管的型号主要有 BT31、BT33、BT35，其外形与引脚排列如图 1-12（d）所示。

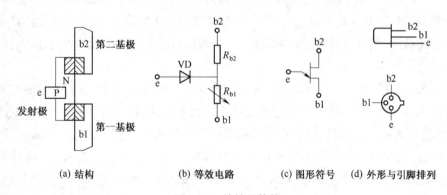

(a) 结构	(b) 等效电路	(c) 图形符号	(d) 外形与引脚排列

图 1-12　单结晶体管

2. 单结晶体管的伏安特性及主要参数

（1）单结晶体管的伏安特性

单结晶体管的伏安特性：当两基极 b1 和 b2 间加某一固定直流电压 U_{bb} 时，发射极电流 I_e 与发射极正向电压 U_e 之间的关系曲线称为单结晶体管的伏安特性 $I_e = f(U_e)$，试验电路图及伏安特性如图 1-13 所示。

当开关 S 断开，I_{bb} 为零，加发射极电压 U_e 时，得到如图 1-13（b）中①所示伏安特性曲线，该曲线与二极管伏安特性曲线相似。

①截止区——aP 段。当开关 S 闭合，电压 U_{bb} 通过单结晶体管等效电路中的 R_{b1} 和 R_{b2} 分

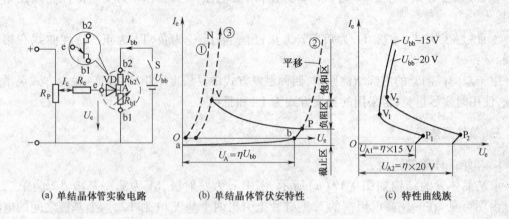

(a) 单结晶体管实验电路　　　　(b) 单结晶体管伏安特性　　　　(c) 特性曲线族

图 1-13　单结晶体管伏安特性

压,得 A 点电位 U_A,可表示为

$$U_A = \frac{R_{b1} U_{bb}}{R_{b1} + R_{b2}} = \eta U_{bb} \tag{1-6}$$

式中　η——分压比,是单结晶体管的主要参数,一般为 $0.3 \sim 0.9$。

当 U_e 从零逐渐增加,但 $U_e < U_A$ 时,单结晶体管的 PN 结反向偏置,只有很小的反向漏电流。当 U_e 增加到与 U_A 相等时,$I_e = 0$,即图 1-13(b) 所示特性曲线与横坐标交点 b 处。进一步增加 U_e,PN 结开始正偏,出现正向漏电流,直到当发射结电位 U_e 增加到高出 ηU_{bb} 加一个 PN 结正向压降 U_D 时,即 $U_e = U_P = \eta U_{bb} + U_D$ 时,等效二极管 VD 才导通,此时单结晶体管由截止状态进入到导通状态,并将该转折点称为峰点 P。P 点所对应的电压称为峰点电压 U_p,所对应的电流称为峰点电流 I_P。

②负阻区——PV 段。当 $U_e > U_p$ 时,等效二极管 VD 导通,I_e 增大,这时大量的空穴载流子从发射极注入 A 点到 b1 的硅片,使 R_{b1} 迅速减小,导致 U_A 下降,因而 U_e 也下降。U_A 的下降,使 PN 结承受更大的正偏,引起更多的空穴载流子注入到硅片中,使 r_{b1} 进一步减小,形成更大的发射极电流 I_e,这是一个强烈的增强式正反馈过程。当 I_e 增大到一定程度,硅片中载流子的浓度趋于饱和,R_{b1} 已减小至最小值,A 点的分压 U_A 最小,因而 U_e 也最小,得曲线上的 V 点。V 点称为谷点,谷点所对应的电压和电流称为谷点电压 U_v 和谷点电流 I_v。这一区间称为特性曲线的负阻区。

③饱和区——VN 段。当硅片中载流子饱和后,欲使 I_e 继续增大,必须增大电压 U_e,单结晶体管处于饱和导通状态。

改变 U_{bb},器件由等效电路中的 U_A 和特性曲线中 U_p 也随之改变,从而可获得一族单结晶体管伏安特性曲线,如图 1-13(c) 所示。

(2) 单结晶体管的主要参数

单结晶体管的主要参数有分压比 η、基极间电阻 R_{bb}、峰点电流 I_P、谷点电压 U_V、谷点电流 I_V 及耗散功率等如表 1-6 所示。

表 1-6　单结晶体管的主要参数

参数名称		分压比 η	基极间电阻 $R_{bb}/\text{k}\Omega$	峰点电流 $I_p/\mu\text{A}$	谷点电流 I_V/mA	谷点电压 U_V/V	饱和电压 U_{es}/V	最大反压 U_{h2e}/V	发射极反漏电流 $I_{eo}/\mu\text{A}$	耗散功率 P_{max}/mV
测试条件		$U_{bb}=20\text{ V}$	$U_{bb}=3\text{ V}$ $I_e=0$	$U_{bb}=0$	$U_{bb}=0$	$U_{bb}=0$ I_e 为最大	$U_{bb}=0$	U_{h2e} 为最大		
BT33	A	0.45~0.9	2~4.5	<4	>1.5	<3.5	<4	≥30	<2	300
	B							≥60		
	C	0.3~0.9	>4.5~12			<4	<4.5	≥30		
	D							≥60		
BT35	A	0.45~0.9	2~4.5			<3.5	<4	≥30		500
	B					<3.5		≥60		
	C	0.3~0.9	>4.5~12			<4	<4.5	≥30		
	D					<4		≥60		

任务2　单结晶体管触发电路及单相半波电路的调试

任务目标

1. 能正确调试单结晶体管触发电路。

2. 能调试出单相半波可控整流电路在电阻性负载及电阻电感性负载时的整流输出电压（U_d）波形。

3. 能认识续流二极管的作用。

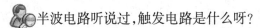半波电路听说过,触发电路是什么呀?

晶闸管的导通条件有两个:$U_{GK}>0$ 和 $U_{AK}>0$。单结晶体管触发电路就是实现 $U_{GK}>0$ 的。你们以前学过的单相半波电路,整流器件是二极管,而现在是晶闸管。

任务实施

子任务1　单结晶体管触发电路的调试

1. 认识单结晶体管触发电路

利用单结晶体管(又称双基极二极管)的负阻特性和 RC 的充放电特性,可组成频率可调的自激振荡电路,如图 1-14 所示。图中 V6 为单结晶体管,其常用的型号有 BT33 和 BT35 两种,由等效电阻 R_5 和 C_1 组成 RC 充电回路,由 C_1、V6、脉冲变压器组成电容放电回路,调节

R_{P1}即可改变 $C1$ 充电回路中的等效电阻。电位器 R_{P1} 已装在面板上,同步信号已在内部接好,所有的测试信号都在面板上引出。

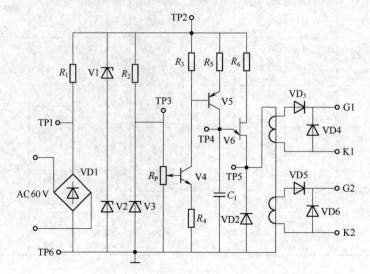

图 1-14　单结晶体管触发电路原理图

2. 单结晶体管触发电路的调试

用两根 4 号导线将 MEC01 电源控制屏"三相交流电源"的单相 220 V 交流电接到 PAC09A 的单相同步变压器"～220 V"输入端,再用两根 3 号导线将"～60 V"输出端接 PAC14 "单结晶体管触发电路"模块"～60 V"输入端,按下"启动"按钮,这时触发电路开始工作,用双踪示波器观察单结晶体管触发电路 TP1、TP2、TP3、TP4、TP5 点的触发脉冲波形,记录波形的类型、幅值和频率;最后观测输出的"G、K"触发电压波形,调节 R_P(见图 1-14),看其能否在 30° ～170°范围内移相。

子任务2　单相半波可控整流电路的调试

1. 认识单相半波可控整流电路

将 PAC14 挂件上的单结晶体管触发电路的输出端"G1"和"K1"接到 PAC10 挂件面板上的任意一个晶闸管的门极和阴极,接线如图 1-15 所示。图中的负载 R 用 MEC42 挂箱的450 Ω 电阻器(将两个 900 Ω 接成并联形式)。电抗器 L_d 在 PAC10 面板上,有 100 mH、200 mH 两挡可供选择,此处选用 200 mH,二极管 VD1 在 PAC09A 面板上。直流电压表及直流电流表从 MEC21 挂箱上得到。

2. 单相半波可控整流电路的调试

(1)单相半波可控整流电路接电阻性负载

触发电路调试正常后,按图 1-15 接线。将电位器 R_P 调在最大阻值位置,按下"启动"按钮,用示波器观察负载电压 U_d、晶闸管 VT 两端电压 U_{VT} 的波形,调节 R_P,观察 $\alpha = 30°$、60°、90°、120°、150°时 U_d、U_{VT} 的波形,并记录电源电压 U_2、直流输出电压 U_d 和直流输出电流 I_d。

(2)单相半波可控整流电路接电感性负载

将负载电阻 R 改成电阻电感性负载,由电位器 R 与平波电抗器 L_d 串联而成。暂不接续流

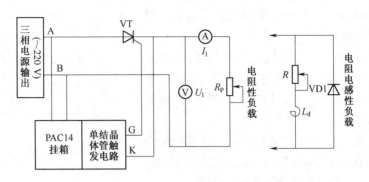

图 1-15　单相半波可控整流电路接线图

二极管 VD1，在不同阻抗角［阻抗角 $\varphi = \tan^{-1}(\omega L/R)$］，保持电感量不变，改变 R 的电阻值，电流不要超过 1 A 情况下，观察并记录 $\alpha = 30°$、$60°$、$90°$、$120°$ 时的直流输出电压值 U_d 及 U_{VT} 的波形。并记录电源电压 U_2、直流输出电压 U_d 和直流输出电流 I_d。

接入续流二极管 VD1，重复上述实训，观察续流二极管的作用，以及 U_{VD1} 波形的变化。

✿ 任务相关知识

一、单相半波可控整流电路

1. 电阻性负载

图 1-16 所示为单相半波可控整流电路，该电路是从图 1-1（b）中分解出来的，整流变压器（调光灯电路可直接由电网供电，不采用整流变压器）起变换电压和隔离的作用，其一次和二次电压瞬时值分别用 u_1 和 u_2 表示，二次电压 u_2 为 50 Hz 正弦波，其有效值为 U_2。当接通电源后，便可在负载两端得到脉动的直流电压，其输出电压的波形可以用示波器进行测量。

（1）工作原理

在分析电路工作原理之前，先介绍几个名词术语和概念。

控制角 α：又称移相角或触发延迟角，是指晶闸管从承受正向阳极电压开始到触发脉冲而导通之间的电角度。

导通角 θ：指晶闸管在一周期内处于导通的电角度。

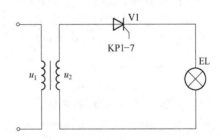

图 1-16　单相半波可控整流电路（调光灯主电路）

移相：指改变触发脉冲出现的时刻，即改变控制角 α 的大小。

移相范围：指一个周期内触发脉冲的移动范围，它决定了输出电压的变化范围。

① $\alpha = 0°$ 时的波形分析：

图 1-17 所示为 $\alpha = 0°$ 时实际电路中输出电压和晶闸管两端电压的理论波形。

图 1-17（a）所示为 $\alpha = 0°$ 时负载两端（输出电压）的理论波形。

从理论波形图中可以分析出，在电源电压 u_2 正半周区间内，在电源电压的过零点，即 $\alpha =$

0°时刻加入触发脉冲触发晶闸管 VT 导通，负载上得到输出电压 u_d 的波形是与电源电压 u_2 相同形状的波形；当电源电压 u_2 过零时，晶闸管也同时关断，负载上得到的输出电压 u_d 为零；在电源电压 u_2 负半周内，晶闸管承受反向电压不能导通，直到第二周期 $\alpha=0$ 触发电路再次施加触发脉冲时，晶闸管再次导通。

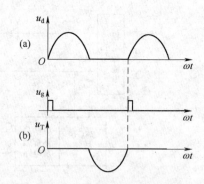

图 1-17（b）所示为 $\alpha=0$ 时晶闸管两端电压的理论波形图。在晶闸管导通期间，忽略晶闸管的管压降，$u_T=0$，在晶闸管截止期间，将承受全部反向电压。

图 1-17　$\alpha=0°$时输出电压和晶闸管
两端电压的理论波形
（a）输出电压波形　（b）晶闸管两端电压波形

②$\alpha=30°$时的波形分析：

改变晶闸管的触发时刻，即控制角 α 的大小即可改变输出电压的波形，图 1-18（a）所示为 $\alpha=30°$ 的输出电压的理论波形。在 $\alpha=30°$ 时，晶闸管承受正向电压，此时加入触发脉冲晶闸管导通，负载上得到输出电压 u_d 的波形是与电源电压 u_2 相同形状的波形；同样当电源电压 u_2 过零时，晶闸管也同时关断，负载上得到的输出电压 u_d 为零；在电源电压过零点到 $\alpha=30°$ 之间的区间上，虽然晶闸管已经承受正向电压，但由于没有触发脉冲，晶闸管依然处于截止状态。

图 1-18（b）所示为 $\alpha=30°$ 时晶闸管两端的理论波形图。其原理与 $\alpha=0°$ 相同。

由以上的分析和测试可以得出：

①在单相整流电路中，晶闸管在一个周期内导通时间对应的电角度用 θ 表示，称为导通角，且 $\theta=\pi-\alpha$。

②在单相半波整流电路中，改变的 α 大小即改变触发脉冲在每周期内出现的时刻，则 u_d 和 i_d 的波形也随之改变，但是直流输出电压瞬时值 u_d 的极性不变，其波形只在 u_2 的正半周出现，这种通过对触发脉冲的控制来实现控制直流输出电压大小的控制方式称为相位控制方式，简称相控方式。

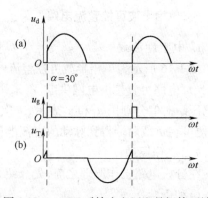

图 1-18　$\alpha=30°$时输出电压和晶闸管两端
电压的理论波形
（a）输出电压波形；（b）晶闸管两端电压波形

③理论上移相范围为 0°～180°。在本课题中若要实现移相范围达到 0°～180°，则需要改进触发电路以扩大移相范围。

（2）基本的物理量计算

①输出电压平均值与平均电流的计算：

$$U_d = \frac{1}{2\pi}\int_{\alpha}^{\pi}\sqrt{2}\,U_2\sin\omega t\,d(\omega t) = 0.45U_2\frac{1+\cos\alpha}{2} \tag{1-7}$$

$$I_d = \frac{U_d}{R_d} = 0.45\frac{U_2}{R_d}\frac{1+\cos\alpha}{2} \tag{1-8}$$

可见，输出直流电压平均值 U_d 与整流变压器二次侧交流电压 U_2 和控制角 α 有关。当 U_2

给定后，U_d 仅与 α 有关，当 $\alpha = 0°$ 时，则 $U_{d0} = 0.45U_2$，为最大输出直流平均电压。当 $\alpha = 0°$ 时，$U_d = 0$。只要控制触发脉冲送出的时刻，U_d 就可以在 $0 \sim 0.45U_2$ 之间连续可调。

②负载上电压有效值与电流有效值的计算：

根据有效值的定义，U 应是 u_d 波形的均方根值，即

$$U = \sqrt{\frac{1}{2\pi}\int_{\alpha}^{\pi}(\sqrt{2}\,U_2\sin\omega t)^2 \mathrm{d}(\omega t)} = U_2\sqrt{\frac{\pi - \alpha}{2\pi} + \frac{\sin 2\alpha}{4\pi}} \tag{1-9}$$

负载电流有效值的计算：

$$I = \frac{U_2}{R_d}\sqrt{\frac{\pi - \alpha}{2\pi} + \frac{\sin 2\alpha}{4\pi}} \tag{1-10}$$

③晶闸管电流有效值 I_T 与其两端可能承受的最大电压：

在单相半波可控整流电路种，晶闸管与负载串联，所以负载电流的有效值也就是流过晶闸管电流的有效值，其关系为

$$I_T = I = \frac{U_2}{R_d}\sqrt{\frac{\pi - \alpha}{2\pi} + \frac{\sin 2\alpha}{4\pi}} \tag{1-11}$$

由图 1-18（b）中 u_T 波形可知，晶闸管可能承受的正反向峰值电压为

$$U_{TM} = \sqrt{2}\,U_2 \tag{1-12}$$

④功率因数 $\cos\varphi$：

$$\cos\varphi = \frac{P}{S} = \frac{UI}{U_2 I} = \sqrt{\frac{\pi - \alpha}{2\pi} + \frac{\sin 2\alpha}{4\pi}} \tag{1-13}$$

例 1-2　单相半波可控整流电路，阻性负载，电源电压 U_2 为 220 V，要求的直流输出电压为 50 V，直流输出平均电流为 20 A，试计算：

①晶闸管的控制角 α。

②输出电流有效值。

③电路功率因数。

④晶闸管的额定电压和额定电流，并选择晶闸管的型号。

解：

①由 $U_d = 0.45U_2\dfrac{1 + \cos\alpha}{2}$ 计算输出电压为 50 V 时的晶闸管控制角 α：

$$\cos\alpha = \frac{2 \times 50}{0.45 \times 220} - 1 \approx 0$$

求得 $\alpha = 90°$

②　　　　　　　　　$$R_d = \frac{U_d}{I_d} = \frac{50\text{ V}}{20\text{ A}} = 2.5\ \Omega$$

当 $\alpha = 90°$ 时：

$$I = \frac{U_2}{R_d}\sqrt{\frac{\pi - \alpha}{2\pi} + \frac{\sin 2\alpha}{4\pi}} = 44.4\text{ A}$$

③ $\cos\varphi = \dfrac{P}{S} = \dfrac{UI}{U_2 I} = \sqrt{\dfrac{\pi - \alpha}{2\pi} + \dfrac{\sin 2\alpha}{4\pi}} = 0.5$

④根据额定电流有效值 I_T 大于等于实际电流有效值 I 相等的原则 $(I_T \geqslant I)$，$I_{T(AV)} \geqslant$ $(1.5 \sim 2)\dfrac{I_T}{1.57}$，取 2 倍安全裕量，晶闸管的额定电流为 $I_{T(AV)} \geqslant 42.4 \sim 56.6$ A。按电流等级可取额定电流 50 A。

晶闸管的额定电压为 $U_{Tn} = (2 \sim 3)U_{TM} = (2 \sim 3)\sqrt{2} \times 220$ V $\approx 622 \sim 933$ V。

按电压等级可取额定电压 700 V，即 7 级。

选择晶闸管型号为：KP50 - 7。

2. 电感性负载

直流负载的感抗 ωL_d 和电阻器 R_d 的大小相比不可忽略时，这种负载称电感性负载。属于此类负载的如工业上电机的励磁线圈、输出串接电抗器的负载等。电感性负载与电阻性负载有很大不同。为了便于分析，在电路中把电感器 L_d 与电阻器 R_d 分开，如图 1-19 所示。

电感线圈是储能元件，当电流 i_d 流过线圈时，该线圈就储存有磁场能量，i_d 愈大，线圈储存的磁场能量也愈大，当 i_d 减小时，电感线圈就要将所储存的磁场能量释放出来，试图维持原有的电流方向和电流大小。电感本身是不消耗能量的。众所周知，能量的存放是不能突变的，可见当流过电感线圈的电流增大时，L_d 两端就要产生感应电动势，即 $u_L = L_d \dfrac{\mathrm{d}i_d}{\mathrm{d}t}$，其方向应阻止 i_d 的增大，如图 1-19（a）所示；反之，i_d 要减小时，L_d 两端感应的电动势方向应阻碍的 i_d 减小，如图 1-19（b）所示。

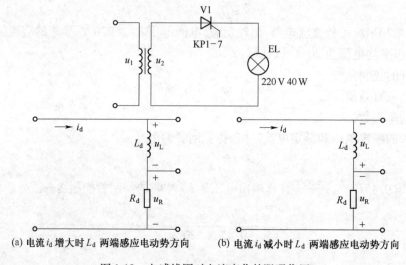

(a) 电流 i_d 增大时 L_d 两端感应电动势方向   (b) 电流 i_d 减小时 L_d 两端感应电动势方向

图 1-19　电感线圈对电流变化的阻碍作用

（1）无续流二极管时

图 1-20 所示为电感性负载无续流二极管某一控制角 α 时输出电压、电流的理论波形，从波形图上可以看出：

①在 $0 \sim \alpha$ 期间：晶闸管阳极电压大于零，此时晶闸管门极没有触发信号，晶闸管处于正向阻断状态，输出电压和电流都等于零。

②在 α 时刻：门极加上触发信号，晶闸管被触发导通，电源电压 u_2 施加在负载上，输出电

压 $u_d = u_2$。由于电感的存在,在 u_d 的作用下,负载电流 i_d 只能从零按指数规律逐渐上升。

③在 π 时刻:交流电压过零,由于电感的存在,流过晶闸管的阳极电流仍大于零,晶闸管会继续导通,此时电感器储存的能量一部分释放变成电阻器的热能,同时另一部分送回电网,电感的能量全部释放完后,晶闸管在电源电压 u_2 的反压作用下而截止。直到下一个周期的正半周,即 $2\pi+2\alpha$ 时刻,晶闸管再次被触发导通。如此循环。

结论:由于电感的存在,使得晶闸管的导通角增大,在电源电压由正到负的过零点也不会关断,使负载电压波形出现部分负值,其结果是输出电压平均值 U_d 减小。电感越大,维持导电时间越长,输出电压负值部分占的比例愈大,U_d 减少愈多。

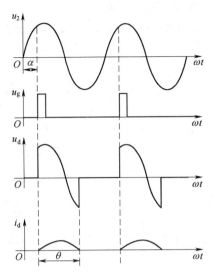

图 1-20 单相半波电感性负载时输出电压及电流波形

当电感 L_d 非常大时(满足 $\omega L_d \gg R_d$,通常 $\omega L_d > 10R_d$ 即可),对于不同的控制角 α,导通角 θ 将接近 $(2\pi-2\alpha)$,这时负载上得到的电压波形正负面积接近相等,平均电压 $U_d \approx 0$。可见,不管如何调节控制角 α,U_d 值总是很小,电流平均值 I_d 也很小,没有实用价值。

实际的单相半波可控整流电路在带有电感性负载时,都在负载两端并联有续流二极管。

(2)接续流二极管时

①电路结构:为了使电源电压过零变负时能及时地关断晶闸管,使 u_d 波形不出现负值,又能给电感线圈 L_d 提供续流的旁路,可以在整流输出端并联二极管,如图 1-21 所示。在晶闸管关断时,该管能为负载提供续流回路,故称为续流二极管,其作用是使负载不出现负电压。

②工作原理:图 1-22 所示为电感性负载接续流二极管某一控制角 α 时输出电压、电流的理论波形。

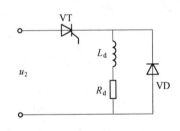

图 1-21 电感性负载接续流二极管时的电路

从波形图上可以看出:

①在电源电压正半周(0~π 区间),晶闸管承受正向电压,触发脉冲在 α 时刻触发晶闸管导通,负载上有输出电压和电流。在此期间续流二极管 VD 承受反向电压而关断。

②在电源电压负半波(π~2π 区间),电感的感应电压使续流二极管 VD 承受正向电压导通续流,此时电源电压 $u_2<0$,u_2 通过续流二极管使晶闸管承受反向电压而关断,负载两端的输出电压仅为续流二极管的管压降。如果电感足够大,续流二极管一直导通到下一周期晶闸管导通,使电流 i_d 连续,且 i_d 波形近似为一条直线。

结论:电阻负载加续流二极管后,输出电压波形与电阻性负载波形相同,可见续流二极管的作用是提高输出电压。

负载电流波形连续且近似为一条直线,如果电感无穷大,则负载电流为一条直线。流过晶闸管和续流二极管的电流波形是矩形。

③基本的物理量计算：

输出电压平均值 U_d 与输出电流平均值 I_d：

$$U_d = 0.45 U_2 \frac{1 + \cos\alpha}{2} \tag{1-14}$$

$$I_d = \frac{U_d}{R_d} = 0.45 \frac{U_2}{R_d} \frac{1 + \cos\alpha}{2} \tag{1-15}$$

流过晶闸管电流的平均值 I_{dT} 和有效值 I_T：

$$I_{dT} = \frac{\pi - \alpha}{2\pi} I_d \tag{1-16}$$

$$I_T = \sqrt{\frac{1}{2\pi}\int_\alpha^\pi I_d^2 d(\omega t)} = \sqrt{\frac{\pi - \alpha}{2\pi}} I_d \tag{1-17}$$

流过续流二极管电流的平均值 I_{dD} 和有效值 I_D：

$$I_{dD} = \frac{\pi + \alpha}{2\pi} I_d \tag{1-18}$$

$$I_D = \sqrt{\frac{\pi + \alpha}{2\pi}} I_d \tag{1-19}$$

晶闸管和续流二极管承受的最大正反向电压。晶闸管和续流二极管承受的最大正反向电压都为电源电压的峰值，即

$$U_{TM} = U_DM = \sqrt{2} U_2 \tag{1-20}$$

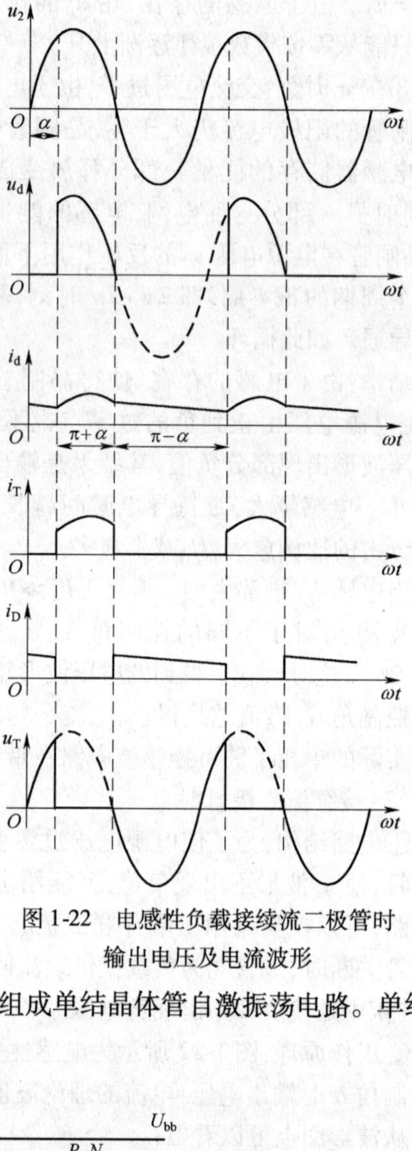

二、单结晶体管触发电路

1. 单结晶体管自激振荡电路

利用单结晶体管的负阻特性和电容的充放电，可以组成单结晶体管自激振荡电路。单结晶体管自激振荡电路的电路图和波形图如图 1-23 所示。

图 1-22　电感性负载接续流二极管时输出电压及电流波形

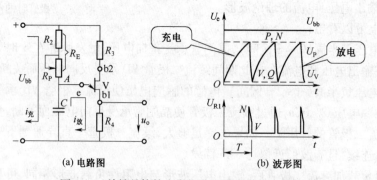

(a) 电路图　　　　　(b) 波形图

图 1-23　单结晶体管自激振荡电路电路图和波形图

设电容器初始没有电压，电路接通以后，单结晶体管是截止的，电源经电阻器 R、R_P 对电容器 C 进行充电，电容器电压从零起按指数充电规律上升，充电时间常数为 R_EC；当电容器两

端电压达到单结晶体管的峰点电压 U_P 时,单结晶体管导通,电容器开始放电,由于放电回路的电阻很小,因此放电很快,放电电流在电阻器 R_4 上产生了尖脉冲。随着电容器放电,电容器电压降低,当电容器电压降到谷点电压 U_V 以下,单结晶体管截止,接着电源又重新对电容器进行充电,如此周而复始,在电容器 C 两端会产生一个锯齿波,在电阻器 R_4 两端将产生一个尖脉冲波,如图1-23(b)所示。

2. 具有同步环节的单结晶体管触发电路

上述单结晶体管自激振荡电路输出的尖脉冲可以用来触发晶闸管,但不能直接用做触发电路,还必须解决触发脉冲与主电路的同步问题。

图1-24所示为单相半波可控整流调光灯电路的触发电路,该电路是从图1-1(b)分解出来的。其方式采用单结晶体管同步触发电路,其中单结晶体管的型号为BT33,电路图及参数如图所示。

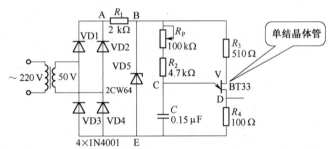

图 1-24 单结晶体管触发电路

(1)同步电路

触发信号和电源电压在频率和相位上相互协调的关系叫同步。例如,在单相半波可控整流电路中,触发脉冲应出现在电源电压正半周范围内,而且每个周期的 α 相同,确保电路输出波形不变,输出电压稳定。

同步电路由同步变压器、桥式整流电路 VD1～VD4、电阻器 R_1 及稳压管组成。同步变压器一次侧与晶闸管整流电路接在同一相电源上,交流电压经同步变压器降压、单相桥式整流后再经过稳压管稳压削波形成一梯形波电压,作为触发电路的供电电压。梯形波电压零点与晶闸管阳极电压过零点一致,从而实现触发电路与整流主电路的同步。

单结晶体管触发电路的调试以及在今后使用过程中的检修主要是通过几个点的典型波形来判断元器件是否正常,下面进行理论波形分析。

①桥式整流后脉动电压的波形(图1-24中A点)。由电子技术的知识可以知道,A点为由VD1～VD4四个二极管构成的桥式整流电路输出波形,图1-25所示为理论波形。

②削波后梯形波电压波形(图1-24中B点)。B点的波形如图1-26所示,该点波形是经稳压管削波后得到的梯形波。

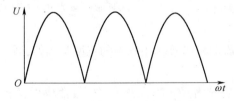

图 1-25 桥式整流后电压波形

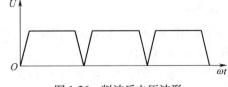

图 1-26 削波后电压波形

（2）脉冲移相与形成

脉冲移相与形成电路实际上就是上述的自激振荡电路。脉冲移相由充电电阻器 R_E 和电容器 C 组成,脉冲形成由单结晶体管、温补电阻 R_3、输出电阻 R_4 组成。改变自激振荡电路中电容 C 和充电电阻器的阻值,就可以改变充电的时间常数,图中用电位器 R_P 来实现这一变化,例如：$R_P\uparrow\rightarrow\tau_C\uparrow\rightarrow$出现第一个脉冲的时间后移$\rightarrow\alpha\uparrow\rightarrow U_d\downarrow$。

①电容器电压的波形（图 1-24 中 C 点）。C 点的波形如图 1-27 所示。由于电容器每半个周期在电源电压过零点从零开始充电,当电容器两端的电压上升到单结晶体管峰点电压时,单结晶体管导通,触发电路送出脉冲,电容器的容量和充电电阻器 R_E 的大小决定了电容器两端的电压从零上升到单结晶体管峰点电压的时间,因此本课题中的触发电路无法实现在电源电压过零点即 $\alpha=0°$ 时送出触发脉冲。

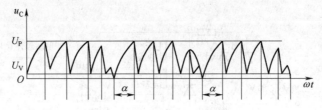

图 1-27　电容器两端电压波形

调节电位器 R_P,C 点的波形会有所变化。

②输出脉冲的波形（图 1-24 中 D 点）。D 点的波形如图 1-28 所示。单结晶体管导通后,电容器通过单结晶体管的 eb1 迅速向输出电阻 R_4 放电,在 R_4 上得到很窄的尖脉冲。

图 1-28　输出波形

（3）触发电路各元件的选择

①充电电阻 R_E 的选择：改变充电电阻 R_E 的大小,就可以改变自激振荡电路的频率,但是频率的调节有一定的范围,如果充电电阻 R_E 选择不当,将使单结晶体管自激振荡电路无法形成振荡。

充电电阻 R_E 的取值范围为

$$\frac{U-U_V}{I_V}<R_E<\frac{U-U_P}{I_P} \tag{1-21}$$

式中 U 为加于图 1-24 中 B－E 两端的触发电路电源电压。

②电阻器 R_3 的选择：电阻器 R_3 用来补偿温度对峰点电压 U_P 的影响,通常取值范围为 $200\sim600\ \Omega$。

③输出电阻 R_4 的选择：输出电阻 R_4 的大小将影响将影响输出脉冲的宽度与幅值,通常取值范围为 $50\sim100\ \Omega$。

④电容器 C 的选择：电容器 C 的大小与脉冲宽窄和 R_E 的大小有关,通常取值范围为 $0.1\sim1\ \mu F$。

任务3 单相交流调压电路的调试

任务目标

1. 能正确调试单相交流调压电路。
2. 能分析单相交流调压电路带电感性负载的脉冲及移相范围。

交流调压电路也可以实现台灯的调光,对应的触发电路也改变了,所以我们先认识触发电路吧!

好的。

任务实施

子任务1 KC05 触发电路的调试

KC05 集成晶闸管移相触发器适用于触发双向晶闸管或两个反向并联晶闸管组成的交流调压电路,具有锯齿波线性好、移相范围宽、控制方式简单、易于集中控制、有失交保护、输出电流大等优点,是交流调压的理想触发电路。单相交流调压触发电路的原理图如图1-29所示。

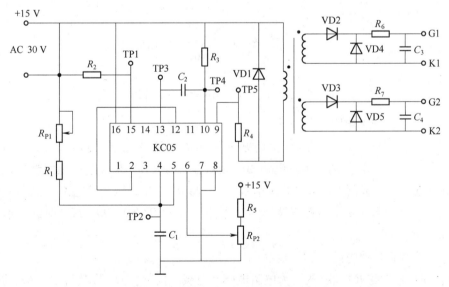

图 1-29 单相交流调压触发电路原理图

用两根 4 号导线将 MEC01 电源控制屏"三相交流电源"的单相 220 V 交流电接到 PAC09A 的单相同步变压器"～220 V"输入端,再用两根 3 号导线将"～30 V"输出端接

PAC14"锯齿波同步触发电路"模块"～30 V"输入端,三根 2 号导线将 PAC09 直流稳压电源、不控整流滤波组件的一路"±15 V"直流电源接到 PAC14 的双 15 V 输入端口。打开 PAC09A 电源开关后,按下 MEC01 控制屏的"启动"按钮,这时挂箱中所有的触发电路都开始工作,用示波器观察 1～5 端及脉冲输出的波形。调节电位器 R_{P1},观察锯齿波斜率是否变化,调节 R_{P2},观察输出脉冲的移相范围如何变化,移相能否达到 170°,记录上述过程中观察到的各点电压波形。

另外,由于"G""K"输出端有电容器影响,故观察触发脉冲电压波器形时,需将输出端"G"和"K"分别接到晶闸管的门极和阴极(也可用约 100 Ω 的电阻器接到"G""K"两端,来模拟晶闸管门极与阴极的阻值),否则无法观察到正确的脉冲波形。

子任务 2 单相交流调压电路调试

单相交流调压器的主电路由两个反向并联的晶闸管组成,如图 1-30 所示。图中电位器 R 用 450 Ω(将两个 900 Ω 接成并联结法),晶闸管、电抗器由 PAC10 提供,电抗器用200 mH,交流电压、电流表由 PAC08 得到。

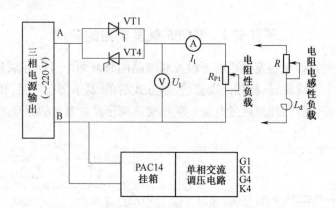

图 1-30 单相交流调压主电路原理图

1. 单相交流调压接电阻性负载

将 PAC10 面板上的两个晶闸管反向并联而构成交流调压器,将触发器的输出脉冲端"G1""K1""G2""K2"分别接至主电路相应晶闸管的门极和阴极。接上电阻性负载,用示波器观察负载电压 u_0、晶闸管两端电压 u_T 的波形。调节"单相调压触发电路"(见图 1-29)上的电位器 R_{P2},观察在不同 α 角时各点波形的变化,记录 $\alpha=30°$、$60°$、$90°$、$120°$时的波形,并记录 U_2、U_0、I_0 的值。

2. 单相交流调压接电阻电感性负载

切断电源,将 L 与 R 串联,改接为电阻电感性负载。按下"启动"按钮,用双踪示波器同时观察负载电压 u_0 和负载电流 i_0 的波形。调节 R 的数值,使阻抗角为一定值,观察在不同 α 角时波形的变化情况,记录 $\alpha>\varphi$、$\alpha=\varphi$、$\alpha<\varphi$ 三种情况下负载两端的电压 u_0 和流过负载的电流 i_0 波形。

任务相关知识

单相交流调压电路

交流调压是将一种幅值的交流电能转化为同频率的另一种幅值的交流电能。单相交流调压电路线路简单、成本低,在工业加热、灯光控制、小容量感应电动机调速等场合得到广泛应用。

1. 电阻性负载

图 1-31(a)所示为一双向晶闸管与电阻负载 R_L 组成的交流调压主电路,图中双向晶闸管也可改用两只反并联的普通晶闸管,但需要两组独立的触发电路分别控制两只晶闸管。

在电源正半周 $\omega t = \alpha$ 时触发 VT 导通,有正向电流流过 R_L,负载端电压 u_R 为正值,电流过零时 VT 自行关断;在电源负半周 $\omega t = \pi + \alpha$ 时,再触发 VT 导通,有反向电流流过 R_L,其端电压 u_R 为负值,到电流过零时 VT 再次自行关断。然后重复上述过程。改变 α 角即可调节负载两端的输出电压有效值,达到交流调压的目的。电阻负载上交流电压有效值为

$$U_R = \sqrt{\frac{1}{\pi}\int_\alpha^\pi (\sqrt{2}\,U_2\sin\omega t)^2 \mathrm{d}(\omega t)} = U_2\sqrt{\frac{1}{2\pi}\sin2\alpha + \frac{\pi - \alpha}{\pi}} \tag{1-22}$$

电流有效值为

$$I = \frac{U_R}{R} = \frac{U_2}{R}\sqrt{\frac{1}{2\pi}\sin2\alpha + \frac{\pi - \alpha}{\pi}} \tag{1-23}$$

电路功率因数

$$\cos\varphi = \frac{P}{S} = \frac{U_R I}{U_2 I} = \sqrt{\frac{1}{2\pi}\sin2\alpha + \frac{\pi - \alpha}{\pi}} \tag{1-24}$$

电路的移相范围为 $0 \sim \pi$。

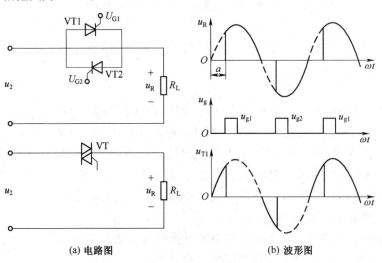

(a) 电路图　　　　　　　　　(b) 波形图

图 1-31　单相交流调压电路电阻负载的电路图及波形图

通过改变 α 可得到不同的输出电压有效值,从而达到交流调压的目的。由双向晶闸管组成的电路,只要在正负半周对称的相应时刻(α、$\pi+\alpha$)给触发脉冲,则和反并联电路一样可得到同样的可调交流电压。

交流调压电路的触发电路完全可以套用整流移相触发电路,但是脉冲的输出必须通过脉冲变压器,其两个二次线圈之间要有足够的绝缘。

2. 电感性负载

图 1-32 所示为电感性负载的交流调压电路。由于电感的作用,在电源电压由正向负过零时,负载中电流要滞后一定角度 φ 才能到零,即晶闸管要继续导通到电源电压的负半周才能关断。晶闸管的导通角 θ 不仅与控制角 α 有关,而且与负载的功率因数角 φ 有关。控制角越小则导通角越大,负载的功率因数角 φ 越大,表明负载感抗大,自感电动势使电流过零的时间越长,因而导通角 θ 越大。

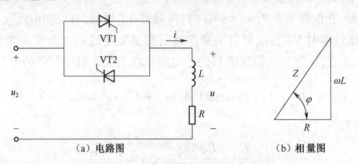

(a) 电路图   (b) 相量图

图 1-32　单相交流调压电感负载电路图、相量图

下面分三种情况加以讨论:

(1) $\alpha>\varphi$

由图 1-33 可见,当 $\alpha>\varphi$ 时,$\theta<180°$,即正负半周电流断续,且 α 越大,θ 越小。可见,α 在 $\varphi\sim180°$ 范围内,交流电压连续可调。电流电压波形如图 1-33(a)所示。

(2) $\alpha=\varphi$

由图 1-33 可知,当 $\alpha=\varphi$ 时,$\theta=180°$,即正负半周电流临界连续。相当于晶闸管失去控制,电流电压波形如图 1-33(b)所示。

(3) $\alpha<\varphi$

此种情况若开始给 VT1 以触发脉冲,VT1 导通,而且 $\theta>180°$。如果触发脉冲为窄脉冲,当 u_{g2} 出现时,VT1 管的电流还未到零,VT1 关不断,VT2 不能导通。当 VT1 电流到零关断时,u_{g2} 脉冲已消失,此时 VT2 虽已受正压,但也无法导通。到第三个半波时,u_{g1} 又触发 VT1 导通。这样负载电流只有正半波部分,出现很大直流分量,电路不能正常工作。因而电感性负载时,晶闸管不能用窄脉冲触发,可采用宽脉冲或脉冲列触发。电流电压波形如图 1-33(c)所示。

综上所述,单相交流调压有如下特点:

①电阻负载时,负载电流波形与单相桥式可控整流交流侧电流一致。改变控制角 α 可以连续改变负载电压有效值,达到交流调压的目的。

②电感性负载时,不能用窄脉冲触发。否则当 $\alpha<\varphi$ 时,会出现一个晶闸管无法导通,产生

很大直流分量电流,烧毁熔断器或晶闸管。

③电感性负载时,最小控制角 $\alpha_{min} = \varphi$(阻抗角)。所以 α 的移相范围为 $\varphi \sim 180°$,电阻负载时移相范围为 $0 \sim 180°$。

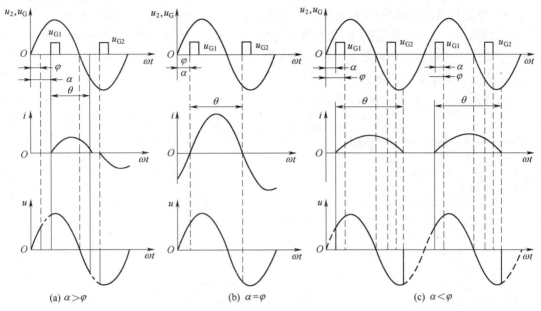

图 1-33　单相交流调压电感负载波形图

任务4　调光灯的安装与调试

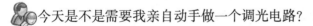任务目标

1. 能调试由单结晶体管、普通晶闸管组成的调光台灯电路,能明确各元件的作用。
2. 能查找调光台灯电路的故障。

今天是不是需要我亲自动手做一个调光电路?

是的。我们需要先把理论知识再巩固一下,并做好元器件、工具、仪表的准备工作。

任务实施

1. 认识调试线路

如图 1-1(b)所示。T 为同步变压器,它的一次线圈与可控桥路均接在 220 V 交流电源上,二次线圈得到同频率的交流电压,经单相桥式整流,变成脉动直流电压 U_{AD},再经稳压管削波变成梯形波电压 U_{BD}。此电压为单结管触发电路的工作电压,加削波环节的目的首先是起到稳压作用,使单结管输出的脉冲幅值不受交流电源波动的影响,提高了脉冲的稳定性;其次,经过削波后,增加梯形波的陡度,可提高触发脉冲电压的幅值,扩大移相范围。由于主、触回路接在同一交流电源上,起到了很好的同步作用,当电源电压过零时,振荡自动停止,故电容器每次充电时,总是从电压的零点开始,这样就将保证了脉冲与主电路晶闸管阳极电压同步。在每个周期内的第一个脉冲为触发脉冲,其余的脉冲没有作用。调整电位器 R_P,使触发脉冲移相,改变控制角 α。主电路为单相半波可控整流电路。

2. 任务所需元器件及附件

所需元器件、工具、仪器仪表见表 1-7。

表 1-7 任 务 清 单

序号	型 号	备 注
1	PCB	自备
2	元器件一套	晶闸管、单结晶体管、二极管、电阻器、灯泡等
3	工具一套	剥线钳、斜口钳、5 号一字头和十字头旋具、电烙铁及电烙铁架、镊子、剪刀、焊锡丝、松香
4	仪表一套	万用表、直流稳压电源、示波器、调压器、钳形电流表

3. 实施步骤

①按照图 1-1 所示调光灯电路,绘制 PCB 图并制作印制电路板。

②根据元器件外形或用万用表测试元器件,确定各实际元器件的参数和引脚,质量等。

③进行电路装配的布局与布线。按工艺要求在通用电路板上设计装配图,并进行电路的布局与布线。注意元器件的引脚和极性。

④电路的焊接与装配。按设计的装配布局图进行装配,装配时注意:

a. 电阻器、整流二极管、稳压二极管采用水平安装方式,电阻器体贴紧电路板。

b. 晶闸管、单结晶体管、电容器采用垂直安装方式,底部离电路板 5 mm。

c. 白炽灯座垂直安装,其上引出接线端。

d. 电位器垂直安装,贴紧电路板安装,不能歪斜。

⑤通电前检查。检查电路布线是否正确,焊接是否可靠,有无漏焊、虚焊、短路等现象。

⑥通电调试。反复检查组装电路,在电路组装无误的情况,按正确的连接方法进行电源、负载(灯)、的连接。首先调试单结晶体管触发电路,然后,再将主电路和单结晶体管触发电路进行整体综合调试。

观察灯是否亮,改变电位器,观察灯的亮度是否改变。用万用表测试 A 、B 两点的电压,并用示波器观察 A 、B 点、电容器两端、单结晶体管输出端 R_4 的波形,并记录相应的值(U_{AD}、U_{BD}、U_C、U_{R4}、U_{RL}),看是否与理论分析一致,若灯不亮或不能调光,应进行检查。

⑦电路的故障检查。若发现组装的电路灯不亮,应检查主电路是否正确。若不能调光,应检查触发电路,电路从左到右测试各点的值并观察波形,逐一检查,直到排除故障为止。

项目拓展知识

电力电子技术概论

1. 电力电子技术的定义

电力电子技术是建立在电子学、电力学和控制学三个学科基础上的一门边缘学科,它横跨"电子""电力"和"控制"三个领域,主要研究各种电力电子器件,以及由电力电子器件所构成的各种电路或变流装置,以完成对电能的变换和控制。它运用弱电(电子技术)控制强电(电力技术),是强弱电相结合的新学科。电力电子技术是目前最活跃、发展最快的一门学科,随着科学技术的发展,电力电子技术又与现代控制理论、材料科学、电机工程、微电子技术等许多领域密切相关,已逐步发展成为一门多学科互相渗透的综合性技术科学。

2. 电力电子技术的发展

电力电子技术的发展是以电力电子器件为核心发展起来的。

从 1957 年第一只晶闸管诞生至 20 世纪 80 年代为传统电力电子技术阶段。此期间主要器件是以晶闸管为核心的半控型器件,由最初的普通晶闸管逐渐派生出快速晶闸管、双向晶闸管等许多品种,形成一个晶闸管大家族。器件的功率越来越大,性能越来越好,电压、电流、$\mathrm{d}i/\mathrm{d}t$、$\mathrm{d}u/\mathrm{d}t$ 等各项技术参数均有很大提高。目前,单只晶闸管的容量已达 8 000 V、6 000 A。

3. 电力电子技术的主要功能

电力电子技术的功能是以电力电子器件为核心,通过对不同电路的控制来实现对电能的转换和控制。其基本功能如下:

①整流电路(AC/DC 变换),把交流电变换为固定或可调的直流电。

②逆变电路(DC/AC 变换),把直流电变换成频率固定或可调的交流电。

③直流变换电路(DC/DC 变换),把直流电变换成另一种可以在电压/电流幅值、电压极性、电压稳定度等方面不同的直流电,也称为直流斩波电路。

④交流变换电路(AC/AC 变换),把交流电变换成另一种可以在电压/电流幅值、频率、相位等方面不同的交流电。

4. 电力电子技术的应用

电力电子技术的应用领域相当广泛,遍及庞大的发电厂设备到小巧的家用电器等几乎所有电气工程领域。容量可达几瓦至 1 GW 不等,工作频率也可由几赫至 100 MHz。

(1)一般工业

工业中大量应用各种交直流电动机。直流电动机有良好的调速性能。为其供电的可控整流电源或直流斩波电源都是电力电子装置。近年来,由于电力电子变频技术的迅速发展,使得交流电动机的调速性能可与直流电动机相媲美,交流调速技术大量应用并占据主导地位。大至数兆瓦的各种轧钢机,下到几百瓦的数控机床的伺服电动机都广泛采用电力电子交直流调速技术。一些对调速性能要求不高的大型鼓风机等近年来也采用了变频装置,以达到节能的目的。还有一些不调速的电动机为了避免启动时的电路冲击而采用了软启动装置,这种软启动装置也时电力电子装置。

电化学工业大量使用直流电源,电解铝、电解食盐水等都需要大容量整流电源。电镀装置也需要整流电源。

电力电子技术还大量用于冶金工业中的高频或中频感应加热电源、淬火电源等场合。

（2）交通运输

电气化铁道中广泛采用电力电子技术。电力机车中的直流机车中采用整流装置,交流机车采用变频装置。直流斩波器也广泛用于铁道车辆。在未来的磁悬浮列车中,电力电子技术更时一项关键技术。除牵引电动机传动外,车辆中的各种辅助电源也都离不开电力电子技术。

电动汽车的电机靠电力电子装置进行电力变换和驱动控制,其蓄电池的充电也离不开电力电子装置。一台高级汽车中需要许多控制电动机,它们也要靠变频器和斩波器驱动并控制。

飞机、船舶需要很多不同要求的电源,因此航空和航海都离不开电力电子技术。

如果把电梯也算做交通运输工具,那么它也需要电力电子技术。以前的电梯大都采用直流调速系统,而今年来交流调速已成为主流。

（3）电力系统

电力电子技术在电力系统中有着非常广泛的应用。据估计,发达国家在用户最终使用的电能中,有60%以上的电能至少经过一次以上的电力电子变流装置的处理。电力系统在通向现代化的进程中,电力电子技术是关键技术之一。可以毫不夸张地说,如果离开电力电子技术,电力系统的现代化就是不可想象的。

（4）电子装置用电源

各种电子装置一般都需要不同电压等级的直流电源供电。通信设备中的程控交换机所用的直流电源采用全控型器件的高频开关电源。大型计算机所需的工作电源、微型计算机内部的电源也都采用高频开关电源。在各种电子装置中,以前大量采用线性稳压电源供电,由于开关电源体积小、重量轻、效率高,现在已逐步取代了线性电源。因为各种信息技术装置都需要电力电子装置提供电源,所以可以说信息电子技术离不开电力电子技术。

（5）家用电器

种类繁多的家用电器,小至一台调光灯具、高频荧光灯具,大至通风取暖设备、微波炉以及众多电动机驱动设备都离不开电力电子技术。

电力电子技术广泛用于家用电器,使得它和人们的生活变得十分贴近。

（6）其他

不间断电源(UPS)在现代社会中的作用越来越重要,用量也越来越大。目前,UPS 在电力电子产品中已占有相当大的份额。

以前电力电子技术的应用偏重于中、大功率。现在,在 1 kW 以下,甚至几十瓦以下的功率范围内,电力电子技术的应用也越来越广,其地位也越来越重要。这已成为一个重要的发展趋势,值得引起人们的注意。

总之,电力电子技术的应用范围十分广泛。从人类对宇宙和大自然的探索,到国民经济的各个领域,再到人们的衣食住行,到处都能感受到电力电子技术的存在和巨大魅力。

5. 电力电子器件

（1）电力电子器件的概念

主电路(Main Power Circuit)——电气设备或电力系统中,直接承担电能的变换或控制任务的电路。

电力电子器件(Power Electronic Device)——可直接用于处理电能的主电路中,实现电能的变换或控制的电子器件。电力半导体器件(Power Semiconductor Device)所采用的主要材料仍然是硅。

(2)电力电子器件的特征

同处理信息的电子器件相比,电力电子器件的一般特征:

①能处理电功率的大小,即承受电压和电流 的能力是最重要的参数。其处理电功率的能力小至毫瓦级,大至兆瓦级,大多都远大于处理信息的电子器件。

②电力电子器件一般都工作在开关状态。导通时通态(On-State)阻抗(Impedance)很小,接近于短路,管压降(Voltage Across the Tube)接近于零,而电流由外电路决定

阻断时断态(Off-State)阻抗很大,接近于断路,电流几乎为零,而管子两端电压由外电路决定

电力电子器件的动态特性(Dynamic Speciality),即开关特性(Switching Speciality)和参数,也是电力电子器件特性很重要的方面,有些时候甚至上升为第一位的重要问题。作电路分析时,为简单起见往往用理想开关来代替。

③电力电子器件往往需要由信息电子电路来控制。在主电路和控制电路之间,需要一定的中间电路对控制电路的信号进行放大,这就是电力电子器件的驱动电路(Driving Circuit)。

④为保证不至于因损耗散发的热量导致器件温度过高而损坏,不仅在器件封装上讲究散热设计,在其工作时一般都要安装散热器。

导通时器件上有一定的通态压降(On-state Voltage drop),形成通态损耗(On-state Losses),阻断时器件上有微小的断态漏电流(Leakage Current)流过,形成断态损耗(Off-state Losses)。在器件开通或关断的转换过程中产生开通损耗(Turning on Losses)和关断损耗(Turning off Losses),总称开关损耗(Switching Loss)。

对某些器件来讲,驱动电路向其注入的功率也是造成器件发热的原因之一。通常电力电子器件的断态漏电流(Leakage Current)极小,因而通态损耗是器件功率损耗的主要成因。器件开关频率(Switching Frequency)较高时,开关损耗会随之增大而可能成为器件功率损耗的主要因素 。

(3)应用电力电子器件的系统组成

电力电子系统由控制电路(Control Circuit)、驱动电路(Driving Circuit)和以电力电子器件为核心的主电路(Main Circuit)组成,如图1-34所示。

控制电路(Control Circuit)按系统的工作要求形成控制信号(Control Signal),通过驱动电路(Driving Circuit)去控制主电路(Main Circuit)中电力电子器件的通或断(Turn-on or Turn-off),来完成整个系统的功能。

有的电力电子系统中,还需要有检测电路(Detect Circuit)。广义上往往其和驱动电路等主电路之外的电路都归为控制电路,从而粗略地说电力电子系统是由主电路和控制电路组成的。

主电路中的电压和电流一般较大,而控制电路的元器件只能承受较小的电压和电流,因此在主电路和控制电路连接的路径上,如驱动电路与主电路的连接处,或者驱动电路与控制信号的连接处,以及主电路与检测电路的连接处,一般需要进行电气隔离(Electrical Isolation),通

过其他手段如光、磁等来传递信号。

由于主电路中往往有电压和电流的过冲,而电力电子器件一般比主电路中普通的元器件要昂贵,但承受过电压和过电流的能力却要差一些,因此,在主电路和控制电路中附加一些保护电路,以保证电力电子器件和整个电力电子系统正常可靠运行,也往往是非常必要的。

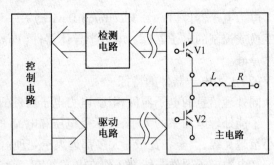

图 1-34　电力电子器件在实际
应用中的系统组成

器件一般有三个端子(又称极或引脚),其中两个联结在主电路中,而第三端称为控制端(又称控制极)。器件通断是通过在其控制端和一个主电路端子之间加一定的信号来控制的,这个主电路端子是驱动电路和主电路的公共端,一般是主电路电流流出器件的端子。

(4)电力电子器件的分类

电力电子器件的种类很多,分类的方法也较多。根据控制极信号的性质不同,可分为电流驱动型(Current Driving Type)、电压驱动型(Voltage Driving Type);根据器件内部载流子导电的情况不同,可分为单极型(Unipolar Device)、双极型(Bipolar Device)、混合型(Complex Device);根据器件的冷却方式不同,可分为自冷型、风冷型、水冷型等;根据器件的结构形式不同可分为螺栓式、平板式、模块式。一般常用的分类方法是根据器件开关控制能力的不同,将其分为不控型、半控型、全控型,如表 1-8 所示。

表1-8　电力电子器件的类型

类　型	结构特点	控 制 性 能	器　　　　　件
不控型	无控制端二端口器件	导通或关断取决于外部电路的状态,不能用控制信号进行控制	功率二极管
半控型	有控制端三端口器件	通过控制极上的控制信号控制器件的导通,却无法控制器件的关断,器件的关断需要借助外部电路的状态	晶闸管及其派生器件(快速晶闸管、双向晶闸管、逆导晶闸管、光控晶闸管)
全控型	有控制端三端口器件	通过控制极上的控制信号可以控制器件的导通和关断	可关断晶闸管(GTO) 功率晶体管(GTR 或 BJT) 电力场效应晶体管(MOSFET) 绝缘栅双极晶体管(IGBT) 静电感应晶体管(SIT) 静电感应晶闸管(SITH) MOS 晶闸管(MCT) MOS 晶体管(MGT)

目前,用于电力电子电路中的不控型器件多为功率二极管,常见的功率二极管及其特点见表 1-9。

表1-9 常见的功率二极管及其特点

类 型	特 点
普通整流二极管 （SR）	有较大的功率承载能力； 开通和关断延迟时间较长，常用于低频大功率能量交换中
快速整流二极管 （FRD）	反向恢复时间短，反向恢复电流小，常用作高频电路中的单向开关； 因恢复时间短，可能 di/dt 过高，故有些情况要采取保护
肖特基势垒二极管 （SBD）	反向恢复时间短，可达纳秒级，主要用于低压大电流直流电源中； 通态压降很低，约 0.3 V，但反向电压也较低，为 50～100 V

小　结

本项目利用调光灯这一常见生活用品，引出晶闸管相控整流电路和交流调压电路的工作原理。先认识晶闸管、双向晶闸管、单结晶体管等电力电子器件，然后学习单结晶体管触发电路、单相半波电路和单相交流调压电路的调试，最后对实际的调光灯电路进行组装和调试。通过项目实施，加深对这些电路的理解，简单掌握电力电子设备的安装与调试方法。在小组合作实施项目过程中也培养了与人合作的精神。

练　一　练

一、单选题

1. 晶闸管内部有（　　）个 PN 结。
   A. 一　　　　　B. 二　　　　　C. 三　　　　　D. 四

2. 单结晶体管内部有（　　）个 PN 结。
   A. 一　　　　　B. 二　　　　　C. 三　　　　　D. 四

3. 晶闸管可控整流电路中的控制角 α 减小，则输出的电压平均值会（　　）。
   A. 不变　　　　B. 增大　　　　C. 减小

4. 某型号为 KP100-10 的普通晶闸管工作在单相半波可控整流电路中，晶闸管能通过的电流有效值为（　　）。
   A. 100 A　　　　B. 157 A　　　　C. 10 A　　　　D. 15.7 A

5. 普通晶闸管的通态电流（额定电流）是用电流的（　　）来表示的。
   A. 有效值　　　B. 最大值　　　C. 平均值

6. 双向晶闸管的通态电流（额定电流）是用电流的（　　）来表示的。
   A. 有效值　　　B. 最大值　　　C. 平均值

7. 双向晶闸管是用于交流电路中的，其外部有（　　）个电极。
   A. 一　　　　　B. 两　　　　　C. 三　　　　　D. 四

8. 双向晶闸管的四种触发方式中，灵敏度最低的是（　　）。
   A. I_+　　　　B. I_-　　　　C. III_+　　　　D. III_-

9. 以下各项功能或特点,晶闸管所不具有的为(　　　)

　　A. 放大功能　B. 单向导电　C. 门极所控　D. 大功率

10. 单结晶体管触发电路输出的脉冲宽度主要决定于(　　　)。

　　A. 单结晶体管的特性　　　　　B. 电源电压的高低

　　C. 电容器的放电时间常数　　　D. 电容器的充电时间常数

二、填空题

1. 晶闸管在其阳极与阴极之间加上_____电压的同时,门极上加上_____电压,晶闸管就导通。

2. 晶闸管的工作状态有正向_____状态,正向_____状态和反向_____状态。

3. 某半导体器件的型号为 KP50 - 7,其中 KP 表示该器件的名称为 ____ ,50 表示_____,7 表示_____。

4. KP100-12G,表示它为_____器件,额定电流为____ A,额定电压为_____ V,G 是_____参数。

5. 某半导体器件的型号为 KS50 - 7,其中 KS 表示该器件的名称为 ____,50 表示_____,7 表示_____。

6. 只有当阳极电流小于_____电流时,晶闸管才会由导通转为截止。

7. 通常取晶闸管的断态重复峰值电压 UDRM 和反向重复峰值电压 URRM 中的_____标值作为该器件的额定电压,选用时额定电压要留有一定的欲量,一般取额定电压为正常工作时的晶闸管所承受峰值电压的_____倍。

8. 当单结晶体管的发射极电压高于_____电压时就导通;低于_____电压时就截止。

9. 当增大晶闸管可控整流的控制角 α,负载上得到的直流电压平均值会_____。

10. 在单相半波可控整流带阻感负载并联续流二极管的电路中,晶闸管控制角 α 的最大移相范围是_____,其承受的最大正反向电压均为_____,续流二极管承受的最大反向电压为_____(设 U_2 为相电压有效值)。

三、分析题

1. 单相半波整流电路,如门极不加触发脉冲;晶闸管内部短路;晶闸管内部断开,试分析上述 3 种情况下晶闸管两端电压和负载两端电压波形。

2. 单相半波相控整流电路电阻性负载,要求输出电压 $U_d = 60$ V ,电流 $I_d = 20$ A ,电源电压为 220 V,试计算导通角 θ_T 并选择 VT 。

3. 单相半波可控整流电路,电阻性负载。要求输出的直流平均电压为 50 ~ 92 V 之间连续可调,最大输出直流电流为 30 A,由交流 220 V 供电,求:①晶闸管控制角应有的调整范围为多少? ②选择晶闸管的型号规格(安全裕量取 2 倍,$\frac{I_T}{I_d} = 1.66$)。

4. 某电阻性负载要求 0 ~ 24 V 直流电压,最大负载电流 $I_d = 30$ A,如用 220 V 交流直接供电与用变压器降压到 60 V 供电,都采用单相半波整流电路,是否都能满足要求? 试比较两种供电方案所选晶闸管的导通角、额定电压、额定电流值以及电源和变压器二次侧的功率因数和对电源的容量的要求有何不同、两种方案哪种更合理(考虑 2 倍裕量)?

5. 单相半波可控整流电路,大电感负载接续流二极管,已知 $U_2 = 220$ V,$R = 10$ Ω,要求输出整流电压平均值为 $0 \sim 30$ V 连续可调,试求控制角的范围,选择晶闸管额定电压和额定电流。

6. 一台 220 V/10 kW 的电炉,采用单相交流调压电路,现使其工作在功率为 5 kW 的电路中,试求电路的控制角 α、工作电流以及电源侧功率因数。

7. 由两只晶闸管反向并联组成的单相交流调压电路,电感性负载,输入电压 $U_2 = 220$ V,$L = 5.516$ mH,$R = 1$ Ω,试求:①控制角 α 的移相范围;②负载电流最大有效值;③最大输出功率和功率因数。

8. 一单相交流调压器,电源 220 V,阻感串联作为负载,其中 $R = 0.5$ Ω,$L = 2$ mH。试求:①开通角 α 的变化范围;②负载电流的最大有效值;③最大输出功率及此时电源侧的功率因数。

9. 采用双向晶闸管组成的单相调功电路采用过零触发,$U_2 = 220$ V,负载电阻 $R = 1$ Ω,在控制的设定周期 T_c 内,使晶闸管导通 0.3 s,断开 0.2 s。试计算:

①输出电压的有效值;②负载上所得平均功率与假定晶闸管一直导通时输出得功率。

四、问答题

1. 电力电子变流技术的概念? 一般应用在哪些方面?

2. 晶闸管的正常导通条件是什么? 晶闸管的关断条件是什么? 如何实现?

3. 正确使用晶闸管应该注意哪些事项?

4. 晶闸管能否和晶体管一样构成放大器? 为什么?

5. 双向晶闸管有哪几种触发方式? 应用最多的有哪两种?

6. 整流电路中续流二极管有何作用? 为什么? 若不注意把它的极性接反了会产生什么后果?

7. 用一对反关联的晶闸管和使用一只双向晶闸管进行交流调压时,它们的主要差别是什么?

8. 单结晶体管触发电路中,削波稳压管两端并接一只大电容器,可控整流电路能工作吗? 为什么?

9. 单结晶体管自激振荡电路是根据单结晶体管的什么特性组成工作的? 振荡频率的高低与什么因素有关?

项目 ❷ 内圆磨床主轴电动机直流调速装置的调试与维修

学习目标

1. 能分析锯齿波触发电路、常用集成触发电路和数字触发电路的工作原理。
2. 能正确调试单相桥式全控、半控整流电路。
3. 能正确调试三相半波、三相桥式整流电路。

项目描述

可控整流电路的应用是电力电子技术中应用最为广泛的一种技术。本项目将以直流调速装置为例,让读者了解单相桥式可控整流电路和有源逆变电路在直流调速装置中的应用。

内圆磨床主要用于磨削圆柱孔和小于 60° 的圆锥孔。内圆磨床主轴电动机采用晶闸管单相桥式半控整流电路供电的直流电动机调速装置。

图 2-1 为内圆磨床主轴电动机直流调速装置电气线路图。内圆磨床主轴电动机直流调速

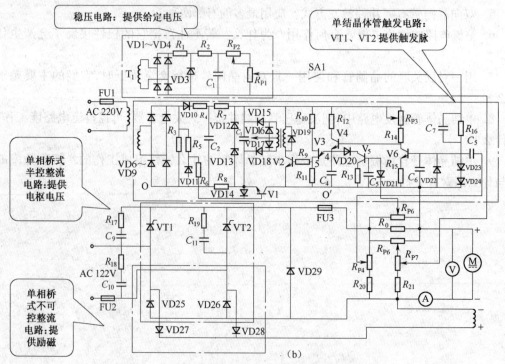

图 2-1　内圆磨床主轴电动机直流调速装置电气线路图

装置的主电路采用晶闸管单相桥式半控整流电路,控制回路则采用了结构简单的单结晶体管触发电路。单结晶体管触发电路在项目1中已详细介绍,下面具体分析与该电路有关的知识:单相桥式全控整流电路、单相桥式半控整流电路和三相整流电路。

任务1　锯齿波触发电路及单相桥式全控整流电路的调试

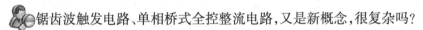

任务目标

1. 能调试锯齿波触发电路。
2. 能调试单相桥式全控整流电路。
3. 能分析与处理单相桥式全控整流电路故障。

锯齿波触发电路、单相桥式全控整流电路,又是新概念,很复杂吗?

别怕! 锯齿波触发电路的目的也是实现 $U_{GK}>0$。单相桥式全控整流电路虽然比半波电路复杂,但也有规律可循。

任务实施

子任务1　锯齿波触发电路的调试

1. 认识锯齿波触发电路

锯齿波触发电路由同步检测、锯齿波形成、移相控制、脉冲形成、脉冲放大等环节组成,其电路图如图 2-2 所示。

由 V3、VD1、VD2、C_1 等元器件组成同步检测环节,其作用是利用同步电压 U_T 来控制锯齿波产生的时刻及锯齿波的宽度。锯齿波的形成电路由如图 2-2 所示的恒流源(V1、R_2、R_{P1}、R_3、V2)及电容器 C_2 和开关管 V3 所组成。由 V1、R_2 组成的稳压电路对 V2 管设置了一个固定基极电压,则 V2 发射极电压也恒定。从而形成恒定电流对 C_2 充电。当 V3 截止时,恒流源对 C_2 充电形成锯齿波;当 V3 导通时,电容器 C_2 通过 R_4、V3 放电。调节电位器 R_{P1} 可以调节恒流源的电流大小,从而改变了锯齿波的斜率。控制电压 U_{ct}、偏移电压 U_b 和锯齿波电压在 V5 基极综合叠加,从而构成移相控制环节,R_{P2}、R_{P3} 分别调节控制电压 U_{ct} 和偏移电压 U_b 的大小。V6、V7 构成脉冲形成放大环节,C_5 为强触发电容器,改善脉冲的前沿,由脉冲变压器输出触发脉冲。

2. 锯齿波触发电路的调试

(1)接线调试

将 MEC01 电源控制屏"三相交流电源"的单相 220 V 交流电接到 PAC09A 的单相同步变

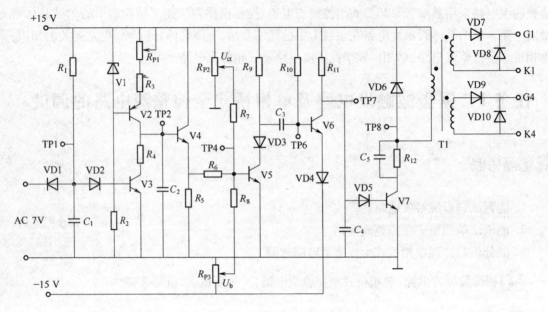

图 2-2 锯齿波触发电路原理图

压器 AC 220 V 输入端,再用三根 3 号导线将 AC 7 V 输出端接 PAC14"锯齿波同步触发电路"模块 AC 7 V 输入端,PAC09A 的一路"±15 V"直流电源接到 PAC14 的"±15 V"输入端,打开 PAC09A 的电源开关,按下 MEC01 的"启动"按钮,这时触发电路开始工作,用双踪示波器观察锯齿波同步触发电路各观察孔的电压波形。

①同时观察同步电压和"TP1"点的电压波形,分析"TP1"点波形形成的原因。

②观察"TP1""TP2"点的电压波形,明确锯齿波宽度和"TP1"点电压波形的关系。

③调节电位器 R_{P1},观测"TP2"点锯齿波斜率的变化。

④观察"TP3"~"TP6"点电压波形和输出电压的波形,记下各波形的幅值与宽度,并比较"TP3"点电压 U_3 和"TP6"点电压 U_6 的对应关系。

(2)调节触发脉冲的移相范围

将控制电压 U_{ct} 调至零(将电位器 R_{P2} 顺时针旋到底),用示波器观察同步电压信号和"6"点 U_6 的波形,调节偏移电压 U_b(即调电位器 R_{P3}),使 $\alpha = 180°$,其波形如图 2-3 所示。

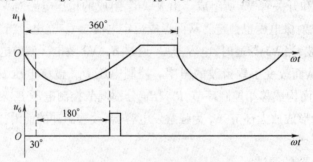

图 2-3 锯齿波同步移相触发电路

调节 U_{ct}(即调节电位器 R_{P2})使 $\alpha = 60°$,观察并记录 $U_1 \sim U_6$ 及输出"G、K"脉冲电压的波

形,记录其幅值与宽度(可在示波器上直接读出)。

子任务2　单相桥式全控整流电路的调试

1. 认识单相桥式全控整流电路

图2-4所示为单相桥式整流带电阻电感性负载,其输出负载 R 用450 Ω电位器(将两个900 Ω接成并联形式),电抗器 L_d 用PAC10面板上的200 mH,直流电压表、电流表由MEC21提供。触发电路采用PAC14挂件上的"锯齿波触发电路Ⅰ、Ⅱ"。

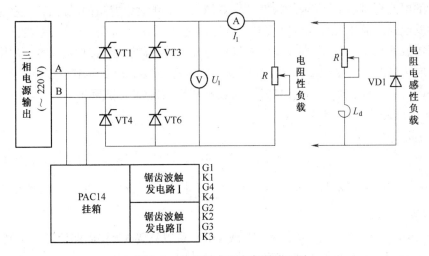

图2-4　单相桥式整流实训原理图

2. 单相桥式全控整流电路的调试

(1)单相桥式全控整流电路电阻性负载

按图2-4接线,将电位器置于最大阻值处,按下"启动"按钮,保持偏移电压 U_b 不变(即图2-3中 R_{P3} 阻值固定),逐渐增加 U_{ct}(调节 R_{P2}),在 $\alpha = 0°$、30°、60°、90°、120°时,用示波器观察、记录整流电压 U_d 和晶闸管两端电压 U_{VT} 的波形,并记录电源电压 U_2、负载电压 U_d 和负载电流 I_d 的数值,然后和计算值进行比较,找出误差的原因及减小误差的方法。

(2)单相桥式全控整流电路电感性负载

①不接续流二极管 VD。将负载改接成电阻电感性负载,不接 VD,在不同阻抗角(改变 R_{P2} 的电阻值)情况下,观察并记录不同控制角的波形。记录电源电压 U_2、负载电压 U_d 和负载电流 I_d 的数值,然后和计算值进行比较,找出误差的原因及减小误差的方法。

②接续流二极管 VD。接入续流二极管 VD,重复上述操作,观察续流二极管的作用,做好相应记录。

★任务相关知识

控制晶闸管导通的电路称为触发电路。为了尽可能可靠地触发,触发电路应满足以下要求:

①触发电路送出的触发脉冲应有足够大的功率,并保留足够的裕量;

②触发脉冲的上升沿要陡、宽度应满足要求;

③触发脉冲的相位要能满足主电路移相范围的要求;

④触发脉冲必须与晶闸管的阳极电压取得同步。

整流电路的触发电路有很多种,要根据具体的整流电路和应用场合选择不同的触发电路。

一、同步电压为锯齿波的触发电路

晶闸管的电流容量越大,要求的触发功率就越大。对于大中容量的晶闸管,往往采用晶体管组成的触发电路。晶体管触发电路按同步电压的形式不同,分为正弦波和锯齿波两种。同步电压为锯齿波的触发电路,不直接受电网波动与波形畸变的影响,移相范围宽,应用广泛。

锯齿波同步触发电路原理图如图 2-5 所示。该电路由以下几个环节组成:锯齿波形成和同步移相环节;脉冲形成、放大和输出环节;强触发环节;双脉冲形成环节。

1. 锯齿波形成和同步移相环节

(1)锯齿波形成环节

V1、V9、R_3、R_4 组成的恒流源电路对 C_2 充电形成锯齿波电压,当 V2 截止时,恒流源电流 I_{c1} 对 C_2 恒流充电,电容器两端电压为 $u_{c2} = \dfrac{I_{c1}}{C_2}t$,其中 $I_{c1} = U_{v9}/(R_3 + R_{P2})$。因此调节电位器 R_{P2} 即可调节锯齿波斜率。

当 V2 导通时,由于 R_4 阻值很小,C_2 迅速放电。所以只要 V2 管周期性导通关断,电容器 C_2 两端就能得到线性很好的锯齿波电压。

U_{b4} 为合成电压(锯齿波电压为基础,再叠加 U_b、U_c),通过调节 U_c 来调节 α。

(2)同步移相环节

同步环节由同步变压器 TS 和晶体管 V2 等元器件组成。锯齿波触发电路输出的脉冲怎样才能与主回路同步呢?由前面的分析可知,脉冲产生的时刻由 V2 导通时刻决定(锯齿波和 U_b、U_c 之和达到 0.7 V 时),由此可见,若锯齿波的频率与主电路电源频率同步即能使触发脉冲与主电路电源同步,锯齿波是由 V2 来控制的,V2 由导通变截止期间产生锯齿波,V2 截止的持续时间就是锯齿波的脉宽,V2 的开关频率就是锯齿波的频率。在这里,同步变压器 TS 和主电路整流变压器接在同一电源上,用 TS 次级电压来控制 V2 的导通和截止,从而保证了触发电路发出的脉冲与主电路电源同步。

工作时,把偏移电压 U_b 调整到某值固定后,改变控制电压 U_{ct},就能改变 TP4 点波形与时间横轴的交点,就改变了 V4 转为导通的时刻,即改变了触发脉冲产生的时刻,达到移相的目的。

电路中增加偏移电压 U_b 的目的是调整 $U_{ct} = 0$ 时触发脉冲的初始位置。

2. 脉冲形成、放大和输出环节

①当 $u_{b4} < 0.7$ V 时,V4 管截止,V5、V6 导通,使 V7、V8 截止,无脉冲输出。说明:电源经 R_{13}、R_{14} 向 V5、V6 供给足够的基极电流,使 V5、V6 饱和导通,V5 集电极⑥点电位为 -13.7 V(二极管正向压降以 0.7 V,晶体管饱和压降以 0.3 V 计算),V7、V8 截止,无触发脉冲输出。④点电位:15 V;⑤点电位:-13.3 V。

另外:+15 V → R_{11} → C_3 → V5 → V6 → -15 V 对 C_3 充电,极性左正又负,大小为 28.3 V。

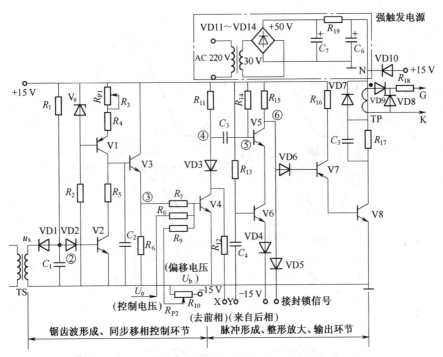

图 2-5　锯齿波同步触发电路原理图

R_1、R_6—10kΩ；R_2、R_4—4.7kΩ；R_5—200kΩ；R_7—3.3kΩ；R_{13}、R_{14}—30kΩ；R_3—12kΩ；R_9—6.2kΩ；
R_{12}—1kΩ；R_{15}—6.2kΩ；R_{16}—200kΩ；R_{17}—30kΩ；$R15$—20kΩ；R_{19}—300kΩ；R_3、R_{10}—1.5kΩk；C_7—
2000μF；C_1、C_2、C_6—1μF；C_3、C_4—0.1μF；C_6—0.47μF；Vl$_5$—3C9D，V2～V7—31DG12B　V8—3DAl
B；V9—29W12；VD1～VD9—2CP12；VD10～VD14—2CZ11A

②当 $u_{b4} \geqslant 0.7$ V 时，V4 导通，有脉冲输出。说明：

当④点电位立即从 +15 V 下跳到 1 V 时，C_3 两端电压不能突变，⑤点电位降至 -27.3 V，V5 截止，V7、V8 经 R_{15}、VD6 供给基极电流饱和导通，输出脉冲，⑥点电位为 -13.7 V 突变至 2.1 V（VD6、V7、V8 压降之和）。

另外：C_3 经 +15 V→R_{14}→VD3→V4 放电和反充电⑤点电位上升，当⑤点电位从 -27.3 V 上升到 -13.3 V 时 V5、V6 又导通，⑥点电位由 2.1 V 突降至 -13.7 V，于是，V7、V8 截止，输出脉冲终止。

由此可见，脉冲产生时刻由 V4 导通瞬间确定，脉冲宽度由 V5、V6 持续截止的时间确定。所以脉冲由 C_3 反充电时间常数（$\tau = R_{14}C_3$）来决定。

3. 强触发环节

晶闸管采用强触发可缩短开通时间，提高晶闸管承受电流上升率的能力，有利于改善串并联元器件的动态均压与均流，增加触发的可靠性。因此在大中容量系统的触发电路中都带有强触发环节。

图 2-5 中右上角强触发环节由单相桥式整流获得近 50 V 直流电压作为电源，在 V8 导通前，50 V 电源经 R_{19} 对 C_6 充电，N 点电位为 50 V。当 V8 导通时，C_6 经脉冲变压器一次侧、R_{17} 与 V8 迅速放电，由于放电回路电阻很小，N 点电位迅速下降。当 N 点电位下降到 14.3 V 时，VD10 导通，脉冲变压器改由 +15 V 稳压电源供电。各点波形如图 2-6 所示。

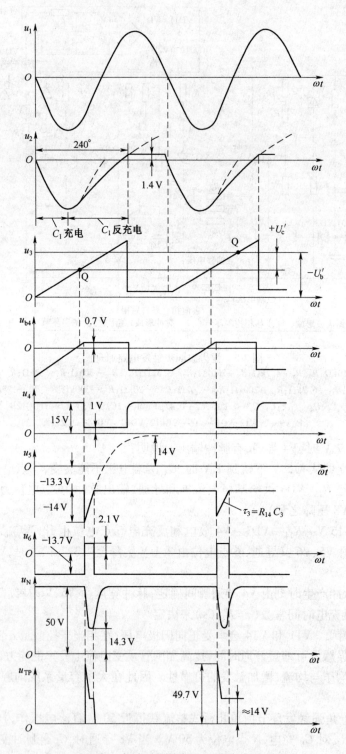

图 2-6　锯齿波同步触发电路波形图

4. 双脉冲形成环节

生成双脉冲有两种方法:内双脉冲和外双脉冲。

锯齿波同步触发电路为内双脉冲。晶体管 V5、V6 构成一个"或"门电路,不论哪一个截止,都会使⑥点电位上升到 2.1 V,触发电路输出脉冲。V5 基极端由本相同步移相环节送来的负脉冲信号使 V5 截止,送出第一个窄脉冲,接着有滞后 60° 的后相触发电路在产生其本相第一个脉冲的同时,由 V4 的集电极经 R_{12} 的 X 端送到本相的 Y 端,经电容器 C_4 微分产生负脉冲送到 V6 基极,使 V6 截止,于是本相的 V6 又导通一次,输出滞后 60° 的第二个脉冲。

对于三相全控桥电路,三相电源 U、V、W 为正相序时,六只晶闸管的触发顺序为 VT1→VT2→VT3→VT4→VT5→VT6,彼此间隔 60°,为了得到双脉冲,六块触发电路板的 X、Y 端可按图 2-7 所示方式连接。

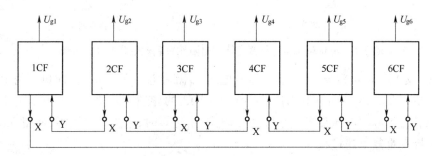

图 2-7　触发电路实现双脉冲连接的示意图

5. 其他说明

在事故情况下或在可逆逻辑无环流系统中,要求一组晶闸管桥路工作,另一组桥路封锁,这时可将脉冲封锁引出端接零电位或负电位,晶体管 V7、V8 就无法导通,触发脉冲无法输出。串联 VD5 是为了防止封锁端接地时,经 V5、V6 和 VD4 到 –15 V 之间产生大电流通路。

二、单相桥式全控整流电路

单相桥式全控整流电路输出的直流电压、电流脉冲程度比单相半波整流电路输出的直流电压、电流小,且可以改善变压器存在直流磁化的现象。

1. 电阻性负载

单相桥式全控整流电路带电阻性负载的电路图及波形图如图 2-8 所示。

晶闸管 VT1 和 VT4 为一组桥臂,VT2 和 VT4 为另一组桥臂。在交流电源的正半周区间,即 a 端为正,b 端为负,VT1 和 VT4 会承受正向阳极电压,在相当于控制角 α 的时刻给 VT1 和 VT4 同时加脉冲,则 VT1 和 VT4 会导通。此时,电流 i_d 从电源 a 端经 VT1、负载 R_d 及 VT4 回电源 b 端,负载上得到电压 u_d 为电源电压 u_2(忽略了 VT1 和 VT4 的导通电压降),方向为上正下负,VT2 和 VT3 则因为 VT1 和 VT4 的导通而承受反向的电源电压 u_2 不会导通。因为是电阻性负载,所以电流 i_d 也跟随电压的变化而变化。当电源电压 u_2 过零时,电流 i_d 也降低为零,也即两只晶闸管的阳极电流降低为零,故 VT1 和 VT4 会因电流小于维持电流而关断。而在交流电源负半周区间,即 a 端为负,b 端为正,晶闸管 VT2 和 VT3 会承受正向阳极电压,在相当于控制角 α 的时刻给 VT2 和 VT3 同时加脉冲,则 VT2 和 VT3 被触发导通。电流 i_d 从电源 b 端经

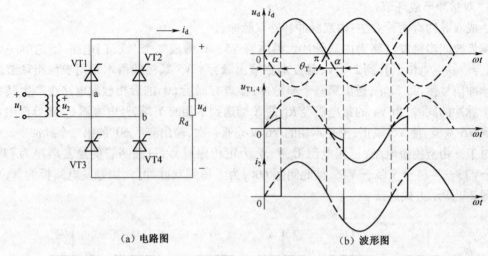

（a）电路图　　　　　　（b）波形图

图 2-8　单相桥式全控整流电路带电阻性负载的电路图及波形图

VT2、负载 R_d 及 VT3 回电源 a 端，负载上得到电压 u_d 仍为电源电压 u_2，方向也还为上正下负，与正半周一致。此时，VT1 和 VT4 则因为 VT2 和 VT3 的导通而承受反向的电源电压 u_2 而处于截止状态。直到电源电压负半周结束，电源电压 u_2 过零时，电流 i_d 也过零，使得 VT2 和 VT3 关断。下一周期重复上述过程。

从图中可看出，负载上的直流电压输出波形与单相半波时多了一倍，晶闸管的控制角变化范围是 $0° \sim 180°$，导通角 θ_T 为 $\pi - \alpha$。晶闸管承受的最大反向电压为 $\sqrt{2}\,U_2$，而其承受的最大正向电压为 $\dfrac{\sqrt{2}}{2}U_2$。

单相桥式全控整流电路带电阻性负载电路参数的计算：

①输出电压平均值的计算公式：

$$U_d = \frac{1}{\pi}\int_\alpha^\pi \sqrt{2}\,U_2\sin\omega t\,\mathrm{d}(\omega t) = 0.9U_2\frac{1+\cos\alpha}{2} \tag{2-1}$$

②负载电流平均值的计算公式：

$$I_d = \frac{U_d}{R_d} = 0.9\frac{U_2}{R_d}\frac{1+\cos\alpha}{2} \tag{2-2}$$

③输出电压的有效值的计算公式：

$$U = \sqrt{\frac{1}{\pi}\int_\alpha^\pi (\sqrt{2}\,U_2\sin\omega t)^2\,\mathrm{d}(\omega t)} = U_2\sqrt{\frac{1}{2\pi}\sin 2\alpha + \frac{\pi-\alpha}{\pi}} \tag{2-3}$$

④负载电流有效值的计算公式：

$$I = \frac{U_2}{R_d}\sqrt{\frac{1}{2\pi}\sin 2\alpha + \frac{\pi-\alpha}{\pi}} \tag{2-4}$$

⑤流过每只晶闸管的电流的平均值的计算公式：

$$I_{dT} = \frac{1}{2}I_d = 0.45\frac{U_2}{R_d}\frac{1+\cos\alpha}{2} \tag{2-5}$$

⑥流过每只晶闸管的电流的有效值的计算公式：

$$I_T = \sqrt{\frac{1}{2\pi}\int_\alpha^\pi \left(\frac{\sqrt{2}\,U_2}{R_d}\sin\omega t\right)^2 \mathrm{d}(\omega t)} = \frac{U_2}{R_d}\sqrt{\frac{1}{4\pi}\sin 2\alpha + \frac{\pi-\alpha}{2\pi}} = \frac{1}{\sqrt{2}}I \qquad (2\text{-}6)$$

⑦晶闸管可能承受的最大电压

$$U_{TM} = \sqrt{2}\,U_2 \qquad (2\text{-}7)$$

2. 电感性负载

图 2-9 为单相桥式全控整流电路带电感性负载的电路图及波形图。假设电路电感很大，输出电流连续，电路处于稳态。

在电源 u_2 正半周时，在相当于 α 角的时刻给 VT1 和 VT4 同时加触发脉冲，则 VT1 和 VT4 会导通，输出电压为 $u_d = u_2$。至电源电压过零变负时，由于电感产生的自感电动势会使 VT1 和 VT4 继续导通，而输出电压仍为 $u_d = u_2$，所以出现了负电压的输出。此时，可关断晶闸管 VT2 和 VT3 虽然已承受正向电压，但还没有触发脉冲，所以不会导通。直到在负半周相当于 α 角的时刻，给 VT2 和 VT3 同时加触发脉冲，则因 VT2 的阳极电压比 VT1 高，VT3 的阴极电位比 VT4 的低，故 VT2 和 VT3 被触发导通，分别替换了 VT1 和 VT4，而 VT1 和 VT4 将由于 VT2 和 VT3 的导通承受反压而关断，负载电流也改为经过 VT2 和 VT3 了。

由图 2-9(b) 的输出负载电压 u_d、负载电流 i_d 的波形可看出，与电阻性一负载相比，u_d 的波形出现了负半周部分，i_d 的波形则是连续的近似的一条直线，这是由于电感中的电流不能突变，电感起到了平波的作用，电感愈大则电流愈平稳。

两组晶闸管轮流导通，每只晶闸管的导通时间较电阻性负载时延长了，导通角 $\theta_T = \pi$，与 α 无关。

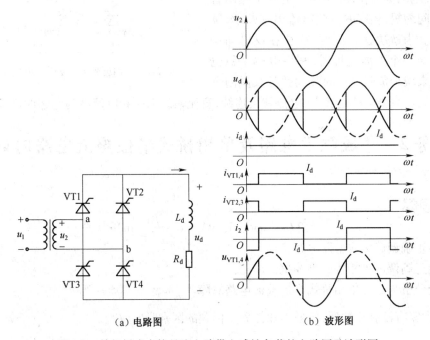

（a）电路图　　　　　（b）波形图

图 2-9　单相桥式全控整流电路带电感性负载的电路图及波形图

单相全控桥式整流电路带电感性负载电路参数的计算：

①输出电压平均值的计算公式：

$$U_d = 0.9U_2\cos\alpha \qquad (2-8)$$

在 $\alpha=0°$ 时，输出电压 U_d 最大，$U_{d0}=0.9U_2$；至在 $\alpha=90°$ 时，输出电压 U_d 最小，等于零。因此 α 的移相范围是 $0°\sim90°$。

②负载电流平均值的计算公式：

$$I_d = \frac{U_d}{R_d} = 0.9\frac{U_2}{R_d}\cos\alpha \qquad (2-9)$$

③流过一只晶闸管的电流的平均值和有效值的计算公式：

$$I_{dT} = \frac{1}{2}I_d \qquad (2-10)$$

$$I_T = \frac{1}{\sqrt{2}}I_d \qquad (2-11)$$

④晶闸管可能承受的最大电压

$$U_{TM} = \sqrt{2}\,U_2 \qquad (2-12)$$

为了扩大移相范围，去掉输出电压的负值，提高 U_d 的值，也可以在负载两端并联续流二极管，如图 2-10 所示。接了续流二极管以后，α 的移相范围可以扩大到 $0°\sim180°$。

对于直流电动机和蓄电池等反电动势负载，由于反电动势的作用，使整流电路中晶闸管导通的时间缩短，相应的负载电流出现断续，脉动程度高。为解决这一问题，往往在反电动势负载侧串接一个平波电抗器，利用电感平稳电流的作用来减少负载电流的脉动并延长晶闸管

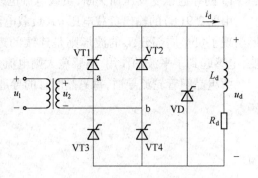

图 2-10　并接续流二极管的单相全控桥

的导通时间。只要电感足够大，电流就会连续，直流输出电压和电流就与电感性负载时一样。

任务 2　集成触发电路及单相桥式半控整流电路的调试

🔲任务目标

1. 能正确调试集成触发电路。
2. 能正确调试单相桥式半控整流电路。
3. 能分析与处理单相桥式半控整流电路故障。

👩 大家有没有注意到，任务 1 和任务 2 标题的区别呀？

👥 嗯！任务 2 中出现了"集成"的概念。任务 1 是"全控"，这里变成了"半控"。

这就是我们下面要讨论的内容。按照惯例,我们先认识集成触发电路。

任务实施

子任务1 集成触发电路的调试

1. 认识集成触发器

KC05 集成晶闸管移相触发器适用于触发双向晶闸管或两个反向并联晶闸管组成的交流调压电路,具有锯齿波线性好、移相范围宽、控制方式简单、易于集中控制、有失交保护、输出电流大等优点,是交流调压的理想触发电路。单相交流调压触发电路原理图如图 2-11 所示。

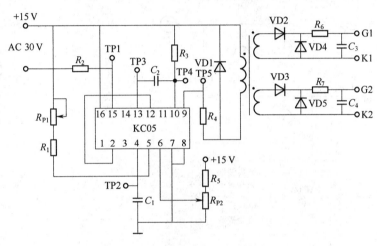

图 2-11 单相交流调压触发电路原理图

同步电压由 KC05 的 15、16 引脚输入,在 TP2 点可以观测到锯齿波,锯齿波斜率决定于 R_{P1}、R_1、C_1 的数值,锯齿波的斜率由 5 脚的外接电位器 R_{P1} 调节。锯齿波与 6 引脚引入的移相控制电压进行比较放大,由 R_3、C_2 微分。脉冲宽度由 R_3、C_2 的值决定,再经功率放大由 9 引脚输出,能够得到 200 mA 的输出负载能力。当来自比较放大器的单稳微分触发脉冲没有触发晶闸管时,从 2 引脚得到的检测信号通过 12 引脚的连接,使 9 引脚又输出输出脉冲给晶闸管,这样对电感性负载是非常有利的,此外也能起到锯齿波与移相控制电压失交保护的作用。电位器 R_{P2} 调节移相角度,触发脉冲从第 9 引脚,经脉冲变压器输出。电位器 R_{P1}、R_{P2} 均已安装在挂箱的面板上,同步变压器二次侧已在挂箱内部接好,所有的测试信号都在面板上引出。

2. 集成触发电路的调试

①用两根 4 号导线将 MEC01 电源控制屏"三相交流电源"的单相 220 V 交流电接到 PAC09A 的单相同步变压器 AC 220 V 输入端,再用两根 3 号导线将 AC 30 V 输出端接 PAC14 "锯齿波同步触发电路"模块 AC 30 V 输入端,三根 2 号导线将 PAC09 直流稳压电源、不控整流滤波组件的一路"±15 V"直流电源接到 PAC14 的双 15 V 输入端口。

②打开 PAC09A 电源开关后,按下 MEC01 控制屏的"启动"按钮,这时挂箱中所有的触发

电路都开始工作,用示波器观察"1"~"5"端及脉冲输出的波形。调节电位器 RP_1,观察锯齿波斜率是否变化,调节 RP_2,观察输出脉冲的移相范围如何变化,移相能否达到170°,记录上述过程中观察到的各点电压波形类型、幅值和频率。

子任务2　单相桥式半控整流电路的调试

1. 认识单相桥式半控整流电路

电路接线如图 2-12 所示,两组锯齿波触发电路均在 PAC14 挂箱上,它们由同一个同步变压器保持与输入的电压同步,触发信号加到共阴极的两个晶闸管上,图中的 R 用450 Ω电位器(将 MEC42 上的两个 900 Ω 接成并联形式),晶闸管 VT1、VT3 及电抗器 L_d 均在 PAC10 面板上,L_d 有 100 mH、200 mH 两挡可供选择,此处用 200 mH,二极管 VD1、VD2、VD4 在 PAC09A 挂箱上,直流电压表、电流表从 MEC21 挂箱获得。

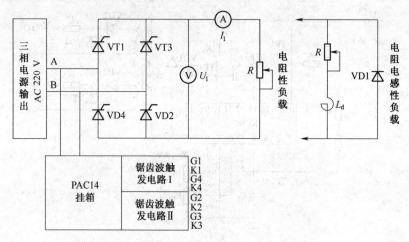

图 2-12　单相桥式半控整流电路电路接线图

2. 单相桥式半控整流电路的调试

(1)单相桥式半控整流电路带电阻性负载

按图 2-12 接线,主电路接电位器 R,将电位器调到最大阻值位置,按下"启动"按钮,用示波器观察负载电压 U_d、晶闸管两端电压 U_{VT1} 和整流二极管两端电压 U_{VD2} 的波形,调节单相交流调压触发电路上的移相控制电位器 R_{P2},观察并记录 α 为 30°、60°、90°、120°、150°时 U_d、U_{VT1}、U_{VD2} 的波形,记录相应交流电源电压 U_2、直流负载电压 U_d 和电流 I_d 的数值。

(2)单相桥式半控整流电路带电阻电感性负载

①断开主电路后,将负载换成为平波电抗器 L_d(200 mH)与电阻器 R 串联。

②不接续流二极管 VD1,接通主电路,用示波器观察控制角 α 为 30°、60°、90°时 U_d、U_{VT1}、U_{VD2}、I_d 的波形,记录相应交流电源电压 U_2、直流负载电压 U_d 和电流 I_d 的数值。

③在 $\alpha = 60°$ 时,断开主电路,然后移去触发脉冲(将锯齿波同步触发电路上的"G3"或"K3"拔掉),再给主电路通电,观察并记录移去脉冲前、后 U_d、U_{VT1}、U_{VT3}、U_{VD2}、U_{VD4}、I_d 的波形。

④接上续流二极管 VD1,接通主电路,观察并记录 α 为 30°、60°、90°、120°、150°时 U_d、

U_{VT1}、U_{VD2}的波形,记录相应交流电源电压U_2、直流负载电压U_d和电流I_d的数值。

⑤在接有续流二极管 VD1 及$\alpha = 60°$时,断开主电路,然后移去触发脉冲(将锯齿波同步触发电路上的"G3"或"K3"拔掉),再给主电路通电,观察并记录移去脉冲前、后U_d、U_{VT1}、U_{VT3}、U_{VD2}、U_{VD4}、I_d的波形。

任务相关知识

一、集成触发器

随着晶闸管变流技术的发展,目前逐渐推广使用集成电路触发器。由于集成电路触发器的应用,提高了触发电路工作的可靠性,缩小体积,简化了触发电路的生产与调试。集成触发器应用越来越广泛。目前国内常用的有 KJ 系列和 KC 系列。

1. KC04 移相集成触发器

KC04 为 16 引脚双列直插式集成器件,它与分立元器件组成的锯齿波触发电路一样,由同步信号、锯齿波产生、移相控制、脉冲形成和放大输出等环节组成。KC04 为正极性型电路,控制电压增加晶闸管输出电压也增加。主要用于单相或三相全控桥装置。

KC04 电路原理图如图 2-13 所示。该电路在一个交流电周期内,在 1 引脚和 15 引脚输出相位差 180°的两个窄脉冲,可以作为三相全控桥主电路同一相所接的上下晶闸管的触发脉冲,16 脚接+15 V 电源。8 引脚接同步电压,但由同步变压器送出的电压须经微调电位器 1.5 kΩ、电阻器 5.1 kΩ 和电容器 1 μF 组成的滤波移相,以达到消除同步电压高频谐波的侵入,提高抗干扰能力。4 引脚形成锯齿波,9 引脚为锯齿波、偏移电压、控制电压综合比较输入。13、14 引脚提供脉冲列调制和脉冲封锁控制端。

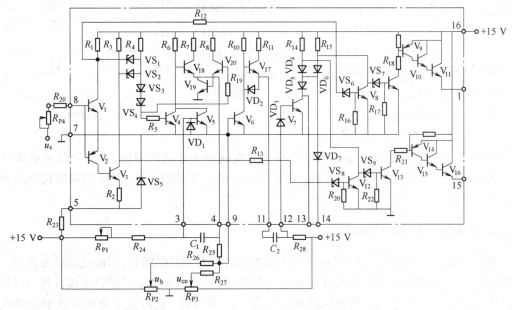

图 2-13　KC04 电路原理图

2. KC05 集成触发器

KC05 集成晶闸管移相触发器适用于触发双向晶闸管或两个反向并联晶闸管组成的交流调压电路,具有锯齿波线性好、移相范围宽、控制方式简单、易于集中控制、有失交保护、输出电流大等优点,是交流调压的理想触发电路。

KC05 触发电路原理图如图 2-14 所示。触发电路各点波形图如图 2-15 所示。

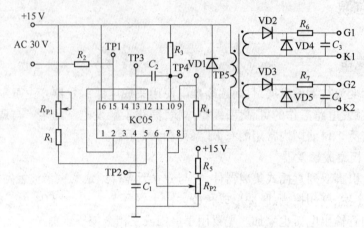

图 2-14　KC05 触发电路原理图

同步电压由 KC05 的 15、16 引脚输入,在 TP2 点可以观测到锯齿波,锯齿波斜率决定于 R_{P1}、R_1、C_1 的数值,锯齿波的斜率由 5 引脚的外接电位器 R_{P1} 调节。锯齿波与 6 引脚引入的移相控制电压进行比较放大,由 R_3、C_2 微分。脉冲宽度由 R_3、C_2 的值决定,再经功率放大由 9 引脚输出,能够得到 200 mA 的输出负载能力。当来自比较放大器的单稳微分触发脉冲没有触发晶闸管时,从 2 引脚得到的检测信号通过 12 引脚的连接,使 9 引脚又输出输出脉冲给晶闸管,这样对电感性负载是非常有利的,此外也能起到锯齿波与移相控制电压失交保护的作用。电位器 R_{P2} 调节移相角度,触发脉冲从第 9 引脚,经脉冲变压器输出。

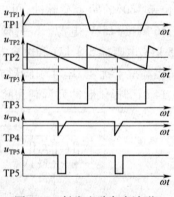

图 2-15　触发电路各点波形图($\alpha = 90°$时)

3. KC41 六路双脉冲形成器

KC41 六路双脉冲形成器是三相全控桥式触发线路中必备的电路,具有双脉冲形成和电子开关控制封锁双脉冲形成两种功能。使用两块有电子开关控制的 KC41 电路能组成逻辑控制适用于正反组可逆系统。

二、单相桥式半控整流电路

在单相桥式全控整流电路中,由于每次都要同时触发两只晶闸管,因此线路较为复杂。为了简化电路,可以采用一只晶闸管来控制导电回路,然后用一只整流二极管来代替另一只晶闸管。所以把图 2-8 中的 VT3 和 VT4 换成二极管 VD3 和 VD4,就形成了单相桥式半控整流电路,如图 2-16(a)所示。

1. 电阻性负载

单相半控桥式整流电路带电阻性负载时的电路如图 2-16(a)所示。工作情况同桥式全控整流电路相似,两只晶闸管仍是共阳极连接,即使同时触发两只晶闸管,也只能是阳极电位高的晶闸管导通。而两只二极管是共阳极连接的,总是阴极电位低的二极管导通,因此,在电源 u_2 正半周一定是 VD4 正偏,在 u_2 正半周一定是 VD3 正偏。所以,在电源正半周时,触发晶闸管 VT1 导通,二极管 VD4 正偏导通,电流由电源 a 端经 VT1 和负载 R_d 及 VD4,回电源 b 端,若忽略两管的正向导通压降,则负载上得到的直流输出电压就是电源电压 u_2,即 $u_d = u_2$。在电源负半周时,触发 VT2 导通,电流由电源 b 端经 VT2 和负载 R_d 及 VD3,回电源 a 端,输出仍是 $u_d = u_2$,只不过在负载上的方向没变。在负载上得到的输出波形,如图 2-16(b)所示。与全控桥带电阻性负载时是一样的。

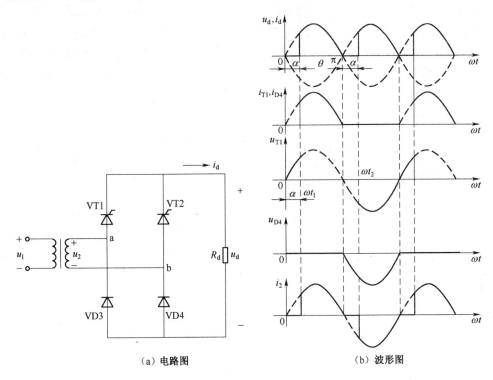

（a）电路图　　　　　　　　　　（b）波形图

图 2-16　单相桥式半控整流电路带电阻性负载

单相全控桥式整流电路带电阻性负载电路参数的计算:

①输出电压平均值的计算公式:

$$U_d = 0.9 U_2 \frac{1 + \cos\alpha}{2} \tag{2-13}$$

α 的移相范围是 $0° \sim 180°$。

②负载电流平均值的计算公式:

$$I_d = \frac{U_d}{R_d} = 0.9 \frac{U_2}{R_d} \frac{1 + \cos\alpha}{2} \tag{2-14}$$

③流过一只晶闸管和整流二极管的电流的平均值和有效值的计算公式:

$$I_{dT} = I_{dD} = \frac{1}{2}I_d \tag{2-15}$$

$$I_T = \frac{1}{\sqrt{2}}I \tag{2-16}$$

④晶闸管可能承受的最大电压的计算公式:

$$U_{TM} = \sqrt{2}\,U_2 \tag{2-17}$$

2. 电感性负载

单相半控桥式整流电路带电感性负载时的电路如图 2-17 所示。在交流电源的正半周区间内,二极管 VD4 处于正偏状态,在相当于控制角 α 的时刻给晶闸管加脉冲,则电源由 a 端经 VT1 和 VD4 向负载供电,负载上得到的电压 $u_d = u_2$,方向为上正下负。至电源 u_2 过零变负时,由于电感自感电动势的作用,会使晶闸管继续导通,但此时二极管 VD3 的阴极电位比 VD4 的要低,所以电流由 VD4 换流到了 VD3。此时,负载电流经 VT1、R_d、和 VD3 续流,而没有经过交流电源,因此,负载上得到的电压为 VT1 和 VD3 的正向压降,接近为零,这就是单相桥式半控

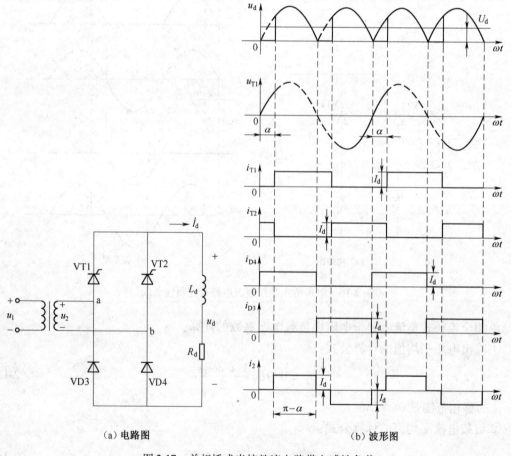

（a）电路图　　　　　　　　　　（b）波形图

图 2-17　单相桥式半控整流电路带电感性负载

整流电路的自然续流现象。在 u_2 负半周相同 α 角处,触发 VT2,由于 VT2 的阳极电位高于 VT1 的阳极电位,所以,VT1 换流给了 VT2,电源经 VT2 和 VD3 向负载供电,直流输出电压也为电源电压,方向上正下负。同样,当 u_2 由负变正时,又改为 VT2 和 VD4 续流,输出又为零。

这个电路输出电压的波形与带电阻性负载时一样。但直流输出电流的波形由于电感的平波作用而变为一条直线。

因此可知单相桥式半控整流电路带大电感负载时的工作特点是:晶闸管在触发时刻换流,二极管则在电源过零时刻换流;电路本身就具有自然续流作用,负载电流可以在电路内部换流,所以,即使没有续流二极管,输出也没有负电压,与全控桥电路时不一样。虽然此电路看起来不用像全控桥一样,接续流二极管也能工作,但实际上若突然关断触发电路或突然把控制角 α 增大到 180°,电路会发生失控现象。失控后,即使去掉触发电路,电路也会出现正在导通的晶闸管一直导通,而两只二极管轮流导通的情况,使 u_d 仍会有输出,但波形是单相半波不可控的整流波形,这就是所谓的失控现象。为解决失控现象,单相桥式半控整流电路带电感性负载时,仍需在负载两端并接续流二极管 VD。这样,当电源电压过零变负时,负载电流经续流二极管续流,使直流输出接近于零,迫使原导通的晶闸管关断。加了续流二极管后的电路及波形如图 2-18 所示。

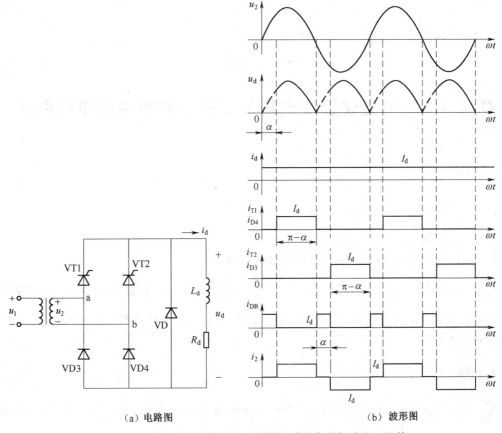

（a）电路图　　　　　　　　　　（b）波形图

图 2-18　单相桥式半控整流电路带电感性负载加续流二极管

加了续流二极管后,单相全控桥式整流电路带电感性负载电路参数的计算如下:

①输出电压平均值的计算公式:

$$U_d = 0.9 U_2 \frac{1 + \cos\alpha}{2} \tag{2-18}$$

α 的移相范围是 $0° \sim 180°$。

②负载电流平均值的计算公式:

$$I_d = \frac{U_d}{R_d} = 0.9 \frac{U_2}{R_d} \frac{1 + \cos\alpha}{2} \tag{2-19}$$

③流过一只晶闸管和整流二极管的电流的平均值和有效值的计算公式:

$$I_{dT} = I_{dD} = \frac{\pi - \alpha}{2\pi} I_d \tag{2-20}$$

$$I_T = I_D = \sqrt{\frac{\pi - \alpha}{2\pi}} I_d \tag{2-21}$$

④流过续流二极管的电流的平均值和有效值的计算公式:

$$I_{dDR} = \frac{2\alpha}{2\pi} I_d = \frac{\alpha}{\pi} I_d \tag{2-22}$$

$$I_{DR} = \sqrt{\frac{\alpha}{\pi}} I_d \tag{2-23}$$

⑤晶闸管可能承受的最大电压的计算公式:

$$U_{TM} = \sqrt{2} U_2 \tag{2-24}$$

任务3 三相集成触发电路及三相半波整流电路的调试

任务目标

1. 能正确调试三相集成触发电路。
2. 能正确调试三相半波整流电路。
3. 能对三相半波整流电路的故障进行分析与排除。

单相整流电路输出电压脉动较大,严重的话会引起三相电网的不平衡,所以只能用于小容量的设备中。当容量较大、输出电压脉动要求小,对控制的快速性有要求时,则多采用三相可控整流电路。

哦!明白了。

三相整流电路,就需要使用配套的三相触发电路。所以,我们先认识三相集成触发器。

任务实施

子任务1　三相集成触发电路的调试

1. 认识三相集成触发电路

三相集成触发电路由 TC787 扩展而成,主要包括给定、触发电路(TC787)及正桥功放电路。其示意图如图 2-19 下部所示。具体电路可参考实际装置。

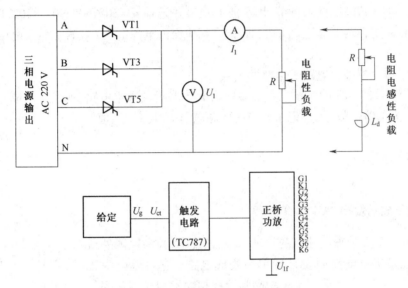

图 2-19　三相半波及触发电路示意图

2. 接线调试

①打开总电源开关,操作"电源控制屏"上的"三相电网电压指示"开关,观察输入的三相电网电压是否平衡。

②三相同步变压器接成 Y/Y 型,输入端用 4 号导线接电源控制屏上的"三相交流电源",输出端用 3 号导线和三相同步信号输入端相连,并把相应的中点和地各自相连。

③按下电源控制屏的"启动"按钮,打开电源开关,观察 a、b、c 三相同步正弦波信号,并调节三相同步正弦波信号幅值调节电位器(在各观测孔下方),使三相同步信号幅值尽可能一致,观察触发电路三相锯齿波,使三相锯齿波斜率、高度尽可能一致。

④将"给定"输出 U_g 与移相控制电压 U_g 相接,使给定 $U_g=0$(即 $U_{ct}=0$),调节偏移电压电位器,用双踪示波器观察 A 相同步电压信号和"双脉冲观察孔" VT1 的输出波形,使 $\alpha=180°$。

⑤适当增加给定 U_g 的正电压输出,观测"VT1 ~ VT6"的波形,观察晶闸管 VT1 ~ VT6 门极和阴极之间的触发脉冲是否正常,此步骤结束后按下"停止"按钮。

子任务2　三相半波整流电路的调试

1. 三相半波可控整流电路带电阻性负载

三相半波可控整流电路用了三只晶闸管,与单相电路比较,其输出电压脉动小,输出功率大。不足之处是晶闸管电流(即变压器的二次侧电流)在一个周期内只有 1/3 时间有电流流过,变压器利用率较低。图 2-19 中晶闸管用 PAC10 中的三个,电阻器 R 用 450 Ω 可调电阻器(将两个 900 Ω 接成并联形式),电抗器 L_d 用 PAC10 面板上的 200 mH,其三相触发信号由 PAC13-2 内部提供,只需在其外加一个给定电压接到 U_{ct} 端即可,给定电压在 PAC09A 挂箱上。直流电压、电流表由 MEC21 获得。

按图 2-19 接线,将可调电阻器调到最大阻值处,按下 MEC01 电源控制屏上的"启动"按钮,打开 PAC09A、PAC13 - 2 上的电源开关,PAC09A 上的"给定"从零开始,慢慢增加移相电压,使 α 能从 30°~170°范围内调节,用示波器观察并记录 α = 30°、60°、90°、120°、150°时整流输出电压 u_d 和晶闸管两端电压 u_T 的波形,记录相应交流电源电压 U_2、直流负载电压 U_d 和电流 I_d 的数值。

2. 三相半波可控整流电路带电感性负载

将 PAC10 上 200 mH 的电抗器与负载电阻 R 串联后接入主电路,观察并记录 α 角为 30°、60°、90°时 u_d、i_d 的输出波形,并记录相应的电源电压 U_2 及 U_d、I_d 值。

✖ 任务相关知识

一、三相集成触发器 TC787/TC788

TC787 和 TC788 是采用独有的先进 IC 工艺技术,并参照国外最新集成移相触发集成电路而设计的单片集成电路。它可单电源工作,亦可双电源工作,主要适用于三相晶闸管移相触发和三相功率晶体管脉宽调制电路,以构成多种交流调速和变流装置;具有功耗小、功能强、输入阻抗高、抗干扰性能好、移相范围宽、外接元器件少等优点,而且装调简便、使用可靠。

TC787(或 TC788)的引脚排列如图 2-20 所示。各引脚的名称、功能及用法如下:

1. 同步电压输入端

引脚 1(Vc)、引脚 2(Vb)及引脚 18(Va)为三相同步输入电压连接端。应用中,分别接经输入滤波后的同步电压,同步电压的峰值应不超过 TC787/TC788 的工作电源电压 V_{DD}。

2. 脉冲输出端

在半控单脉冲工作模式下,引脚 8(C)、引脚 10(B)、引脚 12(A)分别为与三相同步电压正半周对应的同相触发脉冲输出端,而引脚

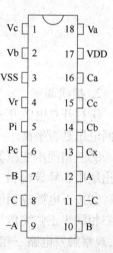

图 2-20 TC787(或 TC788) 的引脚排列

7(-B)、引脚 9(-A)、引脚 11(-C)分别为与三相同步电压负半周对应的反相触发脉冲输出端。当 TC787 或 TC788 被设置为全控双窄脉冲工作方式时,引脚 8 为与三相同步电压中 C 相正半周及 B 相负半周对应的两个脉冲输出端;引脚 12 为与三相同步电压中 A 相正半周及 C 相负半周对应的两个脉冲输出端;引脚 11 为与三相同步电压中 C 相负半周及 B 相正半周对

应的两个脉冲输出端;引脚 9 为与三相同步电压中 A 相同步电压负半周及 C 相电压正半周对应的两个脉冲输出端;引脚 7 为与三相同步电压中 B 相电压负半周及 A 相电压正半周对应的两个脉冲输出端;引脚 10 为与三相同步电压中 B 相正半周及 A 相负半周对应的两个脉冲输出端。应用中,均接脉冲功率放大环节的输入或脉冲变压器所驱动开关管的控制极。

3. 控制端

①引脚 4(Vr):移相控制电压输入端。该端输入电压的高低,直接决定着 TC787/TC788 输出脉冲的移相范围,应用中接给定环节输出,其电压幅值最大为 TC787/TC788 的工作电源电压(VDD)。

②引脚 5(Pi):输出脉冲禁止端。该端用来进行故障状态下封锁 TC787/TC788 的输出,高电平有效,应用中,接保护电路的输出。

③引脚 6(Pc):TC787/TC788 工作方式设置端。当该端接高电平时,TC787/TC788 输出双脉冲列;而当该端接低电平时,输出单脉冲列。

④引脚 13(Cx):该端连接的电容器的容量决定着 TC787 或 TC788 输出脉冲的宽度,电容器的容量越大,则脉冲宽度越宽。

⑤引脚 14(Cb)、引脚 15(Cc)、引脚 16(Ca):对应三相同步电压的锯齿波电容器连接端。该端连接的电容器值大小决定了移相锯齿波的斜率和幅值,应用中分别通过一个相同容量的电容器接地。

4. 电源端

TC787/TC788 可单电源工作,亦可双电源工作。单电源工作时引脚 3(VSS)接地,而引脚 17(VDD)允许施加的电压为 8 ~ 18 V。双电源工作时,引脚 3(VSS)接负电源,其允许施加的电压幅值为−9 ~ −4 V,引脚 17(VDD)接正电源,允许施加的电压为+4 ~ +9 V。

TC787 的工作波形如图 2-21 所示。

为了便于比较,图 2-22 给出了三相触发电路的另一种常用接法。三个 KJ004(即 KC04)集成块和一个 KJ041(即 KC41)集成块,可形成六路双脉冲,再由六个晶体管进行脉冲放大。可见,一片 TC787 的功能等于三片 KJ0041 和一片 KJ041 的组合功能,极大地简化了电路。

二、三相半波整流电路

1. 三相半波不可控整流电路

为了更好地理解三相半波可控整流电路,先来看一下由二极管组成的不可控整流电路,如图 2-23(a)所示。此电路可由三相变压器供电,也可直接接到三相四线制的交流电源上。变压器二次侧相电压有效值为 U_2,线电压为 U_{2L}。其接法是三个整流管的阳极分别接到变压器二次侧的三相电源上,而三个阴极接在一起,接到负载的一端,负载的另一端接到整流变压器的中线,形成回路。此种接法称为共阴极接法。

图 2-23(b)中显示了三相交流电 u_a、u_b 和 u_c 波形图。u_d 是输出电压的波形,u_D 是二极管承受的电压的波形。由于整流二极管导通的唯一条件就是阳极电位高于阴极电位,而三只二极管又是共阴极连接的,且阳极所接的三相电源的相电压是不断变化的,所以哪一相的二极管导通就要看其阳极所接的相电压 u_a、u_b 和 u_c 中哪一相的瞬时值最高,则与该相相连的二极管就

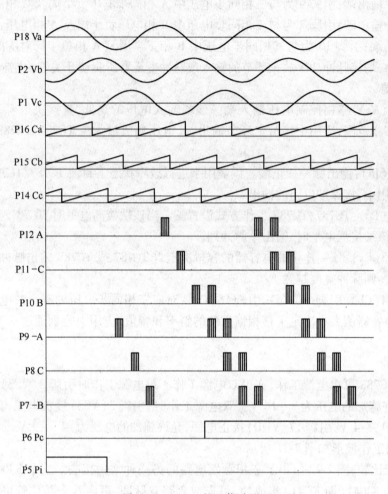

图 2-21　TC787 的工作波形

会导通。其余两只二极管就会因承受反向电压而关断。例如,在图 2-23(b)中 $\omega t_1 \sim \omega t_2$ 区间, a 相的瞬时电压值 u_a 最高,因此与 a 相相连的二极管 VD1 优先导通,所以与 b 相、c 相相连的二极管 VD2 和 VD3 则分别承受反向线电压 u_{ba}、u_{ca} 关断。若忽略二极管的导通压降,此时,输出电压 u_d 就等于 a 相的电源电压 u_a。同理,当 ωt_2 时,由于 b 相的电压 u_b 开始高于 a 相的电压 u_a 而变为最高,因此,电流就要由 VD1 换流给 VD2,VD1 和 VD3 又会承受反向线电压而处于阻断状态,输出电压 $u_d = u_b$。同样在 ωt_3 以后,因 c 相电压 u_c 最高,所以 VD3 导通,VD1 和 VD2 受反压而关断,输出电压 $u_d = u_c$。以后又重复上述过程。

可以看出,三相半波不可控整流电路中三个二极管轮流导通,导通角均为 120°,输出电压 u_d 是脉动的三相交流相电压波形的正向包络线,负载电流波形形状与 u_d 相同。

其输出直流电压的平均值 U_d 为

$$U_d = \frac{3}{2\pi} \int_{\frac{\pi}{6}}^{\frac{5\pi}{6}} \sqrt{2} U_2 \sin\omega t \mathrm{d}\omega t = \frac{3\sqrt{6}}{2\pi} U_2 \approx 1.17 U_2 \tag{2-25}$$

整流二极管承受的电压的波形如图 2-23(b)所示。以 VD1 为例。在 $\omega t_1 \sim \omega t_2$ 区间,由于

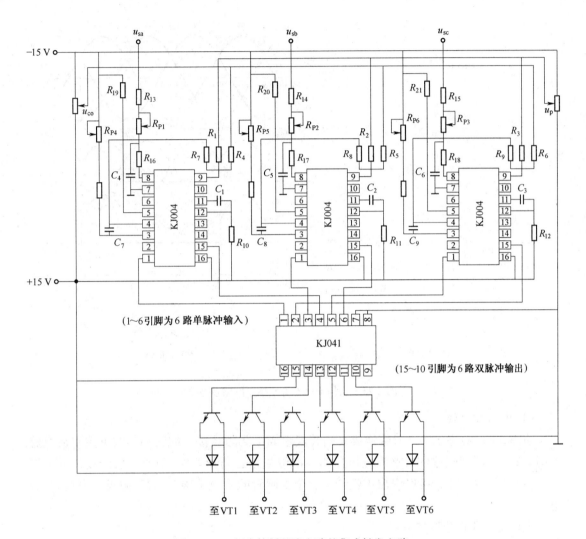

图 2-22 三相全控桥整流电路的集成触发电路

VD1 导通,所以 u_{D1} 为零;在 $\omega t_2 \sim \omega t_3$ 区间,VD2 导通,则 VD1 承受反向电压 u_{ab},即 $u_{D1} = u_{ab}$;在 $\omega t_3 \sim \omega t_4$ 区间,VD3 导通,则 VD1 承受反向电压 u_{ac},即 $u_{D1} = u_{ac}$。从图中还可看出,整流二极管承受的最大的反向电压就是三相交压的峰值,即

$$U_{DM} = \sqrt{6} U_2 \tag{2-26}$$

从图 2-23(b)中还可看到,1、2、3 这三个点分别是二极管 VD1、VD2 和 VD3 的导通起始点,即每经过其中一点,电流就会自动从前一相换流至后一相,这种换相是利用三相电源电压的变化自然进行的,因此把 1、2、3 点称为自然换相点。

2. 三相半波可控整流电路

三相半波可控整流电路有两种接线方式,分别为共阴极、共阳极接法。由于共阴极接法触发脉冲有共用线,使用、调试方便,所以三相半波共阴极接法常被采用。

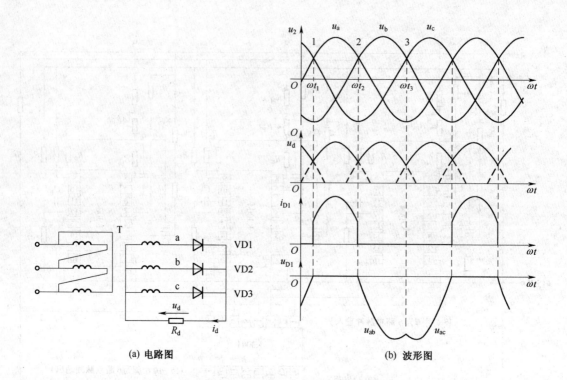

图 2-23　三相半波不可控整流电路及波形

（1）电阻性负载

将图 2-23（a）中三个二极管换成晶闸管就组成了共阴极接法的三相半波可控整流电路。如图 2-24（a）所示，电路中，整流变压器的一次侧采用三角形联结，防止三次谐波进入电网。二次侧采用星形联结，可以引出中性线。三个晶闸管的阴极短接在一起，阳极分别接到三相电源。

电路工作原理分析如下：

① $0°\leqslant\alpha\leqslant30°$。$\alpha=0°$ 时，三个晶闸管相当于三个整流二极管，负载两端的电流电压波形如图 2-24 所示相同，晶闸管两端的电压波形，由三段组成：第一段，VT1 导通期间，为一管压降，可近似为 $u_{T1}=0$；第二段，在 VT1 关断后，VT2 导通期间，$u_{T1}=u_a-u_b=u_{ab}$，为一段线电；第三段，在 VT3 导通期间，$u_{T1}=u_a-u_c=u_{ac}$ 为另一段线电压，如果增大控制角 α，将脉冲后移，整流电路的工作情况相应地发生变化，假设电路已在工作，c 相所接的晶闸管 VT3 导通，经过自然换相点"1"时，由于 a 相所接晶闸管 VT1 的触发脉冲尚未送到，VT1 无法导通。于是 VT3 仍承受正向电压继续导通，直到过 a 相自然换相点"1"点 30°，晶闸管 VT1 被触发导通，输出直流电压由 c 相换到 a 相，如图 2-24（b）所示，为 $\alpha=30°$ 时的输出电压和电流波形以及晶闸管两端电压波形。

② $30°\leqslant\alpha\leqslant150°$。当触发角 $\alpha\geqslant30°$ 时，此时的电压和电流波形断续，各个晶闸管的导通角小于 120°，此时 $\alpha=60°$ 的波形如图 2-25 所示。

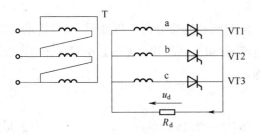

(a) 电路图

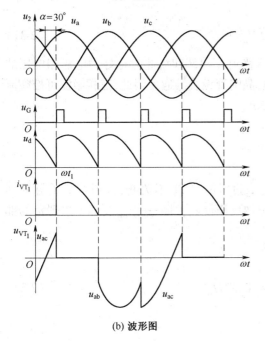

(b) 波形图

图 2-24　三相半波整流电路及 $\alpha=30°$ 时的波形图

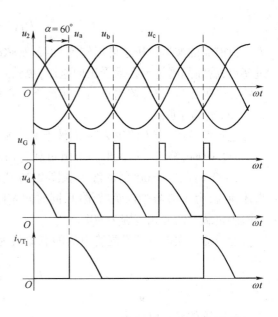

图 2-25　三相半波整流电路 $\alpha=60°$ 的波形

电路的基本物理量计算如下：

①整流输出电压的平均值计算。当 $0°\leqslant\alpha\leqslant30°$ 时，此时电流波形连续，通过分析可得：

$$U_d = \frac{1}{\frac{2\pi}{3}} \int_{\frac{\pi}{6}+\alpha}^{\frac{5\pi}{6}+\alpha} \sqrt{2}\,U_2\sin\omega t\,\mathrm{d}(\omega t) = \frac{3\sqrt{6}}{2\pi}U_2\cos\alpha \approx 1.17U_2\cos\alpha \tag{2-27}$$

当 $30°\leqslant\alpha\leqslant150°$ 时，此时电流波形断续，通过分析可得：

$$U_d = \frac{1}{\frac{2\pi}{3}} \int_{\frac{\pi}{6}+\alpha}^{\pi} \sqrt{2}\,U_2\sin\omega t\,\mathrm{d}(\omega t) = \frac{3\sqrt{2}}{2\pi}U_2\left[1+\cos\left(\frac{\pi}{6}+\alpha\right)\right] \approx 0.675\left[1+\cos\left(\frac{\pi}{6}+\alpha\right)\right]$$

$$\tag{2-28}$$

②直流输出平均电流。对于电阻性负载，电流与电压波形是一致的，数量关系为

$$I_d = U_d / R_d \qquad (2-29)$$

③晶闸管承受的电压和控制角的移相范围。由前面的波形分析可以知道,晶闸管承受的最大反向电压为变压器二次侧线电压的峰值。电流断续时,晶闸管承受的是电源的相电压,所以晶闸管承受的最大正向电压为相电压的峰值即

最大反向电压:

$$U_{RM} = \sqrt{2} \times \sqrt{3}\, U_2 = \sqrt{6}\, U_2 \approx 2.45 U_2 \qquad (2-30)$$

最大正向电压:

$$U_{FM} = \sqrt{2}\, U_2 \qquad (2-31)$$

由前面的波形分析还可以知道,当触发脉冲后移到 $\alpha = 150°$ 时,此时正好为电源相电压的过零点,后面晶闸管不在承受正向电压,也就是说,晶闸管无法导通。因此,三相半波可控整流电路在电阻性负载时,控制角的移相范围是 $0 \sim 150°$。

(2)电感性负载

电感性负载,当 L 值很大时, i_d 波形基本平直。

$a \leqslant 30°$ 时,整流电压波形与电阻负载时相同。

$a > 30°$ 时(如 $a = 60°$ 时的波形如图 2-26 所示) u_2 过零时,VT1 不关断,直到 VT2 的脉冲到来才换流,由 VT2 导通向负载供电,同时向 VT1 施加反压使其关断——u_d 波形中出现负的部分阻感负载时的移相范围为 $90°$。

变压器二次电流即晶闸管电流的有效值为

$$I_2 = I_T = \frac{1}{\sqrt{3}} I_d \approx 0.577 I_d \qquad (2-32)$$

晶闸管的额定电流为

$$I_{T(AV)} = \frac{I_d}{1.57} \approx 0.368 I_d \qquad (2-33)$$

晶闸管最大正反向电压峰值均为变压器二次线电压峰值:

$$U_{FM} = U_{RM} = 2.45 U_2 \qquad (2-34)$$

图 2-26 中 i_d 波形有一定的脉动,但为简化分析及定量计算,可将 i_d 近似视为一条水平线。三相半波的主要缺点在于其变压器二次电流中含有直流分量,因此其应用较少。

3. 三相半波共阳极可控整流电路

把三只晶闸管的阳极接成公共端连在一起就构成了共阳极接法的三相半波可控整流电路,由于阴极不同电位,要求三相的触发电路必须彼此绝缘。由于晶闸管只有在阳极电位高于阴极电位时才能导通,因此晶闸管只在相电压负半周被触发导通,换相总是换到阴极更负的那一相。输出电压的平均值为

$$U_d = -1.17 U_2 \cos\alpha \qquad (2-35)$$

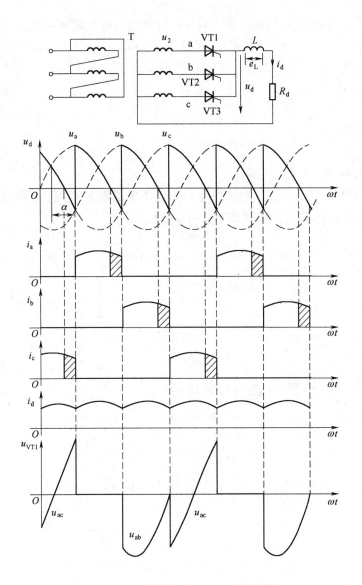

图2-26 电感性负载 $a=60°$ 电路波形

任务4 三相桥式全控整流电路的调试

任务目标

1. 能正确调试三相桥式全控整流电路。
2. 能分析三相桥式全控整流电路的故障并进行排除。

三相和单相一样,也有半波与桥式之分。

实际应用中,三相桥式应用比较多。不过它们使用的触发器是一样的。我们直接从主电路的认识开始。

好吧!

任务实施

1. 认识三相桥式全控整流电路

如图 2-27 下半部分所示,触发电路为 PAC13-2 集成触发电路,主要由给定、触发电路(TC787)和正桥功放组成,可输出经调制后的双窄脉冲。

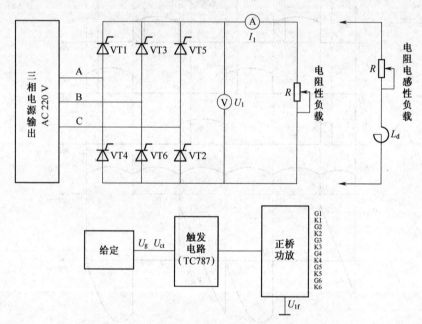

图 2-27　三相桥式全控整流及触发电路原理图

2. 触发电路的调试

①TC787 触发电路的调试同任务 3 相关内容。

②也可采用组合触发电路:三个 KJ004(KC04)集成块和一个 KJ041(KC41)集成块,可形成六路双脉冲,再由六个晶体管进行脉冲放大即可。

3. 三相桥式全控整流电路的调试(电阻性负载)

图 2-27 中,三个晶闸管和电抗器在 PAC10 面板上,三相触发电路在 PAC13-2 上,二极管和给定在 PAC09A 上,直流电压、电流表从 MEC21 上获得,电阻器 R 用 450 Ω(将 MEC42 上的两个 900 Ω 接成并联形式)。

按图 2-27 接线,将"给定"输出调到零(逆时针旋到底),使电阻器放在最大阻值处,按下"启动"按钮,调节给定电位器,增加移相电压,使 α 在 30°～120°范围内调节,同时,根据需要

不断调整负载电阻 R,使得负载电流 I_d 保持在 0.6 A 左右(注意 I_d 不得超过 0.65 A)。用示波器观察并记录 $\alpha = 30°$、$60°$ 及 $90°$ 时的整流电压 u_d 和晶闸管两端电压 u_T 的波形,记录相应交流电源电压 U_2、直流负载电压 U_d 和电流 I_d 的数值。

调试注意事项:

①为了防止过流,启动时将负载电阻 R 调至最大阻值位置。

②整流电路与三相电源连接时,一定要注意相序,必须一一对应。

任务相关知识

一、三相桥式全控整流电路带电阻性负载

1. 电路组成

三相桥式全控整流电路实质上是一组共阴极半波可控整流电路与共阳极半波可控整流电路的串联,如上一节所述,共阴极半波可控整流电路实际上只利用电源变压器的正半周期,共阳极半波可控整流电路只利用电源变压器的负半周期,如果两种电路的负载电流一样大小,可以利用同一电源变压器。即两种电路串联便可以得到三相桥式全控整流电路,电路的组成如图 2-28 所示。

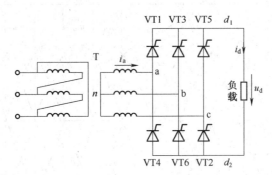

图 2-28　三相桥式全控整流电路

2. 工作原理(以电阻性负载,$\alpha = 0°$ 分析)

在共阴极组的自然换相点分别触发 VT1、VT3、VT5 晶闸管,共阳极组的自然换相点分别触发 VT2、VT4、VT6 晶闸管,两组的自然换相点对应相差 $60°$,电路各自在本组内换流,即 VT1→VT3→VT5→ VT1,VT2 → VT4 → VT6 → VT2,每个晶闸管轮流导通 $120°$。由于中性线断开,要使电流流通,负载端有输出电压,必须在共阴极和共阳极组中各有一个晶闸管同时导通。

$\omega t_1 \sim \omega t_2$ 期间,a 相电压最高,b 相电压最低,在触发脉冲作用下,VT6、VT1 同时导通,电流从 a 相流出,经 VT1、负载、VT6 流回 b 相,负载上得到 a、b 相电压 u_{ab}。从 ωt_2 开始,a 相电压仍保持电位最高,VT1 继续导通,但 c 相电压开始比 b 相更低,此时触发脉冲触发 VT2 导通,迫使 VT6 承受反压而关断,负载电流从 VT6 换到 VT2,以此类推,负载两端的波形如图 2-29 所示。各期间导通晶闸管及负载电压情况见表 2-1。

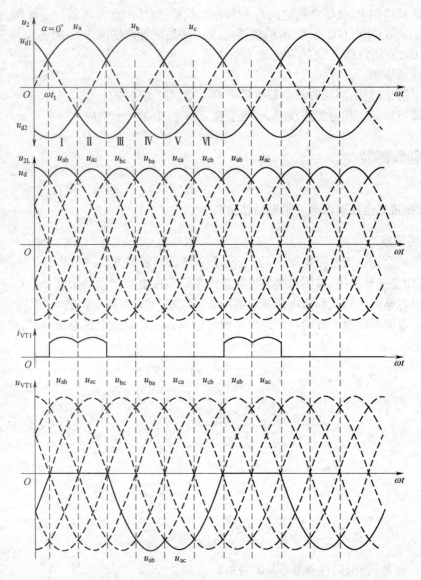

图 2-29　三相桥式电阻性负载 $\alpha = 0°$ 电路波形

表 2-1　导通晶闸管及负载电压

导通期间	$\omega t_1 \sim \omega t_2$	$\omega t_2 \sim \omega t_3$	$\omega t_3 \sim \omega t_4$	$\omega t_4 \sim \omega t_5$	$\omega t_5 \sim \omega t_6$	$\omega t_6 \sim \omega t_7$
导通 VT	VT1，VT6	VT1，VT2	VT3，VT2	VT3，VT4	VT5，VT4	VT5，VT6
共阴电压	a 相	a 相	b 相	b 相	c 相	c 相
共阳电压	b 相	c 相	c 相	a 相	a 相	b 相
负载电压	ab 线电压 u_{ab}	ac 线电压 u_{ac}	bc 线电压 u_{bc}	ba 线电压 u_{ba}	ca 线电压 u_{ca}	cb 线电压 u_{cb}

3.　三相桥式全控整流电路的特点

①必须有两个晶闸管同时导通才可能形成供电回路,其中共阴极组和共阳极组各一个,且不能为同一相的器件。

②对触发脉冲的要求：按 VT1 → VT2 → VT3 → VT4 → VT5 → VT6 的顺序，相位依次差60°，共阴极组 VT1、VT3、VT5 的脉冲依次差120°，共阳极组 VT4、VT6、VT2 也依次差120°。同一相的上下两个晶闸管，即 VT1 与 VT4，VT3 与 VT6，VT5 与 VT2，脉冲相差180°。

触发脉冲要有足够的宽度，通常采用单宽脉冲触发或采用双窄脉冲。但实际应用中，为了减少脉冲变压器的铁心损耗，大多采用双窄脉冲。

4. 不同控制角时的波形分析

①α=30°时的工作情况波形如图 2-30 所示。这种情况与 α=0°时的区别在于：晶闸管起始导通时刻推迟了30°，组成 u_d 的每一段线电压因此推迟30°从 ωt_1 开始把一周期等分为六段，u_d 波形仍由六段线电压构成，每一段导通晶闸管的编号等仍符合表 2-1 的规律。变压器二次电流 i_a 波形的特点：在 VT1 处于通态的120°。期间，i_a 为正，i_a 波形的形状与同时段的 u_d 波形相同，在 VT4 处于通态的120°期间，i_a 波形的形状也与同时段的 u_d 波形相同，但为负值。

②α=60°时的工作情况，波形如图 2-31 所示。

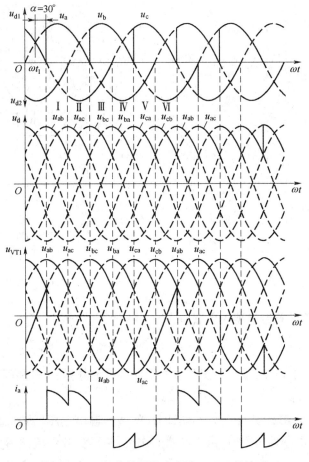

图 2-30　三相全控桥整流电路 α=30°的波形

此时 u_d 的波形中每段线电压的波形继续后移，u_d 平均值继续降低。$\alpha = 60°$ 时 u_d 出现为零的点，这种情况即为输出电压 u_d 为连续和断续的分界点。

③$\alpha = 90°$ 时的工作情况，波形如图 2-32 所示。

此时 u_d 的波形中每段线电压的波形继续后移，u_d 平均值继续降低。$\alpha = 90°$ 时 u_d 波形断续，每个晶闸管的导通角小于 $120°$。

小结：

①当 $\alpha \leqslant 60°$ 时，u_d 波形均连续，对于电阻性负载，i_d 波形与 u_d 波形形状一样，也连续。

②当 $\alpha > 60°$ 时，u_d 波形每 $60°$ 中有一段为零，u_d 波形不能出现负值，带电阻负载时三相桥式全控整流电路 α 角的移相范围是 $120°$。

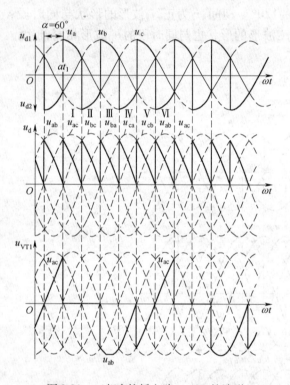

图 2-31　三相全控桥电路 $\alpha = 60°$ 的波形

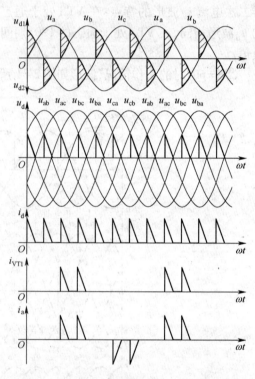

图 2-32　三相全控桥电路 $\alpha = 90°$ 的波形

二、三相桥式整流电路带电感性负载

1. 电路工作原理

①$\alpha \leqslant 60°$ 时，u_d 波形连续，工作情况与带电阻性负载十分相似，各晶闸管的通断情况、输出整流电压 u_d 波形、晶闸管承受的电压波形等都一样。

两种负载时的区别在于：由于负载不同，同样的整流输出电压加到负载上，得到的负载电流 i_d 波形不同。电阻电感性负载时，由于电感的作用，使得负载电流波形变得平直，当电感足够大的时候，负载电流的波形可近似为一条水平线。$\alpha = 30°$ 波形如图 2-33 所示。

②$\alpha > 60°$ 时。电阻电感性负载时的工作情况与电阻性负载不同。电阻性负载时 u_d 波形不

会出现负的部分,而电阻电感性负载时,由于电感器 L 的作用,u_d 波形会出现负的部分,$\alpha = 90°$ 时波形如图 2-34 所示。可见,带电阻电感性负载时,三相桥式全控整流电路的 α 移相范围为 $0° \sim 90°$。

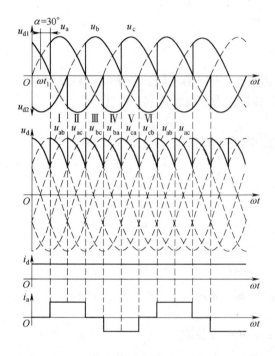

图 2-33　三相桥式电阻电感性负载 $\alpha = 30°$ 波形

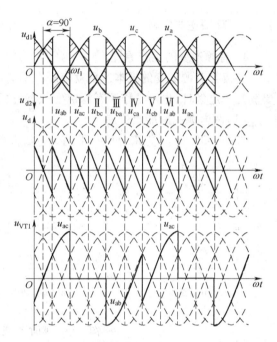

图 2-34　三相桥式电阻电感性负载 $\alpha = 90°$ 波形

2. 基本的物理量计算

（1）整流电路输出直流平均电压

①当整流输出电压连续时（即带电阻电感性负载时,或带电阻性负载 $\alpha \leqslant 60°$ 时）的平均值为

$$U_d = \frac{1}{\frac{\pi}{3}} \int_{\frac{\pi}{3}+\alpha}^{\frac{2\pi}{3}+\alpha} \sqrt{6}\, U_2 \sin\omega t\, \mathrm{d}(\omega t) \approx 2.34 U_2 \cos\alpha \tag{2-36}$$

②带电阻性负载且 $\alpha > 60°$ 时,整流电压平均值为

$$U_d = \frac{3}{\pi} \int_{\frac{\pi}{3}+\alpha}^{\pi} \sqrt{6}\, U_2 \sin\omega t\, \mathrm{d}(\omega t) \approx 2.34 U_2 \left[1 + \cos\left(\frac{\pi}{3} + \alpha \right) \right] \tag{2-37}$$

（2）输出电流平均值

$$I_d = U_d / R \tag{2-38}$$

（3）变压器二次侧电流有效值

当整流变压器为采用星形接法,带电阻电感性负载时,变压器二次侧电流为正负半周各宽 $120°$、前沿相差 $180°$ 的矩形波,其有效值为

$$I_2 = \sqrt{\frac{1}{2\pi} \left(I_d^2 \times \frac{2}{3}\pi + (-I_d)^2 \times \frac{2}{3}\pi \right)} = \sqrt{\frac{2\pi}{3}}\, I_d \approx 0.816 I_d \tag{2-39}$$

晶闸管电压、电流等的定量分析与三相半波时一致。

项目拓展知识

一、有源逆变电路

1. 有源逆变的工作原理

整流与有源逆变的根本区别就表现在两者能量传送方向的不同。一个相控整流电路,只要满足一定条件,也可工作于有源逆变状态,这种装置称为变流装置或变流器。

(1)两电源间的能量传递

如图 2-35 所示,先来分析一下两个电源间的功率传递问题。

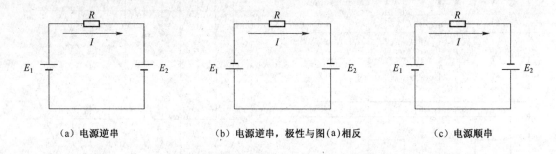

(a) 电源逆串   (b) 电源逆串,极性与图(a)相反   (c) 电源顺串

图 2-35   两个直流电源间的功率传递

图 2-35(a)为两个电源同极性连接,称为电源逆串。当 $E_1 > E_2$ 时,电流 I 从 E_1 正极流出,流入 E_2 正极,为顺时针方向,其大小为

$$I = \frac{E_1 - E_2}{R} \tag{2-40}$$

在这种连接情况下,电源 E_1 输出功率 $P_1 = E_1 I$,电源 E_2 则吸收功率 $P_2 = E_2 I$,电阻 R 上消耗的功率为 $P_R = P_1 - P_2 = R I^2$,P_R 为两电源功率之差。

图 2-35(b)也是两电源同极性相连,但两电源的极性与图 2-35(a)正好相反。当 $E_2 > E_1$ 时,电流仍为顺时针方向,但是从 E_2 正极流出,流入 E_1 正极,其大小为

$$I = \frac{E_2 - E_1}{R} \tag{2-41}$$

在这种连接情况下,电源 E_2 输出功率,而 E_1 吸收功率,电阻器 R 仍然消耗两电源功率之差,即这 $R_R = P_2 - P_1$。

图 2-35(c)为两电源反极性连接,称为电源顺串。此时电流仍为顺时针方向,大小为

$$I = \frac{E_1 + E_2}{R} \tag{2-42}$$

此时电源 E_1 与 E_2 均输出功率,电阻器上消耗的功率为两电源功率之和:$R_R = P_1 + P_2$。若回路电阻很小,则 I 很大,这种情况相当于两个电源间短路。

通过上述分析,可知:

①无论电源是顺串还是逆串,只要电流从电源正极端流出,则该电源就输出功率;反之,若电流从电源正极端流入,则该电源就吸收功率。

②两个电源逆串时,回路电流从电动势高的电源正极流向电动势低的电源正极。如果回路电阻很小,即使两电源电动势之差不大,也可产生足够大的回路电流,使两电源间交换很大的功率。

③两个电源顺串时,相当于两电源电动势相加后再通过 R 短路,若回路电阻 R 很小,则回路电流会非常大,这种情况在实际应用中应当避免。

(2)有源逆变的工作原理

在上述两电源回路中,若用晶闸管变流装置的输出电压代替 E_1,用直流电动机的反电动势代替 E_2,就变成了晶闸管变流装置与直流电动机负载之间进行能量交换的问题,如图 2-36 所示。

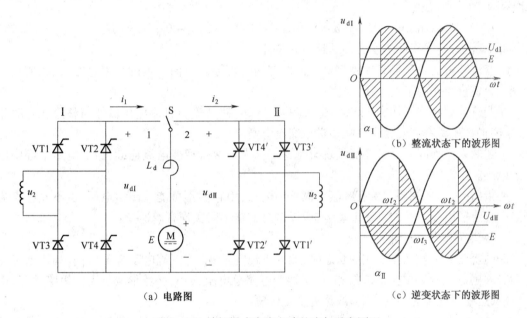

（a）电路图　　　　　　　　　　（b）整流状态下的波形图

（c）逆变状态下的波形图

图 2-36　单相桥式变流电路整流与逆变原理

图 2-36(a)中有两组单相桥式变流装置,均可通过开关 S 与直流电动机负载相连。将开关拔向位置1,且让 I 组晶闸管的控制角 $\alpha_I < 90°$,则电路工作在整流状态,输出电压 U_{dI} 上正下负,波形如图 2-36(b)所示。此时,电动机做电动运行,电动机的反电动势 E 上正下负,并且通过调整 α 使 $|U_{dI}| > |E|$,则交流电压通过 I 组晶闸管输出功率,电动机吸收功率。负载中电流 I_d 值为

$$I_d = \frac{U_{dI} - E}{R} \tag{2-43}$$

将开关 S 快速拔向位置2。由于机械惯性,电动机转速不变,则电动机的反电动势 E 不变,且极性仍为上正下负。此时,若仍按控制角 $\alpha_{II} < 90°$ 触发 II 组晶闸管,则输出电压 U_{dII} 为上正下负,与 E 形成两电源顺串连接。这种情况与图 2-35(c)所示相同,相当于短路事故,因此不允许出现。

当开关 S 拨向位置 2 时,又同时触发脉冲控制角调整到 $\alpha_{II} > 90°$,则 II 组晶闸管输出电压 U_{dII} 将为上负下正,波形如图 2-36(c)所示。假设由于惯性原因电动机转速不变,反电动势不变,并且调整 α 角使 $|U_{dII}| < |E|$,则晶闸管在 E 与 u_2 的作用下导通,负载中电流为

$$I_d = \frac{E - U_{dII}}{R} \tag{2-44}$$

这种情况下,电动机输出功率,运行于发电制动状态,II 组晶闸管吸收功率并将功率送回交流电网。这种情况就是有源逆变。

由以上分析及输出电压波形可以看出,逆变时的输出电压控制有的是与整流时相同,计算公式仍为

$$U_d = 0.9 U_2 \cos\alpha \tag{2-45}$$

因为此时控制角 α 大于 90°,使得计算出来的结果小于零,为了计算方便,令 $\beta = 180° - \alpha$,β 称为逆变角,则

$$U_d = 0.9 U_2 \cos\alpha = 0.9 U_2 \cos(180° - \beta) = -0.9 U_2 \cos\beta \tag{2-46}$$

综上所述,实现有源逆变必须满足下列条件:

①变流装置的直流侧必须外接电压极性与晶闸管导通方向一致的直流电源,且其值稍大于变流装置直流侧的平均电压。

②变流装置必须工作在 $\beta < 90°$(即 $\alpha > 90°$)区间,使其输出直流电压极性与整流状态时相反,才能将直流功率逆变为交流功率送至交流电网。

上述两条必须同时具备才能实现有源逆变。为了保持逆变电流连续,逆变电路中都要串接大电感。

要指出的是,半控桥或接有续流二极管的电路,因它们不可能输出负电压,也不允许直流侧接上直流输出反极性的直流电动势,所以这时电路不能实现有源逆变。

2. 逆变失败与逆变角的限制

晶闸管变流装置工作于逆变状态时,如果出现电压 U_d 与直流电动势 E 顺向串联,则直流电动势 E 通过晶闸管电路形成短路,由于逆变电路总电阻很小,必然形成很大的短路电流,造成事故,这种情况称为逆变失败,或称为逆变颠覆。

为了防止逆变失败,应合理选择晶闸管的参数,对其触发电路的可靠性、器件的质量以及过电流保护性能等都有比整流电路更高的要求。逆变角的最小值也应严格限制,不可过小。

逆变时允许的最小逆变角 β_{min} 应考虑几个因素:不得小于换向重叠角 γ,考虑晶闸管本身关断时所对应的电角度,考虑一个安全裕量等,这样最小逆变角 β_{min} 的取值一般为

$$\beta_{min} \geq \gamma + \delta_0 + \theta_a \approx 30° \sim 35° \tag{2-47}$$

式中　γ——换相重叠角,此值随电路形式、工作电流大小的不同而不同,一般考虑它为 15° ~ 25°;

　　　δ_0——晶闸管关断时间所对应的电角度,一般考虑它为 3.6° ~ 5.4°;

　　　θ_a——安全裕量角,考虑到脉冲调整时不对称,留一个安全裕量角,一般取 10° 左右。

为防止 β 小于 β_{min},有时要在触发电路中设置保护电路,使减小 β 时,不能进入 $\beta < \beta_{min}$ 的区域。此外还可在电路中加上安全脉冲产生装置,安全脉冲位置就设在 β_{min} 处,一旦工作脉冲就移入 β_{min} 处,安全脉冲保证在 β_{min} 处触发晶闸管。

3. 三相半波有源逆变电路

常用的有源逆变电路,除单相全控桥电路外,还有三相半波和三相全控桥电路等。三相有源变电路中,变流装置的输出电压与控制角 α 之间的关系仍与整流状态时相同,即

$$U_d = U_{d0}\cos\alpha \tag{2-48}$$

逆变时 $90° < \alpha < 180°$,使 $U_d < 0$。

图 2-37 所示为三相半波有源逆变电路。电路中电动机产生的电动势 E 为上负下正,令控制角 $\alpha > 90°$,以使 U_d 为上负下正,且满足 $|E| > |U_d|$,则电路符合有源逆变的条件,可实现有源逆变。逆变器输出直流电压 U_d(U_d 的方向仍按整流状态时的规定,从上至下为 U_d 的正方向)的计算式为

$$U_d = U_{d0}\cos\alpha = -U_{d0}\cos\beta = -1.17U_2\cos\beta \qquad (\alpha > 90°) \tag{2-49}$$

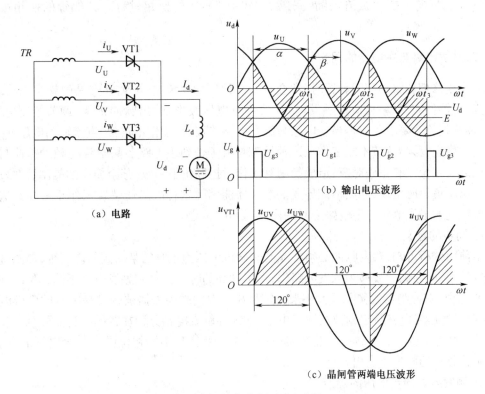

（a）电路　　（b）输出电压波形　　（c）晶闸管两端电压波形

图 2-37　三相半波有源逆变电路

式中,U_d 为负值,即 U_d 的极性与整流状态时相反。输出直流电流平均值为

$$I_d = \frac{E - U_d}{R_\Sigma} \tag{2-50}$$

式中,R_Σ 为回路的总电阻。电流从 E 的正极流出,流入 U_d 的正端,即 E 端输出电能,经过晶闸管装置将电能送给电网。

下面以 $\beta = 60°$ 为例对其工作过程作一分析。在 $\beta = 60°$ 时,即 ωt_1 时刻触发脉冲 U_{g1} 触发晶闸管 VT1 导通。即使 u_U 相电压为零或负值,但由于有电动势 E 的作用,VT1 仍可能承受正压而导通。则电动势 E 提供能量,有电流 I_d 流过晶闸管 VT1,输出电压波形 $u_d = u_U$。然后,与整

流时一样,按电源相序每隔 120°依次轮流触发相应的晶闸管使之导通,同时关断前面导通的晶闸管,实现依次换相,每个晶闸管导通 120°。输出电压 u_d 的波形如图 2-37(b)所示,其直流平均电压 U_d 为负值,数值小于电动势 E。

图 2-37(c)中显示了晶闸管 VT1 两端电压 u_{T1} 的波形。在一个电源周期内,VT1 导通 120°角,导通期间其端电压为零,随后的 120°内是 VT2 导通,VT1 关断,VT1 承受线电压 u_{UV},再后的 120°内是 VT3 导通,VT1 承受线电压 u_{UW}。由端电压波形可见,逆变时晶闸管两端电压波形的正面积总是大于负面积,而整流时则相反,正面积总是小于负面积。只有 $\alpha = \beta$ 时,正负面积才相等。

下面以 VT1 换相到 VT2 为例,简单说明图中晶闸管换相的过程。在 VT1 导通时,到 ωt_2 时刻触发 VT2,则 VT2 导通,与此同时使 VT1 承受 U、V 两相间的线电压 u_{UV}。由于 $u_{UV} < 0$。故 VT1 承受反向电压而被迫关断,完成了 VT1 向 VT2 的换相过程。其他管的换相可由此类推。

二、触发电路与主电路的同步

制作或修理调整晶闸管装置时,常会碰到一种故障现象:在单独检查晶闸管主电路时,接线正确,元器件完好;单独检查触发电路时,各点电压波形、输出脉冲正常,调节控制电压 U_c 时,脉冲移相符合要求。但是当主电路与触发电路连接后,工作不正常,直流输出电压 u_d 波形不规则不稳定,移相调节不能工作。这种故障是由于送到主电路各晶闸管的触发脉冲与其阳极电压之间相位没有正确对应,造成晶闸管工作时控制角不一致,甚至使有的晶闸管触发脉冲在阳极电压负值时出现,当然不能导通。怎样才能消除这种故障使装置工作正常呢? 这就是本节要讨论的触发电路与主电路之间的同步(定相)问题。

1. 同步的定义

由前面分析可知,触发脉冲必须在晶闸管阳极电压为正时的某一区间内出现,晶闸管才能被触发导通,而在锯齿波移相触发电路中,送出脉冲的时刻由接到触发电路不同相位的同步电压 u_s 来定位,有控制与偏移电压大小来决定移相。因此必须根据被触发晶闸管的阳极电压相位,正确供给触发电路特定相位的同步电压,才能使触发电路分别在各晶闸管需要触发脉冲的时刻输出脉冲。这种正确选择同步信号电压相位以及得到不同相位同步信号电压的方法,称为晶闸管装置的同步或定相。

2. 触发电路同步电压的确定

触发电路同步电压的确定包括两方面内容:

①根据晶闸管主电路的结构、所带负载的性质及采用的触发电路的形式,确定该触发电路能够满足移相要求的同步电压与晶闸管阳极电压的相位关系。

②用三相同步变压器的不同连接方式或再配合阻容移相得到上述确定的同步电压。

下面用三相全控桥式电路带电感性负载来具体分析。电网三相电源为 U1、V1、W1,经整流变压器 TR 供给晶闸管桥路,对应电源为 U、V、W,假定控制角为 0,则 $u_{g1} \sim u_{g6}$ 六个触发脉冲应在各自的自然换相点,依次相隔 60°要保证每个晶闸管的控制角一致,六块触发板 1CF ~ 6CF 输入的同步信号电压 u_s 也必须依次相隔 60°。为了得到六个不同相位的同步电压,通常用一只三相同步变压器 TS 具有两组二次绕组,二次侧得到相隔 60°的六个同步信号电压分别输入六个触发电路。因此只要一块触发板的同步信号电压相位符合要求,其他五个同步信号电压相位也肯定正确。那么,每个触发电路的同步信号电压 u_s 与被触发晶闸管的阳极电压必须有怎样的相位关系呢?这决定于主电路的不同形式、不同的触发电路、负载性质以及不同的移相要求。

例如:对于锯齿波同步电压触发电路,NPN 型晶体管时,同步信号负半周的起点对应于锯齿波的起点,通常使锯齿波的上升段为 240°,上升段起始的 30°和终了的 30°线性度不好,舍去不用,使用中间的 180°。锯齿波的中点与同步信号的 300°位置对应,使 $U_d = 0$ 的触发角 α 为 90°。当 $\alpha < 90°$ 时为整流工作,$\alpha > 90°$ 时为逆变工作。将 $\alpha = 90°$ 确定为锯齿波的中点,锯齿波向前向后各有 90°的移相范围。于是 $\alpha = 90°$ 与同步电压的 300°对应,也就是 $\alpha = 0°$ 与同步电压的 210°对应。$\alpha = 0°$ 对应于 u_u 的 30°的位置,则同步信号的 180°与 u_u 的 0°对应,说明同步电压 u_s 应滞后于阳极电压 u_u 180°。

3. 实现同步的方法

实现同步的方法步骤如下:

①根据主电路的结构、负载的性质及触发电路的形式与脉冲移相范围的要求,确定该触发电路的同步电压 u_s 与对应晶闸管阳极电压 u_u 之间的相位关系。

②根据整流变压器 TR 的接法,以定位某线电压做参考矢量,画出整流变压器二次电压(即晶闸管阳极电压)的矢量,再根据步骤 1 确定的同步电压 u_s 与晶闸管阳极电压 u_u 的相位关系,画出电源的同步相电压和同步线电压矢量。

③根据同步变压器二次线电压矢量位置,定出同步变压器 TS 的钟点数的接法,然后确定 u_{su}、u_{sv}、u_{sw} 分别接到 VT1、VT3、VT5 管触发电路输入端;确定 $u_{s(-u)}$、$u_{s(-v)}$、$u_{s(-w)}$ 分别接到 VT4、VT6、VT2 管触发电路的输入端,这样就保证了触发电路与主电路的同步。

小　结

本项目利用内圆磨床主轴电动机直流调速装置这一工业设备,引出晶闸管单相桥式半控和全控整流电路的工作原理,然后学习三相半波及三相桥式电路的调试。其中贯穿晶闸管锯齿波触发电路、集成触发电路的应用。通过项目实施,加深对这些电路的理解,掌握触发电路和主电路综合调试的方法。在项目实施过程中,培养了解决问题、分析问题的能力。

练　一　练

一、单选题

1. 普通的单相半控桥可整流装置中一共用了(　　)只晶闸管。
    A. 一　　　　　B. 二　　　　　C. 三　　　　　D. 四

2. 三相全控桥整流装置中一共用了(　　)只晶闸管。
    A. 三　　　　　B. 六　　　　　C. 九

3. 单相桥式全控整流电阻性负载电路中,控制角 α 的最大移相范围是(　　)。
    A. 90°　　　　B. 120°　　　　C. 150°　　　　D. 180°

4. 单相桥式全控整流电感性负载电路中,控制角 α 的最大移相范围是(　　)。

    A. 90°　　　　　B. 120°　　　　　C. 150°　　　　　D. 180°

5. 单相半控桥整流电路的两只晶闸管的触发脉冲依次应相差(　　)。

    A. 180°　　　　　B. 60°　　　　　C. 360°　　　　　D. 120°

6. 三相可控整流与单相可控整流相比较,输出直流电压的纹波系数(　　)。

    A. 三相的大　　　　B. 单相的大　　　　C. 一样大

7. 为了让晶闸管可控整流电感性负载电路正常工作,应在电路中接入(　　)。

    A. 晶体管　　　　B. 续流二极管　　　　C. 熔丝

8. 晶闸管可整流电路中直流端的蓄电池或直流电动机应该属于(　　)负载。

    A. 电阻性　　　　B. 电感性　　　　C. 反电动势

9. 脉冲变压器传递的是(　　)电压。

    A. 直流　　　　B. 正弦波　　　　C. 脉冲波

10. 若可控整流电路的功率大于 4 KF,宜采用(　　)整流电路。

    A. 单相半波可控　　B. 单相全波可控　　C. 三相可控

11. 三相全控整流桥电路,如采用双窄脉冲触发晶闸管时,图 2-38 中哪一种双窄脉冲间距相隔角度符合要求。请选择(　　)。

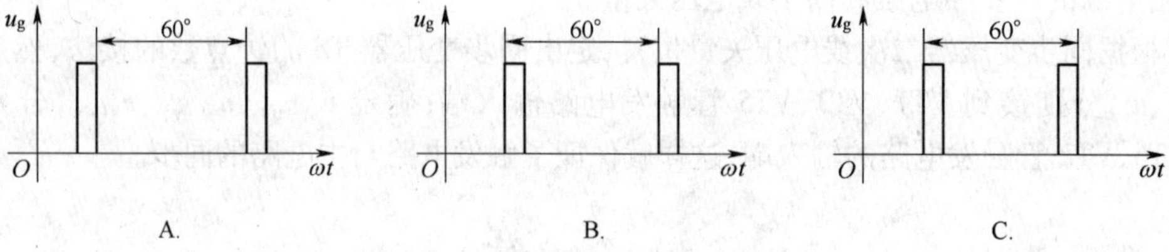

图 2-38　双窄脉冲

12. 可实现有源逆变的电路为(　　)。

    A. 三相半波可控整流电路　　　　　　B. 三相半控桥整流桥电路

    C. 单相全控桥接续流二极管电路　　　D. 单相半控桥整流电路

13. 在一般可逆电路中,最小逆变角 β_{min} 在(　　)范围合理。

    A. 30°～35°　　　B. 10°～15°　　　C. 0°～10°　　　D. 0°

14. 可控变流装置的造成逆变失败的原因是(　　)。

    A. 变流器的输出电压和直流电动势反向串联　　B. 脉冲延迟

    C. 逆变角 β 大于换向重叠角 γ　　　　　　　D. 换向的裕量角过大

15. 晶闸管整流电路中"同步"的概念是指(　　)。

    A. 触发脉冲与主回路电源电压同时到来,同时消失

    B. 触发脉冲与电源电压频率相同

    C. 触发脉冲与主回路电压频率在相位上具有相互协调配合关系

    D. 触发脉冲与主回路电压频率相同

二、填空题

1. 触发电路送出的触发脉冲信号必须与晶闸管阳极电压_____，保证在晶体管阳极电压每个正半周内以相同的_____被触发，才能得到稳定的直流电压。

2. 晶体管触发电路的同步电压一般有_____同步电压和_____电压。

3. 整流是把_____电变换为_____电的过程；逆变是把_____电变换为_____电的过程。

4. 逆变电路分为_____逆变电路和_____逆变电路两种。

5. 逆变角 β 与控制角 α 之间的关系为_____。

6. 在三相桥式全控整流电路中，共阴极组 VT1、VT3、VT5 的脉冲依次差为_____，共阳极组 VT4、VT6、VT2 的脉冲依次差为_____；同一相上下两个桥臂，即 VT1 与 VT4、VT3 与 VT6、VT5 与 VT2 脉冲相差_____。

三、分析题

1. 单相桥式全控整流电路，大电感负载，交流侧电流有效值为220 V，负载电阻 R_d 为 4 Ω，计算当 $\alpha = 60°$ 时，直流输出电压平均值 U_d、输出电流的平均值 I_d；若在负载两端并接续流二极管，其 U_d、I_d 又是多少？此时流过晶闸管和续流二极管的电流平均值和有效值又是多少？画出上述两种情形下的电压电流波形。

2. 某感性负载采用带续流二极管的单相半控桥整流电路，已知电感线圈的内电阻 $R_d = 5$ Ω，输入交流电压 $U_2 = 220$ V，控制角 $\alpha = 60°$。试求晶闸管与续流二极管的电流平均值和有效值。

3. 某一电感负载要求直流电压范围是 $15 \sim 60$ V，电压最高时电流是 10 A，采用具有续流二极管的单相桥式半控电路，从 220 V 电源经变压器供电，考虑最小控制角 $\alpha_{min} = 25°$，计算晶闸管、整流管和续流二极管的电流有效值以及变压器一次、二次额定电流值。

4. 三相半波相控整流电路，大电感负载，电源电压 $U_2 = 220$ V，$R_d = 2$ Ω，$\alpha = 45°$，试计算 U_d、I_d，画出 u_d 波形并选择 VT 型号。

5. 三相半波整流电路，大电感负载时，直流输出功率 $P_d = U_{dmax} I_d = 100$ V $\times 100$ A $= 10$ kV·A。求：①绘出整流变压器二次电流波形；②计算整流变压器二次侧容量 P_2，一次侧容量 P_1 及平均容量 P_T；③分别写出该电路在无续流二极管及有续流二极管两种情况下，晶闸管最大正向电压 U_{SM}，晶闸管最大反向电压 U_{RM}，整流输出 $U_d = f(\alpha)$，脉冲最大移相范围，晶闸管最大导通角。

6. 三相全控桥整流电路，$U_d = 230$ V，求：①确定变压器二次电压；②选择晶闸管电压等级。

7. 图 2-39 为三相全控桥整流电路，试分析在控制角 $\alpha = 60°$ 时发生如下故障的输出电压 U_d 的波形。

①熔断器 1FU 熔断；②熔断器 2FU 熔断；③熔断器 2FU、3FU 熔断。

8. 三相桥式全控整流电路，L_d极大，$R_d = 4$ Ω，要求 U_d 从 $0 \sim 220$ V 之间变化。试求：

①不考虑控制角裕量时，整流变压器二次相电压。

②计算晶闸管电压、电流平均值，如电压、电流裕量取 2 倍，请选择晶闸管型号。

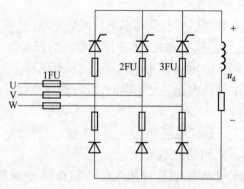

图 2-39　三相全控桥整流电路

③变压器二次电流有效值 I_2。

④计算整流变压器二次侧容量 P_2。

9. 在单相桥式全控整流电路中，若 $U_2 = 220$ V，$E = 100$ V，$R = 2$ Ω，当 $\beta = 30°$ 时，能否实现有源逆变？为什么？画出这时的电压电流波形。

四、问答题

1. 单相桥式全控整流电路中，若有一只晶闸管因过电流而烧成短路，结果会怎样？若这只晶闸管烧成断路，结果又会怎样？

2. 单相桥式全控整流电路带大电感负载时，它与单相桥式半控整流电路中的续流二极管的作用是否相同？为什么？

3. 对晶闸管的触发电路有哪些要求？

4. 晶闸管整流电路中的脉冲变压器有什么作用？

5. 一般在电路中采用哪些措施来防止晶闸管产生误触发？

6. 什么是整流？什么是逆变？什么是有源逆变？什么是无源逆变？

7. 实现有源逆变的条件有哪些？

8. 什么是逆变失败？产生逆变失败的原因？

9. 在可控整流的负载为纯电阻情况下，电阻上的平均电流与平均电压之乘积，是否等于负载功率？为什么？

项目 ③ 台式计算机开关电源的调试与维护

学习目标

1. 能分析 GTR、电力 MOSFET、IGBT 的导通和关断的原理,能认识 GTR、电力 MOSFET、IGBT 的主要类型、参数、功能。

2. 能用万用表测试 GTR、电力 MOSFET、IGBT 的好坏。

3. 能正确调试基本的直流斩波电路和半桥、桥式斩波电路。

4. 能识读台式计算机开关电源的电路原理图,能简单调试与维护典型的计算机开关电源。

项目描述

由高压直流到低压多路直流的电路称直流斩波(又称 DC/DC 变换)电路,是开关电源的核心技术。开关电源是一种高效率、高可靠性、小型化、轻型化的稳压电源,广泛应用于生活、生产、军事等各个领域。各种计算机设备、彩色电视机等家用电器等大量采用了开关电源。

台式计算机开关电源,是目前所有台式计算机的重要组成部分,用以给主板、硬盘、外置设备、风扇等提供电源。该类开关电源的特点是多路输出。计算机开关电源的发展经过了 AT、ATX、ATX12V 三个发展阶段。图 3-1(a)为外形图,图 3-1(b)为拆解图。

计算机开关电源电路按其组成功能分为:交流输入整流滤波电路、脉冲半桥功率变换电路、辅助电源电路、脉宽调制控制电路、PS-ON 和 PW-OK 产生电路、自动稳压与保护控制电路、多路直流稳压输出电路。图 3-2 为典型的原理框图。

图 3-3 是 IBM PC/XT 系列主机的开关电源电路,它是自激式开关稳压电源,主要由交流输入与整流滤波、自激开关振荡、稳压调控及自动保护电路等部分组成。

本项目通过对开关管、DC/DC 变换电路的分析,使学生能够理解开关电源的工作原理,进而掌握开关器件和 DC/DC 变换电路的原理及其在其他方面的应用。

（a）

（b）

图 3-1　开关电源外形图及拆解图

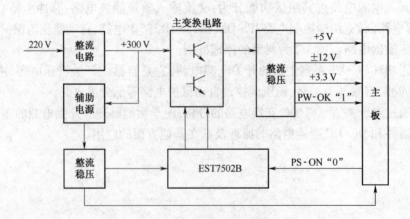

图 3-2　开关电源原理框图

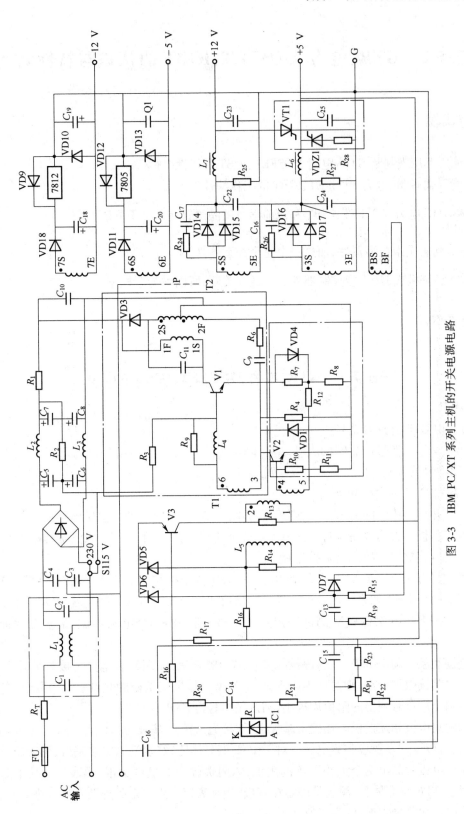

图 3-3　IBM PC/XT 系列主机的开关电源电路

任务1 GTR、电力 MOSFET、IGBT 的认识与特性测试

任务目标

1. 能用万用表判断 GTR、电力 MOSFET、IGBT 的极性、好坏。
2. 能测试 GTR、电力 MOSFET、IGBT 的工作特性。

GTR、电力 MOSFET、IGBT 和以前学过的晶闸管有什么不同啊?

晶闸管是半控型器件,而这三个是全控型器件。

控制极(基极或栅极)能控制器件的开通和关断,所以称为全控型。

任务实施

子任务1 GTR、电力 MOSFET、IGBT 的认识

1. 认识 GTR

(1)认识 GTR 外形及型号

给出三个不同型号和品牌的大功率晶体管(GTR),观察器件型号,根据型号判断器件名称,并说明型号的含义。

(2)判别 GTR 的电极和类型

假若不知道晶体管的引脚排列,则可用万用表通过测量电阻的方法做出判别。

①判定基极。大功率晶体管的漏电流一般都比较大,所以用万用表来测量其极间电阻时,应采用满度电流比较大的低电阻挡为宜。

测量时将万用表置于 $R\times1$ 挡或 $R\times10$ 挡,一表笔固定接在管子的任一电极,用另一表笔分别接触其他两个电极,如果万用表读数均为小阻值或均为大阻值,则固定接触的那个电极即为基极。如果按上述方法做一次测试判定不了基极,则可换一个电极再试,最多三次即做出判定。

②判别类型。确定基极之后,假设接基极的是黑表笔,而用红表笔分别接触另外 两个电极时如果电阻读数均较小,则可认为该管为 NPN 型。如果接基极的是红表笔,用黑表笔分别接触其余两个电极时测出的阻值均较小,则该晶体管为 PNP 型。

③判定集电极和发射极。在确定基极之后,再通过测量基极对另外两个电极之间的阻值大小比较,可以区别发射极和集电极。对于 PNP 型晶体管,红表笔固定接基极,黑表笔分别接触另外两个电极时测出两个大小不等的阻值,以阻值较小的接法为准,黑表笔所接的是发射极。而对于 NPN 型晶体管,黑表笔固定接基极,用红表笔分别接触另外两个电极进行测量,以阻值较小的这次测量为准,红表笔所接的是发射极。

（3）判别 GTR 的好坏

①用指针式万用表进行判断：将指针式万用表拨至 $R\times1$ 挡或 $R\times10$ 挡，测量 GTR 任意两脚间的电阻，仅当黑表笔接 B 极，红表笔分别接 C 极和 E 极时，电阻呈低阻值，对其他情况电阻值均为无穷大。由此可迅速判定晶体管的好坏。

②用数字万用表进行判断：将数字万用表拨至 200 欧姆挡，测量 GTR 任意两脚间的电阻，仅当红表笔接 B 极，黑表笔分别接 C 极和 E 极时，电阻呈低阻值，对其他情况电阻值均为无穷大。由此可迅速判定晶体管的好坏和 B 极，剩下的就是 C 极和 E 极。

③采用上述方法中的一种，对 GTR1 和 GTR2 进行测试，分别记录其 R_{BC}、R_{CB}、R_{BE}、R_{EB}、R_{EC}、R_{CE} 值，并鉴别晶体管的好坏。

实测几种大功率晶体管极间电阻见表 3-1（可参考）。

表 3-1　实测几种大功率晶体管极间电阻

晶体管型号	接法	R_{EB}/Ω	R_{EB}/Ω	R_{EB}/Ω	万用表型号	挡位
3AD6B	正	24	22	∞	108−1T	$R\times10$
	反	∞	∞	∞		
3AD6C	正	26	26	1 400	500	$R\times10$
	反	∞	∞	∞		
3AD30C	正	19	18	30 k	108−1T	$R\times10$
	反	∞	∞	∞		

2. 认识电力 MOSFET

（1）认识电力 MOSFET 的外形及型号

①电力 MOSFET 的外形。功率场效应晶体管（MOSFET）的外形如图 3-4 所示。大多数电力场效应晶体管的引脚位置排列顺序是相同的，即从 MOSFET 的底部（管体的背面）看，按逆时针方向依次为源极 S、漏极 D、栅极 G。

②功率 MOSFET 型号的含义。国产 MOSFET 的第一种命名方法与晶体管相同，第一位数字表示电极数目。第二位字母代表材料（D 表示 P 型硅，反型层是 N 沟道；C 表示 N 型硅，反型层是 P 沟道）。第三位字母 J 代表结型场效应管，O 代表绝缘栅场效应管。例如

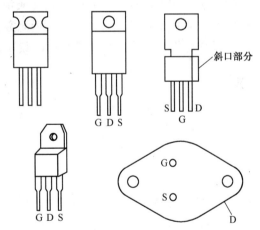

图 3-4　电力 MOSFET 的外形图

3DJ6D 是结型 N 沟道场效应晶体管，3DO6C 是绝缘栅型 N 沟道场效应晶体管。第二种命名方法是 CSxx#，CS 代表场效应管，xx 以数字代表型号的序，#用字母代表同一型号中的不同规格，如 CS14A、CS45G 等。

国外品牌的 MOSFET 的型号请查阅相关资料和手册。

③观察器件型号并记录数据。给出三款 MOSFET，观察器件型号，根据型号判断器件名称，并说明型号的含义。

（2）判别功率 MOSFET 的电极

对于内部无保护二极管的电力 MOSFET，可通过测量极间电阻的方法首先确定栅极 G。将万用表置于 $R \times 1$ k 挡，分别测量三个引脚之间的电阻，如果测得某个引脚与其余两个引脚间的正、反向电阻均为无穷大，则说明该引脚就是 G。

然后确定 S 和 D。将万用表置于 $R \times 1$ k 挡，先将被测管三个引脚短接一下，接着以交换表笔的方法测两次电阻，在正常情况下，两次所测电阻必定一大一小，其中阻值较小的一次测量中，黑表笔所接的为源极 S，红表笔所接的为漏极 D。

如果被测晶体管为 P 沟道型，则 S、D 间电阻大小规律与上述 N 沟道型管相反。因此，通过测量 S、D 间正向和反向电阻，也就可以判别管子的导电沟道的类型。这是因为场效应管的 S 与 D 之间有一个 PN 结，其正、反向电阻存在差别的缘故。

（3）判别电力 MOSFET 的好坏

对于内部无保护二极管的电力 MOSFET，可由万用表的 $R \times 10$ k 挡，测量 G 与 D 间、G 与 S 间的电阻应均为无穷大。否则，说明被测管性能不合格，甚至已经损坏。

给出两个电力 MOSFET，测极间电阻，判断好坏。

下述检测方法对不论内部有无保护二极管的晶体管均适用。具体操作（以 N 沟道场效应管为例）如下：

第一，将万用表置于 $R \times 1$ k 挡，再将被测管 G 与 S 短接一下，然后红表笔接被测管的 D，黑表笔接 S，此时所测电阻应为数千欧，如图 3-5 所示。如果阻值为 0 或 ∞，说明电力 MOSFET 已坏。

第二，将万用表置于 $R \times 10$ k 挡，再将被测管 G 与 S 用导线短接好，然后红表笔接被测管的 S，黑表笔接 D，此时万用表指示应接近无穷大，如图 3-6 所示，否则说明被测 VMOS 管内部 PN 结的反向特性比较差。如果阻值为 0，说明被测管已经损坏。

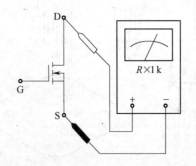
图 3-5　检测 MOSFET S、D 正向电阻图

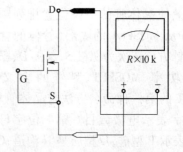
图 3-6　检测 MOSFET S、D 反向电阻

3. 认识 IGBT

（1）认识 IGBT 的外形

绝缘栅双极型晶体管（IGBT）外形如图所示。对于 TO 封装的 IGBT 管的引脚是将引脚朝下，标型号面朝自己，从左到右数，1 引脚是 G，2 引脚是 C，3 引脚是 E，如图 3-7（a）所示。对于 IGBT 模块，器件上一般标有引脚，如图 3-7（b）所示。

给出三款 IGBT，观察器件型号，根据型号判断器件名称，并说明型号的含义。

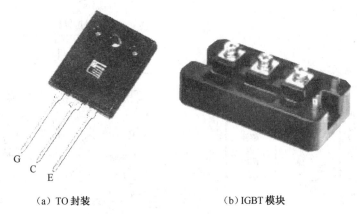

（a）TO 封装　　　　　　　　　　（b）IGBT 模块

图 3-7　IGBT 的外形

（2）判别 IGBT 的极性

首先将万用表拨在 $R\times1$ k 挡，用万用表测量时，若某一极与其他两极阻值为无穷大，调换表笔后该极与其他两极的阻值仍为无穷大，则判断此极为栅极（G）。其余两极再用万用表测量，若测得阻值为无穷大，调换表笔后测量阻值较小。在测量阻值较小的一次中，则判断红表笔接的为集电极（C）；黑表笔接的为发射极（E）。

（3）判别 IGBT 的好坏

将万用表置于 $R\times10$ k 挡，用黑表笔接 IGBT 的集电极（C），红表笔接 IGBT 的发射极（E），此时万用表的指针在零位。用手指同时触及一下栅极（G）和集电极（C），这时 IGBT 被触发导通，万用表的指针摆向阻值较小的方向，并能站住指示在某一位置。然后再用手指同$\times1$ 时触及一下栅极（G）和发射极（E），这时 IGBT 被阻断，万用表的指针回零。此时即可判断 IGBT 是好的。

注意判断 IGBT 好坏时，一定要将万用表置于 $R\times10$ k 挡，因 $R\times1$ k 挡以下各挡万用表内部电池电压太低，检测好坏时不能使 IGBT 导通，而无法判断 IGBT 的好坏。此方法同样也可以用于检测功率场效应晶体管（P-MOSFET）的好坏。

给出两个 IGBT，按上述方法用万用表分别测试并记录 RCE、IGBT 触发后 RCE 和 IGBT 阻断后 RCE，并判断被测晶体管的好坏。

子任务2　GTR、电力 MOSFET、IGBT 特性测试

1. 认识特性测试原理图

调试电路的具体接线如图 3-8 所示。将电力电子器件（GTR、MOSFET 、IGBT）和负载电阻 R 串联后接至直流电源的两端，由 PAC09A 上的给定为新器件提供触发电压信号，给定电压从零开始调节，直至器件触发导通，从而可测得在上述过程中器件的伏安特性；图中的电阻器 R 用 MEC42 上的可调电阻性负载，将两个 90Ω 的电阻器接成串联形式，最大可通过电流为 1.3A；直流电压和电流表可从 MEC21 上获得，五种电力电子器件均在 PAC11 挂箱上；直流电源从 MEC01 电源控制屏上的三相调压器输出接 PAC09A 上的整流及滤波电路，从而得到一个输出可以由调压器调节的直流电压源。

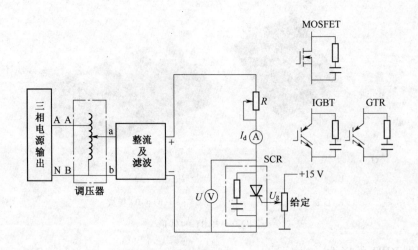

图 3-8　新器件特性实训原理图

2. 测试步骤

（1）GTR 测试

按图 3-8 接线,首先将大功率晶体管（GTR）接入主电路。在实训开始时,将 PAC09A 上的给定为 0,调压器逆时针调到底,MEC42 上的可调电阻器调到阻值为最大的位置；打开 PAC09A 的电源开关,按下控制屏上的"启动"按钮,然后缓慢调节调压器,同时监视电压表的读数,当直流电压升到 40 V 时,停止调节单相调压器（在以后的其他实训中,均不用调节）；调节给定电阻器 R_{P1},逐步增加给定电压,监视电压表、电流表的读数,当电压表指示接近零（表示管子完全导通）,停止调节,记录给定电压 U_g 调节过程中回路电流 I_d 以及器件的管压降 U_v。

（2）MOSFET 测试

按下控制屏的"停止"按钮,换成功率场效应管（MOSFET）,重复上述步骤,并记录数据。

（3）IGBT 测试

按下控制屏的"停止"按钮,换成绝缘双极性晶体管（IGBT）,重复上述步骤,并记录数据。根据得到的数据,绘出各器件的输出特性。

3. 注意事项

①为保证功率器件在任务实施过程中避免功率击穿,应保证晶体管的功率损耗（即功率器件的管压降与器件流过的电流乘积）小于 8 W。

②为使 GTR 特性测试更典型,其电流控制在 0.4 A 以下。

任务相关知识

开关器件是 DC/DC 变换电路中的核心器件。开关器件有许多,经常使用的是 MOSFET 和 IGBT,在小功率开关电源上也使用 GTR。

一、大功率晶体管 GTR

1. 大功率晶体管的结构和工作原理

(1)基本结构

通常把集电极最大允许耗散功率在 1 W 以上,或最大集电极电流在 1 A 以上的晶体管称为大功率晶体管(GTR),其结构和工作原理都和小功率晶体管非常相似。由三层半导体、两个 PN 结组成,有 PNP 和 NPN 两种结构,其电流由两种载流子(电子和空穴)的运动形成,所以称为双极型晶体管。

图 3-9(a)是 NPN 型功率晶体管的内部结构,图形符号如图 3-9(b)所示。大多数 GTR 是用三重扩散法制成的,或者是在集电极高掺杂的 N^+ 硅衬底上用外延生长法生长一层 N 漂移层,然后在上面扩散 P 基区,接着扩散掺杂的 N^+ 发射区。

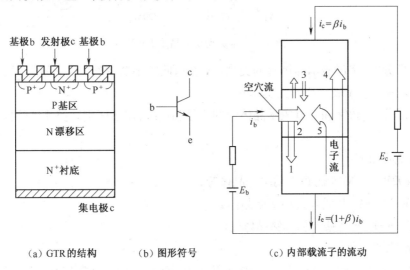

(a) GTR 的结构　　(b) 图形符号　　(c) 内部载流子的流动

图 3-9　GTR 的结构、电气图形符号和内部载流子流动

大功率晶体管通常采用共发射极接法,图 3-9(c)给出了共发射极接法时的功率晶体管内部主要载流子流动示意图。图中,1 为从基极注入的越过正向偏置发射结的空穴,2 为与电子复合的空穴,3 为因热骚动产生的载流子构成的集电结漏电流,4 为越过集电极电流的电子,5 为发射极电子流在基极中因复合而失去的电子。

一些常见大功率晶体管的外形如图 3-10 所示。从图可见,大功率晶体管的外形除体积比较大外,其外壳上都有安装孔或安装螺钉,便于将晶体管安装在外加的散热器上。因为对大功率晶体管来讲,单靠外壳散热是远远不够的。例如,50 W 的硅低频大功率晶体管,如果不加散热器工作,其最大允许耗散功率仅为 2~3 W。

国产晶体管的型号及命名通常由以下四部分组成:

①第一部分,用 3 表示晶体管的电极数目。

②第二部分,用 A、B、C、D 字母表示晶体管的材料和极性。其中 A 表示晶体管为 PNP 型锗管,B 表示晶体管为 NPN 型锗管,C 表示晶体管为 PNP 型硅管,D 表示晶体管为 NPN 型硅管。

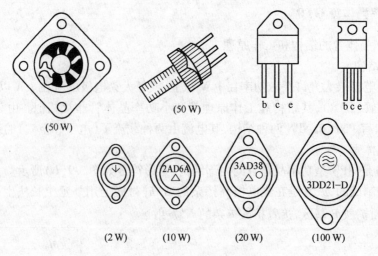

图 3-10　常见大功率晶体管外形

③第三部分,用字母表示晶体管的类型。X 表示低频小功率管,G 表示高频小功率管,D 表示低频大功率管,A 表示高频大功率管。

④第四部分,用数字和字母表示晶体管的序号和挡级,用于区别同类晶体管器件的某项参数的不同。

现举例说明如下:

①3DD102B——NPN 低频大功率硅晶体管;

②3AD30C——PNP 低频大功率锗晶体管;

③3AA1——PNP 高频大功率锗晶体管。

(2)工作原理

在电力电子技术中,GTR 主要工作在开关状态。晶体管通常连接称共发射极电路,NPN 型 GTR 通常工作在正偏($I_b>0$)时大电流导通;反偏($I_b<0$)时处于截止高电压状态。因此,给 GTR 的基极施加幅度足够大的脉冲驱动信号,它将工作于导通和截止的开关工作状态。

2. GTR 的静态特性与主要参数

(1)静态特性

共发射极接法时,GTR 的典型输出特性如图 3-11,可分为三个工作区:

截止区:在截止区内,$I_b \leqslant 0$,$U_{be} \leqslant 0$,$U_{bc}<0$,集电极只有漏电流流过。

放大区:$I_b>0$,$U_{be}>0$,$U_{bc}<0$,$I_c=\beta I_b$。

饱和区:$I_b > \dfrac{I_{cs}}{\beta}$,$U_{be}>0$,$U_{bc}>0$。$I_{cs}$ 是集电极饱和电流,其值由外电路决定。两个 PN 结都为正向偏置是饱和的特征。饱和时集电极、发射极间的管压降 U_{ces} 很小,相当于开关接通,这时尽管电流很大,但损耗并不大。GTR 刚进入饱和时为临界饱和,如 I_b 继续增加,则为过饱和。用做开关时,应工作在深度饱和状态,这有利于降低 U_{ces} 和减小导通时的损耗。

（2）GTR 的参数

这里主要讲述 GTR 的极限参数，即最高工作电压、最大工作电流、最大耗散功率和最高工作结温等。

①最高工作电压。GTR 上所施加的电压超过规定值时，就会发生击穿。击穿电压不仅和晶体管本身特性有关，还与外电路接法有关。

BU_{cbo}：发射极开路时，集电极和基极间的反向击穿电压。（B 表示极限的意思）

BU_{ceo}：基极开路时，集电极和发射极之间的击穿电压。

BU_{cer}：实际电路中，GTR 的发射极和基极之间常接有电阻器 R，这时用 BU_{cer} 表示集电极和发射极之间的击穿电压。

BU_{ces}：当 R 为 0，即发射极和基极短路，用 BU_{ces} 表示其击穿电压。

BU_{cex}：发射结反向偏置时，集电极和发射极之间的击穿电压。其中 $BU_{cbo} > BU_{cex} > BU_{ces} > BU_{cer} > BU_{ceo}$，实际使用时，为确保安全，最高工作电压要比 BU_{ceo} 低得多。

②集电极最大允许电流 I_{cM}。GTR 流过的电流过大，会使 GTR 参数劣化，性能将变得不稳定，尤其是发射极的集边效应可能导致 GTR 损坏。因此，必须规定集电极最大允许电流值。通常规定共发射极电流放大系数下降到规定值的 1/3 ~ 1/2 时，所对应的电流 I_c 为集电极最大允许电流，以 I_{cM} 表示。实际使用时还要留有较大的安全裕量，一般只能用到 I_{cM} 值的一半或稍多些。

③集电极最大耗散功率 P_{cM}。集电极最大耗散功率是在最高工作温度下允许的耗散功率，用 P_{cM} 表示。它是 GTR 容量的重要标志。晶体管功耗的大小主要由集电极工作电压和工作电流的乘积来决定，它将转化为热能使晶体管升温，晶体管会因温度过高而损坏。实际使用时，集电极允许耗散功率和散热条件与工作环境温度有关。所以在使用中应特别注意 I_C 不能过大，散热条件要好。

④最高工作结温 T_{JM}。GTR 正常工作允许的最高结温，以 T_{JM} 表示。GTR 结温过高时，会导致热击穿而烧坏。

3. GTR 的二次击穿和安全工作区

（1）二次击穿问题

实践表明，GTR 即使工作在最大耗散功率范围内，仍有可能突然损坏，一般是由二次击穿引起的。二次击穿是影响 GTR 安全可靠工作的一各重要因素。

二次击穿是由于集电极电压升高到一定值（未达到极限值）时，发生雪崩效应造成的。照理，只要功耗不超过极限，晶体管是可以承受的，但是在实际使用中，出现负阻效应，I_e 进一步剧增。由于晶体管结面的缺陷、结构参数的不均匀，使局部电流密度剧增，形成恶性循环，使晶体管损坏。

二次击穿的持续时间在纳秒到微秒之间完成，由于晶体管的材料、工艺等因素的分散性，二次击穿难以计算和预测。防止二次击穿的办法：

①应使实际使用的工作电压比反向击穿电压低得多；

②必须有电压电流缓冲保护措施。

（2）安全工作区

以直流极限参数 I_{cM}、P_{cM}、U_{ceM} 构成的工作区为一次击穿工作区，如图 3-12 所示。以 U_{SB}

（二次击穿电压）与 I_{SB}（二次击穿电流）组成的 P_{SB}（二次击穿功率）如图中虚线所示，它是一个不等功率曲线。以 3DD8E 晶体管测试数据为例，其 $P_{cM}=100$ W，$BU_{ceo}\geqslant200$ V，但由于受到击穿的限制，当 $U_{ce}=100$ V 时，P_{SB} 为 60 W，$U_{ce}=200$ V 时 P_{SB} 仅为 28 W。所以，为了防止二次击穿，要选用足够大功率的晶体管，实际使用的最高电压通常比晶体管的极限电压低很多。

安全工作区是在一定的温度条件下得出的，例如，环境温度 25 ℃或壳温 75 ℃等，使用时若超过上述指定温度值，允许功耗和二次击穿耐量都必须降额。

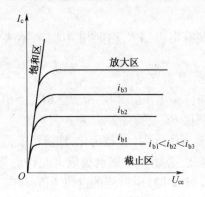

图 3-11　GTR 共发射极接法的输出特性

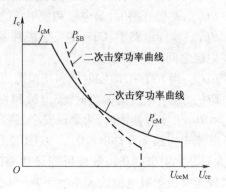

图 3-12　GTR 安全工作区

二、电力 MOSFET

电力 MOSFET 与 GTR 相比，具有开关速度快、损耗低、驱动电流小、无二次击穿现象等优点。它的缺点是电压不能太高，电流容量也不能太大，所以目前只适用于小功率电力电子变流装置。

1. 电力 MOSFET 的结构及工作原理

（1）结构

功率场效应晶体管是压控型器件，其门极控制信号是电压。它的三个极分别是栅极 G、源极 S、漏极 D。功率场效应晶体管有 N 沟道和 P 沟道两种。N 沟道中载流子是电子，P 沟道中载流子是空穴，都是多数载流子。其中每一类又可分为增强型和耗尽型两种。耗尽型就是当栅源间电压 $U_{GS}=0$ 时存在导电沟道，漏极电流 $I_D\neq0$；增强型就是当 $U_{GS}=0$ 时没有导电沟道，$I_D=0$，只有当 $U_{GS}>0$（N 沟道）或 $U_{GS}<0$（P 沟道）时才开始有 I_D。电力 MOSFET 绝大多数是 N 沟道增强型。这是因为电子作用比空穴大得多。N 沟道和 P 沟道 MOSFET 的电气图形符号如图 3-13 所示。

功率场效应晶体管与小功率场效应晶体管原理基本相同，但是为了提高电流容量和耐压能力，在芯片结构上有很大不同：电力场效应晶体管采用小单元集成结构来提高电流容量和耐压能力，并且采用垂直导电排列来提高耐压能力。

几种功率电力 MOSFET 的外形如图 3-4 所示。

（2）工作原理

当 D、S 加正电压（漏极为正，源极为负），$U_{GS}=0$ 时，P 体区和 N 漏区的 PN 结反偏，D、S 之间无电流通过；如果在 G、S 之间加一正电压 U_{GS}，由于栅极是绝缘的，所以不会有电流流过，

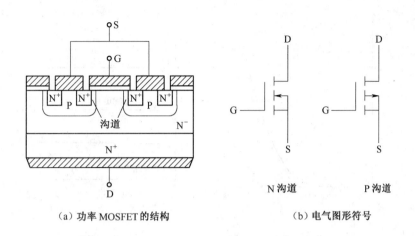

（a）功率MOSFET的结构　　　　　　　　　　　（b）电气图形符号

图3-13　电力MOSFET的结构和电气图形符号

但栅极的正电压会将其下面P区中的空穴推开,而将P区中的少数载流子电子吸引到栅极下面的P区表面。当U_{GS}大于某一电压U_T时,栅极下P区表面的电子浓度将超过空穴浓度,从而使P型半导体反型成N型半导体而成为反型层,该反型层形成N沟道而使PN结J1消失,漏极和源极导电。电压U_T称开启电压或阀值电压,U_{GS}超过U_T越多,导电能力越强,漏极电流越大。

2. 电力MOSFET的特性与参数

（1）电力MOSFET的特性

①转移特性。I_D和U_{GS}的关系曲线反映了输入电压和输出电流的关系,称为MOSFET的转移特性。如图3-14（a）所示。从图中可知,I_D较时,I_D与U_{GS}的关系近似线性,曲线的斜率被定义为MOSFET的跨导,即

$$G_{fs} = \frac{dI_D}{dU_{GS}} \tag{3-1}$$

MOSFET是电压控制型器件,其输入阻抗极高,输入电流非常小。

②输出特性。图3-14（b）是MOSFET的漏极伏安特性,即输出特性。从图中可以看出,MOSFET有三个工作区:

截止区:$U_{GS} \leqslant U_T$,$I_D = 0$,这和电力晶体管的截止区相对应。

饱和区:$U_{GS} > U_T$,$U_{DS} \geqslant U_{GS} - U_T$,当$U_{GS}$不变时,$I_D$几乎不随$U_{DS}$的增加而增加,近似为一个常数,故称饱和区。这里的饱和区并不和电力晶体管的饱和区对应,而对应于后者的放大区。当用做线性放大时,MOSFET工作在该区。

非饱和区:$U_{GS} > U_T$,$U_{DS} < U_{GS} - U_T$,漏源电压U_{DS}和漏极电流I_D之比近似为常数。该区对应于电力晶体管的饱和区。当MOSFET做开关应用而导通时即工作在该区。

在制造电力MOSFET时,为提高跨导并减少导通电阻,在保证所需耐压的条件下,应尽量减小沟道长度。因此,每个MOSFET元都要做得很小,每个元能通过的电流也很小。为了能使器件通过较大的电流,每个器件由许多个MOSFET元组成。

（2）电力MOSFET的主要参数

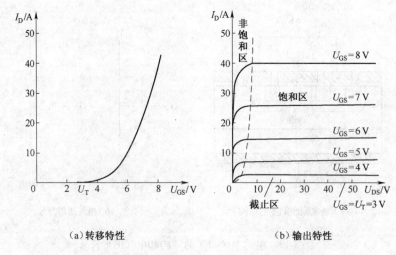

（a）转移特性　　　　　　　　　（b）输出特性

图 3-14　电力 MOSFET 的转移特性和输出特性

①漏极电压 U_{DS}。它就是电力 MOSFET 的额定电压,选用时必须留有较大安全余量。

②漏极最大允许电流 I_{DM}。它就是 MOSFET 的额定电流,其大小主要受晶体管的温升限制。

③栅源电压 U_{GS}(不得超过 20 V)。栅极与源极之间的绝缘层很薄,承受电压很低,一般不得超过 20 V,否则绝缘层可能被击穿而损坏,使用中应加以注意。

总之,为了安全可靠,在选用 MOSFET 时,对电压、电流的额定等级都应留有较大余量。

三、绝缘栅双极型晶体管 IGBT

1. IGBT 的结构和基本工作原理

绝缘栅双极晶体管(Insulated Gate Bipolar Transistor,IGBT)也称绝缘栅极双极型晶体管,是一种新发展起来的复合型电力电子器件。由于它结合了 MOSFET 和 GTR 的特点,既具有输入阻抗高、速度快、热稳定性好和驱动电路简单的优点,又具有输入通态电压低,耐压高和承受电流大的优点,这些都使 IGBT 比 GTR 有更大的吸引力。在变频器驱动电机、中频和开关电源以及要求快速、低损耗的领域,IGBT 有着主导地位。

(1)IGBT 的基本结构与工作原理

①基本结构。IGBT 也是三端器件,它的三个极为漏极(D)、栅极(G)和源极(S)。有时也将 IGBT 的漏极称为集电极(C),源极称为发射极(E)。图 3-15(a)是一种由 N 沟道电力 MOSFET 与晶体管复合而成的 IGBT 的基本结构。与图 3-13 对照可以看出,IGBT 比电力 MOSFET 多一层 P^+ 注入区,因而形成了一个大面积的 P^+N^+ 结 J1,这样使得 IGBT 导通时由 P^+ 注入区向 N 基区发射少数载流子,从而对漂移区电导率进行调制,使得 IGBT 具有很强的通流能力。其简化等值电路如图 3-15(b)所示。可见,IGBT 是以 GTR 为主导器件,MOSFET 为驱动器件的复合管,图中 R_N 为晶体管基区内的调制电阻器。图 3-15(c)为 IGBT 的图形符号。

②工作原理。IGBT 的驱动原理与电力 MOSFET 基本相同,它是一种压控型器件。其开通

和关断是由栅极和发射极间的电压 U_{GE} 决定的,当 U_{GE} 为正且大于开启电压 $U_{GE(th)}$ 时,MOSFET 内形成沟道,并为晶体管提供基极电流使其导通。当栅极与发射极之间加反向电压或不加电压时,MOSFET 内的沟道消失,晶体管无基极电流,IGBT 关断。

上面介绍的 PNP 晶体管与 N 沟道 MOSFET 组合而成的 IGBT 称为 N 沟道 IGBT,记为 N-IGBT,其图形符号如图 3-15(c)所示。对应的还有 P 沟道 IGBT,记为 P-IGBT。N-IGBT 和 P-IGBT 统称为 IGBT。由于实际应用中以 N 沟道 IGBT 为多,因此下面仍以 N 沟道 IGBT 为例进行介绍。

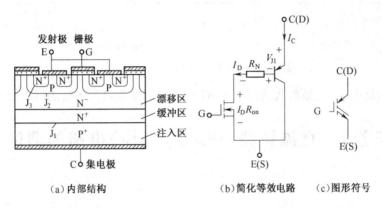

（a）内部结构　　　　　（b）简化等效电路　（c）图形符号

图 3-15　IGBT 的结构、简化等效电路和电气图形符号

2. IGBT 的静态特性与主要参数

（1）IGBT 的静态特性

与电力 MOSFET 相似,IGBT 的转移特性和输出特性分别描述器件的控制能力和工作状态。图 3-16(a)为 IGBT 的转移特性,它描述的是集电极电流 I_C 与栅射电压 U_{GE} 之间的关系,与电力 MOSFET 的转移特性相似。开启电压 $U_{GE(th)}$ 是 IGBT 能实现电导调制而导通的最低栅射电压。$U_{GE(th)}$ 随温度升高而略有下降,温度升高 1 ℃,其值下降 5 mV 左右。在+25 ℃时,$U_{GE(th)}$ 的值一般为 2~6 V。

图 3-16(b)为 IGBT 的输出特性,又称伏安特性,它描述的是以栅射电压为参考变量时,集电极电流 I_C 与集射极间电压 U_{CE} 之间的关系。此特性与 GTR 的输出特性相似,不同的是参考变量,IGBT 为栅射电压 U_{GE},GTR 为基极电流 I_B。IGBT 的输出特性也分为三个区域:正向阻断区、有源区和饱和区。这分别与 GTR 的截止区、放大区和饱和区相对应。此外,当 $u_{CE}<0$,IGBT 为反向阻断工作状态。在电力电子电路中,IGBT 工作在开关状态,因而是在正向阻断区和饱和区之间来回转换。

（2）主要参数

①集电极-发射极额定电压 U_{CES}:这个电压值是厂家根据器件的雪崩击穿电压而规定的,是栅极-发射极短路时 IGBT 能承受的耐压值,即 U_{CES} 值小于等于雪崩击穿电压。

②栅极-发射极额定电压 U_{GES}:IGBT 是电压控制器件,靠加到栅极的电压信号控制 IGBT 的导通和关断,而 U_{GES} 就是栅极控制信号的电压额定值。目前,IGBT 的 U_{GES} 值大部分为+20 V,使用中不能超过该值。

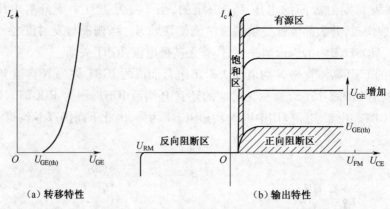

(a) 转移特性　　　　　　　　　　　(b) 输出特性

图 3-16　IGBT 的转移特性和输出特性

③额定集电极电流 I_C:该参数给出了 IGBT 在导通时能流过晶体管的持续最大电流。

任务 2　直流斩波(DC/DC 变换)电路的调试

任务目标

1. 能正确调试 PWM 控制与驱动电路。
2. 能正确调试各种直流斩波电路。

直流斩波和 GTR、电力 MOSFET、IGBT 有什么联系?

我们利用器件,搭建 DC/DC 变换主电路,即直流斩波电路。

首先学习控制与驱动电路,以 SG3525 集成芯片组成的控制驱动电路最典型。

任务实施

子任务 1　控制与驱动电路的调试

1. 认识 SG3525 控制与驱动电路

控制电路以 SG3525 为核心构成,SG3525 为美国 Silicon General 公司生产的专用 PWM 控制集成电路。图 3-17 为 SG3525 芯片的内部结构与所需的外部组件图,它采用恒频脉宽调制控制方案,其内部包含有精密基准源、锯齿波振荡器、误差放大器、比较器、分频器和保护电路等。调节 U_r 的大小,在 A、B 两端可输出两个幅度相等、频率相等、相位相互错开 180°、占空比可调的矩形波(即 PWM 信号)。它适用于各开关电源、斩波器的控制。

2. 控制与驱动电路的调试

①将 PAC09 的两路+15 V 直流电源接入 PAC20 的两路+15 V 输入端口,启动实训装置电

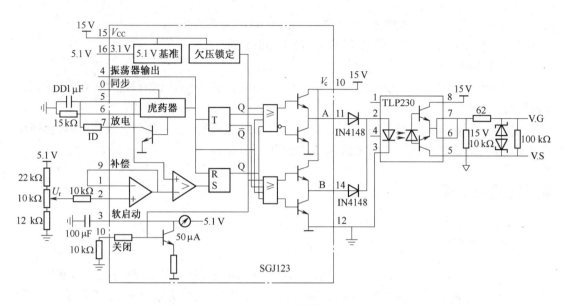

图 3-17 SG3525 芯片的内部结构与所需的外部组件

源,开启 PAC09 电源开关。

②调节 PWM 脉宽调节电位器改变 U_r(1.4、1.6、1.8、2.0、2.2、2.4、2.5),用双踪示波器分别观测 SG3525 的第 11 脚与第 14 脚的波形,观测输出 PWM 信号的变化情况。

③用示波器分别观测 A、B 和 PWM 信号的波形,记录其波形类型、频率和幅值。

④用双踪示波器的两个探头同时观测 11 脚和 14 脚的输出波形,调节 PWM 脉宽调节电位器,观测两路输出的 PWM 信号,测出两路信号的相位差,并测出两路 PWM 信号之间最小的"死区"时间。

子任务 2 直流斩波电路的测试

1. 认识斩波电路图

常用的直流斩波器有四种,分别为降压斩波电路(Buck Chopper)、升压斩波电路(Boost Chopper)、升降压斩波电路(Boost-Buck Chopper)、Cuk 斩波电路。

斩波电路的输入直流电压 U_i 由 MEC01 三相自耦调压器输出的单相交流电经 PAC09 挂箱上的不整流滤波电路后得到。接通交流电源,观测 U_i 波形,记录其平均值(注:本装置限定直流输出最大值为 50 V,输入交流电压的大小由调压器调节输出)。

2. 直流斩波电路的调试

①切断电源,根据前述主电路图,利用面板上的元器件连接好相应的斩波调试电路,并接上电阻负载,负载电流最大值限制在 200 mA 以内。将控制与驱动电路的输出"V-G"、"V-E"分别接至 V 的 G 和 E 端。

②检查接线正确,尤其是电解电容器的极性是否接反后,接通主电路和控制电路的电源。

③用示波器观测 PWM 信号的波形、U_{GE} 的电压波形、U_{CE} 的电压波形及输出电压 U_o 和二极管两端电压 U_D 的波形,注意各波形间的相位关系。

④调节 PWM 脉宽调节电位器改变 U_r(1.4、1.6、1.8、2.0、2.2、2.4、2.5),观测在不同占空

比(α)时,记录 U_i、U_o和 α 的数值,从而画出 $U_o=f(\alpha)$的关系曲线。

⑤讨论并分析实训中出现的故障现象,做出书面分析。

3. 注意事项

①在主电路通电后,不能用示波器的两个探头同时观测主电路元器件之间的波形,否则会造成短路。

②用示波器两探头同时观测两处波形时,要注意共地问题,否则会造成短路,在观测高压时应衰减 10 倍,在做直流斩波器测试时,最好使用一个探头。

任务相关知识

一、基本的直流斩波(DC/DC 变换)电路

开关电源的核心技术就是 DC/DC 变换电路。DC/DC 变换电路用于将直流电压变换成固定的或可调的直流电压。DC/DC 变换电路广泛应用于开关电源、无轨电车、地铁列车、蓄电池供电的机车车辆的无级变速以及 20 世纪 80 年代兴起的电动汽车的调速及控制。

最基本的直流斩波电路如图 3-18(a)所示,输入电压为 U_d,负载为纯电阻 R。当开关 S 闭合时,负载电压 $u_o=U_d$,并持续时 t_{on};当开关 S 断开时,负载上电压 $u_o=0$ V,并持续时间 t_{off}。则 $T_S=t_{on}+t_{off}$为斩波电路的工作周期,斩波器的输出电压波形如图 3-18(b)所示。若定义斩波器的占空比 $D=\dfrac{t_{on}}{T_S}$,则由波形图上可得输出电压得平均值为

$$U_o = \frac{t_{on}}{t_{on}+t_{off}}U_d = \frac{t_{on}}{T_s}U_d = DU_d \tag{3-2}$$

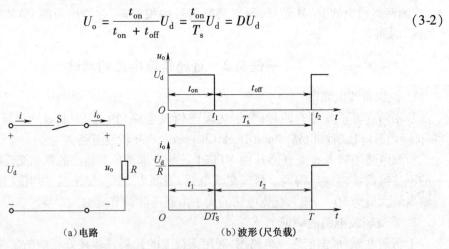

(a)电路 (b)波形(尺负载)

图 3-18 基本斩波电路及其波形

只要调节 D,即可调节负载的平均电压。

常见的 DC/DC 变换电路有非隔离型电路、隔离型电路和软开关电路。非隔离型电路即各种直流斩波电路,根据电路形式的不同可以分为降压型(Buck)电路、升压型(Boost)电路、升降压(Boost-Buck)电路、库克式(Cuk)斩波电路。其中降压式斩波电路、升压式斩波电路是基本形式,升降压式和库克式是它们的组合。

1. 降压斩波电路

(1)电路的结构

降压斩波电路是一种输出电压的平均值低于输入直流电压的电路。它主要用于直流稳压电源和直流电机的调速。降压斩波电路的原理图及工作波形如图 3-19 所示。图中,U_d 为固定电压的输入直流电源,V 为开关管(可以是大功率晶体管 GTR,也可以是电力场效应晶体管 MOSFET 或者是绝缘栅双极晶体管 IGBT)。R 为负载,为在 VT 关断时给负载中的电感电流提供通道,还设置了续流二极管 VD。

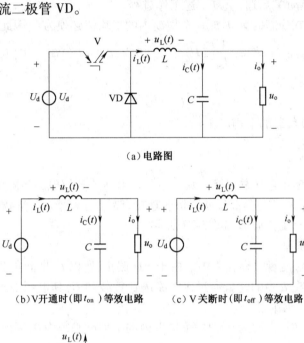

（a）电路图

（b）V开通时(即t_{on})等效电路　　（c）V关断时(即t_{off})等效电路

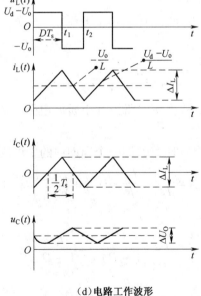

（d）电路工作波形

图 3-19 降压斩波电路的原理图及工作波形

（2）电路的工作原理

$t=0$ 时刻，驱动 V 导通，电源 U_d 向负载供电，忽略 V 的导通压降，负载电压 $U_o = U_d$，负载电流按指数规律上升。

$t=t_1$ 时刻，撤去 V 的驱动使其关断，因电感性负载电流不能突变，负载电流通过续流二极管 VD 续流，忽略 VD 导通压降，负载电压 $U_o = 0$ V，负载电流按指数规律下降。为使负载电流连续且脉动小，一般需串联较大的电感器 L，L 又称平波电感。

$t=t_2$ 时刻，再次驱动 V 导通，重复上述工作过程。

由于电感器电压在稳态时为 0，即一个周期内的平均值必须为 0，因此可推导出：

$$\frac{1}{T_S}\int_0^{T_S} u_L(t)\,\mathrm{d}t = 0 \Rightarrow \frac{1}{T_S}\left[(U_d - U_o)DT_S + (-U_o)(1-D)T_S\right] = 0 \tag{3-3}$$

因此得

$$U_o = DU_d \tag{3-4}$$

只要调节 D，即可调节负载的平均电压。

2. 升压斩波电路

（1）电路的结构

升压斩波电路的输出电压总是高于输入电压。升压式斩波电路与降压式斩波电路最大的不同点是，斩波控制开关 V 与负载呈并联形式连接，储能电感器 L 与负载呈串联形式连接，升压斩波电路的原理图及工作波形如图 3-20 所示。

（2）电路的工作原理

当 V 导通时（t_{on}），能量储存在 L 中。由于 VD 截止，所以 t_{on} 期间负载电流由 C 供给。在 t_{off} 期间，V 截止，储存在 L 中的能量通过 VD 传送到负载和 C，其电压的极性与 U_d 相同，且与 U_d 相串联，提供一种升压作用。

由于电感器电压在稳态时为 0，即一个周期内的平均值必须为 0，因此可推导出：

$$\frac{1}{T_S}\int_0^{T_S} u_L(t)\,\mathrm{d}t = 0 \Rightarrow \frac{1}{T_S}\left[U_d \cdot DT_S + (U_d - U_o)(1-D)T_S\right] = 0 \tag{3-5}$$

可得：

$$U_o = \frac{1}{1-D}U_d \tag{3-6}$$

上式中输出电压高于电源电压，故称该电路为升压斩波电路。调节 D 大小，即可改变输出电压 U_o 的大小。

同理，由于电容器电流在稳态时为 0，即一个周期内的平均值必须为 0，因此可推导出：

$$\frac{1}{T_S}\int_0^{T_S} i_C(t)\,\mathrm{d}t = 0 \Rightarrow \frac{1}{T_S}\left[-\frac{U_o}{R} \cdot DT_S + \left(I - \frac{U_o}{R}\right)(1-D)T_S\right] = 0 \tag{3-7}$$

可得

$$I = \frac{U_o}{(1-D)R} = \frac{I_o}{1-D} \tag{3-8}$$

即输入电流与输出电流的关系。

3. 升降压斩波电路

（1）电路的结构

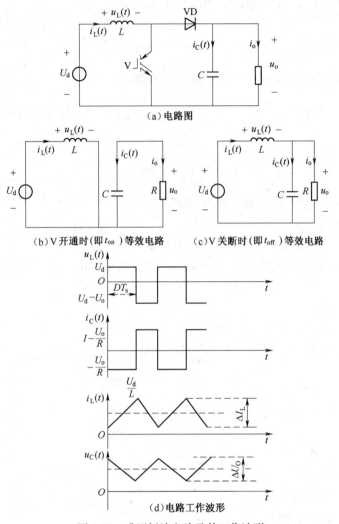

图 3-20　升压斩波电路及其工作波形

升降压斩波电路可以得到高于或低于输入电压的输出电压。电路原理图如图 3-21 所示,该电路的结构特征是储能电感器与负载并联,续流二极管 VD 反向串联结在储能电感器与负载之间。电路分析前可先假设电路中电感器 L 很大,使电感器电流 i_L 和电容器电压及负载电压 u_o 基本稳定。

(2)电路的工作原理

电路的基本工作原理是:V 通时,电源 U_d 经 V 向 L 供电使其贮能,此时二极管 VD 反偏,流过 V 的电流为 i_1。由于 VD 反偏截止,电容器 C 向负载 R 提供能量并维持输出电压基本稳定,负载 R 及电容器 C 上的电压极性为上负下正,与电源极性相反。

V 断时,电感器 L 极性变反,VD 正偏导通,L 中储存的能量通过 VD 向负载释放,电流为 i_2,同时电容器 C 被充电储能。负载电压极性为上负下正,与电源电压极性相反,该电路又称反极性斩波电路。

稳态时,一个周期 T_S 内,电感器 L 两端电压 u_L 对时间的积分为零,即

$$\int_0^T u_L dt = 0 \qquad (3\text{-}9)$$

当 V 处于通态期间,$u_L = U_d$;而当 V 处于断态期间,$u_L = -u_o$。于是有

$$U t_{on} = U_o t_{off} \qquad (3\text{-}10)$$

所以输出电压为

$$U_o = \frac{t_{on}}{t_{off}} U_d = \frac{t_{on}}{T_S - t_{on}} U_d = \frac{D}{1-D} U_d \qquad (3\text{-}11)$$

上式中,若改变占空比 D,则输出电压既可高于电源电压,也可能低于电源电压。

由此可知,当 $0<D<1/2$ 时,斩波器输出电压低于直流电源输入,此时为降压斩波器;当 $1/2<D<1$ 时,斩波器输出电压高于直流电源输入,此时为升压斩波器。

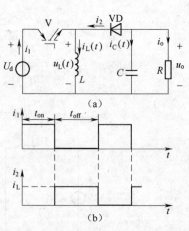

图 3-21 升降压斩波电路及其工作波形

4. Cuk 斩波电路

图 3-22 所示为 Cuk 斩波电路的原理图、等效电路及工作波形。

V 通时,U—L_1—V 回路和 R—L_2—C—V 回路分别流过电流;

V 断时,U—L_1—C—VD 回路和 R—L_2—VD 回路分别流过电流;输出电压的极性与电源电压极性相反;等效电路如图 3-22(b)所示。

输出电压为

$$U_o = \frac{t_{on}}{t_{off}} U = \frac{t_{on}}{T - t_{on}} U = \frac{D}{1-D} U \qquad (3\text{-}12)$$

若改变导通比 D,则输出电压可以比电源电压高,也可以比电源电压低。当 $0<D<1/2$ 时为降压,当 $1/2<D<1$ 时为升压。这一输入输出关系与升降压斩波电路时的情况相同。但与升降压斩波电路相比,输入电源电流和输出负载电流都是连续的,且脉动很小,有利于对输入、输出进行滤波。

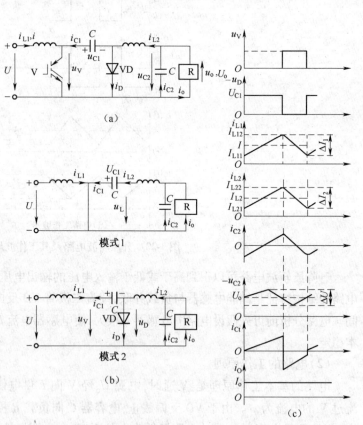

图 3-22 Cuk 斩波电路的原理图、等效电路及工作波形

二、SG3525 控制与驱动电路

1. 输出电压 U_o 的调节方式分类

开关电源中,输出电压 U_o 大小的调节主要有占空比控制和幅度控制两大类。

（1）占空比控制方式

占空比控制又包括脉冲宽度控制和脉冲频率控制两大类。

①脉冲宽度控制。脉冲宽度控制是指开关工作频率（即开关周期 T_S）固定的情况下直接通过改变导通时间（t_{on}）来控制输出电压 U_o 大小的一种方式。因为改变开关导通时间 t_{on} 就是改变开关控制电压 U_C 的脉冲宽度,因此又称脉冲宽度调制（PWM）控制。

PWM 控制方式的优点是,因为采用了固定的开关频率,因此,设计滤波电路时就简单方便;其缺点是,受功率开关管最小导通时间的限制,对输出电压不能作宽范围的调节,此外,为防止空载时输出电压升高,输出端一般要接假负载（预负载）。目前,集成开关电源大多采用 PWM 控制方式。

②脉冲频率控制。脉冲频率控制是指开关控制电压 U_C 的脉冲宽度（即 t_{on}）不变的情况下,通过改变开关工作频率（改变单位时间的脉冲数,即改变 T_S）而达到控制输出电压 U_o 大小的一种方式,又称脉冲频率调制（PFM）控制。

（2）幅度控制方式

即通过改变开关的输入电压 U_d 的幅值而控制输出电压 U_o 大小的控制方式,但要配以滑动调节器。

2. PWM 控制电路的基本构成和原理

图 3-23 是 PWM 控制电路的基本组成和工作波形。

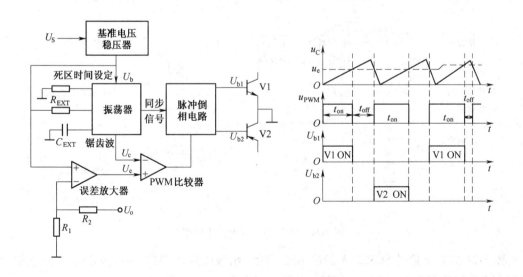

图 3-23　PWM 控制电路

可见,PWM 控制电路由以下几部分组成:①基准电压稳压器,提供一个供输出电压进行比较的稳定电压和一个内部 IC 电路的电源;②振荡器,为 PWM 比较器提供一个锯齿波和与该锯齿波同步的驱动脉冲控制电路的输出;③误差放大器,使电源输出电压与基准电压进行比较;④以正确的时序使输出开关管导通的脉冲倒相电路。

其基本工作过程如下:

①输出开关管在锯齿波的起始点被导通。由于锯齿波电压比误差放大器的输出电压低,所以 PWM 比较器的输出较高,因为同步信号已在斜坡电压的起始点使倒相电路工作,所以脉冲倒相电路将这个高电位输出使 V1 导通。

②当斜坡电压比误差放大器的输出高时,PWM 比较器的输出电压下降,通过脉冲倒相电路使 V1 截止,下一个斜坡周期则重复这个过程。

3. PWM 控制器集成芯片介绍

(1)SG3525A 基本原理

SG3525A 是 SG3524 的改进型,凡是利用 SG1524/SG2524/SG3524 的开关电源电路都可以用 SG3525A 来代替。应用时应注意两者的引脚连接的不同。

图 3-24 是 SG3525A 系列产品的内部原理图。

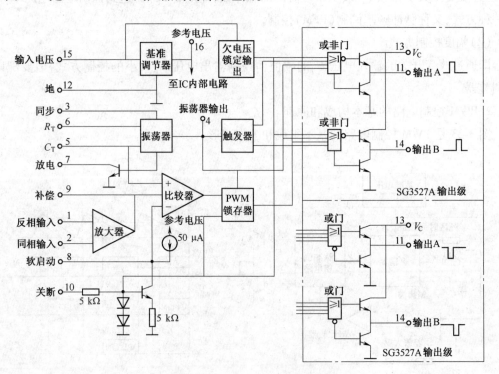

图 3-24　SG3525A 的内部原理图

图 3-24 的右下角是 SG3527A 的输出级。除输出级以外,SG3527A 与 SG3525A 完全相同。SG3525A 的输出是正脉冲,而 SG3527A 的输出是负脉冲。

表 3-2 是 SG3525A 的引脚连接。

表 3-2　SG3525A 的引脚连接

引脚号	功　　　能	引脚号	功　　　能
1	IN_——误差放大器反向输入	9	COMP——频率补偿
2	IN_+——误差放大器同向输入	10	SD——关断控制
3	SYNC——同步	11	OUT_A——输出 A
4	OUT_{osc}——振荡器输出	12	GND——地
5	C_T——定时电容器	13	V_C——集电极电压
6	R_T——定时电阻器	14	OUT_B——输出 B
7	DIS——放电	15	U_i——输入电压
8	SS——软启动	16	U_{REF}——基准电压

（2）SG3525A 的典型应用电路

①SG3525A 驱动 MOSFET 管的推挽式驱动电路如图 3-25 所示。其输出幅度和拉灌电流能力都适合于驱动电力 MOSFET 管。SG3525A 的两个输出端交替输出驱动脉冲，控制两个 MOSFET 管交替导通。

②SG3525A 驱动 MOS 管的半桥式驱动电路如图 3-26 所示。SG3525A 的两个输出端接脉冲变压器 T1 的一次绕组，串入一个小电阻器（10 Ω）是为防止振荡。T1 的两个二次绕组因同名端相反，以相位相反的两个信号驱动半桥上、下臂的两个 MOSFET。脉冲变压器 T2 的二次侧接后续的整流滤波电路，便可得到平滑的直流输出。

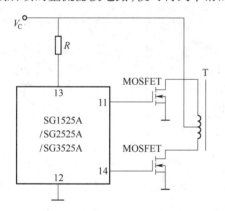

图 3-25　驱动 MOSFET 的推挽式驱动电路

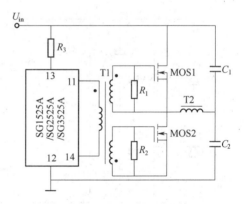

图 3-26　驱动 MOS 管的半桥驱动电路

任务 3　半桥型开关稳压电源电路的调试

任务目标

1. 能正确调试半桥型开关稳压电源电路。
2. 能正确使用 PWM 控制方法。
3. 能测试反馈控制对电源稳压性能的影响。

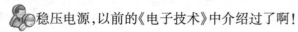
稳压电源，以前的《电子技术》中介绍过了啊！

有区别。以前学的三端稳压电源是线性电源,而今天要认识的是开关稳压电源。线性电源中,核心器件是晶体管,工作在线性区;而开关电源中,核心器件是全控型器件,工作在饱和区和截止区,类似于"开通"和"关断",开关频率可以很高,所以称为开关电源。开关电源的主电路类型很多,我们以半桥型为代表进行接线与调试。

任务实施

半桥型开关直流稳压电源的电路结构原理和各元器件均已画在 PAC23 挂箱的面板上,并有相应的输入与输出接口和必要的测试点。电路结构框图如图 3-27 所示,原理线路如图 3-28 所示。

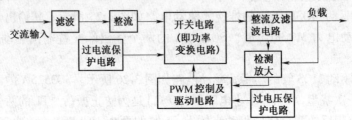

图 3-27　电路结构框图

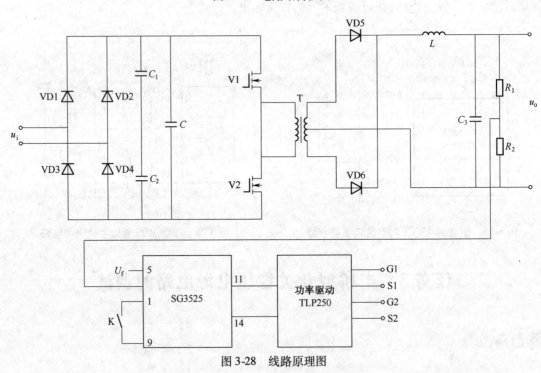

图 3-28　线路原理图

子任务 1　控制与驱动电路的调试

1. 认识控制与驱动电路

控制电路以 SG3525 为核心构成,SG3525 为美国 Silicon General 公司生产的专用 PWM 控制集成电路,其内部电路结构及各引脚功能如图3-29所示,它采用恒频脉宽调制控制方案,其内部包含有精密基准源、锯齿波振荡器、误差放大器、比较器、分频器和保护电路等。调节 U_r 的大小,在 A、B 两端可输出两个幅度相等、频率相等、相位相互错开180°、占空比可调的矩形波(即 PWM 信号)。它适用于各开关电源、斩波器的控制。详细的工作原理与性能指标可参阅任务2中相关的资料。

2. 控制与驱动电路的调试

①接通 PAC23 电源;

②将 SG3525 的第 1 引脚与第 9 引脚短接(接通开关 K),使系统处于开环状态;

③SG3525 各引出脚信号的观测:调节 PWM 脉宽调节电位器,用示波器观测 5、11、14 测试点信号的变化规律,然后调定在一个较典型的位置上,记录各测试点的波形参数(包括波形类型、幅度 A、频率 f、占空比和脉宽 t)。

④用双踪示波器的两个探头同时观测 11 引脚和 14 引脚的输出波形,调节 PWM 脉宽调节电位器,观测两路输出的 PWM 信号,找出占空比随 U_g 的变化规律,并测量两路 PWM 信号之间的"死区时间" $t_{dead} = $ _____ 。

子任务2　半桥型开关直流稳压电源的调试

1. 认识主电路

开关电路采用的电力电子器件为美国 IR 公司生产的全控型电力 MOSFET,其型号为 IRFP450,主要参数为:额定电流 16 A,额定耐压 500 V,通态电阻 0.4 Ω。两只 MOSFET 与两只电容器 C_1、C_2 组成一个逆变桥,在两路 PWM 信号的控制下实现了逆变,将直流电压变换为脉宽可调的交流电压,并在桥臂两端输出开关频率约为 26 kHz、占空比可调的矩形脉冲电压。然后通过降压、整流、滤波后获得可调的直流电源电压输出。该电源在开环时,它的负载特性较差,只有加入反馈,构成闭环控制后,当外加电源电压或负载变化时,均能自动控制 PWM 输出信号的占空比,以维持电源的输出直流电压在一定的范围内保持不变,达到了稳压的效果。

2. 主电路开环特性的测试

①按面板上主电路的要求在逆变输出端装入 220 V/15 W 的白炽灯,在直流输出两端接入负载电阻,并将主电路接至 MEC01 的一相交流可调电压(0~250 V)输出端。

②逐渐将输入电压 U_i 从 0 调到约 50 V,使白炽灯有一定的亮度。调节 u_g(1.3 V、1.5 V、1.7 V、2.0 V、2.3 V、2.6 V、3.0 V),即调节占空比,用示波器的一个探头分别观测两只 MOSFET 管的栅源电压和直流输出电压的波形。用双踪示波器的两个探头同时观测变压器二次侧及两个二极管两端的波形,改变脉宽,观察这些波形的变化规律。记录相应的占空比、U_{t2}、U_o 的值。

③将输入交流电压 U_i 调到 200 V,用示波器的一个探头分别观测逆变桥的输出变压器副边和直流输出的波形,记录波形参数及直流输出电压 U_o 中的纹波。

④在直流电压输出侧接入直流电压表和电流表。在 $U_i = 200$ V 时,在一定的脉宽下,作电源的负载特性测试,即调节可变电阻负载 R,测定直流电源输出端的伏安特性: $U_o = f(I)$;令 $U_g = $ _____(参考值为 2.2 V)。

⑤在一定的脉宽下,保持负载不变,使输入电压 U_i 在 200 V 左右调节(100 V、120 V、140 V、

160 V、180 V、200 V、220 V、240 V、250 V），测量占空比、直流输出电压 U_o 和电流 I，测定电源电压变化对输出的影响。

⑥上述各调试步骤完毕后，将输入电压 U_i 调回零位。

3. 主电路闭环特性测试

①准备工作：

a. 断开控制与驱动电路中的开关 K；

b. 将主电路的反馈信号 U_f 接至控制电路的 U_f 端，使系统处于闭环控制状态。

②重复主电路开环特性测试的各实训步骤。

4. 结果处理

①整理实训数据和记录的波形；

②分析开环与闭环时负载变化对直流电源输出电压的影响；

③分析开环与闭环时电源电压变化对直流电源输出电压的影响；

④对半桥型开关稳压电源性能研究的总结与体会。

任务相关知识

直流斩波电路分为隔离与非隔离两种。非隔离的直流斩波电路在任务 2 中已介绍，下面介绍隔离型电路。

1. 正激电路

正激电路包含多种不同结构，典型的单开关正激电路及其工作波形如图 3-29 所示。

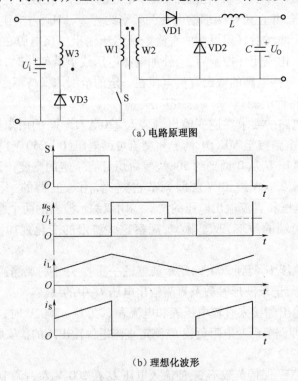

（a）电路原理图

（b）理想化波形

图 3-29 正激电路原理图及理想化波形

电路的简单工作过程:开关 S 开通后,变压器绕组 W1 两端的电压为上正下负,与其耦合的绕组 W2 两端的电压也是上正下负。因此 VD1 处于通态,VD2 为断态,电感器上的电流逐渐增长;S 关断后,电感器 L 通过 VD2 续流,VD1 关断,L 的电流逐渐下降。S 关断后变压器的励磁电流经绕组 W3 和 VD3 流回电源,所以 S 关断后承受的电压为

$$u_{\mathrm{s}} = \left(1 + \frac{N_1}{N_3}\right) U_{\mathrm{i}} \tag{3-13}$$

式中　N_1——变压器绕组 W1 的匝数;

　　　N_3——变压器绕组 W3 的匝数。

变压器中各物理量的变化过程如图 3-30 所示。

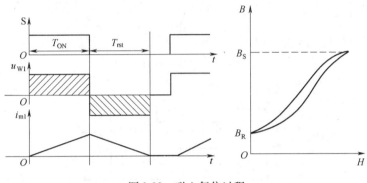

图 3-30　磁心复位过程

开关 S 开通后,变压器的励磁电流 i_{m} 由零开始,随着时间的增加而线性地增长,直到 S 关断。S 关断后到下一次再开通的一段时间内,必须设法使励磁电流降回零,否则下一个开关周期中,励磁电流将在本周期结束时的剩余值基础上继续增加,并在以后的开关周期中依次累积起来,变得越来越大,从而导致变压器的励磁电感饱和。励磁电感饱和后,励磁电流会更加迅速地增长,最终损坏电路中的开关器件。因此在 S 关断后使励磁电流降回零是非常重要的,这一过程称为变压器的磁心复位。

在正激电路中,变压器的绕组 W3 和二极管 VD3 组成复位电路。下面简单分析其工作原理。

开关 S 关断后,变压器励磁电流通过 W3 绕组和 VD3 流回电源,并逐渐线性的下降为零。从 S 关断到 W3 绕组的电流下降到零所需的时间为

$$T_{\mathrm{rst}} = \frac{N_3}{N_1} T_{\mathrm{ON}} \tag{3-14}$$

S 处于断态的时间必须大于 T_{rst},以保证 S 下次开通前励磁电流能够降为零,使变压器磁心可靠复位。

在输出滤波电感电流连续的情况下,即 S 开通时电感 L 的电流不为零,输出电压与输入电压的比为

$$\frac{U_{\mathrm{o}}}{U_{\mathrm{i}}} = \frac{N_2}{N_1} \frac{T_{\mathrm{ON}}}{T} \tag{3-15}$$

如果输出电感电路电流不连续,输出电压 U_{o} 将高于上式的计算值,并随负载减小而升

高,在负载为零的极限情况下,

$$U_o = \frac{N_2}{N_1} U_i \qquad (3\text{-}16)$$

2. 反激电路

反激电路及其工作波形如图 3-31 所示。

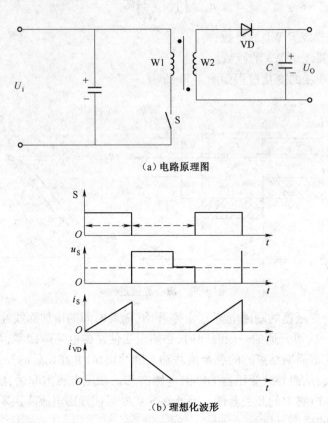

（a）电路原理图

（b）理想化波形

图 3-31 反激电路原理图及理想化工作波形

同正激电路不同,反激电路中的变压器起着储能元件的作用,可以看作是一对相互耦合的电感。

S 开通后,VD 处于断态,绕组 W1 的电流线性增长,电感器储能增加;S 关断后,绕组 W1 的电流被切断,变压器中的磁场能量通过绕组 W2 和 VD 向输出端释放。S 关断后承受的电压的电压为

$$u_s = \left(U_i + \frac{N_1}{N_2} \right) U_o \qquad (3\text{-}17)$$

反激电路可以工作在电流断续和电流连续两种模式:

①如果当 S 开通时,绕组 W2 中的电流尚未下降到零,则称电路工作于电流连续模式。

②如果 S 开通前,绕组 W2 中的电流已经下降到零,则称电路工作于电流断续模式。

当工作于电流连续模式时:

　　当电路工作在断续模式时,输出电压高于上式的计算值,并随负载减小而升高,在负载电流为零的极限情况下,$U_o \to \infty$,这将损坏电路中的器件,因此反激电路不应工作于负载开路状态。

3. 推挽电路

　　推挽电路的原理及工作波形如图 3-32 所示。

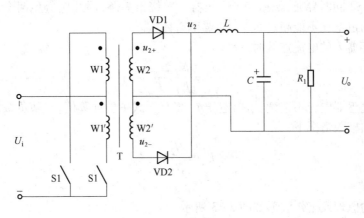

（a）电路原理图

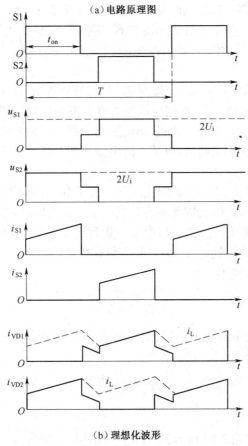

（b）理想化波形

图 3-32　推挽电路原理图及理想化工作波形

推挽电路中两个开关 S1 和 S2 交替导通,在绕组 W1 和 W2 两端分别形成相位相反的交流电压。S1 导通时,二极管 VD1 处于通态,S2 导通时,二极管 VD2 处于通态,当两个开关都关断时,VD1 和 VD2 都处于通态,各分担一半的电流。S1 或 S2 导通时电感器 L 的电流逐渐上升,两个开关都关断时,电感器 L 的电流逐渐下降。S1 和 S2 断态时承受的峰值电压均为 2 倍 U_i。

如果 S1 和 S2 同时导通,就相当于变压器一次绕组短路,因此应避免两个开关同时导通,每个开关各自的占空比不能超过 50%,还要留有死区。

当滤波电感器 L 的电流连续时,有

$$\frac{U_o}{U_i} = \frac{N_2}{N_1} \frac{2t_{on}}{T} \tag{3-18}$$

如果输出电感器电流不连续,输出电压 U_o 将高于式中的计算值,并随负载减小而升高,在负载电流为零的极限情况下:

$$U_o = \frac{N_2}{N_1} U_i \tag{3-19}$$

4. 半桥电路

半桥电路的原理及工作波形如图 3-33 所示。

在半桥电路中,变压器一次绕组两端分别连接在电容器 C_1、C_2 的中点和开关 S1、S2 的中点。电容器 C_1、C_2 的中点电压为 $U_i/2$。S1 与 S2 交替导通,使变压器一次侧形成幅值为 $U_i/2$ 的交流电压。改变开关的占空比,就可改变二次整流电压 U_d 的平均值,也就改变了输出电压 U_o。

S1 导通时,二极管 VD1 处于通态,S2 导通时,二极管 VD2 处于通态,当两个开关都关断时,变压器绕组 W1 中的电流为零,根据变压器的磁动势平衡方程,绕组 W2 和 W3 中的电流大小相等、方向相反,所以 VD1 和 VD2 都处于通态,各分担一半的电流。S1 或 S2 导通时电感上的电流逐渐上升,两个开关都关断时,电感上的电流逐渐下降。S1 和 S2 断态时承受的峰值电压均为 U_i。

由于电容器的隔直作用,半桥电路对由于两个开关导通时间不对称而造成的变压器一次电压的直流分量有自动平衡作用,因此不容易发生变压器的偏磁和直流磁饱和。

为了避免上下两开关在换流的过程中发生短暂的同时导通现象而造成短路损坏开关器件,每个开关各自的占空比不能超过 50%,并应留有裕量。

当滤波电感器 L 的电流连续时,有

$$\frac{U_o}{U_i} = \frac{N_2}{N_1} \frac{t_{on}}{T} \tag{3-20}$$

如果输出电感器电流不连续,输出电压 U_o 将高于式中的计算值,并随负载减小而升高,在负载电流为零的极限情况下:

$$U_o = \frac{N_2}{N_1} \frac{U_i}{2} \tag{3-21}$$

5. 全桥电路

全桥电路的原理图如图 3-34 所示,工作波形如图 3-35 所示。

全桥电路中互为对角的两个开关同时导通,而同一侧半桥上下两开关交替导通,将直流电压成幅值为 U_i 的交流电压,加在变压器一次侧。改变开关的占空比,就可以改变 U_d 的平均

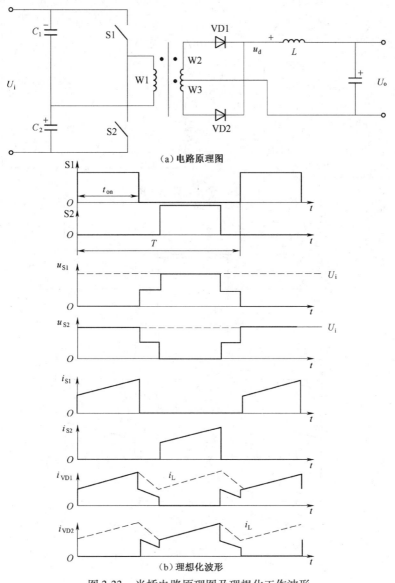

（a）电路原理图

（b）理想化波形

图 3-33　半桥电路原理图及理想化工作波形

值,也就改变了输出电压 U_o。

当 S1 与 S4 开通后,二极管 VD1 和 VD4 处于通态,电感器 L 的电流逐渐上升;S2 与 S3 开通后,二极管 VD2 和 VD3 处于通态,电感器 L 的电流也上升。当四个开关都关断时,四个二极管都处于通态,各分担一半的电感电流,电感器 L 的电流逐渐下降。S1 和 S4 断态时承受的峰值电压均为 U_i。

若 S1、S4 与 S2、S3 的导通时间不对称,则交流电压 u_T 中将含有直流分量,会在变压器一次电流中产生很大的直流分量,并可能造成磁路饱和,因此全桥应注意避免电压直流分量的产生,也可以在一次回路电路中串联一个电容器,以阻断直流电流。

为了避免同一侧半桥中上下两开关在换流的过程中发生短暂的同时导通现象而损坏开

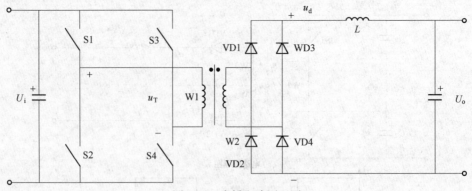

图 3-34　全桥电路原理图

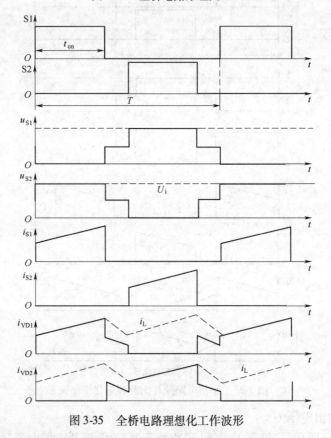

图 3-35　全桥电路理想化工作波形

关,每个开关各自的占空比不能超过 50%,并应留有裕量。

当滤波电感器 L 的电流连续时,有

$$\frac{U_o}{U_i} = \frac{N_2}{N_1} \frac{2t_{on}}{T} \tag{3-22}$$

如果输出电感器电流不连续,输出电压 U_o 将高于式中的计算值,并随负载减小而升高,在负载电流为零的极限情况下:

$$U_o = \frac{N_2}{N_1} U_i \tag{3-23}$$

任务4 台式计算机开关电源的调试与维护

任务目标

1. 能对台式计算机开关电源的主电路、控制电路及保护电路正确识图。
2. 能对台式计算机开关电源出现的典型故障进行分析、排除。

台式计算机,大家宿舍里都有吧? 有没有观察过给主机机箱供电的电源? 它就是典型的开关电源。

是不是图3-1所示的外形?

对。我们以图3-3所示IBM PC/XT系列主机的开关电源电路为例,说明典型故障现象及检修方法。

任务实施

以图3-3所示的IBM PC/XT系列计算机开关电源为例,说明典型故障现象及检修方法。

1. 通电后无任何反应

(1)故障现象

PC系统通电后,主机指示灯不亮,显示器屏幕无光栅,整个系统无任何反应。

(2)检修方法

通电后无任何反应,是PC主机电源常见的故障,对此首先应采用直观法察看电源盒有无烧坏元器件,接着采用万用表欧姆挡检测法逐个单元地进行静态电阻检测,看有无明显短路。若无明显元器件烧坏,也没有明显过电流,则可通电采用动态电压对电源中各关键点的电压进行检修。

2. 一通电就熔断交流熔丝管

(1)故障现象

接通电源开关后,电源盒内发出"叭"的一声,交流熔丝管随即熔断。

(2)检修方法

一通电就熔断交流熔丝管,说明电源盒内有严重过电流元器件,除短路之外,故障部位一般在高频开关变压器一次绕组之前,通常有以下三种情况:

①输入桥式整流二极管中的某个二极管被击穿。由于PC电源的高压滤波电容器一般都是220 μF左右的大容量电解电容器,瞬间工作充电电源达20 A以上,所以瞬间大容量的浪涌电流将会造成桥堆中某个质量较差的整流管过电流工作,尽管有限流电阻限流,但也会发生一些整流管被击穿的现象,造成烧毁熔丝。

②高压滤波电解电容器 C_5、C_6 被击穿,甚至发生爆裂现象。由于大容量的电解电容器工作电压一般均接近200 V,而实际工作电压均已接近额定值。因此当输入电压产生波动时,或

某些电解电容器质量较差时,就极容易发生电容器被击穿现象。更换电容器最好选择耐压高些的,如300 μF/450 V的电解电容器。

③开关管 V1、V2 损坏。由于高压整流后的输出电压一般达300 V左右,逆变功率开关管的负载又是感性负载,漏感所形成的电压尖峰将有可能使功率开关管的 V_{CEO} 值接近于600 V,而 V1、V2 的 2SC3039 所标 V_{CEO} 只有400 V左右。因此当输入电压偏高时,某些质量较差的开关管将会发生 E-C 之间击穿现象,从而烧毁熔丝。在选择逆变功率开关管时,对单管自激式电路中的 V1,要求 V_{CEO} 必须大于800 V,最好1 000 V以上,而且截止频率越高越好。另外,要注意的是,由于某些开关功率管是与激励推挽管直接耦合的,故往往是变压器一次侧电路中的大、小晶体管同时击穿。因此,在检修这种电源时应将前级的激励管一同进行检测。

3. 熔丝管完好,但各路直流电压均零

(1)故障现象

故障现象接通电源开关后,主机不启动,用万用表测±5 V,±12 V均没有输出。

(2)检修方法

主机电源直流输出的四组电压:+5 V、−5 V、+12 V、−12 V,其中+5 V电源输出功率最大(满载时达20 A),故障率最高,一旦+5 V电路有故障时,整个电源电路往往自动保护,其他几路也无输出,因此,+5 V形成及输出电路应重点检查。

当电源在有负载情况下测量不出各输出端的直流电压时即认为电源无输出。这时应先打开电源检查熔丝,如果熔丝完好,应检查电源中是否有开路、短路现象,过电压、过电流保护电路是否发生误动作等。这类故障常见的有以下三种情况:

①限流电阻器 R_1、R_2 开路。开关电源采用电容输入式滤波电路,当接通交流电压时,会有较大的合闸浪涌电源(电容器充电电流),而且由于输出保持能力等的需要,输入滤波电容器也较大,因而合闸浪涌电流比一般稳压电源要高得多,电流的持续时间也长。这样大的浪涌电流不仅会使限流电阻器或输入熔丝熔断,还会因为虚焊或焊点不饱满、有空隙而引起长时间的放电电流,导致焊点脱落,使电源无法输出,一般扼流圈引脚因清漆不净,常会发生该类故障,这种故障重焊即可。

②+12 V整流半桥块击穿。+12 V整流二极管采用快速恢复二极管 FRD,而+5 V整流二极管采用肖基特二极管 SBD。由于 FRD 的正向压降要比 SBD 大,当输出电流增大时,正向压降引起的功耗也大,所以+12 V整流二极管的故障率较高,选择整流二极管时,应尽可能选用正向压降低的整流器件。

③晶闸管坏。在检查中发现开关振荡电路丝毫没有振荡现象。从电路上分析能够影响振荡电路的只有+5 V和+12 V,它是通过发光二极管来控制振荡电路的,如果发光二极管不工作,那么光耦合器将处于截止,开关晶体管因无触发信号始终处于截止状态,影响发光二极管不能工作的最常见问题就是晶闸管 VS1 损坏。

4. 启动电源时发出"嘀嗒"声

(1)故障现象

开启主机电源开关后,主机不启动,电源盒内发出"嘀嗒"的怪声响。

（2）检修方法

这种故障一般是输入的电压过高或某处的短路造成的大电流使+5 V处输出电压过高,这样引起过电压保护动作,晶闸管也随之截止,短路消失,使电源重新启动供电。如此周而复始地循环,将会使电源发生"嘀嗒嘀嗒"的开关声,此时就关闭电源进行仔细检查,找出短路故障处,从而修复整个电源。

另有一种原因是控制集成电路的定时元件发生了变化或内部不良。用示波器测量集成控制器TL494输出的8引脚和10引脚,其工作频率只有8 kHz左右,而正常工作时近20 kHz。经检查发现定时元件电容器的容量变大,导致集成控制器定时振荡频率变低,使电源产生重复性"嘀嗒"声,整个电源不能正常工作,只要更换定时电容器后恢复正常。

5. 某一路无直流输出

（1）故障现象

开机后,主机不启动,用万用表检测±5 V,±12 V,其中一路无输出。

（2）检修方法

在主机电源中,15 V和±12 V四组直流电源,若有一路或一路以上因故障无电压输出时,整个电源将因缺相而进入保护状态。这时,可用万用表测量各输出端,开启电源,观察在启动瞬间哪一路电源无输出,则故障就出在这一路电压形成或输出电路上。

6. 电源负载能力差

（1）故障现象

主机电源如果仅向主机板和软驱供电显示正常,但当电源增接上硬盘或扩满内存情况下,使屏幕变白或根本不工作。

（2）检修方法

在不配硬盘或未扩满内存等轻负载情况下能工作,说明主机电源无本质性故障,主要是工作点未选择好。当振荡放大环节中增益偏低,检测放大电路处于非线性工作状态时,均会产生此故障。解决此故障的办法可适当调换振荡电路中的各晶体管,使其增益提高,或调整各放大晶体管的工作特点,使它们都工作于线性区,从而或提高电源的负载能力。

极端的情况是,即使不接硬盘,电源也不能正常地工作下去。这类故障常见的有以下三种情况:

①电源开机正常,工作一段时间后电源保护。这种现象大都发生在+5 V输出端有晶闸管VS做过电压保护的电路。其原因是晶闸管或稳压二极管漏电太大,工作一段时间后,晶闸管或稳压管发热。漏电急剧增加而导通造成。需要更换晶闸管或二极管。

②带负载后各挡电压稍下降,开关变压器发出轻微的"吱吱"声。这种现象多是由于滤波电容器(300 μF/200 V)坏了一个。原因是漏电流大,导致了这种现象的发生。更换滤波器电容器时应注意两只电容器容量和耐压值必须一致。

③电源开机正常,当主机读软盘后电源保护。这种现象大都是+12 V整流二极管FRD性能变差,调换同样型号的二极管即可恢复正常。

7. 直流电压偏离正常值

（1）故障现象

开机后,四组电压均有输出,或高、或低地偏离±5 V、±12 V很多。

（2）检修方法

直流输出电压偏离正常值，一般可通过调节检测电路中的基准电压调节电位器 R_{P1} 都能使+5 V 等各挡电压调至标准值。如果调节失灵或调不到标准值，则是检测晶体管 VT4 和基准电压可调稳压管 IC2 损坏，换上相同或适当的器件，一般均能正常工作。

如果只有一挡电压偏高太大，而其他各挡电压均正常，则是该挡电压的集成稳压器或整流二极管损坏。检查方法是用电压表接表−5 V 或−12 V 的输出端进行监测。开启电源时，哪路输出电压无反应，则哪路集成稳压器可能损坏，若集成稳压器是好的，则整流二极管损坏的可能性最大，其原因是输出负载可能太重，另外负载电流也较大，故在 PC 电源电路中+5 V 挡采用带肖特基特性的高频整流二极管 SBD，其余各挡也采用快恢复特性的高频整流二极管FRD。所在更换时要尽可能找到相类型的整流二极管，以免再次损坏。

8. 直流输出不稳定

（1）故障现象

刚开机时，整个系统工作正常，但工作一段时间后，输出电压下降，甚至无输出，或时好时坏。

（2）检修方法

主机电源四组输出均时好时坏，这一般是电源电路中由于元器件虚焊，接插件接触不良，或大功率元件热稳定性差、电容器漏电等原因而造成的。

9. 风扇转动异常

（1）故障现象

风扇不转动，或虽能旋转，但发出尖叫声。

（2）检修方法

PC 主机电源风扇的连接及供电有两种情况：一种是直接使用市电供电交流电风扇；另一种是接在 12V 直流输出端直流风扇。如果发现电源输入/输出一切正常，而风扇不转，就要立即停机检查。这类故障大都由风扇电动机线圈烧断而引起的，这时必须更换新的风扇。如果发出响声，其原因之一是由于机器长期的运转或传输过程中的激烈振动而引起风扇的四只固定螺钉松动。这时只要紧固其螺钉即可。如果是由于风扇内部灰尘太多或含油轴承缺油而引起的，只要清理或经常用高级润滑油补充，故障就可排除。

✖ 任务相关知识

计算机开关电源

计算机开关电源的发展经过了 AT、ATX、ATX12 V 三个发展阶段。开关电源电路按其组成功能分为：交流输入整流滤波电路、脉冲半桥功率变换电路、辅助电源电路、脉宽调制控制电路、PS-ON 和 PW-OK 产生电路、自动稳压与保护控制电路、多路直流稳压输出电路。ATX 电源电路原理图如图 3-36 所示。

开关电源就是通过电路控制开关管进行高速的导通与截止。将直流电转化为高频率的交流电提供给变压器进行变压，从而产生所需要的一组或多组电压。转化为高频交流电的原因

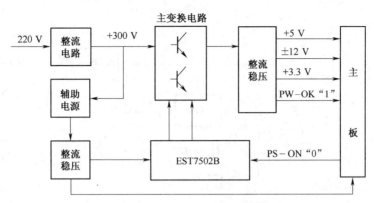

图 3-36　ATX 电源电路原理图

是高频交流在变压器变压电路中的效率要比 50 Hz 高很多,所以开关变压器可以做的很小,而且工作时不是很热,成本也很低。开关电源大体可以分为隔离和非隔离两种,隔离型的必定有开关变压器,而非隔离的未必一定有。简单地说,开关电源的工作原理如下:

①交流电源输入经整流滤波成直流,交流电源输入时一般要经过扼流圈等,过滤掉电网上的干扰,同时也过滤掉电源对电网的干扰。

②通过高频 PWM(脉冲宽度调制)信号控制开关管,将那个直流加到开关变压器初级上。在功率相同时,开关频率越高,开关变压器的体积就越小,但对开关管的要求就越高;

③开关变压器次级感应出高频电压,经整流滤波供给负载。开关变压器的二次侧可以有多个绕组或一个绕组有多个抽头,以得到需要的输出。

④输出部分通过一定的电路反馈给控制电路,控制 PWM 占空比,以达到稳定输出的目的。一般还应该增加一些保护电路,如空载、短路等保护,否则可能会烧毁开关电源。

项目拓展知识

电力电子整流电路的保护

整流电路的保护主要是晶闸管的保护,因为晶闸管器件有许多优点,但与其他电气设备相比,过电压、过电流能力差,短时间的过电流、过电压都可能造成器件损坏。为使晶闸管装置能正常工作而不损坏,只靠合理选择器件还不行,还要设计完善的保护环节,以防不测。具体保护电路主要有以下几种。

1. 过电压保护

过电压保护有交流侧保护、直流侧保护和器件保护。过电压保护设置如图 3-37 所示。

电力电子装置可视具体情况只采用其中的几种。其中 RC3 和 RCD 为抑制内因过电压的措施,属于缓冲电路范畴。外因过电压抑制措施中,RC 过电压抑制电路最为常见。RC 过电压抑制电路可接于供电变压器的两侧(供电网一侧称为网侧,电力电子电路一侧称阀侧),或电力电子电路的直流侧。下面分类介绍过电压保护。

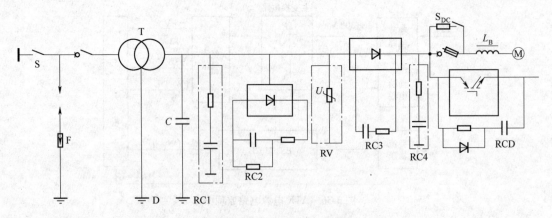

图 3-37　过电压保护设置图

F—避雷器；D—变压器静电屏蔽层；C—静电感应过电压抑制电容器；RC1—阀侧浪涌过电压抑制用 RC 电路；
RC2—阀侧浪涌过电压抑制用反向阻断式 RC 电路；RV—压敏电阻器过电压抑制器；RC3—阀器件换相过电压抑制用 RC 电路；
RC4—直流侧 RC 抑制电路；RCD—阀器件关断过电压抑制用 RCD 电路

（1）RC 吸收回路（操作过电压、换相过电压、关断过电压）

①器件侧。晶闸管关断引起的过电压，可达工作电压峰值的 5～6 倍，线路电感（主要是变压器漏感）释放能量而产生的。一般情况采用的保护方法是在晶闸管的两端并联 RC 吸收电路，如图 3-38 所示。

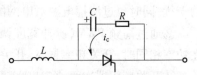

图 3-38　用阻容吸收抑制晶闸管关断过电压

阻容保护的数值一般根据经验选定，见表 3-3。

表 3-3　与晶闸管并联的阻容经验数据

晶闸管额定电流/A	10	20	50	100	200	500	1 000
电容/μF	0.1	0.15	0.2	0.25	0.5	1	2
电阻/Ω	100	8	40	20	10	5	2

电容器耐压可选加在晶闸管两端工作电压峰值 U_m 的 1.1～1.5 倍。

电阻器功率 P_R 为：

$$P_R = f\,C U_m^2 \times 10^{-6} \tag{3-24}$$

式中　f——电源频率（Hz）；

　　　C——与电阻器串联电容值（mF）；

　　　U_m——晶闸管工作电压峰值（V）。

目前阻容保护参数计算还没有一个比较理想的公式，因此在选用阻容保护元件时，在根据上述介绍公式计算出数据后，还要参照以往用得较好且相近的装置中的阻容保护元件参数进行确定。

②网侧（变压器前）：略。

③交流侧或阀侧（变压器后）：略。

④直流侧(整流后):略。

网侧、交流侧、直流侧的位置如图3-39所示。

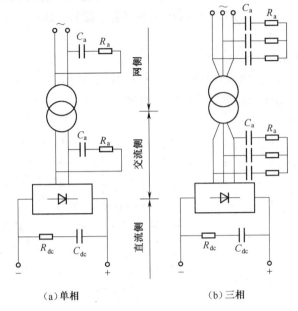

（a）单相　　　　　　　（b）三相

图3-39　RC过电压抑制电路联结方式

其中,交流侧RC吸收回路的接法有以下几种,如图3-40所示。网侧RC吸收回路的接法类似。

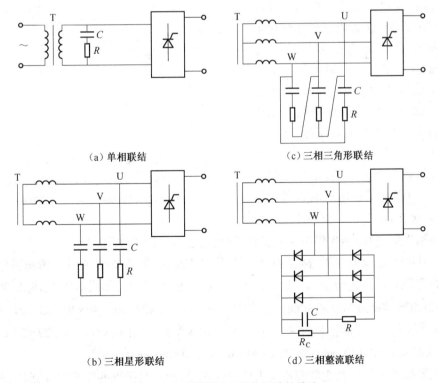

（a）单相联结　　　　　　　（c）三相三角形联结

（b）三相星形联结　　　　　　（d）三相整流联结

图3-40　交流侧RC吸收回路的接法

阻容吸收保护简单可靠,应用较广泛,但会发生雷击或从电网侵入很大的浪涌电压,对于这种能量较大的过电压就不能完全抑制。根据稳压管的稳压原理,目前较多采用非线性元件吸收装置,接入整流变压器二次侧,以吸收较大的过电压能量。常用的非线性元件有硒堆和压敏电阻器等。

(2)硒堆(吸收浪涌过电压)

通常用的硒堆就是成组串联的硒整流片。单相时用两组对接后再与电源、并联,三相时用三组对接成丫形或用六组接成△形,如图3-41所示。

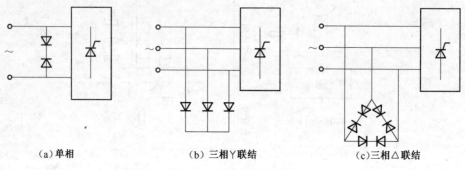

(a)单相   （b)三相丫联结   （c)三相△联结

图3-41   硒堆保护的接法

当电源电压正负交变时,总有一组硒堆处在反向受压状态。在正常工作情况下,受反压的硒堆工作在伏安特性(图3-42)的 A 点,漏电流很小。B 点对应的电压 U_B 是阻容保护装置限制的操作过电压峰值, 硒片允许最大反向电流密度 $(2.5\sim4)\,\mathrm{mA/cm^2}$,这时一切都正常。在阻容保护装置抑制过电压的同时,硒堆也能吸收掉一部分变压器磁场释放出来的能量。当出现异常的浪涌电压时,硒堆工作点继续上升到 C 点,造成硒片击穿,如同电源经硒堆做瞬时的短路,硒堆吸收浪涌的能量,从而限制了过电压的数值。硒片由于面积较大,击穿时只是烧焦几点,

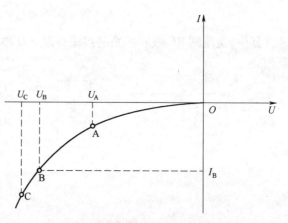

图3-42   硒堆伏安持性及其保护作用
U_A—正常电压峰值;U_B—操作过电压峰值;
I_B—硒片允许最大反向电流;U_C—击穿电压

待浪涌电压消失后,整个硒片仍能恢复正常,继续起过电压保护作用。

每片硒片的额定反向电压有效值可由产品目录查得,一般为 20~30 V。考虑到电网电压的可能升高和硒片特性的分散性,通常用(1.1~1.3)倍的正常工作线电压 U_{21} 除以每片额定电压,即得每组所需硒片数。硒片的面积有 $16\times16\ \mathrm{mm^2}$、$22\times22\ \mathrm{mm^2}$、$40\times40\ \mathrm{mm^2}$、$60\times60\ \mathrm{mm^2}$、$100\times100\ \mathrm{mm^2}$ 等规格,可根据装置来选用。通常 10 kW 以下用 $16\times16\ \mathrm{mm^2}$、$22\times22\ \mathrm{mm^2}$ 的硒片,20~30 kW 可用 $40\times40\ \mathrm{mm^2}$ 的,30~100 kW 采用 $60\times60\ \mathrm{mm^2}$ 的硒片。

采用硒堆保护的优点是它能吸收较大的浪涌能量,缺点是硒堆的体积大,反向伏安特性不

陡,并且长期放置不用会产生"贮存老化",即正向电阻增大,反向电阻降低,性能变坏,失去效用。使用前必须先经过"化成",才能复原。"化成"的方法是:先加 50% 的额定交流电压 10 min,再加额定交流电压 2 h。由此可见,硒堆并不是一种理想的保护元件。

(3)压敏电阻器(吸收浪涌过电压)

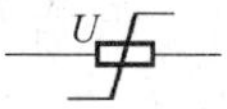

金属氧化物压敏电阻器是近几年发展的一种新型过电压保护元件。它在电路中用文字符号"RV"或"R"表示,图 3-43 是其图形符号。它是由氧化锌、氧化铋等烧结制成的非线性电阻元件,在每一颗氧化锌晶粒外面

图 3-43　图形符号

裹着一层薄的氧化铋,构成类似硅稳压管的半导体结构,具有正反向都很陡的稳压特性。其伏安特性如图 3-44 所示。

正常工作时压敏电阻器没有击穿,漏电流极小(μA 级),故损耗小;遇到尖峰过电压时,可通过高达数千安的放电电流,因此抑制过电压的能力强。此外还具有反应快、体积小、价格便宜等优点,是一种较理想的保护元件,目前已逐步取代硒堆保护。

用硒堆或压敏电阻器抑制过电压时的电流、电压变化情况,如图 2-45 所示。

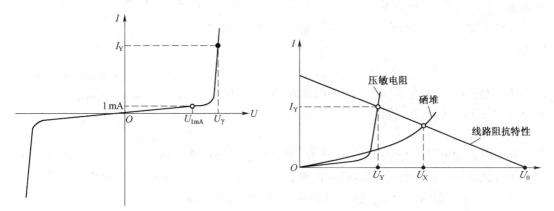

图 3-44　压敏电阻器的伏安特性　　　图 3-45　用硒堆或压敏电阻器抑制过电压

没有任何保护时浪涌电压为 U_0;如用硒堆保护,电压只能抑制到 U_X,如用压敏电阻器保护,电压被抑制到残压 U_Y,由于通过较大的放电电流 I_Y,所以能把浪涌量消耗。浪涌以后,又可恢复正常。压敏电阻器承受的电压应低于额定电压 U_{1mA}。由于压敏电阻器正反向特性对称,因此在单相电路中用一个压敏电阻器,而在三相电路中用三个压敏电阻器接成 Y 形或 △ 形,常用的几种接法如图 3-46 所示。压敏电阻器的主要缺点是平均功率太小,仅有数瓦,一旦工作电压超过它的额定电压,很短时间内就被烧毁。

压敏电阻器的主要参数如下:

①标称电压 U_{1mA}:指漏电流为 1 mA 时压敏电阻器上的电压。

$$U_{1mA} = 1.3\sqrt{2}\,U \tag{3-25}$$

式中,U 为压敏电阻器两端正常工作电压有效值(V)。

②通流量:在规定冲击电流波形(前沿 8 μs,波形宽 20 μs)下,允许通过的浪涌峰值电流。选取时应大于实际可能产生的浪涌电流值,一般取 5 kA 以上。

③残压:压敏电阻器通过浪涌电流时在其两端的电压降。它的值由被保护元件的耐压决定。对于晶闸管,应使得在通过浪涌电流时,残压抑制在晶闸管额定电压以下,并留有一定裕量。

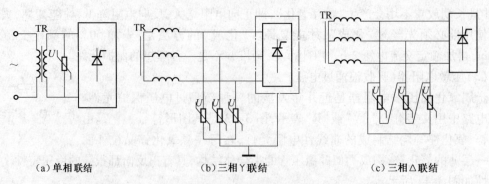

(a) 单相联结　　　　　　　(b) 三相Y联结　　　　　　　(c) 三相△联结

图 3-46　压敏电阻器保护的接法

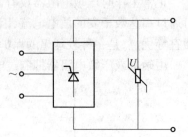

图 3-47　直流侧压敏电阻器保护电路的接法

需要注意的是,直流侧保护可采用阻容保护和压敏电阻器保护。但采用阻容保护易影响系统的快速性,并且会造成 di/dt 加大。因此,一般不采用阻容保护,而只用压敏电阻器作过电压保护,如图 3-47 所示。

压敏电阻器的标称电压 U_{1mA},一般用下面公式计算,即

$$U_{1mA} \geqslant (1.8 \sim 2) U_{DC} \tag{3-26}$$

式中,U_{DC} 为正常工作时加在压敏电阻器两端的直流电压(V)。通流量和残压的选择同交流侧。

2. 过电流保护

晶闸管装置出现的器件误导通或击穿、可逆传动系统中产生环流、逆变失败、传动装置生产机械过载及机械故障引起电机堵转等,都会导致流过整流元件的电流大大超过其正常晶体管电流,即产生所谓的过电流。通常采用的保护措施如图 3-48 所示。

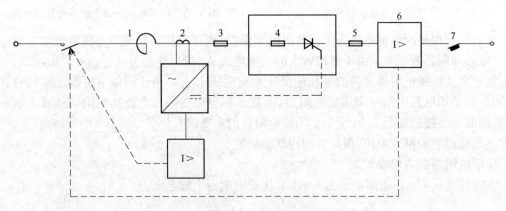

图 3-48　晶闸管装置可采用的过电流保护措施

1—进线电抗限流;2—电流检测和过流继电器;3、4、5—快速熔断器;6—过电流继电器;7—直流快速开关

(1) 电抗器保护

在交流进线中串接电抗器(称为交流进线电抗),或采用漏抗较大的变压器是限制短路电流以保护晶闸管的有效办法,缺点是在有负载时要损失较大的电压降。

（2）灵敏过电流继电器保护

继电器可装在交流侧或直流侧,在发生过电流故障时动作,使交流侧自动开关或直流侧接触器跳闸。由于过电流继电器和自动开关或接触器动作需几百毫秒,故只能保护由于机械过载引起的过电流,或在短路电流不大时,才能对晶闸管起保护作用。

（3）限流与脉冲移相保护

交流互感器 TA 经整流桥组成交流电流检测电路得到一个能反映交流电流大小的电压信号去控制晶闸管的触发电路。当直流输出端过载,直流电流 I_d 增大时交流电流也同时增大,检测电路输出超过某一电压,使稳压管击穿,于是控制晶闸管的触发脉冲左移即控制角增大,使输出电压 U_d 减小,I_d 减小,以达到限流的目的,调节电位器即可调节负载电流限流值。当出现严重过电流或短路时,故障电流迅速上升,此时限流控制可能来不及起作用,电流就已超过允许值。在全控整流带大电感负载时,为了尽快消除故障电流,可控制晶闸管的触发脉冲快速左移到整流状态的移相范围之外,使输出端瞬时值出现负电压,电路进入逆变状态,将故障电流迅速衰减到 0,这种称为拉逆变保护。

（4）直流快速开关保护

在大容量、要求高、经常容易短路的场合,可采用装在直流侧的直流快速开关作直流侧的过载与短路保护。这种快速开关经特殊设计,它的开关动作时间只有 2 ms,全部断弧时间仅 25 ~ 30 ms,目前国内生产的直流快速开关为 DS 系列。从保护角度看,快速开关的动作时间和切断整定电流值应该和限流电抗器的电感相协调。

（5）快速熔断器保护

熔断器是最简单有效的保护元件,针对晶闸管、硅整流元件过流能力差,专门制造了快速熔断器,简称快熔。与普通熔断器相比,它具有快速熔断特性,通常能做到当电流 5 倍额定电流时,熔断时间小于 0.02 s,在流过通常的短路电流时,快熔能保证在晶闸管损坏之前,切断短路电流,故适用与短路保护场合。快速熔断器可以安装在直流侧、交流侧,或直接与晶闸管串联,如图 3-49 所示。

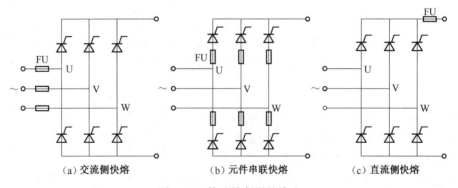

（a）交流侧快熔　　　　（b）元件串联快熔　　　　（c）直流侧快熔

图 3-49　快速熔断器的接法

其中以图 3-49(b)所示接法保护晶闸管最为有效;图 3-49(c)只能在直流侧过载、短路时起作用,图 3-49(a)对交流、直流侧过流均起作用,但正常运行时通过快熔的有效值电流往往大于流过晶闸管中的有效值电流,故在产生过电流时对晶闸管的保护作用就差些,使用时可根据实际情况选用其中的一、二种甚至三种全用上。

目前常用的快速熔断器有 RLS 系列和 RS3 系列。快速熔断器的选择主要考虑下述两个方面：

①快速熔断器的额定电压应大于线路正常工作电压的有效值。

②快速熔断器熔体的额定电流(有效值)I_m 应小于 $1.57I_{T(AV)}$。

($I_{T(AV)}$ 为被保护晶闸管的通态平均电流)。同时又应大于正常运行时晶闸管(或线路)通过的电流有效值 I_T，即

$$1.57I_{T(AV)} \geqslant I_{FU} \geqslant I_T(\text{或}\ I_2、I) \tag{3-27}$$

3. 电压与电流上升率的限制

(1)电压上升率 $\mathrm{d}u/\mathrm{d}t$ 的限制

正向电压上升率 $\mathrm{d}u/\mathrm{d}t$ 较大时，会使晶闸管误导通，因此作用于晶闸管的正向电压上升率应有一定的限制。

造成电压上升率 $\mathrm{d}u/\mathrm{d}t$ 过大的原因一般有两点：

①由电网侵入的过电压。

②由于晶闸管换相时相当于线电压短路，换相结束后线电压又升高，每一次换相都可能造成 $\mathrm{d}u/\mathrm{d}t$ 过大。

限制 $\mathrm{d}u/\mathrm{d}t$ 过大可在电源输入端串联电感和在晶闸管每个桥臂上串联电感器，利用电感器的滤波特性，使 $\mathrm{d}u/\mathrm{d}t$ 降低。串联电感器后的电路如图 3-50、图 3-51 所示。

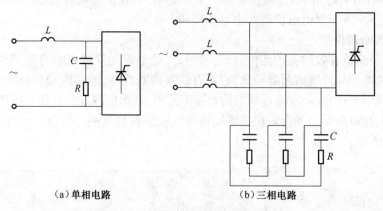

(a)单相电路　　　　　　　　　(b)三相电路

图 3-50　串联进线电感直接接入电网

(2)电流上升率 $\mathrm{d}i/\mathrm{d}t$ 的限制

导通时电流上升率 $\mathrm{d}i/\mathrm{d}t$ 太大，则可能引起门极附近过热，造成晶闸管损坏。因此，对晶闸管的电流上升率 $\mathrm{d}i/\mathrm{d}t$ 必须有所限制。

产生 $\mathrm{d}i/\mathrm{d}t$ 过大的原因，一般有：

①晶闸管导通时，与晶闸管并联的阻容保护中的电容器突然向晶闸管放电。

②交流电源通过晶闸管向直流侧保护电容器充电。

③直流侧负载突然短路等等。

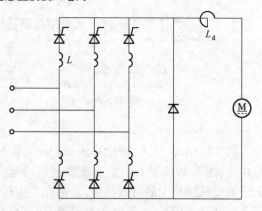

图 3-51　晶闸管串接桥臂电抗器

限制 di/dt，除在阻容保护中选择合适的电阻器外，也可采用与限制 du/dt 相同的措施，即在每个桥臂上串联一个电感器。

限制 du/dt 和 di/dt 的电感，可采用空心电抗器，要求 $L \geqslant (20 \sim 30)\,\mu H$；也可采用铁心电抗器，$L$ 值可偏大些。在容量较小系统中，也可把接晶闸管的导线绕上一定圈数，或在导线上套上一个或几个磁环来代替桥臂电抗器。

小　　结

本项目利用计算机开关电源这一工业产品，引出直流斩波（DC/DC 变换）的工作原理。先认识 GTR、MOSFET 和 IGBT 等电力电子器件，然后学习隔离与非隔离直流斩波电路的调试，并对驱动与保护电路（SG3525 芯片）进行了调试。最后，针对一款实际的计算机开关电源，分析其工作原理，利用示波器观察其关键波形并做分析和记录，并对常用的故障现象和维修方法做了阐述。通过项目实施，加深对这些电路的理解，简单掌握计算机开关电源的调试、故障查找与分析方法。在小组合作实施项目过程中也培养了与人合作的精神。

练　一　练

一、单选题

1. 下列器件中，(　　)最适合用在小功率、高开关频率的变换电路中。

　　A. GTR　　　　　　　　B. IGBT　　　　　　　　C. MOSFET　　　　　　　　D. GTO

2. 压敏电阻器在晶闸管整流电路中主要是用来(　　)。

　　A. 分流　　　　　　　　B. 降压　　　　　　　　C. 过电压保护　　　　　　D. 过电流保护

3. 变压器一次接入压敏电阻器的目的是为了防止(　　)对晶闸管的损坏。

　　A. 关断过电压　　　　B. 交流侧操作过电压　　C. 交流侧浪涌

4. 比较而言，下列半导体器件中输入阻抗最小的是(　　)。

　　A. GTR　　　　　　　　B. MOSFET　　　　　　　C. IGBT

5. 比较而言，下列半导体器件中输入阻抗最大的是(　　)。

　　A. GTR　　　　　　　　B. MOSFET　　　　　　　C. IGBT

6. 下列半导体器件中属于电流型控制器件的是(　　)。

　　A. GTR　　　　　　　　B. MOSFET　　　　　　　C. IGBT

7. 变更斩波器工作率 α 的最常用的一种方法是(　　)

　　A. 既改变斩波周期，又改变开关关断时间

　　B. 保持斩波周期不变，改变开关导通时间

　　C. 保持开关导通时间不变，改变斩波周期

　　D. 保持开关断开时间不变，改变斩波周期

二、填空题

1. 在晶闸管两端并联的 RC 回路是用来防止_____损坏晶闸管的。

2. 为了防止雷电对晶闸管的损坏，可在整流变压器的一次线圈两端并接一个_____或_____。

3. 用来保护晶闸管过电流的熔断器称为_____。

4. GTO 的全称是_____,图形符号为_____;GTR 的全称是_____,图形符号为_____;P-MOSFET 的全称是_____,图形符号为_____;IGBT 的全称是_____,图形符号为_____。

5. GTO 的关断是靠门极加_____出现门极_____来实现的。

6. 大功率晶体管简称_____,通常指耗散功率_____以上的晶体管。

7. 多个晶闸管相并联时必须考虑_____的问题,解决的方法是_____。

8. 常用的过电流保护措施有_____、_____、_____、_____（写出四种即可）。

9. 由普通晶闸管组成的直流斩波器通常有_____式,_____式和_____式三种工作方式。

10. 直流斩波器的工作方式中,保持开关周期 T 不变,调节开关导通时间 T_{on} 称为_____控制方式。

11. 开关型 DC/DC 变换电路的三个基本元件是_____、_____和_____。

12. 常见的隔离型 DC/DC 变换电路有_____、_____、_____、_____和_____。

13. RC 吸收回路可以吸收_____过电压、_____过电压和_____过电压。

三、分析题

1. 降压斩波电路,已知 $E = 200$ V,$R = 10$ Ω,L 值极大。采用脉宽调制控制方式,当控制周期 $T = 50$ μs,全控开关 VT 的导通时间 $t_{on} = 20$ μs,试完成下列各项要求。

①画出降压斩波电路图;

②计算稳态时输出电压的平均值 U_O、输出电流的平均值 I_O。

2. 降压式斩波电路,输入电压为 $27 \times (1 \pm 10\%)$ V,输出电压为 15 V,求占空比变化范围;

3. 如图 3-52 所示斩波电路,直流电源电压 $E = 100$ V,斩波频率 $f = 1$ kHz。若要求输出电压 u_d 的平均值为 $25 \sim 75$ V 可调,试计算斩波器 V 的占空比 α 的变化范围以及相应的斩波器 V 的导通时间 t_{on} 的变化范围。

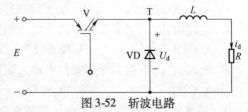

图 3-52　斩波电路

4. 升压式斩波电路,输入电压为 $27 \times (1 \pm 10\%)$ V,输出电压为 45 V,输出功率为 750 W,效率为 95%,若等效电阻为 $R = 0.05$ Ω。

①求最大占空比;

②如果要求输出 60 V,是否可能？为什么？

5. 有一开关频率为 50 kHz 的 Buck 变换电路工作在电感电流连续的情况下,$L = 0.05$ mH,输入电压 $U_d = 15$ V,输出电压 $U_o = 10$ V。

①求占空比 D 的大小;

②求电感中电流的峰-峰值 ΔI;

③若允许输出电压的纹波 $\Delta U_o / U_o = 5\%$,求滤波电容 C 的最小值。

6. 指出图 3-53 中①～⑦各保护元件的名称和作用。

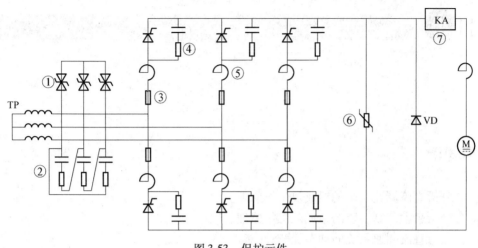

图 3-53　保护元件

四、问答题

1. 怎样确定 GTR 的安全工作区 SOA？

2. 与 GTR、MOSFET 相比，IGBT 管有何特点？

3. 绝缘栅门极晶体管的特点有哪些？

4. 试简述功率场效应管在应用中的注意事项。

5. 试说明直流斩波器主要有哪几种电路结构？试分析它们各有什么特点？

6. 缓冲电路的作用是什么？关断缓冲与开通缓冲在电路形式上有何区别，各自的功能是什么？

7. 晶闸管的过电流保护常用哪几种保护方式？其中哪一种保护通常是用来作为"最后一道保护"用？

8. 使用晶闸管时为什么必须考虑过电压？一般采用的措施有哪些？

项目 4　龙门刨床工作台用直流调速系统的分析与调试

1. 会分析直流调速系统的组成及工作原理。
2. 会分析自动控制系统的组成及工作原理。
3. 会分析直流调速系统的动态、静态性能。
4. 能正确连接并调试转速负反馈直流调速系统。
5. 能正确连接并调试模拟龙门刨工作台用直流调速系统。

📋 项目描述

龙门刨床主要用来加工各种平面、斜面、槽，更适于加工大型而狭长的工件，如机床床身、横梁、导轨和箱体等。龙门刨床的外形如图 4-1 所示。

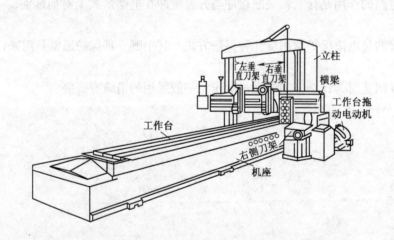

图 4-1　龙门刨床的外形

龙门刨床在进行刨削加工时，主运动是工作台的往复运动，进给运动是刀具垂直于主运动的位移，辅助运动有横梁的夹紧、放松及升降等。A 系列龙门刨床工作台可采用晶闸管组成的可逆直流调速系统。

某龙门刨床工作台用转速电流双闭环直流调速系统，某原理图见图 4-2。在本项目中，我们将采用循序渐进地方式来认识开环、单闭环直流调速系统，最后在任务 4 中来分析该双闭环系统。

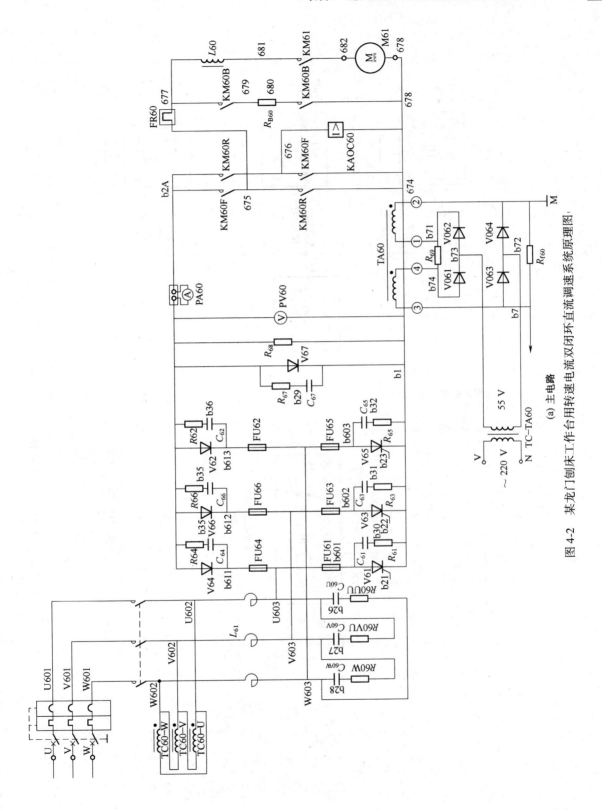

(a) 主电路

图 4-2 某龙门刨床工作台用转速电流双闭环直流调速系统原理图

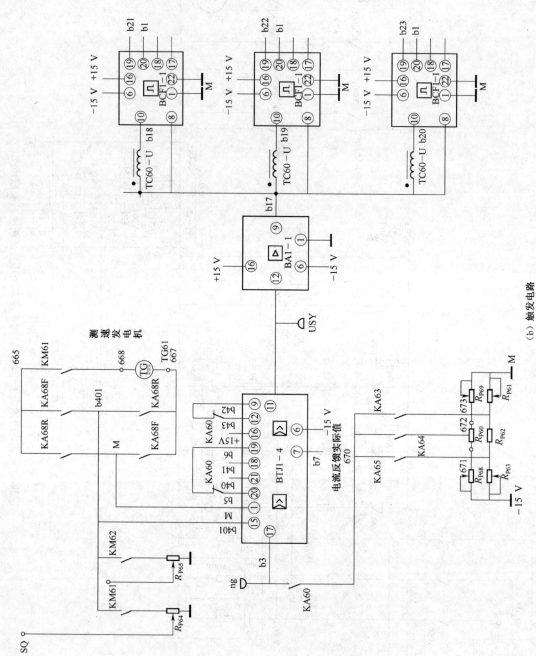

（b）触发电路

图 4-2 某龙门刨床工作台用转速电流双闭环直流调速系统原理图（续）

任务1　认识直流调速系统

任务目标

1. 会分析直流调速系统的调速原理。
2. 会分析常见自动控制系统工作原理。
3. 会用功能框图来描述自动控制系统。

直流调速系统是什么？

直流调速系统是指由一些部件组合在一起，在没有人参与的情况下能自动完成对电机速度调节这一特定任务的系统。

那它由哪些部件组成？怎样自动完成该任务呢？

其实直流调速系统因分类不同，组成也不同，有开环型和闭环型。下面我们一起先来认识开环直流调速系统。

任务实施

子任务1　认识开环直流调速系统

1. 系统的组成

某直流调速系统如图4-3所示，系统由主电路和控制电路组成。主电路由直流电动机 M、平波电抗器 L、晶闸管 VT 组成的晶闸管可控整流电路等环节组成。控制电路由给定电压信号装置、触发脉冲产生电路 GT 等环节组成。

2. 系统的控制要求

系统的控制要求即系统的任务，使直流电动机 M 以期望的转速值稳定运行。

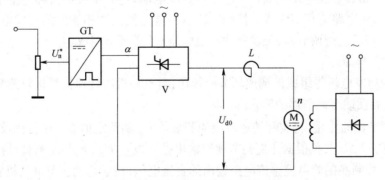

图4-3　开环直流调速系统的原理框图

3. 系统工作原理

①直流电动机的结构和调速原理。直流电动机主要由电枢及绕组、定子及绕组组成。由 $n = \dfrac{U - IR}{c_e \varPhi}$，可知改变直流电动机转速的方法：调电枢电压 U；调电枢回路电阻 R；调磁通 $\varPhi$。其中通过调节电枢电压 U 来调节电动机转速的性能最好，所以图 4-3 所示系统采用调压调速，即通过改变直流电动机 M 两端的电压 U_{d0} 来调节其转速。

②可控整流电路的结构和工作原理。由电力电子中学习的晶闸管可控整流电路可知，通过调节触发电路的外部控制电压信号，可改变对应触发脉冲位置（即移相），从而调节晶闸管可控整流电路的输出电压 U_{d0}。

所以系统的工作原理：调节触发脉冲电路的外给定电压 U_n^*，改变晶闸管可控整流电路中相应晶闸管的控制角 α，从而调节晶闸管可控整流电路输出直流电压 U_{d0}，即改变电动机电枢两端电压，从而调节了电动机的转速 n。可见，外给定电压 U_n^* 与电动机的转速之间有固定的对应关系。只要根据控制要求预先给出 U_n^* 值，便可以确定电动机的转速值，所以 U_n^* 称为转速给定值。

在本系统中，由于没有设置专门的环节对实际输出转速信号进行检测反馈并适时调整，系统无法知道实际转速是否真正达到期望值，所以该系统称为开环直流调速系统。

开环直流调速系统存在的问题：当系统在某一转速稳定运行时，如果给系统突加外部扰动，如电动机所带负载突然增大或减小，则电动机的转速将会偏离原来的转速，引起转速波动。

那针对开环系统转速波动大这个问题，有没有办法解决呢？

有，采用负反馈控制。在开环系统中，引入转速的负反馈，构成闭环直流调速系统。

子任务 2 认识转速负反馈直流调速系统

上述开环直流调速系统在有外部扰动作用下会偏离原来的稳定值，即实际输出的转速与期望输出的转速不一致。根据反馈控制原理，要维持某一物理量基本不变，就引入该量的负反馈。因此可引入被控量（转速）的负反馈构成闭环直流调速系统，以提高系统的稳定性，如图 4-4 所示。

1. 系统的组成

系统由主电路和触发电路组成。主电路由直流电动机 M、平波电抗器 L、晶闸管 VT 组成的晶闸管可控整流电路等环节组成。控制电路由与电动机同轴相连的测速发电机反馈环节、给定电压信号装置、比例调节器、触发脉冲产生电路 GT 等环节组成。

2. 系统的工作原理

① 直流测速发电机等组成的测速环节的作用：对电动机的转速信号进行测量并转换成电压信号 U_n，然后反馈至调节器的输入端。

② 比例调节器的作用：将实际转速对应的测量值 U_n 和给定值 U_n^* 进行比较，得出被调量 n 对应的偏差信号 ΔU_n，再根据比例调节规律输出控制电压 U_c，控制晶闸管可控整流电路的触发电路，进而控制晶闸管可控整流电路输出的直流电压，最后达到调节电动机转速的目的。

系统的工作原理：通过给定信号使电动机在某转速值上运行，测速反馈环节将实际测量值

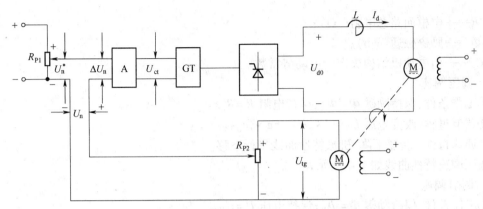

图 4-4　转速负反馈直流调速系统原理框图

U_n 与给定值 U_n^* 进行比较,若 $U_n = U_n^*$,则说明实际转速与给定转速(期望转速)是一致的,即转速是恒定的,若 U_n 小于或大于 U_n^*,则说明实际转速低于或高于期望转速,此时,将给定电压与反馈电压的偏差信号 ΔU_n 送给调节器处理,输出控制电压 U_c,改变晶闸管可控整流电路的输出直流电压,从而调节直流电动机的转速,使其达到或接近期望值。

转速负反馈直流调速系统内各功能部件之间相互关系可用图 4-5 所示功能框图表示。直流电动机是被控对象,直流电动机的转速是系统的被控量;直流测速发电机作为检测器件,对直流电动机转速进行测量并转换为电压值反馈到系统的输入端;给定值与测量值进行比较后得到的偏差信号,由调节器来进行处理,处理后输出的控制信号作为晶闸管可控整流器的移相控制信号;晶闸管可控整流器是执行器件,可改变直流电动机电枢两端电压。

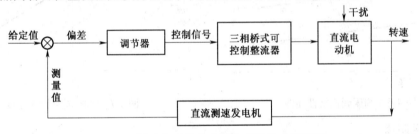

图 4-5　转速负反馈直流调速系统的功能框图

任务相关知识

一、直流调速方法

根据直流电动机转速方程 $n = \dfrac{U - IR}{c_e \Phi}$,可以看出,有三种方法调节电动机的转速:调节电枢供电电压 U;减弱励磁磁通 Φ;改变电枢回路电阻 R。

式中　n——转速(r/min);

U——电枢电压(V);

I——电枢电流(A);

R——电枢回路总电阻（Ω）；

Φ——励磁磁通（Wb）；

C_e——由电动机结构决定的电动势常数。

1. 调压调速

①工作条件：保持励磁 $\Phi = \Phi_N$；保持电阻 $R = R_a$。

②调节过程：改变电压 $U_N \rightarrow U\downarrow$，$U\downarrow \rightarrow n\downarrow$，$n_0\downarrow$。

③调速特性：转速下降，机械特性曲线平行下移。

调压调速特性曲线如图 4-6 所示。

2. 调阻调速

①工作条件：保持励磁 $\Phi = \Phi_N$；保持电压 $U = U_N$。

②调节过程：增加电阻 $R_a \rightarrow R\uparrow$，$R\uparrow \rightarrow n\downarrow$，$n_0$ 不变。

③调速特性：转速下降，机械特性曲线变软。

调阻调速特性曲线如图 4-7 所示。

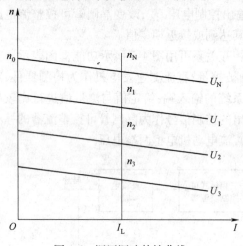

图 4-6　调压调速特性曲线

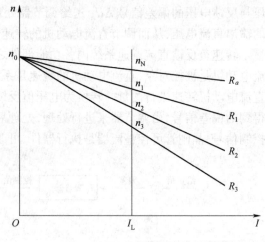

图 4-7　调阻调速特性曲线

3. 调磁调速

①工作条件：保持电压 $U = U_N$；保持电阻 $R = R_a$。

②调节过程：减小励磁 $\Phi_N \rightarrow \downarrow\Phi$，$\Phi\downarrow \rightarrow n\uparrow$，$n_0\uparrow$。

③调速特性：转速上升，机械特性曲线变软。

调磁调速特性曲线如图 4-8 所示。

三种调速方法的性能与比较：对于要求在一定范围内无级平滑调速的系统来说，以调节电枢供电电压的方式为最好。改变电阻只能有级调速；减弱磁通虽然能够平滑调速，但调速范围不大，往往只作为配合调压方案，在基速（即电动机额定转速）以上做小范围的弱磁升速。因此，自动控制的直流调速系统往往以调压调速为主。

二、直流调压电源

调节直流电动机电枢两端电压装置：旋转变流机组、静止式可控整流器、直流斩波器或脉宽调制变换器。

1. 旋转变流机组

由交流电动机和直流发电机组成机组,可以获得可调的直流电压。由原动机(柴油机、交流异步或同步电动机)拖动直流发电机 G 实现变流,由发电机 G 给需要调速的直流电动机 M 供电,调节发电机 G 的励磁电流 i_f 即可改变其输出电压 U,从而调节电动机的转速 n。这样的调速系统简称 G-M 系统,国际上通称 Ward-Leonard 系统。旋转变流机组示意图如图 4-9 所示。

2. 静止式可控整流器

由晶闸管组成的静止式可控整流器,可以获得可调的直流电压其装置示意图如图 4-10 所示。晶闸管-电动机调速系统(简称 V-M 系统,又称静止的 Ward-Leonard 系统),图中 VT 是晶闸管可控整流器,通过调节触发装置 GT 的控制电压 U_c 来移动触发脉冲的相位,即可改变输出电压 U_d,从而实现平滑调速。

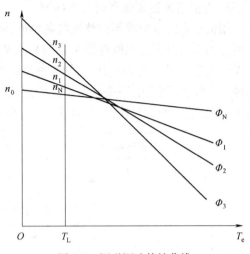

图 4-8 调磁调速特性曲线

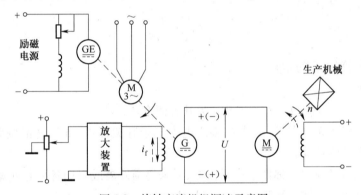

图 4-9 旋转变流机组调速示意图

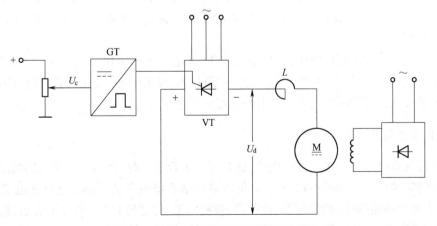

图 4-10 静止式可控整流装置调速示意图

3. 直流斩波器或脉宽调制变换器

用恒定直流电源或不控整流电源供电,利用电力电子开关器件斩波或进行脉宽调制,以产生可变的平均电压。在原理图 4-11(a)中,VT 表示电力电子开关器件,VD 表示续流二极管。当 VT 导通时,直流电源电压 U_s 加到电动机上;当 VT 关断时,直流电源与电机脱开,电动机电枢经 VD 续流,两端电压接近于零。如此反复,电枢端电压波形如图 4-11(b)所示,好像电源电压 U_s 在 t_{on} 时间内被接上,又在 $T—t_{on}$ 时间内被斩断,故称"斩波"。

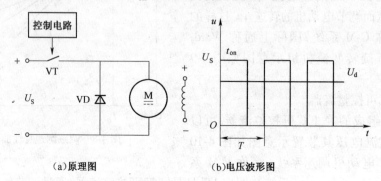

(a)原理图　　　　　　　　　(b)电压波形图

图 4-11　直流斩波器调速系统的原理图和电压波形

电动机得到的平均电压为

$$U_d = \frac{t_{on}}{T}U_s = \rho U_s$$

式中　T——晶闸管的开关周期;

　　　t_{on}——开通时间;

　　　ρ——占空比,$\rho = t_{on}/T = t_{on}f$,其中 f 为开关频率。

为了节能,并实行无触点控制,现在多用电力电子开关器件,如快速晶闸管、可关断晶闸管、绝缘栅双极型晶体管等。

采用简单的单管控制时,称作直流斩波器,后来逐渐发展成采用各种脉冲宽度调制开关的电路,称为脉宽调制变换器(PWM-Pulse Width Modulation)。

根据对输出电压平均值进行调制的方式不同而划分,有三种控制方式:T 不变,变 t_{on},称为脉冲宽度调制(PWM);t_{on} 不变,变 T,称为脉冲频率调制(PFM);t_{on} 和 T 都可调,改变占空比,称为混合型。

在上述三种可控直流电源中,V-M 系统在 20 世纪六七十年代得到广泛应用,目前主要用于大容量系统。直流 PWM 调速系统作为一种新技术,发展迅速,应用日益广泛,特别在中、小容量的系统中,已取代 V-M 系统成为主要的直流调速方式。

三、自动控制系统的基本概念

自动控制系统是指一些部件的组合,这些部件组合在一起,在没有人参与的情况下能自动完成某一特定的任务。如图 4-12 所示为单回路控制系统内各功能部件之间相互关系的功能框图,图中每个功能部件(如调节器、执行器、被控对象、传感器)用一个方框表示,箭头表示信号的输入/输出通道,最右侧的方框习惯于表示被控对象,其输出信号即为被控量,而系统的总输入量包括给定值和外部干扰。

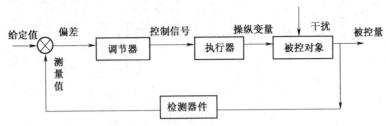

图 4-12　单回路控制系统功能框图

被控对象:由一些器件组合而成的设备,即被控制物体。

被控量:与被控对象相关的工艺参数。

操纵变量:受执行器操纵,使被控变量保持设定值。

干扰:给定信号以外,作用在控制系统上一切会引起被控量变化的因素。如果干扰产生于系统内部,称为内扰;如来自于系统外部,称为外扰。

给定值:由给定装置提供的被控变量的预设值。

测量值:由检测器件对被控量进行检测后反馈到输入端的值。

偏差:给定值与测量值比较后的差值。

调节器:将测量值和给定值进行比较,得出被调量的偏差之后,对偏差信号进行放大等运算处理,根据一定的调节规律产生输出信号,推动执行器动作。

执行器件:驱动被控对象的环节。

负反馈控制:减小系统输出量与给定输入量之间产生偏差的控制作用称负反馈控制。

闭环控制系统:指调节器(或控制器)与被控制量之间既有顺向控制又有反向联系的自动控制系统,即有反馈作用参与的自动控制系统。

开环控制系统:指调节器(或控制器)与被控制量之间只有顺向控制作用的自动控制系统。例如,普通的洗衣机即为开环控制系统,它的浸泡、洗涤和清洗的过程是按时间顺序进行的,无需对衣服的清洁度进行检测与反馈。

四、自动控制系统工作原理分析示例

分析自动控制系统工作原理一般步骤为:

①确定系统的任务。

②确定系统的组成环节及作用:如受控对象、被控量、作用在对象上的主要干扰各是什么?执行机构如何作用于对象? 有哪些测量元件,测量的是被控量还是干扰信号? 给定值(参考输入)或指令由哪个装置提供? 如何实现各信号的偏差计算和处理偏差信号?

③确定系统如何工作。

例 4-1　某炉温控制系统如图 4-13 所示,试分析其工作原理。

①系统的任务:保持炉膛温度恒定。

②系统的组成及相关参量:受控对象:烘烤炉;被控量:炉膛温度;干扰:工件数量、环境温度和煤气压力等;调节煤气管道上阀门开度可改变炉温;测量器件:热电偶(U_t);给定装置:给

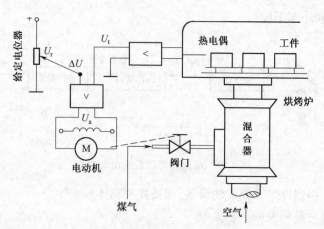

图 4-13 炉温控制系统原理框图

定电位器(U_r);偏差计算:$\Delta U = U_r - U_t$,相当于炉温与给定温度的偏差量;偏差量经放大器得 U_a,驱动执行机构:电动机、传动机构和阀门。

③系统的工作原理:假定炉温恰好等于给定值,这时 $U_r = U_t$(即 $\Delta U = 0$),故电动机和调节阀都静止不动,煤气流量恒定,烘烤炉处于给定温度状态。

如果增加工件,烘烤炉的负荷加大,而煤气流量一时没变,则炉温下降。温度下降将导致 U_t 减小,使 $\Delta U > 0$,电动机运转,将阀门开大,增加煤气供给量,从而使炉温回升,直至重新等于给定值为止。这样在负荷加大的情况下仍然保持了规定的温度。

如果负荷减小或煤气压力突然加大,则炉温升高,U_t 随之加大,$\Delta U < 0$,电动机反转,将阀门开小,减小煤气供给量,从而使炉温下降,直至重新等于给定值为止。

由此看出,系统通过实际测量炉温与给定值之间的偏差来控制炉温,所以是按偏差调节的自动控制系统。表示系统内各功能部件之间相互联系的功能框图如图 4-14 所示。

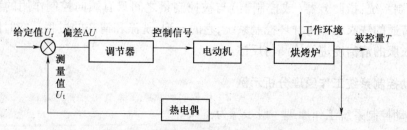

图 4-14 烘烤炉温度控制系统功能框图

系统是一个闭合的回路,信号经调节器、烘烤炉之后又反馈到调节器。由于系统是按偏差进行调节的,因而必须测量炉温,反馈的闭合回路也是必需的,而且反馈回输入端的测量值应与给定值做减法计算(图中以负号表示负反馈),以得到偏差信号。因此,这种系统是负反馈控制系统。

例 4-2 某位置随动系统如图 4-15 所示,试分析其工作原理。

①系统的任务:使工作机械跟随指令机构同步转动,即实现 $\theta_c = \theta_r$。

②系统的组成及相关参量:

受控对象:工作机械;被控量:工作机械的角位移 θ_c;给定值:手柄角位移 θ_r;测量器件:电

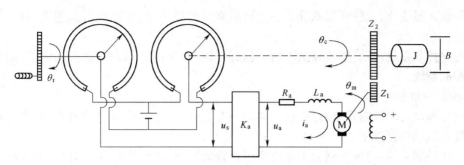

图 4-15　位置随动系统原理框图

Z₁—电动机;Z₂—减速器;J—工作机械

位计。转角 θ_c 及 θ_r 由两个电位计测量并转换为相应的电压 U_c、U_r,电桥电路是测量和比较器件,它测量出系统输入量和系统输出量的跟踪偏差($\theta_r-\theta_c$)并转换为电压信号 U_s,该信号经晶闸管装置放大后驱动执行器:电动机和减速器。

③系统的工作原理:如果工作机械转角等 θ_c 于指令转角 θ_r,经事先调整,使 $U_r = U_c$,则 $U_g = 0$,电动机不动,系统处于平衡状态。

如果指令转角 θ_r 变化了,而工作机械仍处于原位,则 $U_c \neq U_r$,$U_g \neq 0$,电动机拖动工作机械向 θ_r 所要求的方向快速偏转,直至 $\theta_c = \theta_r$,电动机停转,在新的位置上又处于与指令同步的平衡状态,完成了跟随的任务。

由于系统是通过测量 θ_c 与 θ_r 的偏差来控制的,所以是按偏差调节的自动控制系统。系统的功能框图如图 4-16 所示。

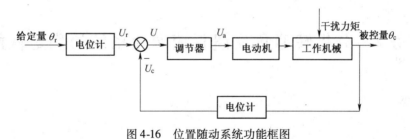

图 4-16　位置随动系统功能框图

这是一个负反馈的闭合回路。在工程技术上,常常需要某个机构的位置能快速、精确地跟随一个指令信号动作,而这可以通过随动原理来实现。

这种系统的受控对象比较简单,相当于执行机构直接拖动一个纯机械负荷;指令信号根据工作需要经常变化,而且事先无法完全确定。只要选用大功率的功放装置和电动机,即可以用功率很小的信号来操纵功率很大的工作机械,且可以进行远距离控制。

五、自动控制系统的分类

1. **按参考输入量变化的规律分类**

①恒值控制系统:系统的参考输入量是恒量,可通过反馈控制维持被控量的恒定。工业生产中的温度、压力、流量和液位等参数维持恒定的自动控制系统,如温度控制系统。

②随动控制系统:系统输入量变化规律为无法预先确定的时间函数,而被控量能以一定的

精度跟随输入量变化,或称伺服系统。输出量通常是机械位移、速度或者加速度,常用于数控机床中。

③程序控制系统:系统输入量虽不为常值,但其变化规律是预先知道和确定的,如全自动洗衣机控制系统。

2. 按被控量来分类

①电力拖动自动控制系统:以机械运动为主要方式,以电动机为被控对象,其中包括恒值控制系统及随动控制系统。

②过程控制系统:这种控制为工业生产过程自动控制,被控量是温度、压力、流量或液位等过程控制量。

3. 按信号作用特点分类

①连续控制系统:输入/输出量都是连续量或模拟量。

②断续控制系统:系统中包含有断续元器件,其输入量为连续量,而输出量为断续量,如继电器控制系统、采样控制系统、数字控制系统。

4. 按系统中的参数对时间的变化情况分类

①定常系统:系统的全部参数不随时间变化。

②时变系统:系统中有的参数是时间 t 的函数。

我们已经认识了直流调速系统,下面进一步来学习怎么判断其性能的优劣。

直流调速系统的性能主要指哪些方面?

指系统的稳定性、快速性和准确性。接下来我们先来学习系统的稳定性及判定方法。

任务 2　分析转速负反馈直流调速系统的稳定性能

任务目标

1. 能建立有静差转速负反馈直流调速系统的传递函数。
2. 能对自动控制系统的动态结构框图进行化简。
3. 会判定系统的稳定性。

任务实施

子任务 1　建立转速负反馈直流调速系统的动态数学模型

由任务 1 可知,转速负反馈直流调速系统由直流电动机、晶闸管可控整流器、调节器和测速发电机四个环节组成。下面分别列出系统各环节传递函数,再由各环节的传递函数组成系统的动态结构图,进而化简得到整个系统的传递函数,即得出直流调速系统的数学模型。

1. 直流电动机的传递函数

为了分析方便,对系统中的电压、电动势、电流均使用大写字母表示,在动态分析时,就认为是瞬时值;在稳态分析时,就认为是平均值。由图 4-17 可见,直流电动机电枢回路电压平衡方程式为

$$U_{d0} - E = I_d R + L \frac{dI_d}{dt} = R\left(I_d + \frac{L}{R} \times \frac{dI_d}{dt}\right) \tag{4-1}$$

其中, $\qquad E = K_e \Phi n = C_e n \qquad$ (4-2)

式(4-1)、式(4-2)中　U——电动机电枢瞬时电压;
I_d——电动机电枢瞬时电流;E——反电动势;
I_{dL}——负载电流;R——电枢电阻;L——电枢电感;
K_e——反电动势系数;C_e——电动机额定励磁下电动势转速比(V·min/r);

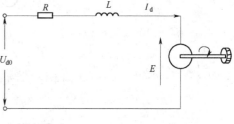

在零初始条件下,对式(4-1)和式(4-2)分别进行拉氏变换得

$$U_{d0}(s) - E(s) = R[I_d(s) + T_1 I_d(s)s]$$
$$= RI_d(s)(1 + T_1 s) \tag{4-3}$$
$$E(s) = C_e n(s) \tag{4-4}$$

图 4-17　直流电动机等效电路

电压与电流之间的传递函数为

$$\frac{I_d(s)}{U_{d0}(s) - E(s)} = \frac{\dfrac{1}{R}}{1 + T_1 s} \tag{4-5}$$

式中,T_1 是电枢回路电磁时间常数, $T_1 = \dfrac{L}{R}$。

考虑负载的作用,

$$T_e - T_L = J_G \frac{dn}{dt} \Rightarrow I_d - I_{dL} = \frac{J_G}{C_m} \times \frac{dn}{dt} = \frac{T_m}{R} \times \frac{dE}{dt} \tag{4-6}$$

其中, $\qquad T_e = K_m \Phi I_d = C_m I_d \qquad$ (4-7)

式(4-6)、式(4-7)中　T_L——负载转矩;J_G——转速惯量,$J_G = GD^2/375$,其中 GD^2 为电力拖动运动部分折算到电动机轴上的飞轮惯量(N·m²);I_{dL}——负载电流;T_m——电动机的机电时间常数, $T_m = \dfrac{J_G R}{C_e C_m}$;K_m——电磁转矩系数;C_m——电动机额定励磁下的转矩电流比(N·m/A), $C_m = \dfrac{30}{\pi} C_e$;

在零初始条件下,对式(4-6)进行拉普拉斯变换得

$$\frac{E(s)}{I_d(s) - I_{dL}(s)} = \frac{R}{T_m s} \tag{4-8}$$

式(4-4)、式(4-5)、式(4-8)对应的直流电动机各环节的结构框图分别如图 4-18(a)、(b)、(c)所示。

将上述各环节的结构框图整合,以电动机电枢电压 U_{d0} 为输入量,转速 n 为输出量,得到直流电动机的动态结构图如图 4-19(a)所示,化简后得 4-19(b)。

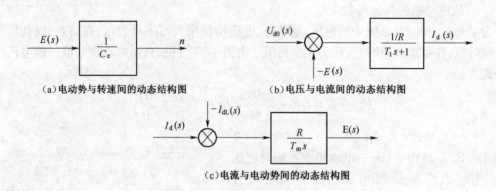

（a）电动势与转速间的动态结构图　　　　（b）电压与电流间的动态结构图

（c）电流与电动势间的动态结构图

图 4-18　直流电动机各环节的动态结构图

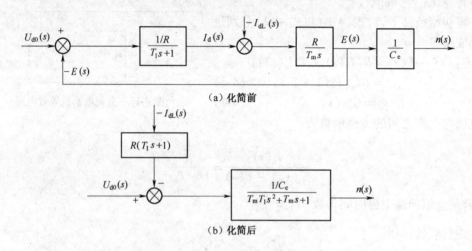

（a）化简前

（b）化简后

图 4-19　直流电动机的动态结构图

2. 晶闸管可控整流器的传递函数

在晶闸管整流电路中，当控制角由 α_1 变到 α_2 时，若晶闸管已导通，则要等下一个自然换向点以后才起作用。这样，晶闸管整流电路的输出电压 U_{d0} 的改变，就较控制电压的改变延迟了一段时间 t_s，称为失控时间。由于它的大小随 U_{ct} 发生变化的时刻而改变，故 t_s 是随机的，参见图 4-20。最大可能的失控时间是两个自然换相点之间的时间，与交流电源的频率和晶闸管整流器的形式有关，由下式确定。

$$T_{smax} = \frac{1}{mf}$$

式中　f——交流电源频率；

　　　m——周内整流电压的波头。

相对于整个系统的响应时间来说，T_{smax} 并不大，一般情况下，可取其统计平均值 $T_s = T_{smax}/2$，并认为是常数。表 4-1 列出了不同整流器电路的平均失控时间。

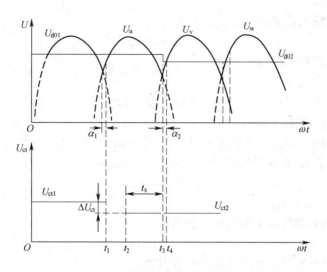

图 4-20　晶闸管整流装置的失控时间

表 4-1　各种整流电路的失控时间（$f = 50$ Hz）

整流电路形式	平均失控时间 T_s/ms	整流电路形式	平均失控时间 T_s/ms
单相半波	5	三相半波	3.33
单相桥式（全波）	10	三相桥式,六相半波	1.67

用单位阶跃函数表示滞后,则晶闸管触发和整流装置的输入/输出关系为

$$U_{d0}(t) = K_s U_{ct} \times 1 \times (t - T_s) \tag{4-9}$$

上式表明 $t > T_s$ 时,U_{ct} 才起作用,经拉普拉斯变换后得

$$\frac{U_{d0}(s)}{U_{ct}(s)} = K_s e^{-T_s s} \tag{4-10}$$

将 $e^{-T_s s}$ 按泰勒级数展开,则得

$$e^{-T_s s} = \left(1 + T_s s + \frac{T_s^2 s^2}{2!} + \frac{T_s^3 s^3}{3!} + \cdots\cdots \right) \tag{4-11}$$

由于 T_s 很小,忽略高次项,则可视为一阶惯性环节,晶闸管变流器的动态结构图如图 4-21 所示。

（a）准确的动态结构图　　　　　　（b）近似的动态结构图

图 4-21　晶闸管变流器动态结构图

所以晶闸管触发和整流装置的输入/输出关系的传递函数也可表示为

$$\frac{U_{d0}(s)}{U_{ct}(s)} \approx \frac{K_s}{1 + T_s s} \tag{4-12}$$

3. 调节器的传递函数

在直流调速系统中常用的调节器有比例（P）和比例–积分（PI）调节器,这里采用比例调节

器,其输出量 U_{ct} 与输入量 ΔU_n 间呈比例关系

$$U_{ct} = K_P \Delta U_n \tag{4-13}$$

式中 K_P——放大器的电压放大系数。

比例调节器的传递函数为

$$U_{ct}(s) = K_P \Delta U_n(s) \tag{4-14}$$

4. 测速反馈环节的传递函数

在反馈控制的闭环直流调速系统中,与电动机同轴安装一台测速发电机 TG ,忽略非线性因素,从测速发电机引出的负反馈电压 U_n 与被调量转速 n 成正比

$$U_n = \alpha n \tag{4-15}$$

式中 α——转速反馈系数(V·min/r)。

负反馈电压 U_n 与被调量转速 n 间的传递函数为

$$U_n(s) = \alpha n(s) \tag{4-16}$$

5. 转速负反馈直流调速系统的动态数学模型

根据前面推导的各个环节的传递函数以及相互间的关系,便得转速闭环系统的动态结构图,如图 4-22 所示。

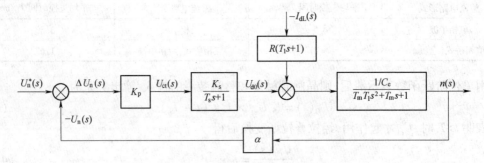

图 4-22 转速负反馈直流调速系统的动态结构图

由图 4-22 可得单闭环调速系统的闭环传递函数(设 $I_{dL}=0$)为

$$
\begin{aligned}
W_{cl}(s) = \frac{n(s)}{U_n^*(s)} &= \frac{\dfrac{K_P K_s / C_e}{(T_s s + 1)(T_m T_1 s^2 + T_m s + 1)}}{1 + \dfrac{K_P K_s \alpha / C_e}{(T_s s + 1)(T_m T_1 s^2 + T_m s + 1)}} \\
&= \frac{\dfrac{K_P K_s / C_e}{1 + K}}{\dfrac{T_m T_1 T_s}{1 + K} s^3 + \dfrac{T_m(T_1 + T_s)}{1 + K} s^2 + \dfrac{T_m + T_s}{1 + K} s + 1}
\end{aligned}
\tag{4-17}
$$

式中 $K = K_P K_s \alpha / C_e$——闭环系统的开环放大系数,

式(4-17)表明,将晶闸管装置按一阶惯性环节近似处理后,带比例放大器的闭环调速系统可以看作一个三阶线性系统。T_s 虽小,但是影响系统的动态性能。

子任务 2 判断转速负反馈直流调速系统的稳定性

劳斯判据是根据系统特征方程的根是否均为负实数或具有负实部,来决定系统的稳定性。

具体内容:系统稳定的充要条件是,系统特征方程所有系数均为正数,且劳斯列表中第一列系数均为正数。

由式(4-17)可知转速负反馈直流调速系统的特征方程为

$$\frac{T_m T_1 T_s}{1+K}s^3 + \frac{T_m(T_1+T_s)}{1+K}s^2 + \frac{T_m+T_s}{1+K}s + 1 = 0$$

其一般表达式为

$$a_0 s^3 + a_1 s^2 + a_2 s + a_3 = 0$$

根据三阶系统的劳斯判据,系统稳定的充要条件可以直接写成

$$a_0>0,\ a_1>0,\ a_2>0,\ a_3>0,\ 且\ a_1 a_2 > a_0 a_3$$

所以

$$\frac{T_m(T_1+T_s)(T_m+T_s)}{(1+K)^2} > \frac{T_m T_1 T_s}{1+K}$$

即

$$(T_1+T_s)(T_m+T_s) > (1+K)T_1 T_s$$

化简整理得

$$K < \frac{T_m(T_1+T_s)T_s^2}{T_1 T_s} = K_{cr} \tag{4-18}$$

K_{cr}为临界放大系数,K值超出此值系统将不稳定,因此必须增设动态校正装置或引入双闭环系统以满足稳定要求。

任务相关知识

一、自动控制系统的性能指标

自动控制系统的基本要求是:稳、快、准;通过系统的稳定性、动态性能和稳态性能来体现。

1. 系统的稳定性

控制系统之前处于某一状态,当扰动作用(或给定值发生变化)时,输出量将偏离原来的稳定值(或跟随给定值),但由于反馈环节的作用,系统返回(或接近)原来的稳定值而稳定下来[图4-23(a)],该系统称之为稳定系统。反之也可能由于内部的相互作用,使系统出现发散,则为不稳定系统[图4-23(b)]。还可能出现一种情况,即系统最终既不能返回原来的平衡状态,也不是无限地偏离原来的状态,如输出为等幅振荡成为某一常量,这种情况系统是处在稳定边界。对任何自动控制系统,首要的条件是系统能稳定运行。稳定性的判别方法较多,如劳斯判据。

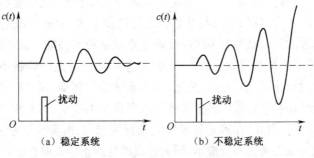

(a)稳定系统　　　　　　　(b)不稳定系统

图4-23　稳定系统和不稳定系统

2. 系统的动态性能

当系统突加给定或系统输入量发生变化时,系统的输出量随时间变化的规律。图 4-24 表示系统突加给定信号的动态响应曲线。

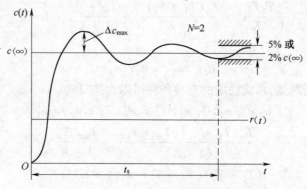

图 4-24　系统对突加给定信号的动态响应曲线

表征这个动态性能的指标通常有:最大超调量(σ)、调整时间(t_s)和振荡次数(N)。

①最大超调量(σ)。最大超调量是输出量 $c(t)$ 与稳态值 $c(\infty)$ 的最大偏差 Δc_{max} 与稳态值 $c(\infty)$ 之比,即 $\sigma = \dfrac{\Delta c_{max}}{c(\infty)} 100\%$。

最大超调量反映了系统的动态精度,最大超调量越小,则说明系统瞬态过程进行得越平稳。不同的控制系统,对最大超调量的要求也不同,例如,对一般调速系统,可允许 σ 为 $10\% \sim 35\%$;轧钢机的初轧机要求 σ 小于 10%;对连轧机则要求 σ 小于 2%;而由张力控制的卷绕机和造纸机等不允许有超调量。

②调整时间(t_s)。调整时间用来表征系统的瞬态过程时间,但是实际系统的输出量往往在稳态值附近,要做很长时间的微小的波动,那么怎样确认瞬态过程结束了呢? 于是我们将系统输出量进入并一直保持在离稳态值的某一误差带内,认为瞬态过程完成。在实际应用中,常把 $\pm \delta_c(\infty)$ 作为允许误差带,$\delta_c(\infty)$ 通常取 2% 或 5%,于是调整时间 t_s 可定义为:系统输出量进入并一直保持在离稳态值允许误差带内所需要的最短时间。$\delta_c(\infty)$ 取 2% 或 5%(见图 4-24)。调整时间反映了系统的快速性。调整时间 t_s 越小,系统快速性越好。例如,连轧机 t_s 为 $0.2 \sim 0.5$ s,造纸机为 0.3 s。

③振荡次数(N)。振荡次数是指在调整时间内,输出量在稳态值上下摆动的次数。如图 4-24 所示的系统,振荡次数为 2 次。振荡次数越少,也表明系统稳定性能好。例如,普通机床一般可允许振荡 $2 \sim 3$ 次,龙门刨床与轧钢机允许振荡 1 次,而造纸机则不允许有振荡。

在上述指标中,最大超调量和振荡次数反映了系统的稳定性能。调整时间反映了系统的快速性。稳态误差反映了系统的准确度。一般说来,总是希望最大超调量小一点,振荡次数少一点,调整时间短一些,稳态误差小一点。总之,希望系统能达到稳、快、准。但在同一个系统中上述指标往往是相互矛盾的,这就需要根据具体对象所提出的要求,对其中的某些指标有所侧重,同时又要注意统筹兼顾。因此,在确定技术性能指标要求时,既要保证能满足实际工程的需要(并留有一定的余量),又要考虑系统成本,因为过高的性能指标要求意味着高昂的价格。

3. 系统的稳态性能

当系统进入稳定运行状态后,系统的实际输出与期望输出的接近程度,即 $t \to \infty$ 时,$e(t)$ 的值,用稳态误差 e_{ss} 表示,e_{ss} 也可采用相关文献所提及的静态误差系数法计算。稳态误差 e_{ss} 反映系统稳态精度。稳态误差越小,则系统的稳态精度越高。当 $e_{ss} = 0$,系统为无静差系统,如图 4-25(a)所示;当 $e_{ss} \neq 0$,系统为有静差系统,如图 4-25(b)所示。

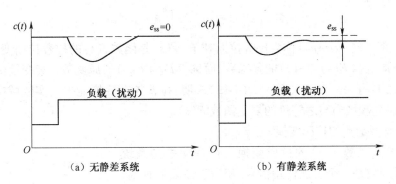

图 4-25　自动控制系统的稳态性能

实际情况中,系统的稳态误差绝对为零是很难实现的。通常,把系统的输出量进入并一直保持在某个允许的足够小的误差范围(误差带)内,就认为系统进入了稳定运行,此误差带的数值即看作系统的稳态误差。

二、系统的数学模型

控制过程是动态过程,即当系统的输入量发生变化时,由于系统的能量只能做连续变化,从而使系统呈现出从初始状态向新的稳定状态过渡的过程。

数学模型是系统动态特性的数学描述。由于在过渡过程中,系统中的各变量要随时间而变化,因而在描述系统动态特性的数学模型中不仅会出现各变量本身,也包含这些变量的各阶导数,因此,系统的动态特性方程式就是微分方程式,它是系统数学模型的最基本的形式。

实际的控制系统是比较复杂的,因为组成系统的各个环节有非线性和时变性的特点,各个环节之间具有关联性,另外还有很多其他的内外因素。因此,系统的数学模型是变系数的非线性微分方程,求解这些方程是非常困难的,有时甚至是不可能的。为便于问题的分析,需要对实际模型做简化处理,如将变参数定常化,将非线性参数线性化,使分布参数集中等。简化后的模型通常是一个线性微分方程式。求解线性常微分方程比求解变系数非线性的偏微分方程要容易得多。

但求解微分方程还是比较麻烦的,如果用拉普拉斯变换求解线性微分方程,则可以将数学中的微积分运算转换为代数运算,因而拉普拉斯变换是一种较为简单的工程数学方法。更重要的是,用拉普拉斯变换能够把描述控制系统动态性能的微分方程很方便地转换为系统的传递函数,进而用传递函数分析控制系统的性能。所以传递函数可视作系统在复域中的数学模型。

建立数学模型的一般步骤:先列出系统各环节的微分方程;然后经拉普拉斯变换转换成相应的传递函数;再由各环节的传递函数组成系统的动态结构图,化简得到整个系统的传递函数,即得出系统的数学模型。

三、拉普拉斯变换

1. 拉普拉斯定义

若 $f(t)$ 为实变数 t 的单值函数,且 $t<0$ 时 $f(t)=0$;$t>0$ 时 $f(t)$ 在任一有限区间上连续或至少是分段连续的,则函数 $f(t)$ 的拉普拉斯变换定义为:

$$F(s) = \mathscr{L}[f(t)] = \int_0^\infty f(t)\,\mathrm{e}^{-st}\mathrm{d}t \tag{4-19}$$

式中,复变量 $s(s=\sigma+j\omega)$ 称为拉普拉斯算子,$F(s)$ 是函数 $f(t)$ 的拉普拉斯变换,它是一个复变函数,通常也称 $F(s)$ 为 $f(t)$ 的象函数,而称 $f(t)$ 为 $F(s)$ 的原函数,实变量函数 $f(t)$ 与复变量函数 $F(s)$ 具有一一对应关系。式(4-19)表明:拉普拉斯变换能把一实数域中的实变函数变换为一个在复数域内与之等价的复变函数 $F(s)$。

2. 几种典型函数的拉氏变换

①单位阶跃函数 $1(t)$ 的拉氏变换。在自动控制系统中,单位阶跃函数是一个突加作用信号,相当于在某个时刻,一个开关的突然闭合或断开,是常用的典型输入信号之一,常以它作为评价系统性能的标准输入。这一函数定义的数学表达式为:

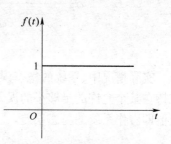

$$f(t) = 1(t) = \begin{cases} 0 & (t<0) \\ 1 & (t \geq 0) \end{cases}$$

它表示在 $t=0$ 时刻突加给系统一个不变的给定量或扰动量,如图4-26所示。

图4-26　单位阶跃函数

单位阶跃函数的拉普拉斯变换为 $F(s) = \dfrac{1}{s}$。

②常用典型函数的拉普拉斯变换见表4-2。

表4-2　常用典型函数的拉普拉斯变换

序号	原函数 $f(t)$	象函数 $F(s)$
1	$\delta(t)$	1
2	$1(t)$	$\dfrac{1}{s}$
3	t	$\dfrac{1}{s^2}$
4	e^{-at}	$\dfrac{1}{s+a}$
5	$t\mathrm{e}^{-at}$	$\dfrac{1}{(s+a)^2}$
6	$\sin\omega t$	$\dfrac{\omega}{s^2+w^2}$
7	$\cos\omega t$	$\dfrac{s}{s^2+w^2}$
8	$t^n(n=1,2,3,\cdots)$	$\dfrac{n!}{s^{n+1}}$
9	$t^n\mathrm{e}^{-at}(n=1,2,3\cdots)$	$\dfrac{n!}{(s+a)^{n+1}}$

续上表

序号	原函数 $f(t)$	象函数 $F(s)$
10	$\dfrac{1}{b-a}(e^{-at}-e^{-bt})$	$\dfrac{1}{(s+a)(s+b)}$
11	$\dfrac{1}{b-a}(be^{-bt}-ae^{-at})$	$\dfrac{s}{(s+a)(s+b)}$
12	$\dfrac{1}{ab}\left[1+\dfrac{1}{a-b}(be^{-at}-ae^{-bt})\right]$	$\dfrac{1}{s(s+a)(s+b)}$
13	$e^{-at}\sin\omega t$	$\dfrac{\omega}{(s+a)^2+\omega^2}$
14	$e^{-at}\cos\omega t$	$\dfrac{s+a}{(s+a)^2+\omega^2}$
15	$\dfrac{1}{a^2}(e^{-at}+at-1)$	$\dfrac{1}{s^2(s+a)}$
16	$\dfrac{\omega_n}{\sqrt{1-\xi^2}}e^{-\xi\omega_n t}\sin(\omega_n\sqrt{1-\xi^2}\,t)$	$\dfrac{\omega_n^2}{S^2+2\xi\omega_n S+\omega_n^2}$ $(0<\xi<1)$
17	$\dfrac{-1}{\sqrt{1-\xi^2}}e^{\xi\omega_n t}\sin(\omega_n\sqrt{1-\xi^2}\,t-\varphi)$ $\varphi=\arctan\dfrac{\sqrt{1-\xi^2}}{\xi}$	$\dfrac{s}{s^2+2\xi\omega_n s+\omega_n^2}$ $(0<\xi<1)$
18	$1-\dfrac{-1}{\sqrt{1-\xi^2}}e^{-\xi\omega_n t}\sin(\omega_n\sqrt{1-\xi^2}t-\varphi)$ $\varphi=\arctan\dfrac{\sqrt{1-\xi^2}}{\xi}$	$\dfrac{\omega_n^2}{s(s^2+2\xi\omega_n s+\omega_n^2)}$ $(0<\xi<1)$

3. 拉普拉斯变换的主要定理

当需要对复杂函数进行拉普拉斯变换时,还必须知道拉普拉斯变换的运算定理,设 $\mathscr{L}[f(t)]=\mathscr{F}(s)$,相关定理则见表4-3。

表4-3　拉普拉斯变换的主要定理

序号	定理名称		数学表达式
1	线性定理	齐次性	$\mathscr{L}[af(t)]=a\mathscr{F}(s)$
		叠加性	$\mathscr{L}[f_1(t)\pm f_2(t)]=\mathscr{F}_1(s)\pm\mathscr{F}_2(s)$
2	微分定理	一般形式	$\mathscr{L}\left[\dfrac{df(t)}{dt}\right]=s\mathscr{F}(s)-f(0)$ $\mathscr{L}\left[\dfrac{d^2f(t)}{dt^2}\right]=s^2\mathscr{F}(s)-sf(0)-f'(0)$ $\vdots$ $\mathscr{L}\left[\dfrac{d^nf(t)}{dt^n}\right]=s^n\mathscr{F}(s)-\sum_{k=1}^{n}s^{n-k}f^{(k-1)}(0)$ $f^{(k-1)}(t)=\dfrac{d^{k-1}f(t)}{dt^{k-1}}$
		初始条件为0时	$\mathscr{L}\left[\dfrac{d^nf(t)}{dt^n}\right]=s^n\mathscr{F}(s)$
3	积分定理	一般形式	$\mathscr{L}\left[\int f(t)dt\right]=\dfrac{F(s)}{s}+\dfrac{\left[\int f(t)dt\right]_{t=0}}{s}$ $\mathscr{L}\left[\iint f(t)(dt)^2\right]=\dfrac{F(s)}{s^2}+\dfrac{\left[\int f(t)dt\right]_{t=0}}{s^2}+\dfrac{\left[\iint f(t)(dt)^2\right]_{t=0}}{s}$ $\vdots$ $\mathscr{L}\left[\overbrace{\int\cdots\int}^{\text{共}n\text{个}} f(t)(dt)n\right]=\dfrac{F(s)}{s^n}+\sum_{k=1}^{n}\dfrac{1}{s^{n-k+1}}\left[\overbrace{\int\cdots\int}^{\text{共}n\text{个}} f(t)(dt)^n\right]_{t=0}$

序号	定理名称		数学表达式
3	积分定理	初始条件为0时	$\mathscr{L}\left[\overbrace{\int\cdots\int}^{\text{共}n\text{个}}f(t)\,(\mathrm{d}t)^n\right]=\dfrac{F(s)}{s^n}$
4	延迟定理(或称t域平移定理)		$\mathscr{L}[f(t-T)1(t-T)]=\mathrm{e}^{-Ts}F(s)$
5	衰减定理(或称s域平移定理)		$\mathscr{L}[f(t)\mathrm{e}^{-at}]=\mathscr{F}(s+a)$
6	终值定理		$\lim\limits_{t\to\infty}f(t)=\lim\limits_{s\to0}s\mathscr{F}(s)$
7	初值定理		$\lim\limits_{t\to0}f(t)=\lim\limits_{s\to\infty}s\mathscr{F}(s)$
8	卷积定理		$\mathscr{L}\left[\int_0^t f_1(t-\tau)f_2(\tau)\mathrm{d}\tau\right]=\mathscr{L}\left[\int_0^t f_1(t)f_2(t-\tau)\mathrm{d}\tau\right]=F_1(s)F_2(s)$

4. 拉普拉斯反变换

拉普拉斯变换的优势是能将时域中线性微分方程转换成复域中的代数方程,方便求解,但解的形式是复变量的形式,若想得到解的原函数形式,即时域中的解,则需采用拉普拉斯反变换进行转换。下面介绍常用的用查表法进行拉普拉斯反变换。

用查表法进行拉普拉斯反变换的关键在于将变换式进行部分分式展开,然后逐项查表进行反变换。设$F(s)$是s的有理真分式

$$F(s)=\frac{B(s)}{A(s)}=\frac{b_m s^m+b_{m-1}s^{m-1}+\cdots+b_1 s+b_0}{a_n s^n+a_{n-1}s^{n-1}+\cdots+a_1 s+a_0}\quad(n>m) \tag{4-20}$$

式中,系数$a_0,a_1,\cdots,a_{n-1},a_n,b_0,b_1,\cdots b_{m-1},b_m$都是实常数;$m,n$是正整数。按代数定理可将$F(s)$展开为部分分式。分以下两种情况讨论。

① $A(s)=0$无重根。这时,$F(s)$可展开为n个简单的部分分式之和的形式。

$$F(s)=\frac{c_1}{s-s_1}+\frac{c_2}{s-s_2}+\cdots+\frac{c_i}{s-s_i}+\cdots+\frac{c_n}{s-s_n}=\sum_{i=1}^n\frac{c_i}{s-s_i} \tag{4-21}$$

式中,s_1,s_2,$\cdots$,s_n是特征方程$A(s)=0$的根。c_i为待定常数,称为$F(s)$在s_i处的留数,可按式(4-22)计算:

$$c_i=\lim_{s\to s_i}(s-s_i)F(s) \tag{4-22}$$

或

$$c_i=\left.\frac{B(s)}{A'(s)}\right|_{s=s_i} \tag{4-23}$$

式中,$A'(s)$为$A(s)$对s的一阶导数。根据拉普拉斯变换的性质,从式(4-19)可求得原函数

$$f(t)=\mathscr{L}^{-1}[F(s)]=\mathscr{L}^{-1}\left[\sum_{i=1}^n\frac{c_i}{s-s_i}\right]=\sum_{i=1}^n c_i e^{-s_i t} \tag{4-24}$$

② $A(s)=0$有重根。设$A(s)=0$有r重根s_1,$F(s)$可写为

$$F(s)=\frac{B(s)}{(s-s_1)^r(s-s_{r+1})\cdots(s-s_n)}$$

$$= \frac{c_r}{(s-s_1)^r} + \frac{c_{r-1}}{(s-s_1)^{r-1}} + \cdots + \frac{c_1}{(s-s_1)} + \frac{c_{r+1}}{s-s_{r+1}} + \cdots + \frac{c_i}{s-s_i} + \cdots + \frac{c_n}{s-s_n}$$

式中，s_1 为 $F(s)$ 的 r 重根，s_{r+1}，$\cdots$，s_n 为 $F(s)$ 的 $n-r$ 个单根；

其中，c_{r+1}，$\cdots$，c_n 仍按式(4-22)或式(4-23)计算，c_r，c_{r-1}，$\cdots$，c_1 则按式(4-25)计算：

$$\begin{cases} c_r = \lim_{s \to s_1} (s-s_1)^r F(s) \\ \\ c_{r-1} = \lim_{s \to s_1} \frac{\mathrm{d}}{\mathrm{d}s}\big[(s-s_1)^r F(s) \big] \\ \vdots \\ c_{r-j} = \frac{1}{j!} \lim_{s \to s_1} \frac{\mathrm{d}^{(j)}}{\mathrm{d}s^{(j)}} (s-s_1)^r F(s) \\ \vdots \\ c_1 = \frac{1}{(r-1)!} \lim_{s \to s_1} \frac{\mathrm{d}^{(r-1)}}{\mathrm{d}s^{(r-1)}} (s-s_1)^r F(s) \end{cases} \tag{4-25}$$

原函数 $f(t)$ 为

$$f(t) = \mathscr{L}^{-1}[F(s)]$$

$$= \mathscr{L}^{-1}\left[\frac{c_r}{(s-s_1)^r} + \frac{c_{r-1}}{(s-s_1)^{r-1}} + \cdots + \frac{c_1}{(s-s_1)} + \frac{c_{r+1}}{s-s_{r+1}} + \cdots + \frac{c_i}{s-s_i} + \cdots + \frac{c_n}{s-s_n} \right]$$

$$= \left[\frac{c_r}{(r-1)!} t^{r-1} + \frac{c_{r-1}}{(r-2)!} t^{r-2} + \cdots + c_2 t + c_1 \right] e^{s_1 t} + \sum_{i=r+1}^{n} c_i e^{s_i t} \tag{4-26}$$

四、典型环节的传递函数

1. 传递函数的定义与性质

①传递函数的定义。在零初始条件下，线性定常系统(或元件)输出量拉普拉斯变换与输入量拉普拉斯变换之比，称为系统(或元件)的传递函数。其表达式为

$$G(s) = C(s)/R(s)$$

例 4-3 一阶 RC 网络，如图 4-27 所示，输入信号 $u_r(t)$，输出信号 $u_c(t)$。

输入/输出关系的微分方程：

$$RC\frac{\mathrm{d}u_c(t)}{\mathrm{d}(t)} + u_c(t) = u_r(t)$$

设初始值 $U_c(0) = 0$

对上式进行拉普拉斯变换：

$$RCsU_c(s) + U_c(s) = u_r(s)$$

则 $G(s) = U_c(s)/U_r(s) = 1/(RCs+1)$

若已知系统的传递函数 $G(s)$，则系统的输出的拉普拉斯变换形式为

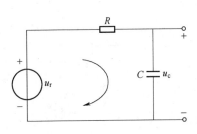

图 4-27 一阶 RC 网络

$$U_c(s) = G(s)U_r(s)$$

②传递函数性质：

a. 传递函数是复变量 s 的有理真分式函数。其分子与分母多项式的系数均为实数。

b. 传递函数中分子与分母多项式的根,要么是实数,要么是复数,若是复数的话,则必以共轭形式成对出现。

c. 传递函数中分母的阶次不小于分子的阶次。

d. 传递函数只与系统或元件的内部结构和参数有关,而与外界作用无关。因此,传递函数描述了系统或元件的固有特性。

e. 传递函数具有结构的不确定性,即物理性质完全不同的系统,可能具有相同的传递函数。

2. 典型环节传递函数

①比例环节。比例环节的特点:输出量与输入量之间的关系是一种固定的比例关系,也就是输出量能无失真、无滞后地按一定比例复现输入量。

比例环节的微分方程:

$$c(t) = kr(t)$$

比例环节的传递函数:

$$G(s) = k$$

比例环节的单位阶跃响应:

当 $r(t) = 1$ 时, $c(t) = k$,如图 4-28 所示。

比例环节是自动控制系统中使用最多的一种,如电子放大器、齿轮减速器、杠杆、弹簧、电阻器、质量等,如图 4-29 所示。

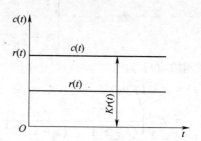

图 4-28   比例环阶的单位阶响应跃

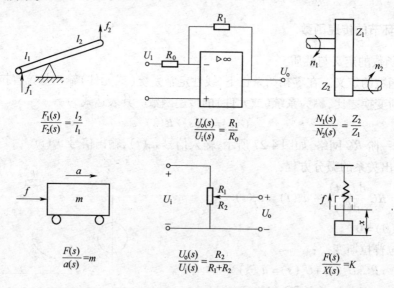

$$\frac{F_1(s)}{F_2(s)} = \frac{l_2}{l_1} \qquad \frac{U_0(s)}{U_i(s)} = \frac{R_1}{R_0} \qquad \frac{N_1(s)}{N_2(s)} = \frac{Z_2}{Z_1}$$

$$\frac{F(s)}{a(s)} = m \qquad \frac{U_0(s)}{U_i(s)} = \frac{R_2}{R_1+R_2} \qquad \frac{F(s)}{X(s)} = K$$

图 4-29   比例环节实例

②积分环节。积分环节的特点:输出量与输入量的积分成正比,即输出量取决于输入量对时间的积累过程。

积分环节的微分方程:

$$c(t) = \frac{1}{T}\int r(t)\,\mathrm{d}t = k\int r(t)\,\mathrm{d}t \quad \left(k = \frac{1}{T}\right)$$

积分环节的传递函数：

$$G(s) = \frac{1}{Ts} = \frac{k}{s}$$

积分环节的单位阶跃响应：

当 $r(t) = 1$ 时，$c(t) = \frac{1}{T}t$，如图 4-30 所示。

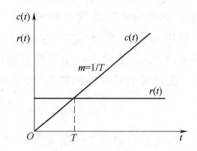

图 4-30　积分环节的单位阶跃响应

积分环节也是自动控制系统最常见的环节之一，凡是输出量对输入量具有贮存和积累特点的元件一般含有积分环节，如机械运动中位移与转速、转速与转矩、速度与加速度、电容器的电压与电流、水箱的水位与水流量等。下面介绍几个常见的积分环节。

a. 电动机转速与转矩、角位移与转速都是积分关系。

电动机模型如图 4-31 所示。

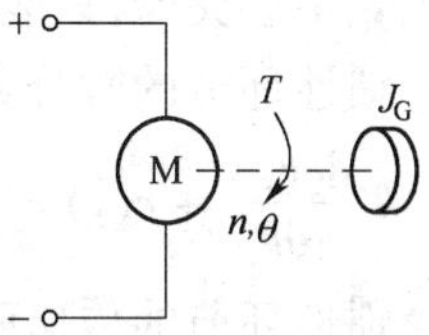

当不考虑负载转矩时，电动机的转矩与转速的关系如下：

$$T(t) = J\frac{\mathrm{d}(\omega t)}{\mathrm{d}t} = J_{\mathrm{G}}\frac{\mathrm{d}n(t)}{\mathrm{d}t}$$

对上式进行拉普拉斯变换得

$$\frac{N(s)}{T(s)} = \frac{1}{J_{\mathrm{G}}s}$$

图 4-31　电动机模型

而电动机的角位移与转速关系如下：

$$\frac{\mathrm{d}\theta(t)}{\mathrm{d}(t)} = \omega(t) = \frac{2\pi}{60}n(t)$$

对上式进行拉普拉斯变换可得

$$\frac{\theta(s)}{N(s)} = \frac{2\pi}{60}\frac{1}{s}$$

b. 电容器两端的电压和电流是积分关系。

电容器两端电压与电流关系：

$$u_{\mathrm{c}}(t) = \frac{1}{C}\int i\,\mathrm{d}t$$

对上式进行拉普拉斯变换可得

$$\frac{U_{\mathrm{c}}(s)}{I(s)} = \frac{1}{Cs}$$

③微分环节。微分环节的特点：输出量与输入量的微分成正比例，即输出量与输入量无关，而与输入量的变化率正比例。

微分环节的微分方程：

$$c(t) = \tau\frac{\mathrm{d}r(t)}{\mathrm{d}(t)}$$

微分环节的传递函数：

$$G(s) = \tau s$$

微分环节的单位阶跃响应：

当 $r(t) = 1$ 时，$c(t) = \tau\delta(t)$，如图 4-32 所示。

微分环节输入量与输出量的关系与积分环节恰恰相反，将积分环节的输入与输出相对换就是微分环节，如速度与加速度、位移与速度等。如测速发电机，如图 4-33 所示，其输出电压与转轴转角是微分关系。

测速发电机的输出电压、转轴角速度及转角关系：

$$u_c(t) = K\omega(t) = K\frac{d\theta(t)}{dt}$$

对上式进行拉普拉斯变换可得

$$\frac{U_c(s)}{\theta(s)} = Ks$$

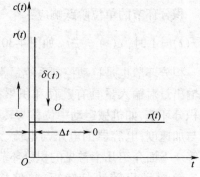

图 4-32　微分环节的单位阶跃响应

④惯性环节。惯性环节的特点：当输入量突变时，输出量不会突变，只能按指数规律逐渐变化，即具有惯性。

惯性环节的微分方程：

$$T\frac{dc(t)}{dt} + c(t) = r(t)$$，T 为惯性时间常数。

惯性环节的传递函数：

$$G(s) = \frac{1}{1 + Ts}$$

惯性环节的单位阶跃响应：

当 $r(t) = 1$ 时，$c(t) = 1 - e^{-t/T}$，如图 4-34 所示。

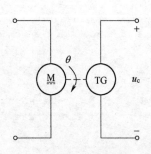

图 4-33　测速发电机模型

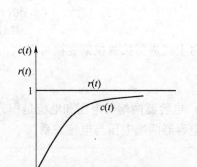

图 4-34　惯性环节单位阶跃响应

自动控制系统中经常含有这种环节，这种环节含有一个储能元件（如储存磁场能的电感器、储存电场能的电容器、储存弹性势能的弹簧和储存动能的机械负载等）和一个耗能元件（如电阻器、阻尼器等）。

如图 4-35 所示阻容电路，输入电压与输出电压的关系：

$$u_1(t) = RC\frac{du_2(t)}{dt} + u_2(t)$$

对上式进行拉普拉斯变换,并整理得

$$\frac{U_2(s)}{U_1(s)} = \frac{1}{RCs+1} = \frac{1}{Ts+1} \quad (T=RC)$$

⑤延迟环节。延迟环节的特点:输出量与输入量变化形式完全相同,但在时间上有一定的滞后。

延迟环节的微分方程:

$$c(t) = r(t-\tau)$$

延迟环节的传递函数:

$$G(s) = e^{-\tau s} = \frac{1}{e^{\tau s}}$$

对于延迟时间很小的延迟环节,常常将它按泰勒级数展开,并略去高次项,得如下简化的传递函数:

$$G(s) = \frac{1}{1 + \tau s + \frac{\tau^2}{2!}s^2 + \frac{\tau^3}{3!}s^3} \approx \frac{1}{1+\tau s}$$

上式表明,在延迟时间很小的情况下,延迟环节可近似为一个小惯性环节。

延迟环节的单位阶跃响应如图4-36所示。

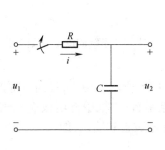

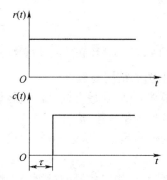

图4-35　阻容电路　　　　　　　　图4-36　延迟环节的单位阶跃响应

延迟环节在工作中是经常遇到的,如晶闸管整流电路中,控制电压与整流输出有时间上的延迟;工件传送过程会造成时间上的延迟;在加工中,加工点和检测点不在一处也会产生时间上的延迟。

⑥振荡环节。振荡环节的微分方程:

$$T^2 \frac{d^2 c(t)}{dt^2} + 2T\xi \frac{dc(t)}{dt} + c(t) = r(t)$$

振荡环节的传递函数:

$$G(s) = \frac{1}{T^2 s^2 + 2T\xi s + 1} = \frac{\omega_n^2}{s^2 + 2\xi\omega_n s + \omega_n^2} \quad (\omega_n = \frac{1}{T})$$

当$0 < \xi < 1$时,$c(t)$为减幅振荡。

$$c(t) = 1 - \frac{e^{-\xi\omega_n t}}{\sqrt{1-\xi^2}} \sin\left(\omega_d t + \arctan\frac{\sqrt{1-\xi^2}}{\xi}\right) \quad (\omega_d = \omega_n\sqrt{1-\xi^2})$$

ω_{d} 称为阻尼振荡频率。

振荡环节的单位阶跃响应如图 4-37 所示。

在自动控制系统中,若系统中具有两个不同形式的储能元件,而两种元件中的能量又能相互交换,就可能在交换和储存过程中出现振荡,形成振荡环节。

五、系统的框图及简化方法

1. 系统的框图

一个系统可由若干环节按一定的关系组成,将这些环节以方框表示,并在方框中标明相应的传递函数,环节之间用相应的变量及表示信号流向的信号线联系起来,就构成了系统的传递函数框图(简称系统框图)。它是系统数学模型的一种图形表示方法,如图 4-38 所示。

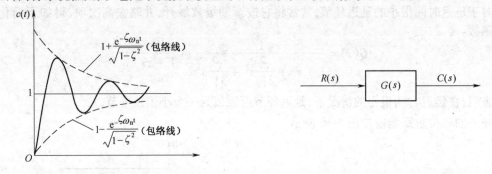

图 4-37　振荡环节的单位阶跃响应　　　　　　图 4-38　系统的传递函数框图

2. 框图的结构要素

①函数方框:函数方框是传递函数的图解表示,如图 4-38 所示。图中,指向方框的箭头表示输入信号的象函数;离开方框的箭头表示输出信号的象函数;方框中标明该输入/输出之间的环节的传递函数。所以,方框的输出应是方框中的传递函数乘其输入,即

$$C(s) = R(s) \cdot G(s)$$

应当指出,输出信号的量纲等于输入信号的量纲与传递函数量纲的乘积。

②相加点:相加点是信号在该处进行代数求和运算的图解表示,如图 4-39 所示。在相加点处,输出信号等于各输入信号的代数和,每一个指向相加点的箭头前方的"+""−"号表示该输入信号在代数运算中的符号。在相加点处加减的信号必须是同种变量,运算时的量纲也要相同。相加点可以有多个输入(至少有两个),但输出是唯一的。

③分支点:分支点表示同一信号向不同方向的传递,如图 4-40 所示。在分支点引出的信号不仅性质和量纲相同,数值也相等。

3. 典型环节的框图

前面典型环节用框图分别表示,如图 4-41 所示。

4. 用框图表示系统的优点

①只要依据信号的流向,将各环节的方框连接起来,就能很容易地组成整个系统的框图。

②通过系统框图,可以揭示和评价每一个环节对系统性能的影响。

③对系统框图做进一步的简化,可方便地求得系统的传递函数。

5. 系统框图的建立

①建立系统(或元件)的原始微分方程;

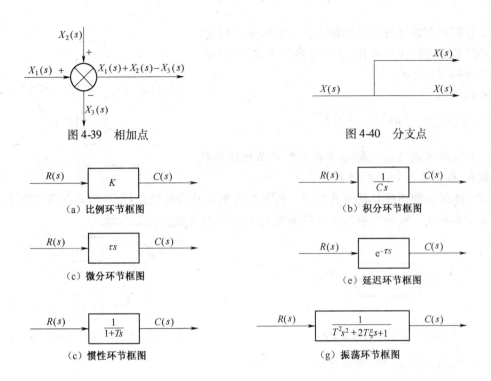

图 4-39　相加点　　　　　　　　　　　图 4-40　分支点

（a）比例环节框图　　　　　　　　　　（b）积分环节框图

（c）微分环节框图　　　　　　　　　　（e）延迟环节框图

（c）惯性环节框图　　　　　　　　　　（g）振荡环节框图

图 4-41　典型环节的框图表示

②对上述原始微分方程在零初始条件下进行拉普拉斯变换,并根据各拉普拉斯变换式的因果关系,绘出相应的框图;

③按照信号在系统中传递、变换的过程,依次将各传递函数框图连接起来(同一变量的信号通路连接在一起),通常将系统的输入量置于左端,输出量置于右端,便得到系统的传递函数框图。

6. 框图简化方法

自动控制系统框图通常较为复杂,为便于分析与计算,需要利用等效变换的原则对框图加以简化。

所谓等效变换是指变换前后输入/输出总的数学关系保持不变。

①串联环节的等效变换规则。前一环节的输出为后一环节的输入的连接方式称为环节的串联,如图 4-42 所示。

当各环节之间不存在(或可忽略)负载效应时,则串联后的等效传递函数为

$$G(s) = \frac{X_o(s)}{X_i(s)} = \frac{X_1(s)}{X_i(s)} \cdot \frac{X_o(s)}{X_1(s)} = G_1(s) G_2(s)$$

故环节串联时等效传递函数等于各串联环节的传递函数之积,框图表示如图 4-43 所示。

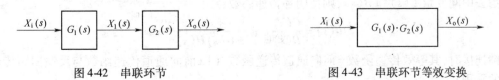

图 4-42　串联环节　　　　　　　　　　图 4-43　串联环节等效变换

②并联环节的等效变换规则。各环节的输入相同，而它们的输出进行代数求和，这种连接方式称为环节的并联，如图 4-44 所示。

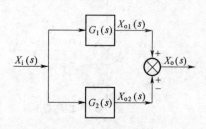

由图 4-44 可得

$$G(s) = \frac{X_o(s)}{X_i(s)} = \frac{X_{o1}(s)}{X_i(s)} \pm \frac{X_{o2}(s)}{X_i(s)} = G_1(s) \pm G_2(s)$$

故环节并联的等效传递函数等于各并联环节传递函数的代数和，框图表示如图 4-45 所示。

图 4-44　并串联环节

③框图的反馈连接及其等效规则。如图 4-46 所示称为反馈连接，它也是闭环控制系统框图的最基本形式。复杂的单输入—单输出系统，总可简化成该种基本形式。

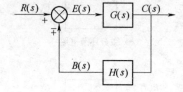

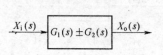

图 4-45　并联环节等效变换

图 4-46　基本形式闭环控制系统的框图

$G(s)$ 称为前向通道传递函数：

$$G(s) = \frac{C(s)}{E(s)}$$

$H(s)$ 称为反馈通道传递函数：

$$H(s) = \frac{B(s)}{C(s)}$$

$G(s)$ 与 $H(s)$ 之积定义为系统的开环传递函数 $G_k(s)$：

$$G_k(s) = G(s)H(s) = \frac{B(s)}{E(s)}$$

注意系统的开环传递函数，不要与开环系统的传递函数相混淆。系统的开环传递函数是指闭环系统的开环状态时的传递函数。可理解为，将封闭的闭环在相加点处断开了，以偏差 $E(s)$ 作为输入，经 $G(s)$、$H(s)$ 传递输出 $BG(s)$，所对应的传递函数。

系统的闭环传递函数定义为，系统输出 $C(s)$ 与输入 $R(s)$ 之比，用 $\Phi(s)$ 表示。

$$\Phi(s) = \frac{C(s)}{R(s)}$$

下面推导 $\Phi(s)$ 与 $G(s)$、$H(s)$ 之间的关系。由图 4-46 可知：

$$C(s) = G(s)E(s)$$
$$B(s) = H(s)C(s)$$
$$E(s) = R(s) \mp B(s)$$

消去中间变量 $E(s)$ 和 $B(s)$，则得闭环传递函数：

$$\Phi(s) = \frac{C(s)}{R(s)} = \frac{G(s)}{1 \pm G(s)H(s)}$$

故反馈连接时，其等效传递函数=前向通道传递函数/(1±前向通道传递函数与反馈回路传递函数的乘积)。

④分支点移动规则：

a. 分支点前移。若分支点由方框之后移到该方框之前,移动之前如图4-47(a)所示,为了保持移动后分支信号不变,应在分支路上串入被越过的传递函数的方框,移动之后如图4-47(b)所示。

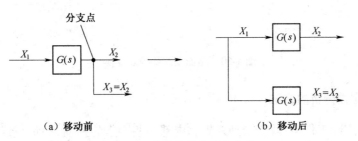

图4-47　分支点前移等效变换

b. 分支点后移。若分支点由方框之前移到该方框之后,移动之前如图4-48(a)所示,为了保持移动后分支信号不变,应在分支路上串入被越过传递函数倒数的方框,移动之后如图4-48(b)所示。

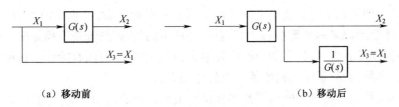

图4-48　分支点后移等效变换

⑤相加点移动规则：

a. 相加点后移。若相加点由方框之前移到该方框之后,移动之前如图4-49(a)所示,为了保持总的输出信号不变,应在移动的支路中串入被越过的传递函数的方框,移动之后如图4-49(b)所示。

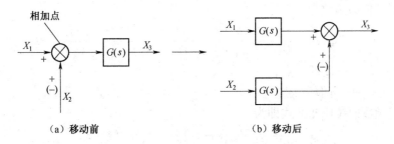

图4-49　相加点后移等效变换

b. 相加点前移。若相加点由方框之后移到该方框之前,移动之前如图4-50(a)所示,为了保持总的输出信号不变,应在移动的支路中串入被越过的传递函数倒数的方框,移动之后如图4-50(b)所示。

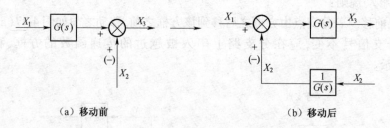

（a）移动前 　　　　　　　　　　　　　（b）移动后

图 4-50 　相加点前移等效变换

六、系统稳定性分析的方法

控制系统在实际工作中,总会受到外界和内部一些因素的扰动,如负载或能源的波动、系统参数的变化等,使系统偏离原来的平衡工作状态。如果在扰动消失后,系统不能恢复到原来的平衡工作状态(即系统不稳定),则系统是无法工作的。

稳定是控制系统正常工作的首要条件,也是控制系统的重要性能。因此,分析系统的稳定性,并提出确保系统的条件,是自动控制理论的基本任务之一。

1. 稳定性定义及系统稳定的充要条件

如前所述,如果系统受到扰动之后偏离了原来的平衡状态,当扰动消失后,系统能够以足够的准确度恢复到原来的平衡状态,则称系统是稳定的;否则系统是不稳定的。可见稳定性是系统在去掉扰动以后,自身具有的一种恢复能力,是系统的一种固有特性。这种特性只取决于系统的结构、参数,而与系统的初始条件及外作用无关。

由上所述,稳定性所研究的问题是当扰动消失后系统的运动情况,显然可以用系统脉冲响应函数来描述。如果脉冲函数是收敛的,即

$$\lim_{t \to \infty} c(t) = 0 \tag{4-27}$$

则系统是稳定的。

由于单位脉冲函数的拉普拉斯变换等于 1,所以系统的脉冲响应函数就是系统闭环传递函数的拉普拉斯反变换。

设系统闭环传递函数为

$$\Phi(s) = \frac{M(s)}{D(s)} = \frac{b_m(s - z_1)(s - z_2)\cdots(s - z_m)}{a_n(s - \lambda_1)(s - \lambda_2)\cdots(s - \lambda_m)} \tag{4-28}$$

式中 　$z_1, z_2, \cdots, z_m$——闭环零点;

$\lambda_1, \lambda_2, \cdots, \lambda_m$——闭环极点。

脉冲响应函数的拉氏变换式即为

$$C(s) = \Phi(s) = \frac{b_m(s - z_1)(s - z_2)\cdots(s - z_m)}{a_n(s - \lambda_1)(s - \lambda_2)\cdots(s - \lambda_m)} \tag{4-29}$$

如果闭环极点为互不相同的实数根,那么把方程(4-29)展开成部分分式:

$$C(s) = \frac{A_1}{s - \lambda_1} + \frac{A_1}{s - \lambda_1} + \cdots + \frac{A_n}{s - \lambda_n} = \sum_{i=1}^{n} \frac{A_i}{s - \lambda_i} \tag{4-30}$$

式中 　A_i——待定常数。

对式(4-30)进行拉普拉斯反变换,即得单位脉冲响应函数

$$c(t) = \sum_{i=1}^{n} A_i e^{\lambda_i t} \tag{4-31}$$

根据稳定性定义

$$\lim_{t \to \infty} c(t) = \lim_{t \to \infty} \sum_{i=1}^{n} A_i e^{\lambda_i t} = 0 \tag{4-32}$$

式中　A_i——常值。

式(4-32)表明,系统的稳定性仅取决于特征根 λ_i 的性质。系统稳定的充分必要条件是系统闭环特征方程的所有根都具有负的实部,或者说都位于 S 平面的左半平面。

如果 λ_i 为共轭复根,即 $\lambda_i = \sigma \pm j\omega$,那么在脉冲响应函数中具有下列形式的分量:

$$A_i e^{(\sigma_i + j\omega_i)t} + A_{i+1} e^{(\sigma_i - j\omega_i)t} \text{ 或写成 } A_i e^{\sigma_i t} \sin(\omega_i t + \psi_i) \tag{4-33}$$

由式(4-33)可见,只要共轭复根的实部为负,仍将随时间 t 趋于无穷而振荡收敛到零。

总之,只有当系统的所有特征根都具有负实部,或所有闭环极点均位于 S 左半平面,系统才稳定。只要有一个特征根为正实部,脉冲响应就发散,系统就不稳定。当系统有纯虚根时,系统处于临界稳定状态,脉冲响应呈现等幅振荡。由于系统参数的变化及扰动的不可避免,实际上等幅振荡不可能永远维持下去,系统很可能会因为某些因素而导致系统不稳定。从工程实践来看,这类系统是不能很好地工作的,因此临界稳定系统可归属为不稳定系统。

判定系统稳定与否,可归结为判别系统闭环特征根实部的符号。

$Re[\lambda_i] < 0$,系统稳定;

$Re[\lambda_i] > 0$,系统不稳定;

$Re[\lambda_i] = 0$,临界稳定,也属不稳定。

因此,如果能解出全部特征根,则立即可以判断系统是否稳定。

通常对于高阶系统,求根本身不是件容易的事。但是,根据上述结论,系统稳定与否,只要能判别其特征根实部的符号,而不必知道每个根的具体数值。因此,也可不必解也每个根的具体数值来进行判断。劳斯判据就是利用特征方程的各项系数,直接判断其特征根是否都具有负实部。或是否都位于 S 平面的左半平面,以确定系统是否稳定。

2. 劳斯判据

使用劳斯判据的方法:先列出闭环系统的特征方程的标准形式,再列出劳斯表;如果劳斯表中第一列的系数均为正值,则表明系统是稳定,否则系统不稳定。

闭环系统特征方程一般形式:

$$D(s) = a_n s_n + a_{n-1} s_{n-1} + \cdots + a_1 s + a_0 = 0 \tag{4-34}$$

系统稳定的必要条件是 $a_i > 0$,否则系统不稳定。系统稳定的充分必要条件是 $a_i > 0$ 及劳斯表中第一列系数都大于0,劳斯表见表4-4。

显然表中

$$b_1 = \frac{a_{n-1} a_{n-2} - a_n a_{n-3}}{a_{n-1}}, \quad b_2 = \frac{a_{n-1} a_{n-4} - a_n a_{n-5}}{a_{n-1}}$$

系数 b_i 的计算,一直进行到其余的 b 值全部等于零为止。用同样的前两行系数交叉相乘的方法,可以计算 c、e 等各行系数,即

表 4-4 劳 斯 表

s_n	a_n	a_{n-2}	a_{n-4}	……
s_{n-1}	a_{n-1}	a_{n-3}	a_{n-5}	……
s_{n-2}	b_1	b_2	b_3	……
s_{n-3}	c_1	c_2	c_3	……
$\vdots$	$\vdots$	$\vdots$	$\vdots$	$\vdots$
s_2	e_1	e_2		
s_1	f_1			
s_0	g_1			

$$c_1 = \frac{b_1 a_{n-3} - a_{n-1} b_2}{b_1}, \qquad c_2 = \frac{b_1 a_{n-5} - a_{n-1} b_3}{b_1}$$

这一计算过程一直进行到 $n+1$ 行为止。如果劳斯表中第一列的系数都为正值,则表明系统是稳定的;劳斯表第一列符号变化的次数,即为系统不稳定根的个数。

下面对系统稳定的必要条件做简单说明:因为一个具有实系数的 s 多项式,总可以分解成一次和二次因子的乘积,即 $(s+a)$ 和 (s^2+bs+c),式中 a、b 和 c 都是实数,一次因子给出的是实根,而二次因子给出的则是多项式的复根。只有当 b 和 c 都是正值时,因子 (s^2+bs+c) 才能给出具有负实部的根。也就是说,为了使所有的根都具有负实部,则必须要求所有因子中的常数 a、b 和 c 等都是正值。很显然,任意一个只包含正系数的一次因子和二次因子的乘积,必然也是一个具有正系数的多项式。但反过来就不一定了。因此,应当指出,所有系数都是正值这一条件,并不能保证系统一定稳定,亦即系统特征方程所有系数 $a_i > 0$,只是系统稳定的必要条件,而不是充分必要条件。

例 4-4 闭环系统的特征方程为 $s^4+3s^3+3s^2+2s+K=0$,式中 K 为系统的开环放大系数,试问 K 在什么范围取值,才能使系统稳定。

解: 从代数方程可得,稳定的必要条件为 $K>0$。

劳斯表如下:

s^4	1	3	K
s^3	3	2	0
s^2	$\dfrac{7}{3}$	K	
s^1	$2-\dfrac{9}{7}K$		
s^0	K		

根据劳斯判据,系统稳定的充要条件还必须劳斯表第一列系数都大于零,得

$$2-\frac{9}{7}K > 0$$

$$K > 0$$

开环放大系数应是 $0<K<\dfrac{14}{9}$。

如果劳斯表中某行第一列的数值为零,而其余各项数值不为零,则可用一个有限小的正数

Δ 来代替为零的一项,然后用一般方法计算劳斯表。如果 Δ 项上面一项系数的符号与 Δ 项下面的系数符号相反,则表明系数符号有一次变化。

例 4-5　特征方程式 $s^4+2s^3+s^2+2s+1=0$,判断系统稳定性。

解: 劳斯表如下。

$$
\begin{array}{cccc}
s^4 & 1 & 1 & 1 \\
s^3 & 2 & 2 & 0 \\
s^2 & \Delta(\approx 0)1 & & \\
s^1 & 2-\dfrac{2}{\Delta} & & \\
s^0 & 1 & &
\end{array}
$$

当 Δ 趋向于零时,第一列中 $2-\dfrac{2}{\Delta}$ 数值为负,因此第一列中的元素两次改变了符号,即此系统有两个根在复平面的右半侧,故系统是不稳定的。

根据特征方程的全部系数都是正值,且劳斯表第一列各项都为正的劳斯判据,可以列出 $n=1,2,3,4$ 各阶系统稳定时,特征方程的系数应满足的条件如下:

一阶系统 $a_1>0$、$a_0>0$;

二阶系统 $a_2>0$、$a_1>0$、$a_0>0$;

三阶系统 $a_3>0$、$a_2>0$、$a_1>0$、$a_0>0$,及 $a_2a_1-a_3a_0>0$;

四阶系统 $a_4>0$、$a_3>0$、$a_2>0$、$a_1>0$、$a_0>0$ 及 $a_3a_2-a_4a_1>0$、$a_3a_2a_1-a_4a_1{}^2-a_3a_0{}^2>0$。

这样就可以省去建立劳斯表的步骤,直接用特征方程系数按公式验算即可。

任务3　转速负反馈直流调速系统的连接与静特性测试

任务目标

1. 能正确连接并调试电动机开环外特性。
2. 能正确连接并调试转速负反馈直流调速系统的各个组成单元。
3. 能正确测试转速负反馈直流调速系统的静特性。
4. 观察并分析 P、PI 调节器及调节器参数对系统静特性的影响。
5. 会评价调速系统静态特性的优劣。

我们已学会了判定系统稳定性的方法,接下来看看直流调速系统的稳速效果怎么样。

是不是看看系统带不同负载的情况下,电动机的转速有何变化?

是的! 现在我们就动手连接电路并调试,观察一下现象。

先别急,这个电路的调试方法是有讲究的哦,要先对组成系统的各个单元进行测试,再连接调试整个系统。我们按照下面的任务一步步来做吧!

任务实施

子任务1 测试直流电动机开环外特性

直流电动机开环外特性测试电路如图 4-51 所示,由给定、触发电路、正桥功放、电动机-发电机组等组成。其测试步骤为:先连接与调试触发电路,再连接与调试主电路,测出直流电动机开环特性。

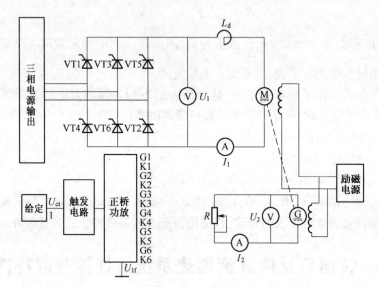

图 4-51   直流电动机开环外特性测试原理图

1. 触发电路的调试

参考项目2任务3(子任务1):三相集成触发电路的调试。

2. 主电路调试

触发电路调试完成后,按图 4-51 连接主电路:直流发电机所接负载电阻 R 可调,启动时,R 值取最大;直流电动机电枢回路电感 L_d 可选用 200 mH,应注意电流从"＊"端流入;将"正桥触发脉冲输出"接至相应晶闸管的门极和阴极。

(1)U_{ct} 不变时的直流电机开环外特性的测定

①将正给定的输出 U_g 调到零。

②先闭合励磁电源开关,按下 MEC01"电源控制屏"启动按钮,使主电路输出三相交流电源,直流发电机先轻载(即电阻器 R 调到最大),转速接近零,然后从零开始逐渐增加"正给定"电压 U_g,使电动机慢慢启动并使转速器 n 达到 1 200 r/min。

③改变负载(由大到小改变电阻器 R 的阻值),直至 $I_d = I_{ed}$,测出在 U_{ct} 不变时的直流电动机开环外特性 $n = f(I_d)$,将测量的数据制成表格并绘出开环机械特性。

④将"正给定"退到零,再按"停止"按钮,结束步骤。

（2）U_d 不变时直流电机开环外特性的测定

①将正给定的输出 U_g 调到零。

②先闭合励磁电源开关，按下 MEC01"电源控制屏"启动按钮，使主电路输出三相交流电源，直流发电机先轻载（即电阻器 R 调到最大），转速接近零，然后从零开始逐渐增加"正给定"电压 U_g，使电动机慢慢启动并使转速 n 达到 1 200 r/min。

③改变负载（由大到小改变电阻器 R 的阻值），直至 $I_d = I_{ed}$，用电压表监视三相全控整流输出的直流电压 U_d，保持 U_d 不变（通过不断调节"正给定"电压 U_g 来实现），测出在 U_d 不变时直流电动机的开环外特性 $n = f(I_d)$，将测量的数据制成表格并绘出开环机械特性。

④将"正给定"退到零，再按"停止"按钮，结束步骤。

为了便于分析 U_{ct} 不变时的直流电动机开环外特性和 U_d 不变时直流电动机开环外特性的优劣，要求在测量数据时，电流 I_d 的测试点一致。

子任务2　速度调节器调零及其限幅值调节

速度调节器原理图如图 4-52 所示。先进行速度调节器调零，再进行正负限幅值调整。

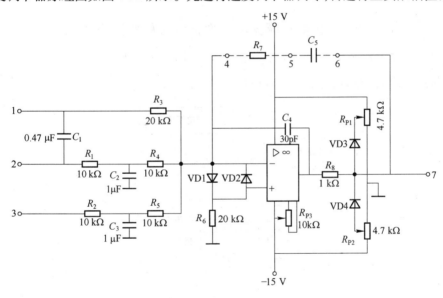

图 4-52　速度调节器原理图

1. 速度调节器的调零

将"速度调节器"所有输入端接地，再将可调电阻器（可选约 40 kΩ）接到"速度调节器"的"4""5"两端，用导线将"5""6"短接，使"速度调节器"成为 P（比例）调节器。调节面板上的调零电位器 R_{P3}，用万用表的毫伏挡测量电流调节器"7"端的输出，使调节器的输出电压尽可能接近于零。

2. 速度调节器的正负限幅值的调整

（1）移相控制电压 U_{ct} 调节范围的确定

为保证"三相全控整流"不会工作到极限值状态，保证六个晶闸管可靠工作。需要测试移相控制电压 U_{ct} 的调节范围。直接将给定电压 U_g 接入触发器的移相控制电压 U_{ct} 的输入端，将

图 4-52 中"三相全控整流"电路的电动机负载换为电阻负载 R，用示波器观察 U_d 的波形（示波器探头放在 ×10 挡），电压表监测 U_d 电压值。

当给定电压 U_g 由零调大时，U_d 将随给定电压的增大而增大，当 U_g 超过某一数值 U_g' 时，U_d 的波形会出现缺相现象，这时 U_d 反而随 U_g 的增大而减少。

一般可确定移相控制电压的最大允许值为 $U_{ctmax} = 0.9U_g'$，即 U_{ct} 的允许调节范围为 $0 \sim U_{ctmax}$。这样"三相全控整流"输出范围就被限定，不会工作到极限值状态，保证六个晶闸管可靠工作。

记录 U_{ctmax}。将"给定"退到零，再按"停止"按钮，结束步骤。

（2）正负限幅值的调整

把"速度调节器"的"5""6"短接线去掉，将可调电容器（可选约 0.47 μF）接入"5""6"两端，使调节器成为 PI（比例积分）调节器，然后将"给定"电压接到转速调节器的"3"端。当加一定的正给定时（如 +5 V），调整负限幅电位器 R_{P2}，使之输出电压"7"端值接近 0。当调节器输入端加负给定时（如 −5 V），调整正限幅电位器 R_{P1}，使速度调节器的"7"端输出正限幅为 U_{ctmax}。

子任务 3　整定测速发电机变换环节的转速反馈系数

①转速反馈系数的整定电路如图 4-53 所示。直接将"给定"电压 U_g 接触发器的移相控制电压 U_{ct} 的输入端，将"给定"电压 U_g 调到零。

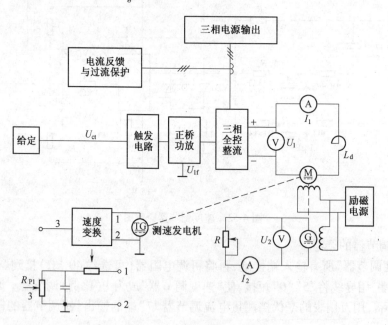

图 4-53　转速反馈系数的整定电路

②"三相全控整流"电路接直流电动机负载，L_d 可选用约 200 mH，直流发电机接负载，接可调电阻器 R，启动时 R 值取最大。

③按下启动按钮，接通励磁电源，从零逐渐增加给定，使电动机提速到 $n = 1\ 500$ r/min 时，

调节"速度变换"转速反馈电位器 R_{P1}，使得该转速时反馈电压 U_{fn}（"3"）= +6 V，这时的转速反馈系数 $\alpha = U_{fn}/n = 0.004$ V/（r/min）。

④"正给定"退到零，再按"停止"按钮，结束步骤。

子任务4　转速负反馈直流调速系统的连接与调试

转速负反馈直流调速系统如图 4-54 所示。转速闭环将反映转速变化的电压信号作为反馈信号，经"速度变换"后接到"速度调节器"的输入端，与"给定"的电压相比较，经放大后，得到移相控制电压 U_{ct}，用做控制整流桥的"触发电路"，触发脉冲经功放后加到晶闸管的门极和阴极之间，以改变"三相全控整流"的输出电压，这就构成了速度负反馈闭环系统。连接与调试步骤如下：

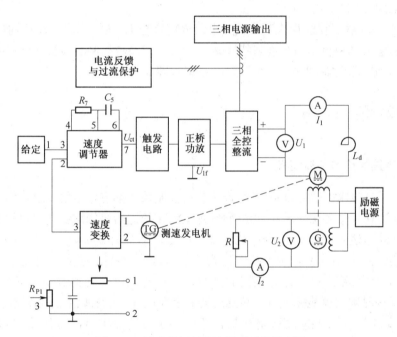

图 4-54　转速单闭环直流调速系统原理图

1. 电路连接

①加给定信号。给定电压 U_g 为"负给定"，"负给定"输出调到零（转速反馈为正电压）。

②连接速度调节器的各端子。将"速度调节器"接成 P 调节器，$R_7 = 40$ kΩ（可适当调整 R 值，观察转速变化）

③连接直流发电机回路（直流发电机所接负载电阻 R 在 450 ~ 2 250 Ω 可调，启动时 R 值取最大）。

④连接直流电动机电枢回路。回路中 L_d 用 DJK02 上的 200 mH，应注意电流从"＊"端输入。

⑤连接速度变换环节。

⑥"电流反馈与过流保护"模块的三相电源在实验箱内部连接。

2. 有静差调速系统静特性测试

①按下启动按钮,接通励磁电源。从零开始逐渐增加负给定电压 U_g,使电动机慢慢启动并使转速 n 达到 1 200 r/min。

②调节直流发电机负载(由大到小改变电阻 R),直至 $I_d = I_{ed}$,测出电动机的电枢电流 I_d,和电动机的转速 n,即可测出系统静态特性 $n = f(I_d)$。记录数据制成表格并绘出静特性曲线。

③将"负给定"退到零,再按"停止"按钮,结束步骤。

3. 无静差调速系统静特性测试

①将"速度调节器"接成 PI 调节器,$R_7 = 40$ kΩ,$C_5 = 0.47$ μF(可适当调节速度调节器的 R_7、C_5,来改变系统的稳定性,只要系统转速稳定在正负 1 转范围内即可)。

②按下启动按钮,接通励磁电源。从零开始逐渐增加"负给定"电压 U_g,使电动机慢慢启动并使转速 n 达到 1 200 r/min。

③调节直流发电机负载(由大到小改变电阻 R),直至 $I_d = I_{ed}$,测出电动机的电枢电流 I_d,和电动机的转速 n,即可测出系统静态特性 $n = f(I_d)$。记录数据制成表格并绘出静特性曲线。

④将"负给定"退到零,再按"停止"按钮,结束步骤。

任务相关知识

一、调速系统的静态性能指标

任何一台需要转速控制的设备,其生产工艺对控制性能都有一定的要求。例如,精密机床要求加工精度达到百分之几毫米甚至几微米;重型铣床的进给机构需要在很宽的范围内调速,快速移动时最高速达到 600 mm/min,而精加工时最低速只有 2 mm/min,最高速和最低速相差 300 倍;点位式数控机床要求定位精度达到几微米,速度跟踪误差约低于定位精度的 1/2。又如,在轧钢工业中,年产数百万吨钢锭的巨型现代化初轧机其轧辊电动机容量达到几千千瓦,在不到 1 s 的时间内就能完成从正转到反转的全部过程;轧制薄钢带的高速冷轧机最高轧速达到 37 m/s 以上,而成品厚度误差不大于 1%;在造纸工业中,日产新闻纸 400 t 以上的高速造纸机,速度达到 1 000 m/min,要求稳速误差小于 ±0.01%。所有这些要求,都是生产设备量化了的技术指标,经过一定折算,可以转化成电气自动控制系统的稳态或动态性能指标,作为设计系统时的依据。对于调速系统的转速控制要求也是各式各样的,归纳起来,有以下三个方面:

调速:在一定的最高转速和最低转速的范围内,分挡(有级)或平滑(无级)调节转速。

稳速:以一定的精度在所需转速上稳定运行,在各种可能的干扰下不允许有过大的转速波动,以确保产品质量。

加、减速:频繁启动、制动的设备要求尽量快地加、减速以提高生产率,不宜经受剧烈速度变化的机械则要求启动、制动尽量平稳。以上三个方面有时都须具备,有时只要求其中一项或两项,特别是调速和稳速两项,常常在各种场合下碰到,可能还是相互矛盾的。为了进行定量的分析,可以针对这两项要求先定义两个调速指标,即调速范围 D 和静差率 s。这两项指标合在一起又称调速系统的稳态(静态)性能指标。

1. 调速范围

生产机械要求电动机提供的最高转速 $n_{\max}$ 和最低转速 $n_{\min}$ 之比叫做调速范围,用字母 D 表示,即

$$D = \frac{n_{\max}}{n_{\min}} \tag{4-35}$$

式中,$n_{\max}$ 和 $n_{\min}$ 一般都指电动机额定负载时的转速,对于少数负载很轻的机械,如精密磨床,也可用实际负载时的转速。

2. 静差率

当系统在某一转速下运行时,负载由理想空载增加到额定值时所对应的转速降落 Δn_N 与理想空载转速 n_0 之比,称为静差率 s,即

$$s = \frac{\Delta n_N}{n_0} \tag{4-36}$$

或用百分数表示:

$$s = \frac{\Delta n_N}{n_0} \times 100\% \tag{4-37}$$

式中,$\Delta n_N = n_0 - n_N$,显然,静差率是用来衡量调速系统在负载变化下转速稳定度的。它和机械特性的硬度有关,机械特性越硬,静差率越小,转速的稳定度就越高。

3. 静差率与机械特性硬度的区别

静差率和机械特性硬度又是有区别的。一般调压调速系统在不同转速下的机械特性是互相平行的 。如图 4-55 中的特性 a 和 b,两者的硬度相同,额定速降 $\Delta n_{Na} = \Delta n_{Nb}$,但它们的静差率不同,因为理想空载转速不一样,根据式(4-37)的定义,由于 $n_{0a} > n_{0b}$,所以 $s_a < s_b$,这就是说,对于同样硬度的特性,理想空载转速越低时,静差率越大,转速的相对稳定度也就越差。

因此,调速范围和静差率这两项指标并不是彼此孤立的,必须同时出现才有意义。调速系统的静差率指标应以最低速时所能达到的数值为准。

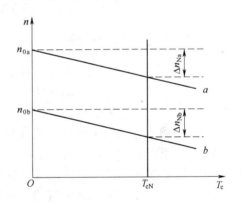

图 4-55 不同转速下的静差率

4. 调压调速系统中调速范围、静差率和额定速降之间的关系

在直流电动机调压调速系统中,常以电动机的额定转速 n_N 为最高转速,若带额定负载时的转速降落为 Δn_N,则按照以上分析的结果,该系统的静差率应该是最低速时的静差率,即

$$s = \frac{\Delta n_N}{n_{0\min}} = \frac{\Delta n_N}{n_{\min} + \Delta n_N}$$

而调速范围为

$$D = \frac{n_{\max}}{n_{\min}} = \frac{n_N}{n_{\min}}$$

将上面两式消去 $n_{\min}$,得

$$D = \frac{n_N s}{\Delta n_N (1 - s)} \tag{4-38}$$

式(4-38)表示调压调速系统的调速范围、静差率和额定速降之间所应满足的关系。对于同一个调速系统,Δn_N值一定,对静差率要求越严,即要 s 值越小时,系统能够允许的调速范围也越小。

所以,一个调速系统的调速范围,是指在最低速时还能满足所需静差率的转速可调范围。

例4-6 某直流调速系统,电动机额定转速为 1 430 r/min,速降 $\Delta n_N = 115$ r/min,当要求静差率30%时,允许多大的调速范围? 如果要求静差率20%,则调速范围是多少? 如果希望调速范围达到10,所能满足的静差率是多少?

解:静差率要求30%时,调速范围为

$$D = \frac{n_N s}{\Delta n_N (1 - s)} = \frac{1\ 430 \times 0.3}{115 \times (1 - 0.3)} = 5.3$$

若静差率要求20%,则调速范围只有

$$D = \frac{1\ 430 \times 0.2}{115 \times (1 - 0.2)} = 3.1$$

若调速范围达到10,则静差率只能是

$$s = \frac{D \Delta n_N}{n_N + D \Delta n_N} = \frac{10 \times 115}{1\ 430 + 10 \times 115} = 0.446 = 44.6\%$$

二、开环调速系统机械特性

前面图 4-3 所示(V-M)开环系统的机械特性可表示为

$$n = \frac{U_{d0} - I_d R_\Sigma}{C_e \Phi} = \frac{U_n^* K_s - I_d R_\Sigma}{C_e \Phi} = \frac{U_n^* K_s}{C_e \Phi} - \frac{I_d R_\Sigma}{C_e \Phi} = n_0 - \Delta n \tag{4-39}$$

调节控制电压(转速给定电压)U_c,就改变了晶闸管触发电路的移相角 α,从而调节了晶闸管装置的空载整流电压 U_{d0},也就调节了电动机的理想空载转速 n_0,达到调速的目的。开环系统机械特性曲线如图 4-56 所示。由式(4-39)可知,当电动机轴上加机械负载时,电枢回路就产生相应的电流 I_d,此时即产生 $\Delta n = \dfrac{I_d R_\Sigma}{C_e \Phi}$ 的转速降,如图 4-56 所示。Δn 的大小反映了机械特性的硬度,Δn 越小,硬度越大。显然,由于系统开环运行,Δn 的大小完全取决于电枢回路电阻 R 及所加的负载大小。另外,由于

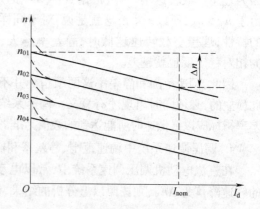

图 4-56 V-M 开环系统机械特性曲线

晶闸管整流装置的输出电压是脉动的,相应的负载电流也是脉动的。当电动机负载较轻或主回路电感量不足的情况下,就造成了电流断续。这时,随着负载电流的减小,反电势急剧升高。使理想空载转速比图 4-56 中的 n_0 高得多,如图 4-56 中虚线所示。由图可见,当电流连续时,

特性较硬而且呈线性;电流断续时,特性较软而且呈显著的非线性。一般当主回路电感量足够大时,电动机又有一定的空载电流时,近似认为电动机工作在电流连续段内,并且把机械特性曲线与纵轴的直线交点 n_0 作为理想空载转速。对于断续特性比较显著的情况,可以改用另一段较陡的直线来逼近断续段特性。这相当于把总电阻 R 换成一个更大的等效电阻 R',其数值可以从实测特性上计算出来。严重时 R' 可达实际电阻 R 的几十倍。从总体看来,开环 V-M 系统的机械特性仍然是很软的,一般满足不了对调速系统的要求。

例 4-7　某龙门刨床工作台拖动采用直流电动机,其额定数据如下:60 kW、220 V、305 A、1 000 r/min,采用 V-M 开环系统,主电路总电阻为 0.18 Ω ,电动机电动势系数为 0.2 V/(r/min)。如果要求调速范围 $D = 20$,静差率 5%,采用开环调速能否满足?

解:当电流连续时,V-M 开环系统的额定速降为

$$\Delta n_N = \frac{I_{dN} R}{C_e} = \frac{305 \times 0.18}{0.2} \text{r/min} = 275 \text{ r/min}$$

如果要求 $D = 20$,$s \leqslant 5\%$,则由式(4-38)可知

$$\Delta n_N = \frac{n_N s}{D(1 - s)} \leqslant \frac{1\,000 \times 0.05}{20 \times (1 - 0.05)} \text{r/min} = 2.63 \text{ r/min}$$

由上例可以看出,开环调速系统的额定速降是 275 r/min,而生产工艺的要求却只有 2.63 r/min,相差几乎百倍。

由此可见,开环调速已不能满足要求,需采用反馈控制的闭环调速系统来解决这个问题。

三、有静差转速负反馈直流调速系统的静态特性

1. 系统的组成及静特性

前面图 4-4 所示闭环直流调速系统中,调节器若采用 P 调节,无论怎样调节,Δn 都无法消除,该系统为有静差系统。

系统中各环节的稳态输入输出关系如下:

电压比较环节 $\Delta U_n = U_n^* - U_n$

放大器 $U_{ct} = K_p \Delta U_n$

晶闸管整流器及触发装置 $U_{d0} = K_s U_{ct}$

调速系统开环机械特性 $n = \dfrac{U_{d0} - I_d R}{C_e}$

测速反馈环节 $U_n = \alpha n$

式中　　K_p —— 放大器的电压放大系数;

　　　　K_s ——晶闸管整流器及触发装置电压放大系数;

　　　　α ——转速反馈系数(V·min/r);

　　　　U_{d0} ——晶闸管的理想空载输出电压;

　　　　R ——电枢回路总电阻。

根据以上各环节的稳态输入输出关系,可画出转速负反馈单闭环调速系统的稳态结构图,参见图 4-57。图中各框内的符号代表该环节的放大系数,也称传递函数。

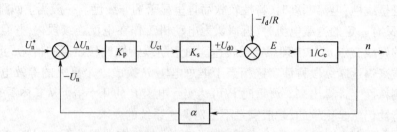

图 4-57　转速负反馈单闭环调速系统的稳态结构图

由以上各关系式中消去中间变量,或由系统稳态结构图运算,均可得到系统的静特性方程式

$$n = \frac{K_pK_sU_n^* - RI_d}{C_e(1 + K_pK_s\alpha/C_e)} = \frac{K_pK_sU_n^*}{C_e(1 + K)} - \frac{RI_d}{C_e(1 + K)} = n_{0cl} - \Delta n_{cl} \quad (4\text{-}40)$$

式中　　K——闭环系统的开环放大系数,$K = K_pK_s\alpha/C_e$,它是系统中各环节单独放大系数的乘积;

　　　n_{0cl}——闭环系统的理想空载转速;

　　　Δn_{cl}——闭环系统的稳态速降。

闭环调速系统的静特性表示闭环系统电动机转速与负载电流(或转矩)的稳态关系,在形式上它与开环机械特性相似,但在本质上二者有很大不同,故定名为闭环系统的"静特性",以示区别。

2. 闭环系统的静特性与开环系统机械特性的比较

将闭环系统的静特性与开环系统的机械特性进行比较,就能清楚地看出闭环控制的优越性。如果断开转速反馈回路(令 $\alpha = 0$,则 $K = 0$) ,则上述系统的开环机械特性为

$$n = \frac{U_{d0} - RI_d}{C_e} = \frac{K_pK_sU_n^*}{C_e} - \frac{RI_d}{C_e} = n_{0op} - \Delta n_{op} \quad (4\text{-}41)$$

式中,n_{0op} 和 Δn_{op} 分别为开环系统的理想空载转速和稳态速降。比较式(4-40)和式(4-41)可以得出如下结论:

①闭环系统静特性比开环系统机械特性硬得多。在同样的负载下,两者的稳态速降分别为

$$\Delta n_{op} = \frac{RI_d}{C_e}$$

$$\Delta n_{cl} = \frac{RI_d}{C_e(1 + K)}$$

它们的关系是

$$\Delta n_{cl} = \frac{\Delta n_{op}}{1 + K} \quad (4\text{-}42)$$

显然,当 K 值较大时, Δn_{cl} 比 Δn_{op} 要小得多,也就是说闭环系统的静特性比开环系统的机械特性硬得多。

②闭环系统的静差率比开环系统的静差率小得多。闭环系统和开环系统的静差率分别为

$$s_{\mathrm{cl}} = \frac{\Delta n_{\mathrm{cl}}}{n_{\mathrm{0cl}}}$$

$$s_{\mathrm{op}} = \frac{\Delta n_{\mathrm{op}}}{n_{\mathrm{0op}}}$$

当 $n_{\mathrm{0cl}} = n_{\mathrm{0op}}$ 时,则有

$$s_{\mathrm{cl}} = \frac{s_{\mathrm{op}}}{1 + K} \tag{4-43}$$

③当要求的静差率一定时,闭环系统的调速范围可以大大提高。如果电动机的最高转速都是 n_{N} ,且对最低转速的静差率要求相同,则开环时

$$D_{\mathrm{op}} = \frac{n_{\mathrm{N}} s}{\Delta n_{\mathrm{op}}(1 - s)}$$

闭环时

$$D_{\mathrm{cl}} = \frac{n_{\mathrm{N}} s}{\Delta n_{\mathrm{cl}}(1 - s)}$$

所以

$$D_{\mathrm{cl}} = (1 + K) D_{\mathrm{op}} \tag{4-44}$$

④要取得上述三项优势,闭环系统必须设置放大器。

由以上分析可以看出,上述三条优越性是建立在 K 值足够大的基础上。由系统的开环放大系数($K = K_{\mathrm{p}} K_{\mathrm{s}} \alpha / C_{\mathrm{e}}$)可看出,若要增大 K 值,只能增大 K_{p} 和 α 值,因此必须设置放大器。在开环系统中, U_{n}^{*} 直接作为 U_{ct} 来控制,因而不用设置放大器,参见图4-3。而在闭环系统中,引入转速负反馈电压 U_{n} 后,若要减小 Δn_{cl} , ΔU_{n} 就必须降得很低,所以必须设置放大器,才能获得足够的控制电压 U_{ct} ,参见图4-4。综上所述,可得出这样的结论:闭环系统可以获得比开环系统硬得多的静特性,且闭环系统的开环放大系数越大,静特性就越硬,在保证一定静差率要求下其调速范围越大,但必须增设转速检测与反馈环节和放大器。然而,在开环调速系统中, Δn 的大小完全取决于电枢回路电阻 R 及所加的负载大小。闭环系统能减小稳态速降,但不能减小电阻。那么降低稳态速降的实质是什么呢? 在闭环系统中,当电动机的转速 n 由于某种原因(如机械负载转矩的增加)而下降时,系统将同时存在两个调节过程:一个是电动机内部的自动调节过程;另一个则是由于转速负反馈环节作用而使控制电路产生相应变化的自动调节过程,参见图4-58。

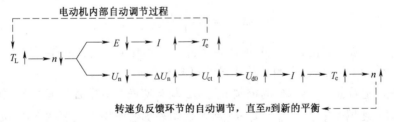

图4-58　具有转速负反馈的直流调速系统的自动调节过程

由上述调节过程可以看出,电动机内部的调节,主要是通过电动机反电动势 E 下降,使电流增加;而转速负反馈环节,则主要通过反馈闭环控制系统被调量的偏差进行控制。通过转速负反馈电压 U_{n} 下降,使偏差电压 ΔU_{n} 增加,经过放大后 U_{ct} 增大,整流装置输出的电压 U_{d0} 上

升,电枢电流增加,从而电磁转矩增加,转速回升。直至 $T_e = T_L$,调节过程才结束。可以看出,闭环调速系统可以大大减少转速降落。

从机械特性上看,参见图4-59,当负载电流由 I_{d1} 增大到 I_{d2} 时,若为开环系统,仅依靠电动机内部的调节作用,转速将由 n_A 降落到 n'_A (设此时整流输出的电压为 U_{d01})。设置了转速负反馈环节,它将使整流输出电压由 U_{d01} 上升到 U_{d02} ,电动机由机械特性曲线1的A点过渡到曲线2的B点上稳定运行。这样,每增加(或减少)一点负载,整流电压就相应地提高(或降低)一点,因而就过渡到另一条机械特性曲线上。闭环系统的静特性就是在许多开环机械特性上各取一个相应的工作点(如图中的A、B、C点),再由这些点集合而成的,因此闭环系统的静特性比较硬。可见,闭环系统能随负载的变化而自动调节整流电压,从而调节转速。

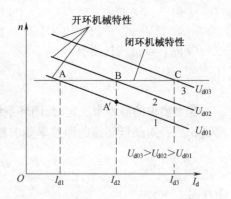

图4-59 闭环系统静特性与开环系统机械特性的关系

例4-8 在上述例4-7中,若采用 $\alpha = 0.015$ V·min/r转速负反馈闭环系统,问放大器的放大系数为多大时才能满足要求。

解:在上例中已经求得 $\Delta n_{op} = 275$ r/min, $\Delta n_{cl} = 2.63$ r/min,由式(4-42)可得

$$K = \frac{\Delta n_{op}}{\Delta n_{cl}} - 1 \geqslant \frac{275}{2.63} - 1 \approx 103.6$$

$$K_p = \frac{K_n}{K_s \alpha / C_e} \geqslant \frac{103.6}{30 \times 0.015 / 0.2} \approx 46$$

可见只要放大器的放大系数大于或等于46,转速负反馈闭环系统就能满足要求。

3. 有静差转速负反馈直流调速系统的特征

有静差转速闭环调速系统是一种基本的反馈控制系统,它具有以下四个基本特征,也就是反馈控制的基本规律。

①有静差。采用比例放大器的反馈控制系统是有静差的。从前面对静特性的分析中可以看出,闭环系统的稳态速降为

$$\Delta n_{cl} = \frac{RI_d}{C_e(1 + K)}$$

只有当 $K \to \infty$ 时才能使 $\Delta n_{cl} = 0$,即实现无静差。实际上不可能获得无穷大的 K 值,况且在系统稳定性分析中可知,过大的 K 值将导致系统不稳定。

从控制作用上看,放大器输出的控制电压 U_{ct} 与转速偏差电压 ΔU_n 成正比,如果实现无静差,$\Delta n_{cl} = 0$,则转速偏差电压 $\Delta U_n = 0$, $U_{ct} = 0$,控制系统就不能产生控制作用,系统将停止工作。所以这种系统是以偏差存在为前提的,反馈环节只是检测偏差,减小偏差,而不能消除偏差,因此它是有静差系统。

②被调量紧紧跟随给定量变化。在转速负反馈调速系统中,改变给定电压 U_n^* ,转速就随之跟着变化。因此,对于反馈控制系统,被调量总是紧紧跟随着给定信号变化的。

③闭环系统对包围在环内的一切主通道上的扰动作用都能有效抑制。当给定电压 U_n^* 不变时,把引起被调量转速发生变化的所有因素称为扰动。上面只讨论了负载变化引起稳态速降。实际上,引起转速变化的因素还有很多,如交流电源电压波动,电动机励磁电流的变化,放大器放大系数的漂移,由温度变化引起的主电路电阻的变化等。图4-60中显示了各种扰动作用,其中代表电流 I_d 的箭头表示负载扰动,其他指向各方框的箭头分别表示会引起该环节放大系数变化的扰动作用。此图清楚地表明:反馈环内且作用在控制系统主通道上的各种扰动,最终都要影响被调量转速的变化,而且都会被检测环节检测出来,通过反馈控制作用减小它们对转速的影响。抗扰性能是反馈闭环控制系统最突出的特征。根据这一特征,在设计系统时,一般只考虑其中最主要的扰动,如在调速系统中只考虑负载扰动,按照抑制负载扰动的要求进行设计,则其他扰动的影响也就必然会受到抑制。

④反馈控制系统对于给定电源和检测装置中的扰动是无法抑制的。由于被调量转速紧紧跟随给定电压的变化,当给定电源发生不应有的波动,转速也随之变化。反馈控制系统无法鉴别是正常的调节还是不应有的波动,因此高精度的调速系统需要更高精度的稳压电源。另外,反馈控制系统也无法抑制由于反馈检测环节本身的误差引起被调量的偏差。如图4-60中测速发电机的励磁发生变化,则转速反馈电压 U_n 必然改变,通过系统的反馈调节,反而使转速离开了原应保持的数值。此外,测速发电机输出电压中的纹波,由于制造和安装不良造成转子和定子间的偏心等,都会给系统带来周期性的干扰。为此,高精度的系统还必须有高精度的反馈检测元件做保证。

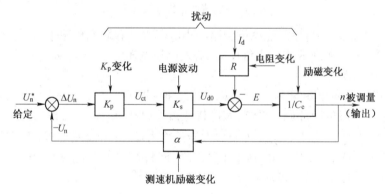

图 4-60 反馈控制系统给定作用和扰动作用

四、电流截止负反馈环节的工作原理

1. 问题提出

前面讨论的转速负反馈闭环调速系统中,闭环控制已解决了开环转速调节问题,但是这样的系统还是不实用,为什么呢?原因主要有两点,一是冲击电流。直流电动机全压启动时会产生很大的冲击电流,这不仅对电动机换向不利,对过载能力低的晶闸管来说也是不允许的。对转速负反馈的闭环调速系统突加给定电压时,由于机械惯性,转速不可能立即建立起来,反馈电压仍为零,加在调节器上的输入偏差电压 $\Delta U_n = U_n^*$,几乎是其稳态工作值的 $(1+K)$ 倍。由于调节器和触发装置的惯性都很小,整流电压 U_d 立即达到最高值。电枢电流远远超过允许

值。因此，必须采取措施限制系统启动时的冲击电流。二是堵转电流。有些生产机械的电动机可能会遇到堵转情况，例如，由于故障，机械轴被卡住，或挖土机工作时遇到坚硬的石头等。在这些情况下，由于闭环系统的静特性很硬，若无限流环节，电枢电流将远远超过允许值。

2. 电流截止负反馈环节

为了解决反馈闭环调速系统启动和堵转时电流过大的问题，系统中必须有自动限制电枢电流的环节。根据反馈控制原理，要维持哪一个物理量基本不变，就应该引入那个物理量的负反馈。那么，引入电流负反馈，就应能保持电流基本不变，使它不超过允许值。但是，这种作用只应在启动和堵转时存在，在正常运行时又得取消，让电流自由地随着负载增减，这种当电流大到一定程度时才出现的电流负反馈，叫做电流截止负反馈。其电路如图 4-61 所示。

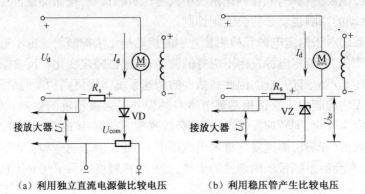

（a）利用独立直流电源做比较电压　　　（b）利用稳压管产生比较电压

图 4-61　电流截止负反馈环节

图中电流反馈信号取自串联在电枢回路的小电阻 R_s 两端，$I_d R_s$ 正比于电枢电流。设 I_{dcr} 为临界截止电流，为了实现电流截止负反馈，引入比较电压 $U_{com} = I_{dcr} R_s$，并将其与 $I_d R_s$ 反向串联，参见图 4-61（a）。

若忽略二极管正向压降的影响，当 $I_d R_s \leqslant U_{com}$ 时，即 $I_d \leqslant I_{dcr}$，二极管截止，电流反馈被切断，此时系统就是一般的闭环调速系统，其静特性很硬；当 $I_d R_s > U_{com}$ 时，即 $I_d > I_{dcr}$，二极管导通，电流反馈信号 $U_i = I_d R_s - U_{com}$ 加至放大器的输入端，此时偏差电压 $\Delta U = U_n^* - U_n - U_i$，$U_i$ 随 I_d 的增大而增大，使 ΔU 下降，从而 U_{d0} 下降，抑制 I_d 上升。此时系统静特性较软。当电流负反馈环节起主导作用时的自动调节过程如图 4-62 所示。

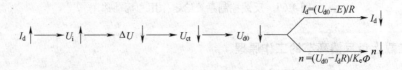

图 4-62　电枢电流大于截止电流时电流截止负反馈环节的调节过程

调节 U_{com} 的大小，即可改变临界截止电流 I_{dcr} 的大小，从而实现了系统对电流截止负反馈的控制要求。图 4-61（b）是利用稳压管 VZ 的击穿电压 U_{br} 作为比较电压，线路简单，但不能平滑调节临界截止电流值，且调节不便。

应用电流截止负反馈环节后，虽然限制了最大电流，但在主回路中，为防止短路还必须接入快速熔断器。为防止在截止环节出故障时把晶闸管烧坏，在要求较高的场合，还应增设过电流继电器。

3. 带电流截止负反馈环节的单闭环调速系统

在转速闭环调速系统的基础上,增加电流截止负反馈环节,就可构成带有电流截止负反馈环节的转速闭环调速系统,参见原理图4-63。

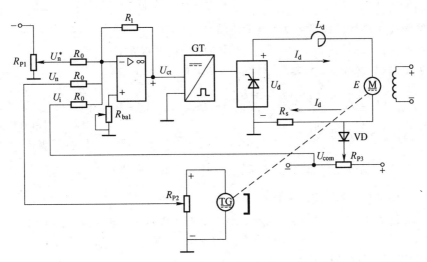

图4-63　带电流截止负反馈的转速闭环调速系统

根据系统中各环节的输入输出关系,可以画出系统的稳态结构图,如图4-64所示。由此来分析系统的静特性。根据电流截止负反馈的特性和结构图可推出系统的静特性方程式。

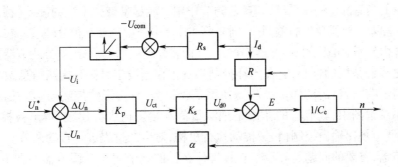

图4-64　带电流截止负反馈转速闭环调速系统的稳态结构图

当 $I_d R_s \leqslant U_{com}$ 时,即电流截止负反馈不起作用,系统的闭环静特性方程为

$$n = \frac{K_p K_s U_n^*}{C_e(1 + K)} - \frac{R I_d}{C_e(1 + K)} = n_0 - \Delta n \qquad (4\text{-}45)$$

当 $I_d R_s > U_{com}$ 时,即电流截止负反馈起作用,其静特性方程为

$$n = \frac{K_p K_s U_n^*}{C_e(1 + K)} - \frac{K_p K_s}{C_e(1 + K)}(R_s I_d - U_{com}) - \frac{R I_d}{C_e(1 + K)}$$

$$= \frac{K_p K_s(U_n^* + U_{com})}{C_e(1 + K)} - \frac{(R + K_p K_s R_s)I_d}{C_e(1 + K)} = n_0' - \Delta n' \qquad (4\text{-}46)$$

由上述两式画成静特性如图 4-65 所示,式(4-45)对应于图中的 n_0A 段,它就是静特性较硬的闭环调速系统。式(4-46)对应于图中的 AB 段,此时电流负反馈起作用,特性急剧下垂。两段相比有如下特性。

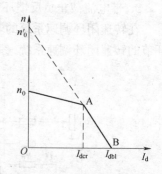

图 4-65 带电流截止负反馈的
转速闭环调速系统的静特性

这样的两段式静特性通常称为"挖土机特性"。当控土机遇到坚硬的石块而过载时,电动机停下,如图中的 B 点,此时的电流也不过等于堵转电流 I_{dbl} ,当系统堵转时, $n = 0$,由式(4-46)得

$$I_d = I_{dbl} = \frac{K_p K_s (U_n^* + U_{com})}{R + K_p K_s R_s} \quad (4\text{-}47)$$

一般 $K_p K_s R_s >> R$,所以

$$I_{dbl} = \frac{U_n^* + U_{com}}{R_s} \leqslant \lambda I_{nom} \quad (4\text{-}48)$$

式中　λ ——电动机过载系数,一般为 1.5~2。

电动机运行于 n_0A 段,希望有足够的运行范围,一般取 $I_{dcr} \geqslant 1.2 I_{nom}$,即

$$I_{dcr} \approx U_{com}/R_s \geqslant 1.2 I_{nom} \quad (4\text{-}49)$$

由式(4-48)和式(4-49)可得

$$U_n^*/R_s = I_{dbl} - I_{dcr} \leqslant (\lambda - 1.2) I_{nom}$$

五、调节器的调节规律

前面讨论的是有静差调速系统,其自动调节作用只能尽量减少系统的静差(稳态误差),而不能完全消除静差。要实现无静差调速,则需要在控制电路中包含有积分环节。在调速系统中,通常采用包含积分环节的比例—积分调节器。下面将介绍比例—积分、微分调节器及其作用。

调节器是控制系统的核心,它在闭环控制系统中根据设定目标和检测信息做出比较、判断和决策命令,控制执行器的动作。控制器使用是否得当,直接影响控制质量。如图 4-12 所示单回路控制系统框图中,调节器的作用是把测量值和给定值进行比较,得出被控量的偏差之后,经一定的调节规律输出控制信号,推动执行机构,对生产过程进行自动调节。

对于调节器,首要的问题是弄清楚它具有什么样的调节规律。调节器的调节规律是指调节器的输出量与输入量(偏差值)之间的函数关系。在生产过程常规控制系统中,应用的基本控制规律主要有比例控制 P、积分控制 I 和微分控制 D 及 PID 控制。

1. 比例控制

①比例控制规律。如图 4-12 所示,调节器输出的控制信号与被控量的偏差成比例的控制,称为比例控制,简称 P 控制。也就是说调节器的输出信号与输入信号成比例关系。这种关系用数学式表示为

$$\mu = K_P e \quad (4\text{-}50)$$

式中　μ ——调节器输出的控制信号;

　　e ——调节器的输入信号,即被控量的偏差;

　　K_P ——调节器的比例增益或比例放大倍数。

放大倍数 K_P 是可调的,所以比例调节器实际上是一个放大倍数可调的放大器。K_P 可以大于 1,

也可以小于1。也就是说,比例作用可以是放大,也可以是缩小,如图4-66所示。

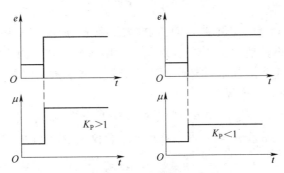

图4-66 比例调节器的动态特性

在被控量偏差一定时,K_P 越大,调节器输出的控制信号越大,控制作用越强。因此,K_P 值的大小表示了比例控制作用的强弱,它是比例调节器的一个特性参数。

比例调节器实际是一个比例环节,它的传递函数为

$$G(s) = \frac{\mu(s)}{E(s)} = K_P \tag{4-51}$$

②比例度及其对控制过程的影响。前面介绍了比例控制作用的放大倍数 K_P 的概念及意义。但在实际工作中,为了方便地确定比例作用的范围,习惯上用比例度 δ,而不用放大倍数 K_P 来表示比例控制作用的特性。

比例度是控制器输入的相对变化量与相应的输出相对变化量之比的百分数。用数学式表示为

$$\delta = \frac{\dfrac{e}{(z_{max} - z_{min})}}{\dfrac{\Delta\mu}{(\mu_{max} - \mu_{min})}} \times 100\% \tag{4-52}$$

式中　$z_{max} - z_{min}$——调节器输入信号的全量程,即其输入量上限值与下限值之差;

$\mu_{max} - \mu_{min}$——调节器输出信号的全量程,即其输出量上限值与下限值之差。例如,一个比例作用的温度调节器,温度刻度范围是 400~800 ℃,调节器输出工作范围0.01~0.02 MPa,指示指针从600 ℃移到700 ℃,此时调节器相应的输出压力从 0.04 MPa 变到 0.08 MPa,其比例度为

$$\delta = \frac{\dfrac{700 - 600}{(800 - 400)}}{\dfrac{0.08 - 0.04}{(0.1 - 0.02)}} \times 100\% = 50\%$$

式(4-52)中,对于一个具体的比例作用调节器,其指示值的刻度范围 $z_{max} - z_{min}$ 及输出工作范围 $\mu_{max} - \mu_{min}$ 是固定的,即

$$K = \frac{\mu_{max} - \mu_{min}}{z_{max} - z_{min}}$$

比例度 δ 与比例放大倍数 K_P 的关系为

$$\delta = \frac{K}{K_\text{P}} \times 100\%$$

由于 K 为常数,因此控制器的比例度 δ 与比例放大倍数 K_P 成反比关系。也就是说,调节器的比例度越小,它的放大倍数越大,相应的比例调节作用越强;反之,调节器的比例度越大,它的放大倍数越小,相应的比例调节作用越弱。因此,比例度 δ 和放大倍数 K_P 一样,都是用来表示调节器调节作用强弱的特性参数。

在单元组合仪表中,调节器的输入信号是由变送器来的,而调节器和变送器的输出信号都是统一的标准信号,因此常数 $K = 1$。所以在单元组合仪表中,δ 与 K_P 互为倒数关系,即:

$$\delta = \frac{1}{K_\text{P}} \times 100\% \tag{4-53}$$

比例度对控制过程的影响:δ 小时,放大倍数 K_P 大,控制作用强,过程波动大,不易稳定;当 δ 小到一定程度,系统将出现等幅振荡,这时的比例度叫临界比例度,δ 再小就会出现发散振荡,δ 的大小适当时,控制过程稳定得快,控制时间也短;若 δ 大,K_P 小,控制作用弱;若 δ 太大,则调节器输出变化很小,被控量变化缓慢,比例控制就没有发挥作用。

③比例控制的特点:

比例控制的最大优点:比例控制作用及时、快速,控制作用强。

比例控制的缺点:有静差(又称稳态偏差)。通过比例控制,系统虽然能达到新的稳定,但是永远回不到原来的给定值上。

2. 积分控制

①积分控制规律。如图 4-12 所示,调节器输出的控制信号的变化速度与偏差信号成正比的控制,称为积分控制,简称 I 控制。换句话说,就是调节器的输出信号的变化率与输入信号成正比关系。这种关系用数学式表示为

$$\frac{\text{d}\mu}{\text{d}t} = K_\text{I} e \tag{4-54}$$

$$或 \ \mu = K_\text{I} \int_0^t e\text{d}t \tag{4-55}$$

式中 $\dfrac{\text{d}\mu}{\text{d}t}$——调节器输出的控制信号的变化速度;

e——调节器的输入信号,即被控量的偏差;

K_I——积分控制的比例常数(称为积分速度)。

从式(4-49)可见,只要偏差(静差,又称稳态偏差)e 存在,$\dfrac{\text{d}\mu}{\text{d}t} \neq 0$,执行器就不会停止动作;偏差越大,执行器动作速度越快;当偏差为零时,$\dfrac{\text{d}\mu}{\text{d}t} = 0$,即执行器停止动作,被控量稳定下来,积分控制作用达到稳定时,偏差等于零,这是它的一个显著特点,也是它的一个主要优点。因此积分控制器构成的积分控制系统是一个无静差系统。

如果输入信号(偏差信号)e 为阶跃信号,则积分作用的输出为

$$\mu = K_\text{I} \int_0^t e\text{d}t = K_\text{I} e\Delta t$$

由于 K_I 为常数,所以上式为线性方程。这时,积分控制的动态特性如图 4-67 所示。在偏

差消除以前,调节器的输出为一条倾斜的直线段,其斜率就是 K_I,折线段与横坐标之间的面积,即表征积分作用的大小。显然,K_I 越大,表示积分作用越强,所以 K_I 是反映积分作用强弱的一个参数。

②积分时间常数及其对控制过程的影响。和比例度类似,习惯上用 K_I 的倒数 T_I 来表示积分作用的强弱,即

$$T_I = \frac{1}{K_I}$$

式中,T_I 称为积分时间。T_I 越小,表示积分作用越强;T_I 越大,表示积分作用越弱。

积分调节器实际上是一个积分环节,其传递函数为

$$G(s) = \frac{1}{T_I s} = \frac{K_I}{s} \tag{4-56}$$

③积分控制的特点。积分控制的最大优点是能实现无静差控制。但积分控制的弱点是积分动作在控制过程中会造成过调现象,乃至引起被控参数的振荡。

这种过调现象是由什么原因引起的呢？从式(4-54)可以看出,执行器动作速度 $\frac{d\mu}{dt}$ 的大小及方向,主要决定于偏差 e 的大小及正负,而不考虑偏差变化速度的大小及方向,这是积分动作在控制过程中形成过调的根本原因。如图4-68所示,a、b两点表示的偏差大小一样,即是相同大小的正偏差,所以对应于a、b两点,执行器移动速度的大小和方向都一样。但a、b两点被控参数变化速度的大小及方向却是不一样的,在a点,被控参数处于上升阶段,此时流入量大于流出量,积分作用以某个速度去减小执行器的动作是正确的;而在b点,被控参数已处于下降阶段,此时流入量已小于流出量,调节器正确的控制动作应是加大执行器动作或暂时停止执行器的动作,然而积分作用并不考虑被控参数变化速度的大小和方向,所以只要偏差相同,它就以同样大小的速度去继续减小执行器的动作,这就产生了过调现象。

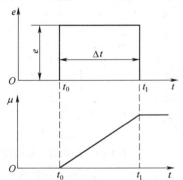

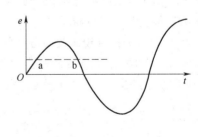

图4-67　阶跃输入时的积分作用的动态特性　　　　图4-68　积分动作产生过调的原因

除此以外,当被控参数突然出现一个偏差时,积分调节器的输出信号总是落后于输入的偏差信号的变化,这是因为积分作用是随着时间的积累而逐渐增强的,所以它的调节作用缓慢,在时间上总是落后于偏差信号的变化(又称相位滞后)。因此,积分作用的另一个特点是作用不及时,控制过程缓慢。

3. 微分控制

①微分控制规律。如图4-12所示,调节器输出的控制信号与被控量的偏差变化速度成正

比的控制,称为微分控制,简称 D 控制,也就是语调节器的输出信号与输入信号的变化率成正比关系。这种关系用数学式表示:

$$\mu = T_D \frac{\mathrm{d}e}{\mathrm{d}t} \tag{4-57}$$

式中　μ——调节器输出的控制信号;

　　$\dfrac{\mathrm{d}e}{\mathrm{d}t}$——被控量的偏差变化速度;

　　T_D——微分时间。

从式(4-57)可知,偏差变化速度 $\dfrac{\mathrm{d}e}{\mathrm{d}t}$ 越大,微分时间 T_D 越长,则调节器输出信号也越大,即微分作用就越强。若偏差固定不变,不管这个偏差有多大,由于它的变化速度为零,调节器的输出信号即为零,微分作用为零。按式(4-57),若在调节器输入端加入一个阶跃输入信号,如图 4-69 (a)所示,则在输入信号加入的瞬间($t = t_0$),偏差变化速度相当于无穷大。从理论上讲,这时微分调节器的输出也应无穷大,在此之后,由于输入不再变化,输出立即降到零。动态特性如图 4-69 (b)所示,但实际上这种控制作用是无法实现的,故称之为理想微分作用。实际的微分调节作用如图 4-69 (c)所示,在阶跃输入发生时,输出突然上升到某个有限高度,然后逐渐下降到零,这是一种近似的微分作用,又称实际微分控制作用。

微分调节器实际上是一个微分环节,其传递函数为

$$G(s) = T_D s \tag{4-58}$$

微分调节器能在偏差信号出现或变化的瞬间,立即根据变化的趋势,产生强烈的调节作用,使偏差尽快地消除于萌芽状态之中。但对静态偏差毫无抑制能力,因此不能单独使用,总要和比例或比例积分调节规律结合起来,组成 PD 调节器或 PID 调节器。

②实际的微分控制规律及微分时间常数 T_D 对控制规律的影响。实际微分调节器的输出由比例作用和近似微分作用两部分组成,简称 PD 控制,PD 调节器的传递函数为

$$G(s) = \frac{(T_D s + 1)}{\dfrac{T_D}{K_D}s + 1} \tag{4-59}$$

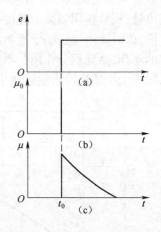

图 4-69　阶跃输入时的微分作用的动态特性

在幅值为 A 的阶跃信号作用下,实际微分调节器的输出为

$$\mu_{PD} = \mu_P + \mu_D = A + A(K_D - 1)e^{-\frac{K_D}{T_D}t} = A[1 + (K_D - 1)e^{-\frac{K_D}{T_D}t}] \tag{4-60}$$

式中　μ_{PD}——实际微分调节器的输出;

　　μ_P——比例作用部分输出;

　　μ_D——近似微分作用部分输出;

　　A——实际微分调节器阶跃输入的大小;

K_D——微分放大倍数；

e——自然对数的底数；

T_D——微分时间常数；

输出控制信号的变化曲线如图 4-70 所示。由图可见，当输入阶跃信号 A 后，输出立即升高了 A 的 K_D 倍，然后逐渐下降到 A，最后只剩下比例作用。微分调节器的 K_D 都是在设计时就已经确定了的。

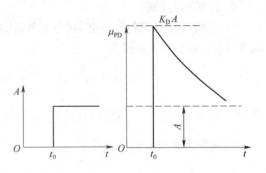

图 4-70 实际微分调节器输出的变化

微分时间 T_D 是表示微分作用的另一个参数。实际的微分调节器中，K_D 是固定不变的，T_D 则是可以调节的，因此 T_D 的作用更为重要。

T_D 愈大，微分作用愈强，静态偏差愈小，会引起被控参数大幅度变动，使过程产生振荡，增加了系统的不稳定性；T_D 愈小，微分作用愈弱，静态偏差愈大，动态偏差也大，波动周期长，但系统稳定性增强；T_D 适当，不但可增加过程控制的稳定性，而且在适当降低比例度的情况下，还可减小静差。因此，微分时间 T_D 过大或过小均不合适，应取适当数值。

③微分控制的特点。微分控制的主要优点是克服被控参数的滞后，微分作用的方向总是阻止被控参数的变化，力图使偏差不变。因此，适当加入微分作用，可减小被控参数的动态偏差，有抑制振荡、提高系统稳定性的效果。采用 PD 调节器调节，由于被控参数的动态偏差很小，静态偏差也不大，控制过程结束得也快，所以调节效果是比较好的。但是，微分控制的不足是其应用受到限制，这一方面是因为微分作用只有在参数变化时才出现，另一方面则是它不允许被控参数的信号中含有干扰成分，因为微分动作对干扰的反应是敏感的、快速的，很容易造成执行器的误动作。

PD 调节器的调节过程如图 4-71 所示，设在 t_0 时刻以前系统处于平衡状态。当 $t=t_0$ 时发生一阶跃扰动，引起偏差 e 上升。因微分作用是与偏差的变化率成比例的，因此在 t_0 的瞬间，偏差上升的速度最大，故微分作用也最强。这个加强的控制作用使执行器（以液位控制为例，假定执行器调节阀装在液体流入侧）迅速开大一下，以制止被控参数的继续降低（即偏差的继续上升）。由于被控对象总是有一定的容积和延迟，所以被控参数不能马上反映出这个控制作用；此后，随着被控参数变化速度的逐渐减小，微分作用也逐渐减小，使得调节阀开的幅度也逐渐减小，但仍然是阻止偏差上升。到 t_1 时刻，偏差达到最大值，其变化速度为零。当偏差从最高点开始下降时，即被控参数由最低点开始回升时，微分作用为负值，使调节阀开度与偏差下降速度成比例地降低，减少流入量，阻止偏差下降（即阻止被控参数回升）。

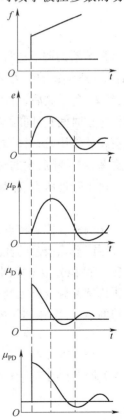

图 4-71 PD 调节器的调节过程

4. 比例积分控制

①比例积分控制规律。比例积分调节器的控制规律是比例与积分两种控制规律的结合,简称 PI 控制,其数学表达式为

$$\mu_{PI} = \mu_P + \mu_I = \frac{1}{\delta}e + K_I\int edt = \frac{1}{\delta}\left(e + \frac{1}{T_I}\int edt\right) \tag{4-61}$$

式中 $T_I = \frac{1}{\delta K_I}$, T_I ——比例积分调节器的积分时间。

比例积分调节器的传递函数为

$$G(s) = \frac{1}{\delta}\left(1 + \frac{1}{T_I s}\right) \tag{4-62}$$

PI 控制的动态特性:当输入为一阶跃变化时,PI 调节器的输出如图 4-72 所示。

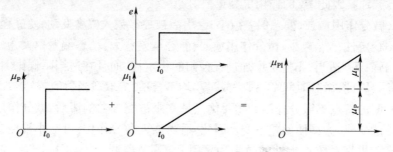

图 4-72　PI 调节器的输出

PI 调节器的调节过程与参数 δ 和 T_I 有关。当 δ 不变时, T_I 太小,积分作用太强。也就是说,消除静态偏差的能力很强,同时动态偏差也有所下降,被控参数振荡加剧,稳定性降低。T_I 合适,经 2~3 个波后,过渡过程便结束。T_I 太大,积分作用不明显,消除静态偏差的能力很弱,使过渡过程时间长,同时动态偏差也增大,但振荡减缓,稳定性提高。$T_I \to \infty$,比例积分调节器就没有积分作用,这时的调节器就变成一个纯比例调节器,有静态偏差存在。因为积分作用会加强振荡,对于滞后大的对象更为明显。因此,调节器的积分时间 T_I 应按被控对象的特性来选择。对于管道压力、流量等滞后不大的对象,T_I 可选得小些;温度对象的滞后较大,T_I 可选得大些。

②比例积分控制特点。比例积分控制规律既具有比例控制作用及时、快速的特点,又具有积分控制能消除余差的性能,因此是生产上常用的控制规律。

5. 比例积分微分控制

①比例积分微分控制规律。比例积分微分调节器的控制规律是比例、积分与微分三种控制规律的结合,简称 PID 控制。其表达式为

$$\mu = \mu_P + \mu_I + \mu_D = \frac{1}{\delta}\left(e + \frac{1}{T_I}\int edt + T_D\frac{de}{dt}\right) \tag{4-63}$$

PID 调节器的传递函数为

$$G(s) = \frac{1}{\delta}\left(1 + \frac{1}{T_I s}\right) \tag{4-64}$$

PID 控制的动态特性:当输入为一阶跃变化时,PID 调节器的输出如图 4-73 所示。

开始时,微分作用的输出变化最大,使总的输出大幅度地变化,产生强烈的"超前"控制作用,这种控制作用可看成"预调"。然后微分作用逐渐消失,积分作用的输出逐渐占主导地位,只要余差存在,积分输出就不断增加,这种控制作用可看成"细调",一直到余差完全消失,积分作用才有可能停止。而在 PID 控制器的输出中,比例作用的输出是自始至终与偏差相对应的,它一直是一种最基本的控制作用。在实际 PID 控制器中,微分环节和积分环节都具有饱和特性。

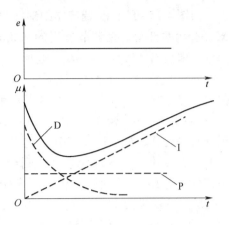

图 4-73　PID 调节器输出

对于一个实际的 PID 控制器,δ、T_I、T_D 的参数均可以调整。如果把微分时间调到零,就成为一个比例积分控制器;如果把积分时间放大到最大,就成为一个比例微分控制器;如果把微分时间调到零,同时把积分时间放大到最大,就成为一个纯比例控制器了。

②比例积分微分控制特点。在 PID 调节器中,微分作用主要用来加快系统的动作速度,减小超调,克服振荡;积分作用主要用以消除静差。将比例、积分、微分三种调节规律结合在一起,只要三项作用的强度配合适当,既可达到快速敏捷,又可达到平稳准确,可得到满意的调节效果。尤其对大延迟对象,采用 PID 控制效果更好。

六、带 PI 调节器的无静差直流调速系统

图 4-74 所示系统采用比例积分调节器,只要适当选择比例放大系数和积分时间常数,则可以消除 Δn,因此该系统为无静差直流调速系统。

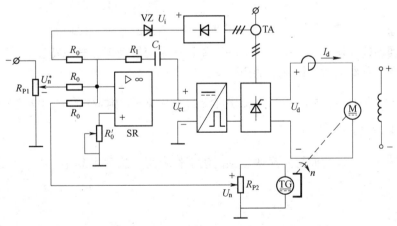

图 4-74　带 PI 调节器的无静差直流调速系统

此系统的特点是具有转速负反馈和电流截止负反馈环节,速度调节器(ASR)采用 PI 调节器。当系统负载突增时的动态过程曲线如图 4-75 所示。

无静差的实现:稳态时,PI 调节器输入偏差电压 $\Delta U_n = 0$。

当负载由 T_{L1} 增至 T_{L2} 时,转速下降,U_n 下降使偏差电压 $\Delta U_n = U_n^* - U_n$ 不为零,PI 调节器进入调节过程。

由图 4-75 可知,PI 调节器的输出电压的增量 ΔU_{ct} 分为两部分。在调节过程的初始阶段,比例部分立即输出 $\Delta U_{ct1} = K_P \Delta U_n$,波形与 ΔU_n 相似,见虚曲线 1;积分部分 ΔU_{ct2} 波形为 ΔU_n 对时间的积分,见虚曲线 2。比例积分为曲线 1 和曲线 2 相加,如曲线 3。在初始阶段,由于 Δn (ΔU_n)较小,积分曲线上升较慢。比例部分正比于 ΔU_n,虚曲线 1 上升较快。当 Δn (ΔU_n)达到最大值时,比例部分输出 ΔU_{ct1} 达到最大值,积分部分的输出电压 ΔU_{ct2} 增长速度最大。此后,转速开始回升,ΔU_n 开始减小,比例部分 ΔU_{ct1} 曲线转为下降,积分部分 ΔU_{ct2} 继续上升,直至 ΔU_n 为零。此时积分部分起主要作用。可以看出,在调节过程的初、中期,比例部分起主要作用,保证了系统的快速响应;在调节过程的后期,积分部分起主要作用,最后消除偏差。

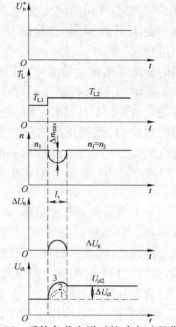

图 4-75　系统负载突增时的动态过程曲线

任务4　模拟龙门刨床工作台用直流调速系统的连接与调试

任务目标

1. 能正确连接并调试转速电流双闭环直流调速系统的各个组成单元。
2. 能正确连接并调试转速电流双闭环直流调速系统的动态和静态特性。
3. 观察调节器参数对系统性能的影响。

我已学会了如何调试转速负反馈直流调速系统了,用同样的方法能应对这个模拟龙门刨工作台用直流调速系统吗?

可以的。不过,我们得先来认识龙门刨工作台用直流调速系统。

任务实施

子任务1　认识龙门刨床工作台用直流调速系统

龙门刨床等经常处于正反转状态,要求过渡过程动态响应快速,单闭环系统中采用电流截止负反馈,来限制启动、制动电流,不能充分利用电动机过载能力的条件下获得最快的动态响应。因此龙门刨床工作台直流调速系统则需采用转速电流双闭环直流调速系统,其原理图参见图 4-2。

　　系统组成:系统由主电路和触发电路组成。图 4-2(a)为调速系统的主电路,由三相桥式可控整流电路、工作台电动机电枢回路、RC 电路等组成。图 4-2(b)为调速系统的触发电路,由给定环节、测速反馈环节、速度调节器与电流调节器(BTJ1-4 内),放大环节及脉冲形成环节(BCF1-1)组成。电流调节器和电流检测反馈回路构成了电流环,转速调节器和转速检测反馈环节构成了转速环,故为双闭环调速系统。

　　系统的工作原理:在系统中,速度调节器和电流调节器串级连接,即把速度调节器的输出当作电流调节器的输入,再由电流调节器的输出去控制晶闸管整流器的触发装置。即图 4-2(b)中的"测速反馈环节",将反映转速变化的电压信号反馈到"速度调节器"的输入端(在 BTJ1-4 内),与"给定环节"的给定电压比较,得偏差信号,经速度调节器进行 PI 运算后,得到的信号再与"电流检测环节"的反馈信号比较,得偏差信号,经电流调节器进行 PI 运算(在BTJ1-4 内),得到移相控制电压,经"放大环节和脉冲形成环节"得到触发脉冲,加到图 4-2(a)中相应晶闸管的门极和阴极之间,以改变"三相可控整流桥"的输出电压,进而改变工作台电机的速度。

　　图 4-2 也可用原理框图表示为图 4-76。电流调节器和转速调节器分别用 ACR 和 ASR 表示。显然,ASR 和 ACR 串级连接,即把 ASR 的输出当做 ACR 的输入,且转速环包围电流环,电流环为内环(又称副环),转速环为外环(又称主环)。

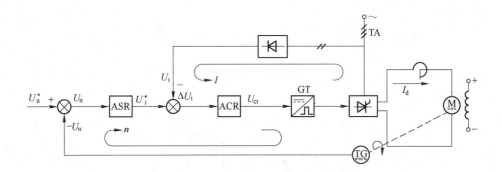

图 4-76　双闭环调速系统电路原理框图

子任务 2　模拟龙门刨床工作台用直流调速系统的单元调试

1. 触发电路的调试

参见项目 2 任务 3(子任务 1):三相集成触发电路的调试。

2. 移相控制电压 U_{ct} 调节范围的确定

参见本项目任务 3 中转速负反馈直流调速系统的连接与静特性测试相关内容。

3. 速度调节器调整

(1)速度调节器的调零

参见本项目任务 3(子任务 2):速度调节器调零及其限幅值调节。

(2)速度调节器的正负限幅值的调整

把"速度调节器"的"5""6"短接线去掉,将可调电容器(可选约 0.47 μF)接入"5""6"两端,使调节器成为 PI(比例积分)调节器,然后将"给定"电压接到转速调节器的"3"端,当加一定的正给定时(如+5 V),调整负限幅电位器 R_{P2},使之输出电压"7"端值为 $-U_{ctmax}$,当调节器输入端加负给定时(如-5 V),调整正限幅电位器 R_{P1},使速度调节器的"7"端输出尽可能接近0。

4. 转速反馈系数的整定

①转速反馈系数的整定电路如图 4-53 所示。直接将"正给定"电压 U_g 接触发器的移相控制电压 U_{ct} 的输入端,将"正给定"电压 U_g 调到零。

②"三相全控整流"电路接直流电动机负载,L_d 用 DJK02 上的 200 mH,直流发电机接负载电阻 R 适当大些。

③按下启动按钮,接通励磁电源,从零逐渐增加给定,使电机提速到 $n = 1\ 500$ r/min 时,调节"速度变换"转速反馈电位器 R_{P1},使得该转速时反馈电压 U_{fn}("3")= -6 V,这时的转速反馈系数 $\alpha = U_{fn}/n = 0.004$ V/(r/min)。

④"正给定"退到零,再按"停止"按钮,结束步骤。

5. 电流调节器的调整

电流调节器原理图如图 4-77 所示。先进行电流调节器调零,再进行正负限幅值调整。

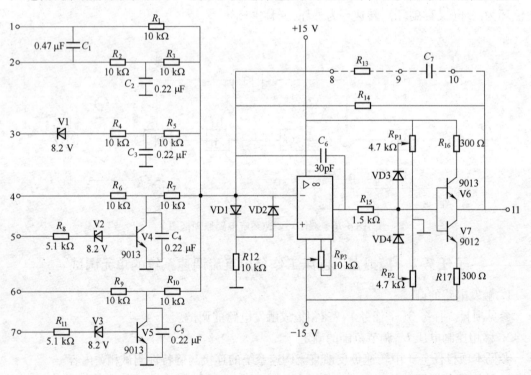

图 4-77　电流调节器原理图

(1)电流节器调零

将"电流调节器"所有输入端接地;将可调电阻器(可选约 13 kΩ)接到"电流调节器"的

"8""9"两端。用导线将"9""10"短接,使"电流调节器"成为 P 调节器;调节面板上的调零电位器 R_{P3},用万用表的毫伏挡测量电流调节器的"11"端,使调节器的输出电压尽可能接近于零。

（2）电流调节器的正负限幅值的调整

把"电流调节器"的"9""10"短接线去掉;将所有输入端接地线去掉;将可调电容器（可选约 0.47 μF）接入"9""10"两端,使调节器成为 PI 调节器;将"给定"电压接到电流调节器的"4"端;当加一定的正给定时（如+5 V）,调整负限幅电位器 R_{P2},使之输出电压"11"端接近于0,当调节器输入端加负给定时（如-5 V）,调整正限幅电位器 R_{P1},使电流调节器的输出"11"端值为 $U_{ct\,max}$。

6. 电流反馈系数的整定

①电流反馈单元,不需再外部进行接线,只要将相应挂件的十芯电源线与插座相连接,当打开挂件电源开关时,电流反馈即处于工作状态。

②直接将"给定"电压 U_g 接入触发器移相控制电压 U_{ct} 的输入端,整流桥输出接电阻负载 R,输出给定调到零。

③按下启动按钮;从零增加给定,使输出电压升高,当 $U_d = 220$ V,减小负载的阻值,使得负载电流 $I_d = 1.3$ A 左右;调节"电流反馈与过流保护"上的电流反馈电位器 R_{P1},使得"2"端 I_f 电流反馈电压 $U_{fi} = +6$ V;这时的电流反馈系数 $\beta = U_{fi}/I_d = 4.6$ V/A。

子任务3　模拟龙门刨床工作台用直流调速系统的连接与调试

转速电流双闭环直流调速系统如图 4-78 所示。

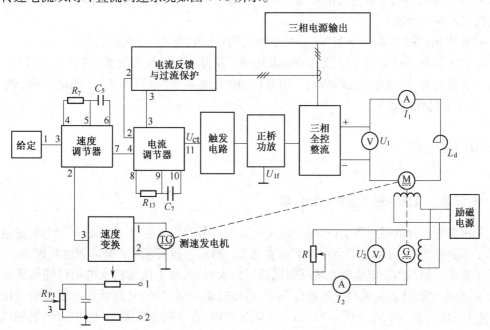

图 4-78　转速电流双闭环直流调速系统

其连接与调试步骤：

①选择给定电压 U_g 为"正给定"，给定的输出调到零，连接到速度调节器的输入端子"3"。

②将速度调节器，电流调节器都接成 PI（比例积分）节器后，按图 4-78 接入系统。

③静态特性 $n = f(I_d)$ 的测定：

a. 按下启动按钮，接通励磁电源。

b. 直流发电机先轻载（即电阻器 R 调到最大），然后从零开始逐渐增加"正给定"电压 U_g，使电动机慢慢启动并使转速 n 达到 1 200 r/min。

c. 调节直流发电机负载（由大到小改变电阻器 R），直至 $I_d = I_{ed}$，测出电动机的电枢电流 I_d，和电机的转速 n，记录数据并绘出系统静态特性曲线 $n = f(I_d)$。

d. 重复步骤①～③，再测试 $n = 800$ r/min 时的静态特性曲线，记录数据并绘出系统静态特性曲线 $n = f(I_d)$。

e. 简要分析步骤⑤和⑥的结果。

f. 闭环控制系统 $n = f(U_g)$ 的测定。直流发电机先轻载（即电阻器 R 调到最大），然后从零开始逐渐增加"正给定"电压 U_g，使电动机慢慢启动并使转速 n 达到 1 200 r/min。逐渐减小"正给定"电压 U_g，记录 U_g 和电动机的转速 n，绘出系统闭环控制特性 $n = f(U_g)$。

④系统动态特性的观察：

a. 观察电动机启动时的动态特性。突加给定 U_g；用慢扫描示波器观察电动机启动时的电枢电流 I_d（"电流反馈与过流保护"的"2"端）波形；用慢扫描示波器观察电动机启动时转速 n（"速度变换"的"3"端）波形。

b. 观察电动机负载突变时的动态特性。突加额定负载（$20\% I_{ed} \rightarrow 100\% I_{ed}$）时电动机电枢电流波形和转速波形。

c. 突降负载（$100\% I_{ed} \rightarrow 20\% I_{ed}$）时电动机的电枢电流波形和转速波形。

d. 在不同的系统参数下电动机的动态特性。用慢扫描示波器观察"速度调节器"的增益和积分电容改变，对动态特性的影响。用慢扫描示波器观察"电流调节器"的增益和积分电容改变，对动态特性的影响。

✿ 任务相关知识

一、无静差直流调速系统存在的问题

采用比例积分的转速负反馈、电流截止负反馈环节的调速系统，在保证系统的稳定运行下实现了无静差调速，又限制了启动时的最大电流。这对一般要求不太高的调速系统，基本上已满足了要求。但是由于电流截止负反馈限制了最大电流，加上电动机反电动势随转速的上升而增加，使电流到达最大值时又迅速降下来，电磁转矩也随之减小，必然影响了启动的快速性（即启动时间 t_s 较长），参见图 4-79（a）。实际生产中，有些调速系统，如龙门刨床、轧钢机等经常处于正反转状态，为提高生产效率和加工质量，要求尽量缩短正反转过渡过程时间。为了充分利用晶闸管器件和电动机所允许的过载能力，使启动电流保持在最大允许值上，以最大启动转矩启动,可以使转速迅速直线上升,减少启动时间。理想的启动过程的波形如图4-79(b)所示。为了实现理想的启动过程,工程上常采用转速电流双闭环调速系统,启动时转速外环饱和,让电流负反馈内环起主要作用,调节启动电流保持最大值,使转速迅速达到给定值;稳态运行时,转速负反馈外环起主要作用,让电动机转速跟随转速给定电压变化,电流内环跟随转速环调节电动机电枢电流平衡负载电流。

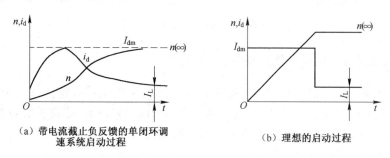

（a）带电流截止负反馈的单闭环调速系统启动过程　　（b）理想的启动过程

图4-79　调速系统启动过程的电流和转速波形

二、转速电流双闭环直流调速系统的稳态结构图

在图4-76所示的转速电流双闭环直流调速系统中,ASR和ACR均为PI调节器,其输入/输出均设有限幅电路。ACR输出限幅值为U_{ctm},它限制了晶闸管整流器输出电压U_{dm}的最大值。ASR输出限幅值为U_{im}^*,它决定了主回路中的最大允许电流I_{dm}。其对应的稳态结构图如图4-80所示。ACR和ASR的输入、输出量的极性,主要视触发电路对控制电压的要求而定。若触发器要求ACR的输出U_{ct}为正极性,由于调节器均为反向输入,所以,ASR输入的转速给定电压U_n^*要求为正极性,它的输出U_i^*应为负极性。

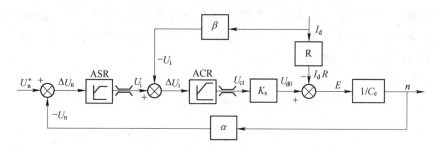

图4-80　双闭环调速系统稳态结构图

由于ACR为PI调节器,稳态时,其输入偏差电压$\Delta U_i = -U_i^* + U_i = -U_i^* + \beta I_d = 0$,即$I_d = U_i^*/\beta$。当$U_i^*$为一定时,由于电流负反馈的调节作用,使整流装置的输出电流保持在U_i^*/β数值上。当$I_d > U_i^*/\beta$时,自动调节过程如图4-81所示。

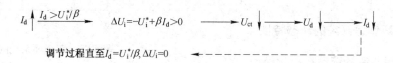

图4-81　电流环的自动调节过程

同理，ASR 也为 PI 调节器，稳态时输入偏差电压 $\Delta U_n = U_n^* - \alpha n = 0$，即 $n = U_n^*/\alpha$，当 U_n^* 为一定值时，转速 n 将稳定在 U_n^*/α 数值上。当 $n < U_n^*/\alpha$ 时，其自动调节过程见图 4-82。

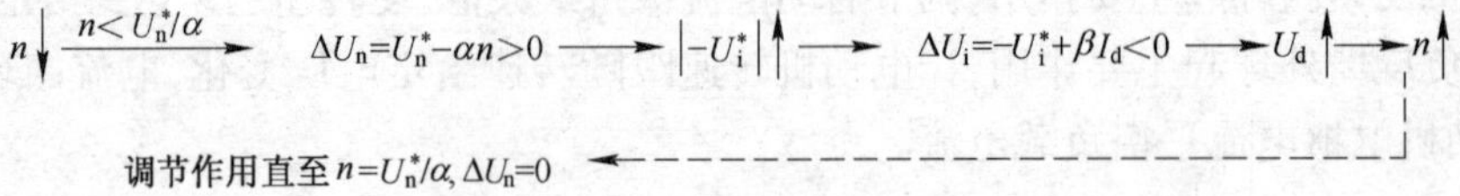

$$n\downarrow \quad \boxed{n<U_n^*/\alpha} \longrightarrow \Delta U_n = U_n^*-\alpha n>0 \longrightarrow \left|-U_i^*\right|\uparrow \longrightarrow \Delta U_i = -U_i^*+\beta I_d<0 \longrightarrow U_d\uparrow \longrightarrow n\uparrow$$

调节作用直至 $n=U_n^*/\alpha$，$\Delta U_n=0$ ←————————

图 4-82　转速环的自动调节过程

三、双闭环调速系统的静特性及稳态参数的计算

分析双闭环调速系统静特性的关键是掌握转速调节器 PI 的稳态特征，它一般存在两种状况：一是饱和，此时输出达到限幅值，输入量的变化不再影响输出，除非有反向的输入信号使转速调节器退饱和，这时转速环相当于开环；二是不饱和，此时输出未达到限幅值，转速调节器使输入偏差电压 ΔU_n 在稳态时总是零。

当转速 PI 调节器线性调节输出未达到限幅值，则 $U_i^* < U_{im}^*$，$I_d < I_{dm}$，同前面讨论的相同，由于积累作用使 $\Delta U_n = 0$，即 $n = U_n^*/\alpha$ 保持不变，直到 $I_d = I_{dm}$，见图 4-83 中 $n_0 A$ 段。

当转速 PI 调节器饱和输出为限幅值 U_{im}^*，转速外环的输入量极性不改变，转速的变化对系统不再产生影响，转速 PI 调节器相当于开环运行，这样双闭环变为单闭环电流负反馈系统，系统由恒转速调节变为恒电流调节，从而获得极好的下垂特性（如图 4-83 中的 AB 段）。

由上面分析可见：转速环要求电流迅速响应转速 n 的变化，而电流环则要求维持电流不变。这不利于电流对转速变化的响应，有使静特性变软的趋势。但由于转速环是外环，电流环的作用只相当转速环内部的一种扰动作用，不起主导作用。只要转速环的开环放大倍数足够大，最后仍然能靠 ASR 的积分作用消除转速偏差。因此，双闭环系统的静特性具有近似理想的"挖土机特性"（见图 4-83 中虚线）。当两个调节器都不饱和且系统处于稳态工作时，由前面讨论可知，$n = U_n^*/\alpha$ 和 $I_d = U_i^*/\beta$。由于稳态时两个 PI 调节器输入偏差电压 $\Delta U_n = 0$，给定电压与反馈电压相等，可得参数为

控制电压

$$U_{ct} = \frac{U_{d0}}{K_s} = \frac{C_e n + I_d R}{K_s} = \frac{C_e U_n^*/\alpha + I_d R}{K_s} \quad (4\text{-}65)$$

转速反馈系数

$$\alpha = \frac{U_{nm}^*}{n_{max}} \quad (4\text{-}66)$$

电流反馈系数

$$\beta = \frac{U_{im}^*}{I_d} \quad (4\text{-}67)$$

式中，U_{nm}^* 和 U_{im}^* 是受运算放大器的允许输入限幅电路电压限制的。

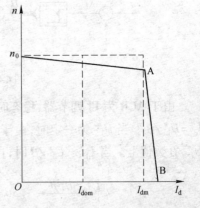

图 4-83　双闭环系统的静特性

四、双闭环调速系统的动态特性

1. 双闭环调速系统动态数学模型

双闭环调速系统的转速调节器和电流调节器的传递函数就是 PI 调节器的传递函数。

ASR 和 ACR 的传递函数为

$$W_{ASR}(s) = K_n \frac{\tau_n s + 1}{\tau_n s} \tag{4-68}$$

$$W_{ACR}(s) = K_i \frac{\tau_i s + 1}{\tau_i s} \tag{4-69}$$

双闭环调速系统的动态结构图见图 4-84。T_{on} 为转速反馈滤波时间常数；T_{oi} 为电流反馈滤波时间常数。

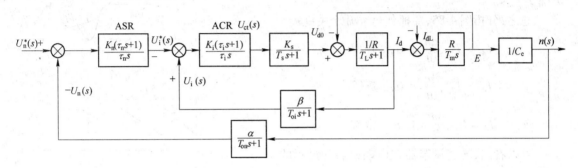

图 4-84　双闭环调速系统的动态结构图

2. 双闭环调速系统的启动特性

双闭环调速系统的启动特性如图 4-85 所示。

在突加转速给定电压 U_n^* 阶跃信号作用下，由于启动瞬间电动机转速为零，ASR 的输入偏差电压 $\Delta U_{nm} = U_n^*$ 而饱和，输出限幅值为 U_{nm}^*，ACR 的输出 U_{ct} 及电动机电枢电流 I_d 和转速 n 的动态响应过程可分为三个阶段。

第 I 阶段：电流从零增至截止值。启动初，n 为零，则 $\Delta U_n = U_n^* - \alpha n$ 为最大，它使速度调节器 ASR 的输出电压 $|-U_i^*|$ 迅速增大，很快达到限幅值 U_{im}^*，见图 4-85（a）和（b）。此时，U_{im}^* 为电流调节器的给定电压，其输出电流迅速上升，当 $I_d = I_{dL}$（A 点）时，n 才开始上升，由于电流调节器的调节作用，很快使 $I_d \approx I_{dm}$（B 点），标志电流上升过程结束，见图 4-85（c）和（d）。在这阶段，ASR 迅速达到饱和状态，不再起调节作用。因 $T_L < T_M$，U_i 比 U_n 增长快，这使 ACR 的输出不饱和，起主要调节作用；同时，$U_{im}^* \approx \beta I_{dm}$，$\beta = U_i^*/I_{dm}$。

第 II 阶段：恒流升速阶段。由于电流调节器的调节作用，使 $I_d \approx I_{dm}$，电流接近恒量，随着转速的上升，电动机的反电势 E 也跟着上升（$E \propto n$），电流将从 I_{dm} 有所回落。由于 $\Delta U_i < 0$，电流调节器输出电压上升，使电枢电压 U_d 能适应 E 的上升而上升，并使电流接近保持最大值 I_{dm}。由于电流 PI 调节器的无静差调节，使 $I_{dm} \approx U_{im}^*/\beta$，充分发挥了晶闸管器件和电动机的过载能力，转速直线上升，接近理想的启动过程。在这阶段，ASR 保持饱和状态，ACR 保持线性工作状态；同时 $|U_{im}^*| > U_i$，$\Delta U = -U_{im}^* + I_d < 0$，$U_{ct}$ 线性上升，很快使 $U_n^* = U_n = \alpha n$（C 点）。

第 III 阶段：转速调节。由于转速 n 的不断上升，又由于 ASR 的积分作用，转速调节器仍将保持在限幅值，则电流 I 保持在最大值，电动机转速继续上升，从而出现了转速超调现象。当转速 $n > n^*$ 时，$\Delta U_n = U_n^* - \alpha n < 0$，转速调节器的输入信号反向，$n$ 到达峰值后（D 点），输出

值下降,ASR 退出饱和。经 ASR 的调节,最终使 $n = n^*$。而 ACR 调节使 $I_d = I_{dL}$(E 点),见图 4-85(e)。在这个阶段,ASR 退出饱和状态,速度环开始调节,n 跟随 U_n^* 变化,ACR 保持在不饱和状态,I_d 跟随 U_i^* 变化;进入稳态后,$\Delta U_n = U_n^* - \alpha n = 0$,$\Delta U_i = -U_i^* + U_i = 0$,$U_{ct} = (C_e^* n + R I_{dL})/k_s$。

总之,分析图 4-85,要抓住这样几个关键:

$$I_d > I_{dL}, \frac{dn}{dt} > 0, n\ 升高$$

$$I_d < I_{dL}, \frac{dn}{dt} < 0, n\ 降低$$

$$I_d = I_{dL}, \frac{dn}{dt} = 0, n\ = 常数$$

可以看出,转速调节器在电动机启动过程的初期由不饱和到饱和、中期处于饱和状态、后期处于退饱和到线性调节状态;而电流调节器始终处于线性调节状态。

3. 双闭环调速系统的抗扰性能

①抗负载扰动。由调速系统的动态结构图中可以看出负载扰动作用(I_{dL})在电流环之后,所以只能靠转速调节器来抑制。在突加(减)负载时,必然会引启动态速降(升)。为了减小动态速降(升),在设计 ASR 时,要求系统具有较好的抗扰性能指标。

②抗电网电压扰动。电网电压扰动和负载

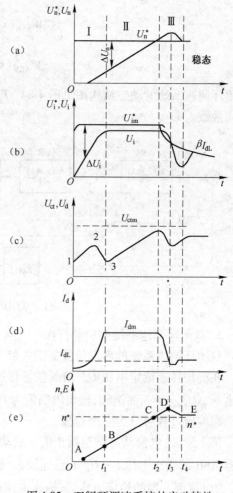

图 4-85 双闭环调速系统的启动特性

扰动作用在系统动态结构图中的位置不同,系统相应的动态抗扰性能也不同。由图 4-86 可知,电网电压扰动(ΔU_d)被包围在电流环内,当电网电压波动时,可以通过电流反馈及时得到抑制。而在单闭环调速系统中,电网电压波动必须等到影响转速 n 后,才能通过转速负反馈来调节系统。所以在双闭环调速系统中,电网电压波动引起的动态速降比单闭环系统小得多,调节要快得多。

4. 双闭环调速系统中两个调节器的作用

转速调节器的作用:使转速 n 跟随给定电压 U_n^* 变化,稳态无静差;对负载变化起抗扰作用;其输出限幅值决定允许的最大电流。

电流调节器的作用:电动机启动时,保证获得最大电流,启动时间短,使系统具有较好的动态特性;在转速调节过程中,使电流跟随其给定电压 U_i^* 变化;当电动机过载甚至堵转时,限制电枢电流的最大值,起到安全保护作用。故障消失后,系统能够自动恢复正常,对电网电压波动起快速抑制作用。

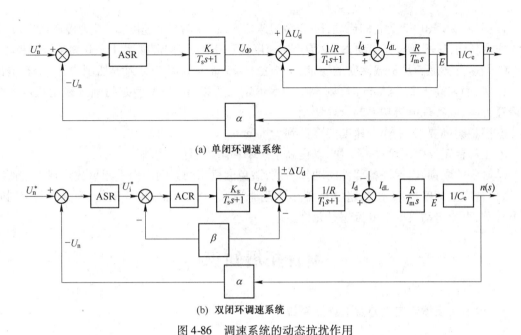

(a) 单闭环调速系统

(b) 双闭环调速系统

图 4-86　调速系统的动态抗扰作用

五、龙门刨对电力拖动的要求

①调速范围:龙门刨床工作台为直线往复运动,采用直流电动机调压调速,并加一级机械变速,从而使工作台调速范围达 1 : 20。工作台低挡的速度为 6 ~ 60 m/min,高速挡为9 ~ 90 m/min。

②静差度:龙门刨床加工时,由于工件表面不平和工件材料的不均匀度,刨削过程中的切削力将是变动的。因此要求负载变动时,工作台速度的变化不超过允许范围。龙门刨床的静差度一般要求为 0.05 ~ 0.1,B2012A 型为 0.1。

③工作台往复循环中的速度变化:龙门刨床工作台速度变化如图 4-87 所示。为避免刀具切入工件时的冲击而使刀具崩裂,工作台开始前进时速度较慢,以使刀具慢速切入工件,而后增加到规定速度。在工作台前进与返回行程的末尾,工作台能自动减速,以使刀具慢速离开工件,防止工件边缘剥落,同时可减小工作台反向时的超程和对电动机、机械的冲击。当工作台速度低于 10 m/min 时,减速环节不起作用。这样,B2012A 型龙门刨床能够得到如图 4-87 所示的三种速度图。

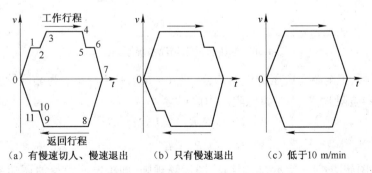

（a) 有慢速切入、慢速退出　　（b) 只有慢速退出　　（c) 低于 10 m/min

图 4-87　龙门刨床工作台速度图

以图(a)为例,0—1 为正向启动,1—2 为慢速切入,3—4 为切削速度,5—6 为慢速切出,6—7 为工作台制动,7—8 为反向启动,8—9 为返回速度,10—11 为反向前减速,11—0 为工作台制动

④调速方案能满足负载性质的要求:工作台在 25 m/min 以下时为等切削力区,希望输出转矩恒定,而在高于 25 m/min 时,则希望功率恒定。所以 B2012A 型龙门刨床采用机电配合的调速方案,以实现电机功率的合理使用。

⑤满足磨削要求,工作台速度能降低到 1 m/min。

⑥工作台正反向过渡过程要快,以提高生产率和防止刨台"脱轨"。

⑦必要的联锁,以保证各部件的动作协调,避免因机床的误动作而引起事故。在下述情况下,工作台应立即停止:工作台超越允许行程范围;导轨与润滑油泵停止工作;横梁与刀架同时上下移动;直流电动机电枢电流超过允许值。

项目拓展知识

一、电压负反馈带电流补偿的调速系统

1. 电压负反馈调速系统

对于转速负反馈直流调速系统,可以获得令人满意的动、静态性能。但要实现转速负反馈必须有测速发电机。这不仅成本高,而且给系统的安装与维护带来了困难。电压负反馈和电流补偿控制可以解决此问题,适用于对调速指标要求不高的系统。

由式 $n = \dfrac{U - IR}{c_e \Phi}$ 可知,如果忽略电枢压降,则直流电动机的转速 n 近似正比于电枢两端电压 U。所以采用电动机电枢电压负反馈代替转速负反馈,可以维持其端电压基本不变。由图 4-88 可以看出,反馈检测元件是起分压作用的电位器 R_{P2}。电压反馈信号 $U_u = \gamma U_d$,γ 为电压反馈系数。

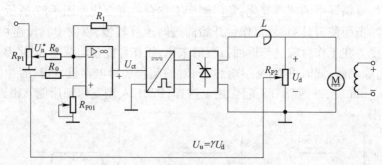

图 4-88　电压负反馈调速系统原理图

为了分析方便,把电枢总电阻分成两部分,即 $R = R_{rec} + R_a$,R_{rec} 为晶闸管整流装置的内阻(含平波电抗器电阻),R_a 为电枢电阻。由此可得

$$U_{d0} - I_d R_{rec} = U_d$$

$$U_d - I_d R_a = E$$

其稳态结构图如图 4-89 所示,利用结构图运算规则,即得电压负反馈调速系统的静特性

方程式：

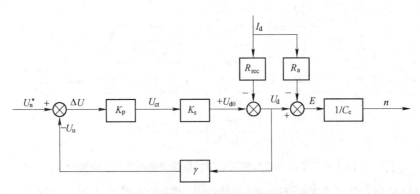

图4-89　电压负反馈调速系统稳态结构图

$$n = \frac{K_p K_s U_n^*}{C_e(1 + K)} - \frac{R_{rec} I_d}{C_e(1 + K)} - \frac{R_a I_d}{C_e} \tag{4-70}$$

式中　$K = \gamma K_P K_s$。

由式（4-70）可知，电压负反馈把反馈环包围的整流装置内阻引起的稳态压降减小到 $1/(1 + K)$。但扰动量 $I_d R_a$ 不包围在反馈环内，由它引起的稳态速降得不到抑制，系统的稳定性较差。所以在此基础上再引入电流正反馈，以补偿电枢电阻引起的稳态压降。

2. 电压负反馈带电流补偿的调速系统

图4-90 为电压负反馈带电流补偿控制的调速系统。在电枢回路中串入电流取样电阻 R_s，由 $I_d R_s$ 取得电流正反馈信号。$I_d R_s$ 的极性与转速给定信号一致，而与电压负反馈信号 U_u 的极性相反。设电流反馈系数为 β，电流正反馈信号为 $U_i = \beta I_d$。

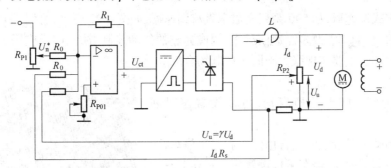

图4-90　带电流正反馈的电压负反馈调速系统原理图

当负载增大使稳态速降增加时，电压负反馈信号 U_u 随之降低，电流正反馈信号却增大，输入运算放大器的偏差电压 $\Delta U_n = U_n^* - U_u + U_i$ 增大，使整流装置输出的电压增加，从而补偿了两部分电阻引起的转速降落。系统的稳态结构图见图4-91。

利用结构图的运算法则，可以直接写出系统的静特性方程为

$$n = \frac{K_p K_s U_n^*}{C_e(1 + K)} - \frac{(R_{rec} + R_s) I_d}{C_e(1 + K)} + \frac{K_p K_s \beta I_d}{C_e(1 + K)} - \frac{R_a I_d}{C_e} \tag{4-71}$$

式中，$K = \gamma K_p K_s$，其中 $\dfrac{K_p K_s \beta I_d}{C_e(1 + K)}$ 是由电流正反馈作用产生的，它能补偿另两项转速降，从而减小静差。

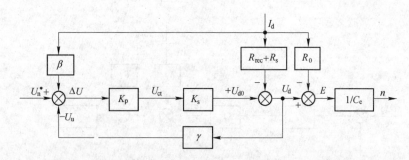

图 4-91　带电流正反馈的电压负反馈调速系统稳态结构图

如果补偿控制参数配合的恰到好处,可使静差为零,这种补偿称为全补偿。但如果参数受温度等因素的影响而发生变化,变为过补偿,静特性上翘,系统不稳定。所以在工程实际中,常选择欠补偿。

应当指出,电流正反馈与电压负反馈(或转速负反馈)是性质完全不同的两种控制作用。首先,电压(转速)负反馈属于被调量的负反馈,具有反馈控制规律。放大系数 K 值越大,则静差越小,无论环境怎样变化都能可靠地减小静差。而电流正反馈是用一个正项去抵消原系统中的速降项。它完全依赖于参数的配合,当环境温度等因素使参数发生变化时,补偿作用便不可靠。因此,补偿控制不是反馈控制,上述的电压负反馈电流补偿控制调速系统的性能不如转速负反馈调速系统,一般只适用于 $D \leqslant 20, s \geqslant 10\%$ 的调速系统。

二、直流数字式调速器

直流数字式调速器,如 590 系列全数字直流调速器,如图 4-92 所示,可满足复杂的直流电动机控制要求,且能单点及多点通信运作,构成完整的传动控制方案,广泛应用于冶金、造纸、印刷、包装等行业,主要实现张力与同步控制场合的应用。

其功能特点:

①高动力矩:200% 转矩启动,可以设置零时间响应;

②快速制动:有惯性停车、自由停车和程序停车,四象限运行回馈制动程序,停车可以设置成最短 0.1 s;

③内置 PID 功能:开放性 PID,可以灵活设定成任何物理量,可以单独使用反馈回路而忽略给定值,能够方便地实现闭环张力等控制需要;

④内置卷径推算功能:根据角速度和线速度可以灵活推算出当前直径,方便进行力矩等控制,实现收放卷等高精度控制;

⑤内置多功能加减乘除计算模块,可以实现各种逻辑组合推算电路,满足各种工艺控制要求;

⑥总线控制:支持 PROFIBUS、CAN 等常用总线控制;

图 4-92　欧陆 590 系列直流数字式调速器

⑦可编程功能:各模拟量端口可以设置各种目标和源代码量,灵活组态各种工艺控制要求,开关量也可以任意组态;

⑧英文菜单:可以显示具体参数名称,方便记忆,熟悉后不用说明书就可以操作;

⑨参数自整定:电流环参数自整定功能,可以根据负载自动优化参数;

⑩面板和计算机写参数:通过 CLETE 软件可以上传/下载 590 直流调速器的参数,也可以直接通过操作面板四个按键调整任意一种参数。

以下为直流数字式调速器的应用案例。图 4-93 为龙门刨床中所用的直流数字式调速器的原理图。

其中各端子和元器件使用和功能如下:

①B8 和 B9 端子设计有停止回路曲线,实际使用中一般采用 PLC 控制,该信号必须与 C9 端子短接调速器才会投入运行;

②通过 Y_0 接入的信号,调速器在自检正常的情况下,会自动输出接触器的合闸信号,接入动力到调速器中;

③通过 Y_1 接入的信号,调速器进入工作状态,根据速度设定值调节输出电枢电流和励磁电流;

④外部保护端子,C1 和 C2 间可连接急停回路以便在紧急情况时停止驱动器运行,正常使用必需短接;

⑤A6 端子默认配置为电流限制端子,与 B3 端子短接表示允许输出 100% 的电流,断开后不会输出电流;

⑥TH1 端子为电动机温度测量装置,不使用该功能时,必须短接,否则调速器会报警;

⑦测速发电机,速度反馈使用,速度反馈一般有三种方式:

a. 电枢电压反馈,该方式不需外借任何器件;

b. 测速机反馈,本例即为测速机反馈方式;

c. 编码器反馈,使用情况不多;

⑧接触器 KM30 必须按照进线接触器,容量选择一般为电动机额定电流的 60% ~ 70%;接触器的线圈必须由调速器内部控制。

⑨L30 必须安装交流电抗器,用于避免电源波动对调速器造成损坏;

⑩FU30 必须按照进线保险,保护调速器内部晶闸管器件,保险必须为快速熔断型(二极管保护型);

⑪B5 处调速器零速信号主要用于停车过程中切断使能信号;

⑫B6 处该信号为调速器正常信号,在调速器检测到各信号工作正常时输出,主要用于通知控制装置(PLC)调速器设备正常;

⑬A1A4 速度指令给定端子,DC 0 ~ 10 V 对应 0 ~ 100% 的速度给定;

⑭A7A9 分别为电动机转速和电动机电枢电流显示,0 ~ 10 DC 输出对应 0 ~ 200% 的电枢电流(电枢电流的绝对值与配置的电动机参数相关);

⑮VC3 为能耗制动励磁整流桥,主要配合能耗制动时为电动机提供励磁电压;

⑯KM32 能耗制动用直流接触器,仅使用能耗制动功能时配置;

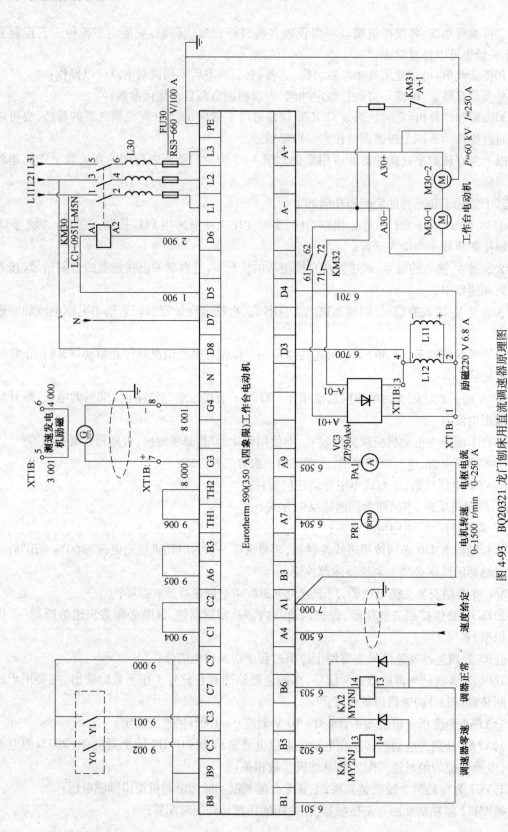

图 4-93 BQ20321 龙门刨床用直流调速器原理图

⑰A+、A−处两台电动机构成直流电动机电枢回路,该图为双电动机情况(电枢回路必须串联),单电动机情况时,直接连接;

⑱KM31 所串电阻器为能耗制动电阻器,一般仅龙门刨床采用,目的是在体调速器故障时,快速制动使用。

590 系列直流调速器在不同的应用场合中,除了速度/电流给定及反馈端,其余所有的模拟及数字输入/输出端都可以重新分配定义,连接到控制软件模块图所需的节点上,这使得590 系列具有多变的应用性能。同时,590 系列标准化的控制软件中具有许多传动应用所需的功能及模块,如卷机控制模块(恒张力控制)、PID 控制模块、数字斜率功能、多机拖动控制、由数字输入端控制的速度上升率和下降率控制、速度给定的"S"型斜率发生器、点动/爬行/绷紧控制功能、转动惯量补偿、零速位置环。装置 I/O 端和系统模块的组态可通过液晶显示器或上位机操作来达到。报警,运行状态和参数设定的综合诊断及监视信息,可以清晰的格式连续地显示在液晶显示器上,任何使驱动装置停车的故障信号被立即锁定并显示出来,工作参数及设定信息同样可通过串行接口获取以便在(非现场)远距进行分析。此外,590 系列在其一个系统之内的通信能力是独一无二的,它含有三个通信接口(一个 RS-232 接口,即 P3 接口,两个RS-422/485 接口,即 P2、P1 接口),可以同时从任一接口进行通信。

小　结

本项目以"龙门刨床工作台用直流调速系统"为项目载体,设计了 4 个任务。通过"认识直流调速系统"这一任务,引出了相关知识:直流调速的方法,常用直流调压电源,自动控制系统的基本概念,自动控制系统分析方法,自动控制系统性能指标等。通过"分析有静差转速负反馈直流调速系统的稳定性能"这一任务,引出了相关知识:系统的数学模型的概念,系统的传递函数及简化方法,系统稳定性分析的方法等。通过"转速负反馈直流调速系统的连接与静特性测试"这一任务,引出了相关知识:调速系统的静态性能指标,有静差转速负反馈直流调速系统的静态特性,调节器的调节规律,无静差的实现方法等。通过"模拟龙门刨床工作台用直流调速系统的连接与调试"这一任务,引出了相关知识:双闭环直流调速系统的组成及工作原理,双闭环调速系统的静特性、动态特性、及与单闭环相比的优越性,龙门刨床对工作台电力拖动的要求。在项目的最后,还设计了项目拓展知识:除转速负反馈之外的其他形式的直流调速系统、直流数字式调速器等。通过本项目任务的实施与相关知识学习,旨在培养学生的直流调速系统的分析与调试能力,同时使学生掌握 PID 调节技术、检测技术、直流调速等技术。

练　一　练

一、单选题

1. 消除系统在阶跃输入下稳态误差的有效的方法是在系统中加入(　　　)

　　A. 比例环节　　　B. 积分环节　　　C. 微分环节　　　D. 惯性环节　　　E. 延迟环节

2. 下列(　　　)反映了自动控制系统的稳态精度,该指标越小,则说明系统的稳态精度越高。

　　A. 最大超调量(σ)　　　B. 调整时间(t_s)　　　C. 振荡次数 N　　　D. 稳态误差 e_{ss}

3. ( )的越大,有利于提高系统的稳态精度,但不利于系统的稳定。

    A. 开环增益 K 和开环传函中包含积分环节个数 v B. 开环增益 K

    C. 开环传函中包含积分环节个数 v D. 最大超调量(σ)

4. PID 控制器的传递函数为 $G(s)=K_P(1+1/T_IS+T_DS)$,( )。

    A. K_P 越大,比例作用越强;T_I 越大,积分作用越强;T_D 越大,微分作用越强

    B. K_P 越小,比例作用越强;T_I 越小,积分作用越强;T_D 越小,微分作用越强。电流截止负反馈

    C. K_P 越大,比例作用越强;T_I 越小,积分作用越强;T_D 越大,微分作用越强

    D. 以上均不对

5. 下列四种干扰信号中,被认为最不利的干扰是( )

    A. 阶跃信号   B. 正弦信号   C. 斜坡信号   D. 脉冲信号

6. 下列表达式中是积分环节的传递函数的是( )

    A. $G(S)=K$ B. $G(S)=\dfrac{1}{T_IS}$

    C. $G(S)=\dfrac{K}{TS+1}$ D. $G(S)=\dfrac{\omega_n^2}{S^2+2\xi\omega_n+\omega_n^2}$

二、填空题

1. 对任意自动控制系统的要求可概括为_____、_____和_____。

2. 自动控制系统按信号传递路径可分为_____和_____。按照控制器的性质,自动控制系统可分为_____和_____。

3. 在_____条件下,线性定常系统输出量的拉普拉斯变换与输入量的拉普拉斯变换之比,称为系统的传递函数。

4. 单回路控制系统又称简单控制系统,它是由_____、_____、_____、_____等组成的一个闭合回路的反馈控制系统。

5. 最成熟、应用最广的调节器的控制规律是_____、_____、_____。

6. 微分控制的主要作用是克服被控参数的_____。

7. 在 PID 控制中,_____控制能及时克服扰动影响,_____能消除静差,改善系统静态性能,_____能减小超调、克服振荡、加速系统过渡过程。

8. 直流电动机的调速方法有_____、_____和_____。

三、分析题

1. 求原函数 $f(t)=1+e^{-2t}$ 的象函数 $F(s)$。

2. 求象函数 $F(s)=3/(s^2+2s+5)$ 的原函数 $f(t)$。

3. RC 电路如图 4-94 所示,$t<0$,开关 S 断开;$t\geq0$,开关 S 闭合;求开关闭合后,电容器的端电压 $u_C(t)$。设初始值 $U_C(0)=0$。

（提示:先在时域中建立输入输出关系,再用拉普拉斯变换及反变换。）

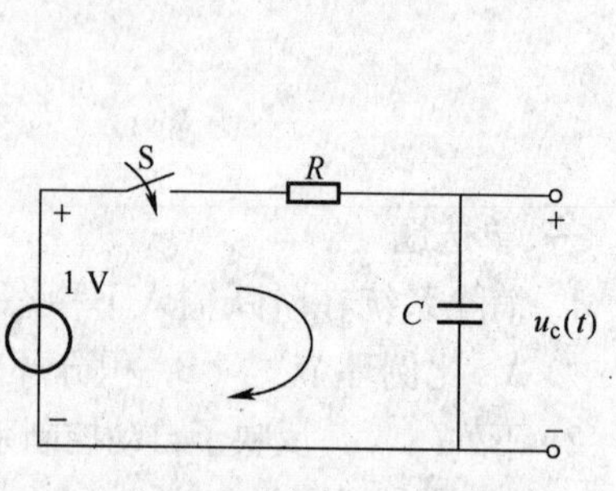

图 4-94   RC 电路原理图

4. 试求图 4-95 所示电路的传递函数。当输入信号 U_i 为单位阶跃信号时,试画出输出信号 U_O 的响应曲线。

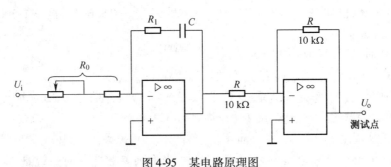

图 4-95 某电路原理图

5. 已知某系统如图 4-96 所示。

①试确定使该系统稳定的 K 值范围;

②在单位阶跃输入信号的作用下的稳态误差 e_{ss};

③在单位斜坡输入信号的作用下的稳态误差 e_{ss};

④在单位加速度输入信号的作用下的稳态误差 e_{ss}。

6. 试求图 4-97 所示系统的传递函数 $C(s)/R(s)$。

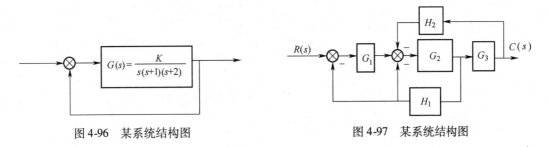

图 4-96 某系统结构图   图 4-97 某系统结构图

四、问答题

1. 试以转速负反馈直流调速系统为例,阐述调节器(或控制器)在系统中的作用。

2. 什么是比例度? 比例作用强弱与比例度大小的关系是怎样的?

3. P、I、D 控制规律各有何特点?

4. 试回答下列问题:

①在转速负反馈单闭环有静差调速系统中,突减负载后又进入稳定运行状态,此时晶闸管整流装置的输出电压 U_d 较之负载变化前是增加、减少还是不变?

②在无静差调速系统中,突加负载后进入稳态时转速 n 和整流装置的输出电压 U_d 是增加、减少还是不变?

5. 为什么用积分控制的调速系统是无静差的? 在转速单闭环调速系统中,当积分调节器的输入偏差为零时,输出电压是多少? 决定于哪些因素?

6. 某调速系统的调速范围是 150 ~ 1 500,要求 $s=2\%$,系统允许的稳态速降是多少? 如果开环系统的稳态速降为 100 r/min,则闭环系统的开环放大系数应有多大?

7. 某 V-M 系统为转速负反馈有静差调速系统,电动机额定转速 $n_N = 1\,000$ r/min,系统开

环转速降落为 $\Delta n_{op} = 100$ r/min,调速范围为 $D = 10$,如果要求系统的静差率由 15% 降落到 5%,则系统的开环放大系数将如何变化?

8. 某 V-M 系统,已知:$P_{nom} = 2.8$ KF,$U_{nom} = 220$ V,$I_{nom} = 15.6$ A,$n_{nom} = 1\ 500$ r/min,$R_a = 1.5\ \Omega$,$R_{rec} = 1\ \Omega$,$K_s = 37$。

①开环工作时,试计算 $D = 30$ 时的 s 值。

②当 $D = 30$、$s = 10\%$ 时,计算系统允许的稳态速降。

③如为转速负反馈有静差调速系统,要求 $D = 30$,$s = 10\%$,在 $U_n^* = 10$ V 时使电动机在额定点工作,计算放大器放大系数 K_p 和转速反馈系数 α。

9. 转速负反馈调速系统中为了解决动静态之间的矛盾,可以采用比例积分调节器,为什么?

10. 在转速负反馈单闭环有静差调速系统中,当下列参数变化时系统是否有调节作用?为什么? ①放大器的放大系数 K_p;②供电电网电压;③电枢电阻 R_a;④电动机励磁电流;⑤转速反馈系数 α

11. 转速负反馈的极性如果接反会产生什么现象?

12. 注意观察双闭环系统中,转速调节器正负限幅的调节与转速单闭环系统中转速调节器正负限幅的调节有什么不同? 为什么?

项目 5 变频器的认识与操作

学习目标

1. 认识变频器的结构及功能。
2. 能分析 SPWM 型逆变电路的工作原理。
3. 会设置变频器的常用参数。
4. 会使用变频器对电动机进行简单控制。

项目描述

变频器是一种静止的频率变换器,可将电网电源的 50 Hz 交流电变成频率可调的交流电供给负载,广泛用于交流电动机的变频调速、金属熔炼、感应加热及机械零件淬火等场合。使用变频器可以节能、提高产品质量和劳动生产率等。图 5-1 为三菱 FR－D700 变频器外形图,图 5-2 为三菱 FR－D700 变频器端子图。在本项目中,首先是认识变频器的基本结构,然后再测试变频调速系统的特性,最后以三菱 FR－D700 变频器为例,通过参数设置,来实现电动机的简单起/停和速度控制。

图 5-1　三菱 FR－D700 变频器外形图

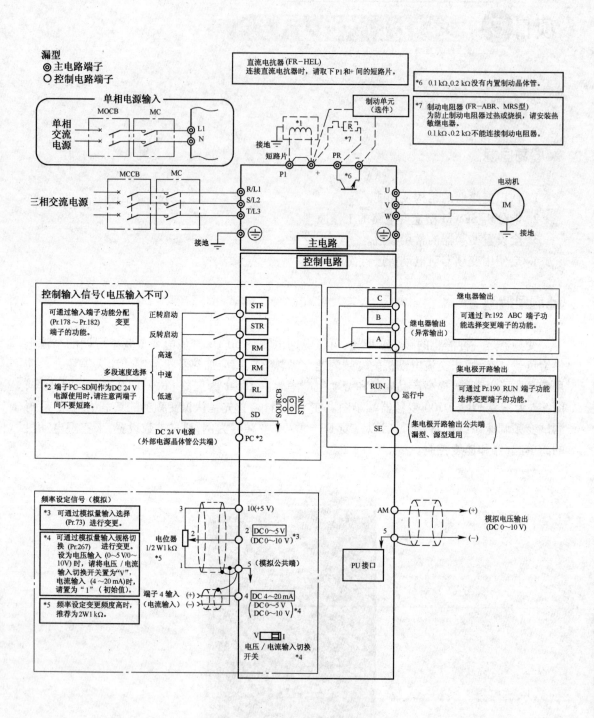

图 5-2　三菱 FR - D700 变频器端子图

任务1 认识变频器

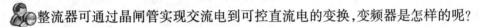

任务目标

1. 认识变频器的结构及各部分的功能。
2. 会分析逆变器的工作原理。
3. 能正确阐述 SPWM 的基本原理及实现方法。

整流器可通过晶闸管实现交流电到可控直流电的变换,变频器是怎样的呢?

变频器也是类似的控制思想,通过电力电子器件实现交流电频率和幅值的变换,下面我们一起来认识应用最广泛的交-直-交变频器。

任务实施

子任务1 认识交-直-交变频器的内部结构

交-直-交变频器是将工频交流电先经过整流,变成直流电压,然后再将此直流电压经逆变器变成电压和频率可调的交流电输出。结构如图 5-3 所示,其由主电路和控制电路组成。

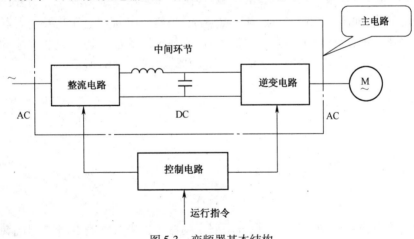

图 5-3 变频器基本结构

1. 主电路

主电路由整流部分、逆变部分、制动部分等构成,如图 5-4 所示。

(1)整流部分(交-直)

整流部分是变频器中用来将交流(三相或单相)变成直流的部分,它可以由整流单元、滤波环节、开启电流吸收回路组成。

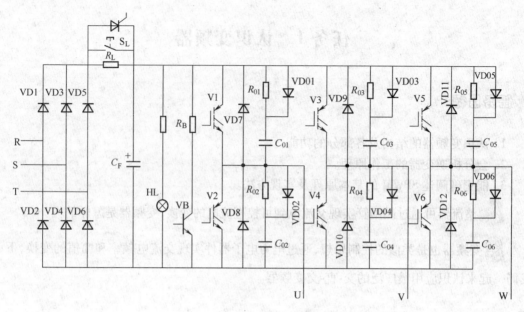

图 5-4 变频器主电路结构

①整流单元（VD1～VD6）。图中的整流单元是由 VD1～VD6 组成的三相整流桥,实现将工频 380 V 的交流电整流成直流电。

②滤波环节（C_F）。滤波环节主要对整流电路的输出进行平滑滤波,以保证逆变电路和控制电路能够获得质量较高的直流电源。当滤波环节采用大电容滤波时,直流电压波形比较平直,在理想情况下是一个内阻抗为零的恒压源,输出交流电压是矩形波或阶梯波,这类变频器叫做电压型变频器,如图 5-5（a）所示,当交-直-交变频器的中间直流环节采用大电感滤波时,直流电流波形比较平直,因而电源内阻抗很大,对负载来说基本上是一个电流源,输出交流电流是矩形波或阶梯波,这类变频器叫做电流型变频器,如图 5-5（b）所示。

(a)电压型变频器　　　　　　　　　　　　　(b)电流型变频器

图 5-5 变频器结构框图

③开启电流吸收回路（R_L、S_L）。在电压型变频器的二极管整流电路中,由于在电源接通时,C_F 中将有一个很大的充电电流,该电流有可能烧坏二极管,容量较大时还可能形成对电网的干扰,影响同一电源系统的其他装置正常工作,所以在电路中加装了由 R_L、S_L 组成的限流电路,刚开机时,R_L 串入电路,限制 C_F 的充电电流,充电到一定的程度后 S_L 闭合将其切除。

（2）逆变部分（直-交）

①逆变电路。逆变电路由电力晶体管 V1～V6 构成,完成直流到交流的变换,并能实现输出频率和电压的同时调节,常用的逆变管有绝缘栅双极晶体管（IGBT 前）,大功率晶体管

（GTR）、功率场效层晶体管（MOSFET）等电力电子器件,具体内容参见项目三任务1。

②续流二极管（VD7 ~ VD12）。VD7 ~ VD12 是电压型逆变器所需的反馈二极管,为无功电流、再生电流提供返回直流的通路。

③缓冲电路（R_{01} ~ R_{06}、VD1 ~ VD6、C_{01} ~ C_{06}）。电力晶体管 V1 ~ V6 每次由导通状态切换成截止状态的关断瞬间,集电极和发射极（即 C、E）之间的电压 U_{CE} 极快地由 0 V 升至直流电压值 U_D,这过高的电压增长率会导致逆变管损坏,C_{01} ~ C_{06} 的作用就是减小电压增长率,此时经 VD01 ~ VD06 给电容器充电。V1 ~ V6 每次由截止状态切换到导通状态瞬间,C01 ~ C06 上所充的电压 U_D 将向 V1 ~ V6 放电。该放电电流的初始值是很大的,R_{01} ~ R_{06} 的作用就是减小 C_{01} ~ C_{06} 的放电电流。

（3）制动部分

由于整流电路输出的电压和电流极性都不能改变,不能从直流中间电路向交流电源反馈能量。当负载电动机由电动状态转入制动运行时,电动机变为发电状态,其能量通过逆变电路中的反馈二极管流入直流中间电路,使直流电压升高而产生过电压,这种过电压称为泵升电压。为了限制泵升电压,如图 5-4 所示,可给直流侧电容器并联一个由电力晶体管 VB 和能耗电阻 R 组成的泵升电压限制电路。当泵升电压超过一定数值时,使 VB 导通,能量消耗在 R 上。这种电路可运用于对制动时间有一定要求的调速系统中。

在要求电动机频繁快速加减的场合,上述带有泵升电压限制电路的变频电路耗能较多,能耗电阻 R 也需较大的功率。因此,希望在制动时把电动机的动能反馈回电网。这时,需要增加一套有源逆变电路（反组桥）,以实现再生制动。

2. 控制电路

控制电路主要包括运算电路、信号检测电路、驱动电路、外部接口电路以及保护电路,如图 5-6所示。

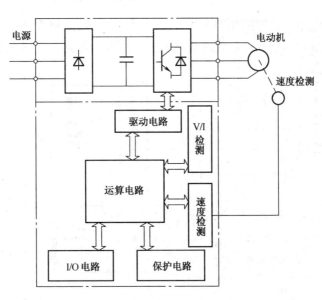

图 5-6　变频器控制电路结构

（1）运算电路

将外部的速度、转矩等指令同检测电路的电流、电压信号进行比较运算,决定逆变器的输出电压、频率。

（2）电压、电流检测电路

与主回路电位隔离检测电压、电流等。

（3）驱动电路

为驱动主电路器件的电路。它与控制电路隔离使主电路器件导通或关断。

（4）I/O 电路

为了变频器更好地人机交互,变频器具有多种输入(如运行、多段速度运行等)信号,还有各种内部参数的输出(如电流、频率、保护动作驱动等)信号。

（5）速度检测电路

以装在异步电动机轴上的速度检测器(TG、PLG 等)的信号为速度信号,送入运算回路,根据指令和运算可使电动机按指令速度运转。

（6）保护电路

检测主电路的电压、电流等,当发生过载或过电压等异常时,为了防止逆变器和异步电动机损坏,使逆变器停止工作或抑制电压、电流值。

原来交-直-交变频器的主要部分就是整流和逆变部分,这里的逆变部分是如何将直流变成交流的?

我们就一起来学习一下!

子任务2　单相并联逆变电路的调试

单相并联逆变电路的原理图如图 5-7 所示,由直流电源、晶闸管、储能元件等组成。分别调试电路接电阻性负载和电感性负载时输出电压的波形。调试步骤:先连接与调试触发电路,再连接与调试主电路。

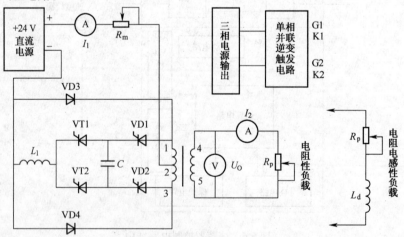

图 5-7　单相并联逆变电路的原理图

1. 触发电路调试

①将电源控制屏的电源选择开关打到"直流调速"侧,使输出线电压为 200 V。用两根导线将 200 V 交流电压接到触发模块的输入端,启动电源。

②用示波器观察"单相并联逆变"上 555 振荡器输出端"1"端波形,调节 R_P,观察其频率是否连续可调。

③观察 JK 触发器输出端,"2""3"端波形的频率是否是"1"端的一半,且"2""3"端波形的相位正好相差 180 。

④调节 R_P,使"1"端输出频率为 100 Hz 左右。观察"4""5"端及输出脉冲的波形,确定逆变器触发电路工作是否正常。

2. 单相并联逆变电路接电阻性负载

①按图 5-7 接线,其中限流电阻应调整到使主电路电流不大于 0.5 A。换流电容器 C 由可调电容箱接入,其数值可根据需要进行调节,一般可调到 10 μF 左右。将触发电路的输出脉冲分别接至相对应晶闸管的门极和阴极。

②接上电阻性负载,用示波器观察并记录输出电压 u_o、晶闸管两端电压波形 u_T 及换向电容器两端电压 u_C、限流电感电压 U_{L1} 的波形,并记录输出电压 u_o 和频率 f_o 的数值。调节 R_P,观察各波形的变化情况。

③改变换流电容器 C 的电容值,观察逆变器是否能正常工作。

3. 单相并联逆变电路接电阻电感性负载

切断电源,将负载改接成电阻电感负载(可选用 700 mH 电感器),然后重复电阻性负载时的实验步骤。

任务相关知识

一、变频器中逆变电路的基本工作原理与换流方式

1. 逆变电路基本工作原理

将直流电变换成交流电的电路称为逆变电路。

交-直-交变频器中单相逆变电路如图 5-8 所示,其工作原理是:当 VT1 和 VT4 触发导通时,负载 R 上得到左正右负的电压 u_o。当 VT2 和 VT3 触发导通时,VT1 和 VT4 承受反压关断,则负载电压 u_o 的极性变为右正左负。只要控制两组晶闸管轮流切换,就可将电源的直流电逆变为负载上的交流电。显然,负载交变电压 u_o 的频率等于晶闸管由导通转为关断的切换频率,若能控制切换频率,即可实现对负载电压频率的调节。问题在于如何按时关断晶闸管,且关断后使晶闸管承受一段时间的反向电压,让管子完全恢复正向阻断能力,即逆变电路中的晶闸管如何可靠地换流。

2. 逆变电路的换流方式

换流实质就是电流在由半导体器件组成的电路中不同桥臂之间的转移。在逆变电路中常用的换流方式有以下三种:

(1)器件换流

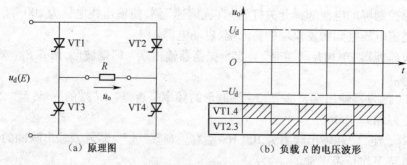

（a）原理图　　　　　（b）负载 R 的电压波形

图 5-8　单相无源逆变电路的工作原理图

利用电力电子器件自身的自关断能力（如全控型器件）进行换流。采用自关断器件组成的逆变电路就属于这种类型的换流方式。

（2）负载换流

当逆变器输出电流超前电压（即带电容性负载）时，且流过晶闸管中的振荡电流自然过零时，则晶闸管将继续承受负载的反向电压，如果电流的超前时间大于晶闸管的关断时间，就能保证晶闸管完全恢复阻断能力，实现可靠换流。目前使用较多的并联和串联谐振式中频电源就属于此类换流，这种换流主电路不需附加换流环节，也称自然换流。

（3）强迫换流

强迫换流又称脉冲换流。当负载所需交流电频率不是很高时，可采用负载谐振式换流，但需要在负载回路中接入容量很大的补偿电容器，这显然是不经济的，这时可在变频电路中附加一个换流回路。进行换流时，由于辅助晶闸管或另一主控晶闸管的导通，使换流回路产生一个脉冲，让原导通的晶闸管因承受一段时间的反向脉冲电压而可靠关断，这种换流方式称为强迫换流。图 4-9（a）为强迫换流电路原理图，电路中的换流环节由 VT2、C 与 R_1 构成。当主控晶闸管 VT1 触发导通后，负载 R 被接通，同时直流电源经 R_1 对电容器 C 充电（极性为右正左负），直到电容器电压 $U_C = -U_d$ 为止。当电路需换流时，可触发辅助晶闸管 VT2，这时电容器电压通过 VT2 加到 VT1 管两端，迫使 VT1 两端承受反向电压而关断。同时，电容器 C 还经 R、VT2 向直流电源放电后又被直流电源反充电。U_C 反充电波形如图 4-9（b）所示。由波形可见，VT2 触发导通至 t_0 期间，VT1 均承受反向电压，在此期间内 VT1 必须恢复到正向阻断状态。只要适当选取电容器的电容值，使主控晶闸管 VT1 承受反向电压的时间大于 VT1 的恢复关断时间，即可确保可靠换流。

二、三相逆变器

三相逆变器广泛应用于三相交流电动机变频调速系统，它可由普通晶闸管组成，依靠附加换流环节进行强迫换流。如果用自关断电力电子器件组成，则换流关断全靠对器件的控制，不需附加换流环节。逆变器按直流侧的电源是电压源还是电流源可分为以下两种：

一是直流侧是电压源供电的（通常由可控整流输出经大电容滤波）称为电压型逆变器。

二是直流侧是电流源供电的（通常由可控整流输出经大电抗器 L_d 对电流滤波）称为电流型逆变器。两种逆变器的性能，特点及适用范围如表 5-1 所示。

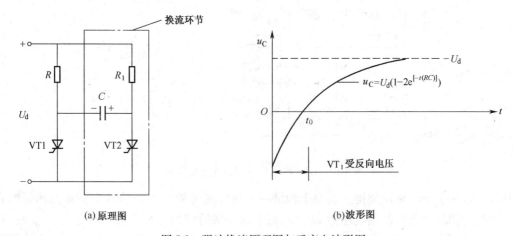

(a)原理图　　　　　　　　　　　　(b)波形图

图 5-9　强迫换流原理图与反充电波形图

表 5-1　电流型、电压型逆变器比较

项目	电流型逆变器	电压型逆变器
电路结构		
负载无功功率	用换流电容处理	通过反馈二极管返还
逆变输出波形	电流为矩形波,电压近似为正弦波	电压为矩形波,电流近似为正弦波
电源阻抗	大	小
再生制动	方便,不附加设备	需在主电路设置反向并联逆变器
电流保护	过电流保护及短路保护容易	过电流保护及短路保护困难
对晶闸管的要求	耐压高,关断时间要求不高	耐压一般,要求采用KK型快速管
适用范围	单机拖动,加、减速频繁,需经常反转的场合	多机同步运行不可逆系统、快速性要求不高的场合

1. 电压型三相逆变器

图 5-10 所示为电力晶体管 GTR 组成的逆变器,图 5-10(a)为逆变原理图,图 5-10(b)为三相负载等效电路图。电路的基本工作方式是 180°导电方式,每个桥臂的主控管导通角为 180°,同一相上、下两个桥臂主控管轮流导通,各相导通的时间依次相差 120°。导通顺序为 V1,V2,V3,V4,V5,V6,每隔 60°换相一次,由于每次换相总是在同一相上、下两个桥臂管子之间进行,因而称之为纵向换相。这种 180°导电的工作方式,在任一瞬间电路总有三个桥臂管同时导通工作。顺序为第①区间 V1, V2,V3 同时导通,第②区间 V2,V3,V4 同时导通,第③区间 V3,V4,V5 同时导通,等等,依次类推。在第①区间 V1,V2,V3 导通时,电动机端线电压 $U_{UV}=0$,$U_{VW}=U_d$,$U_{WU}=-U_d$。在第②区间 V2,V3,V4 同时导通,电动机端线电压为 $U_{UV}=-$

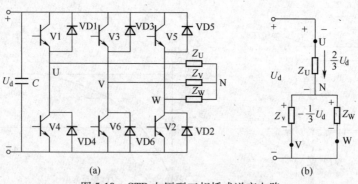

(a)　(b)

图 5-10　GTR 电压型三相桥式逆变电路

U_d，$U_{VW} = U_d$，$U_{WU} = 0$，依次类推。若是上面的一个桥臂晶体管与下面的两个桥臂晶体管配合工作，这时上面桥臂负载的相电压为 $2U_d/3$，而下面并联桥臂的每相负载相电压为 $-U_d/3$。若是上面两个桥臂晶体管与下面一个桥臂晶体管配合工作，则此时三相负载的相电压极性和数值刚好相反，其电压、电流波形如图 5-11 所示。

　　对 GTR 的控制要求是：为防止同一相上、下桥臂晶体管同时导通而造成电源短路，对 GTR 的基极控制应采用"先断后通"的方法，即先给应关断的 GTR 基极关断信号，待其关断后再延时给应导通的 GTR 基极信号，两者之间留有一个短暂的死区。

　　2. 电流型三相逆变器

　　图 5-12 所示为串联二极管式电流型三相逆变电路的主电路，性能优于电压型逆变器，在晶闸管变频调速中应用最多。普通晶闸管 VT1～VT6 组成三相桥式逆变器，C_1～C_6 为换流电容器 VD1～VD6 为隔离二极管，防止换流电容器直接对负载放电，该逆变器工作方式为 120°导电式，每个晶闸管导通 120°，任何瞬间只有两只晶闸管同时导通，电动机正转时，晶闸管的导通顺序为 VT1→VT2→VT3→VT4→VT5→VT6，触发脉冲间隔为 60°。

　　逆变输出相电压为交变矩形波，线电压为交变阶梯波，每一阶梯电压值为 $U_d/2$。其输出的电流波形与电压型一样，可按照 120°导电控制方式画出，如图 5-13 所示。

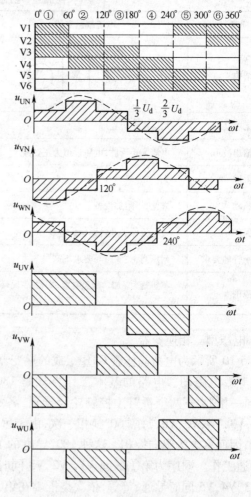

图 5-11　电压型三相逆变电路电压、电流波形

在 0° ~60°区间,导通的晶闸管为 VT1 , VT6,所以 $i_U = i_d , i_V = -i_d$,同样在 60° ~120°区间,导通晶闸管为 VT1 和 VT2,所以 $i_U = i_d , i_W = -i_d$ 。对其他区间可用同样方法画出。

现以 VT5 , VT6 稳定导通,触发 VT1 使 VT5 关断的过程为例来说明其换流过程。

①换流前。VT5 , VT6 稳定导通,直流电流 I_d 从 W 相流进电动机,由 V 相流出回到直流电源;电容器 C_1 , C_3 , C_5 均被充电。C_1 , C_3 , C_5 三个电容用等

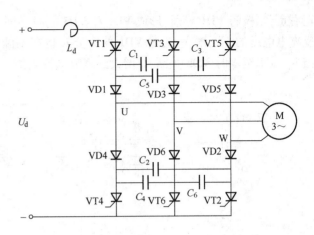

图 5-12 串联二极管式电流型三相逆变电路

效电容 $C_{UW} = \dfrac{C_1 C_3}{C_1 + C_3} + C_5$ 来表示,充电极性为右正左负,等值电路如图 5-14(a)所示。

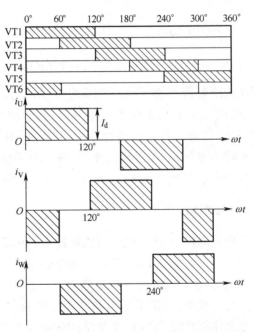

图 5-13 电流型三相逆变电路输出波形

②晶闸管换流。当给晶闸管 VT1 触发脉冲使之导通时,换流等值电容器 C_{UW} 上的电压反向加到 VT5 上,使 VT5 关断,直流电流 I_d 从 VT5 换到 VT1 流进,同时 C_{UW} 上的电压通过 VT5 与 W 相负载、V 相负载、VD6、VT6、直流电源、VT1 构成放电回路,如图 5-14(b)所示。由于电感器 L_d (图 5-12)的作用,使放电电流恒定,故称为恒流放电阶段。在 C_{UW} 放电到零之前,VT5 一直承受反向电压,只要反向电压时间(即 C_{UW} 放电时间)大于晶闸管关断时间 t_q 就能保证 VT_5 可靠关断。

③二极管换流。当 C_{UW} 放完电后,直流电源继续对其反充电,使 C_{UW} 两端电压极性变为左

正右负,二极管 VD1 导通,形成 VD1 和 VD5 同时导通的状态,如图 5-14(c)所示。随着 C_{UW} 反充电电压的不断增大,流过 VD1 的电流 i_U 也在不断增大,而流过 VD5 的电流在不断减小,当 i_W 减小至零时 VD5 关断,i_U 增大到直流电流 I_d 值。

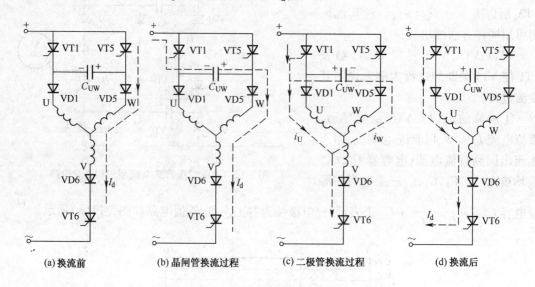

(a) 换流前　　　　　(b) 晶闸管换流过程　　　(c) 二极管换流过程　　　(d) 换流后

图 5-14　串联二极管式逆变电路换流过程

④正常运行。二极管换流结束后,等效 C_{UW} 已充满电荷,极性为左正右负,进而为下一次换流储蓄电能做好准备,电路进入 VT6 和 VT1 稳定导通状态,如图 5-14(d)所示。本节所讨论的 180°导电工作方式与 120°导电工作方式两种逆变电路,在同样的直流电压 U_d 时,采用 180°导电工作方式比 120°的输出电压高,电路利用率高,故三相逆变器采用 180°导电工作方式控制的比较多。但从换流安全角度考虑,120°导电工作方式控制较为有利。

三、脉宽调制(PWM)型逆变电路

当逆变器驱动负载为异步电动机时,不但要求变频器输出频率和电压大小可调,而且要求输出波形尽可能接近正弦波。当用输出为 180°或 120° 矩形波电压(或电流)的逆变器对异步电动机供电时,存在谐波损耗和低速运行时出现转矩脉动的问题,为了改善逆变器输出波形,将电子调制技术引入到变流技术领域,出现了运用脉冲宽度调制(简称 PWM)技术的逆变器及由其供电的交流电动机速度控制系统。PWM 逆变器也有电压型和电流型两种,目前,PWM 调压方式在交-直-交电压型变频器上最为常用,而交-直-交电流型逆变器则往往采用相位控制调压方式,这里只讨论脉冲宽度调制的电压型交-直-交逆变器。

PWM 控制的基本原理。在采样控制理论中有一个重要结论:冲量(脉冲的面积)相等而形状不同的窄脉冲,如图 5-15 所示,分别加在具有惯性环节的输入端,其输出响应波形基本相同。这就是 PWM 控制的重要理论依据。如图 5-16 所示,一个正弦半波完全可以用等幅不等宽的脉冲列来等效,但必须做到正弦半波所等分的 6 块阴影面积与相对应的 6 个脉冲列的阴影面积相等,其作用的效果就基本相同,对于正弦波的负半周,用同样方法可得到 PWM 波形来取代正弦负半波。

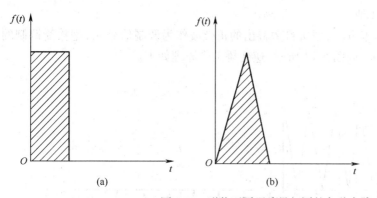

图 5-15　形状不同而冲量相同的各种窄脉冲

脉宽调制(PWM)控制方法:以所期望的波形作为调制波,而以一个高频等腰三角波作为载波。由于等腰三角波是上下线性对称变化的波形,以它作为载波,与任何一个期望波形进行调制时,都可得到一组等幅而脉冲宽度正比于该期望波形曲线函数值的矩形脉冲系列。

正弦脉宽调制(SPWM)技术:采用正弦调制波和等腰三角形载波进行调制,得到一组幅值不变而宽度正比于正弦函数值的矩形脉冲。这样的电压脉冲系列可以使负载电流中的高次谐波成分大为减小。

下面分别介绍单相和三相桥式 SPWM 型逆变电路的工作原理。

1. 单相桥式 SPWM 逆变电路的工作原理

电路如图 5-17 所示,采用 GTR 作为逆变电路的自关断开关器件。设负载为电感性,控制方法可以有单极性与双极性两种。

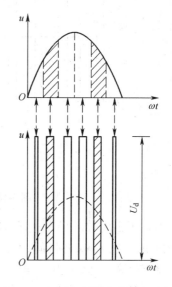

图 5-16　SPWM 控制的基本原理示意图

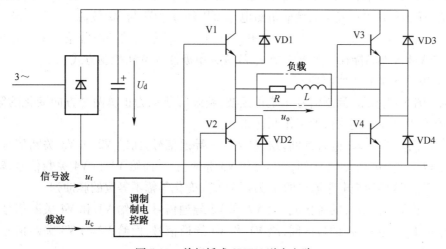

图 5-17　单相桥式 SPWM 逆变电路

（1）单极性 SPWM 工作原理

按照 PWM 控制技术的基本方法，把所希望输出的正弦波作为调制信号 u_r，把接受调制的等腰三角形波作为载波信号 u_c，如图 5-18 所示，逆变桥工作原理如下。

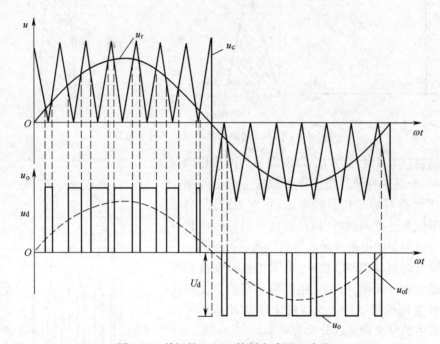

图 5-18　单极性 SPWM 控制方式原理波形

当 u_r 正半周时，让 V1 一直保持通态，V2 保持断态。在 u_r 与 u_c 正极性三角波交点处控制 V4 的通断。在 $u_r > u_c$ 各区间，控制 V4 为通态，输出负载电压 $u_o = U_d$。在 $u_r < u_c$ 各区间，控制 V4 为断态，输出负载电压 $u_o = 0$，此时负载电流可以经过 VD3 与 V1 续流。

当 u_r 负半周时，让 V2 一直保持通态，V1 保持断态。在 u_r 与 u_c 负极性三角波交点处控制 V3 的通断。在 $u_r < u_c$ 各区间，控制 V3 为通态，输出负载电压 $u_o = -U_d$。在 $u_r > u_c$ 各区间，控制 V3 为断态，输出负载电压 $u_o = 0$，此时负载电流可以经过 VD4 与 V2 续流。

逆变电路输出的 u_o 为 PWM 波形，如图 5-18 所示，u_{of} 为 u_o 的基波分量。由于在这种控制方式中的 PWM 波形只能在一个方向变化，故称为单极性 SPWM 控制方式。

（2）双极性 SPWM 工作原理

电路如图 5-17 所示，调制信号 u_r 是正弦波，载波信号 u_c 为正负两个方向变化的等腰三角形波，如图 5-19 所示。逆变桥的工作原理如下。

在 u_r 正半周，当 $u_r > u_c$ 的各区间，给 V1 和 V4 导通信号，而给 V2 和 V3 关断信号，输出负载电压 $u_o = U_d$。在 $u_r < u_c$ 的各区间，给 V2 和 V3 导通信号，而给 V1 和 V4 关断信号，输出负载电压 $u_o = -U_d$。这样逆变电路输出的 u_o 为两个方向变化等幅不等宽的脉冲列。

在 u_r 负半周，当 $u_r < u_c$ 的各区间，给 V2 和 V3 导通信号，而给 V1 和 V4 关断信号，输出负载电压 $u_o = -U_d$。当 $u_r > u_c$ 的各区间，给 V1 和 V4 导通信号，而给 V2 与 V3 关断信号，输出负载电压 $u_o = U_d$。

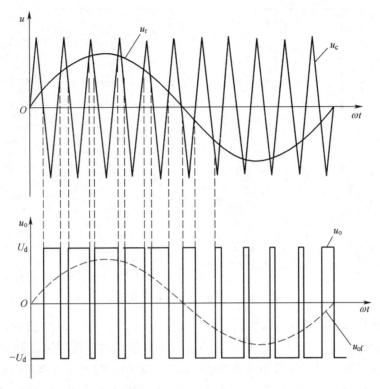

图 5-19　双极性 SPWM 控制方式原理波形

双极性 SPWM 控制的输出 u_o 波形如图 5-19 所示,它为两个方向变化等幅不等宽的脉列。这种控制方式特点是:

①同一平桥上下两个桥臂晶体管的驱动信号极性恰好相反,处于互补工作方式。

②电感性负载时,若 V1 和 V4 处于通态,给 V1 和 V4 以关断信号,则 V1 和 V4 立即关断,而给 V2 和 V3 以导通信号,由于电感性负载电流不能突变,电流减小感生的电动势使 V2 和 V3 不可能立即导通,而是二极管 VD2 和 VD3 导通续流,若续流能维持到下一次 V1 与 V4 重新导通,负载电流方向始终没有变,则 V2 和 V3 始终未导通。只有在负载电流较小无法连续续流的情况下,在负载电流下降至零,VD2 和 VD3 续流完毕,V2 和 V3 导通,负载电流才反向流过负载。但是不论是 VD2、VD3 导通还是 V2、V3 导通,u_o 均为 $-U_d$。从 V2、V3 导通向 V1、V4 切换情况也类似。

2. 三相桥式 SPWM 逆变电路的工作原理

电路如图 5-20 所示,本电路采用 GTR 作为电压型三相桥式逆变电路的自关断开关器件,负载为电感性。从电路结构上看,三相桥式 SPWM 逆变电路只能选用双极性控制方式,其工作原理如下。

三相调制信号 u_{rU}、u_{rV} 和 u_{rW} 为相位依次相差 $120°$ 的正弦波,而三相载波信号是公用一个正负方向变化的三角形波 u_c,如图 5-21 所示。U、V 和 W 相自关断开关器件的控制方法相同,现以 U 相为例:在 $u_{rU}>u_c$ 的各区间,给上桥臂电力晶体管 V1 以导通驱动信号,而给下桥臂 V4 以关断信号,于是 U 相输出电压相对直流电源 U_d 中性点 N' 为 $u_{UN'}=U_d/2$。在 $u_{rU}<u_c$ 的各区

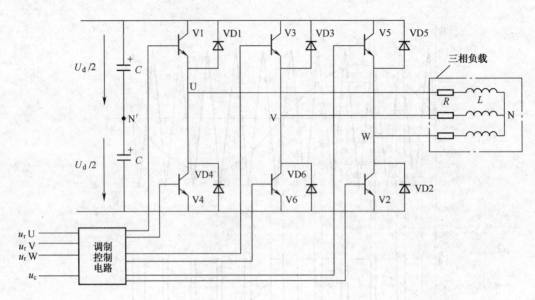

图 5-20 三相桥式 SPWM 逆变电路

间,给 V1 以关断信号,V4 为导通信号,输出电压 $u_{UN'} = -U_d/2$。如图 5-21 所示。

图 5-20 电路中,VD1 ~ VD6 二极管是为电感性负载换流过程提供续流回路,其他两相的控制原理与 U 相同。三相桥式 SPWM 变频电路的三相输出的 SPWM 波形分别为 $u_{UN'}$、$u_{VN'}$ 和 $u_{WN'}$,如图 5-21 所示。U、V 和 W 三相之间的线电压 SPWM 波形以及输出三相相对于负载中性点 N 的相电压 SPWM 波形,读者可按下列计算式求得:

$$\text{线电压}\begin{cases} u_{UV} = u_{UN'} - u_{VN'} \\ u_{VW} = u_{VN'} - u_{WN'} \\ u_{WU} = u_{WN'} - u_{UN'} \end{cases}, \quad \text{相电压}\begin{cases} u_{UN} = u_{UN'} - \dfrac{1}{3}(u_{UN'} + u_{VN'} + u_{WN'}) \\ u_{VN} = u_{VN'} - \dfrac{1}{3}(u_{UN'} + u_{VN'} + u_{WN'}) \\ u_{WN} = u_{WN'} - \dfrac{1}{3}(u_{UN'} + u_{VN'} + u_{WN'}) \end{cases}$$

在双极性 SPWM 控制方式中,理论上要求同一相上下两个桥臂的开关管驱动信号相反,但实际上,为了防止上下两个桥臂直通造成直流电源的短路,通常要求先施加关断信号,经过 Δt 的延时才给另一个施加导通信号。在保证安全可靠换流前提下,延时时间应尽可能取小。

3. SPWM 逆变电路的调制控制方式

在 SPWM 逆变电路中,载波频率 f_c 与调制信号频率 f_r 之比称为载波比,即 $N = f_c/f_r$。根据载波和调制信号波是否同步,SPWM 逆变电路有异步调制和同步调制两种控制方式。

(1)异步调制控制方式

当载波比 N 不是 3 的整数倍时,载波与调制信号波就存在不同步的调制,就是异步调制三相 SPWM,如 $f_c = 10f_r$,载波比 $N = 10$,不是 3 的整数倍。在异步调制控制方式中,通常 f_c 固定不变,逆变输出电压频率的调节是通过改变 f_r 的大小来实现的,所以载波比 N 也随时跟着变化,就难以同步。

异步调制控制方式的特点是:控制相对简单;输出波形偏离正弦波。

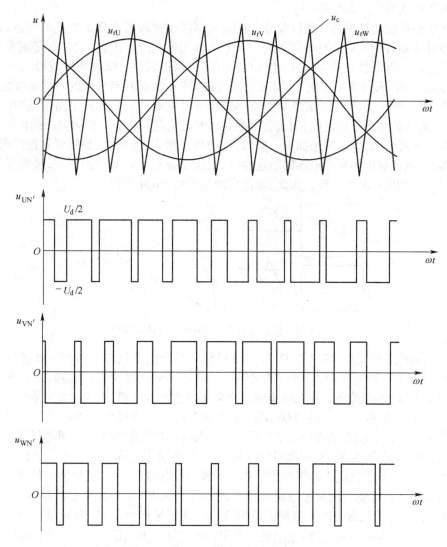

图 5-21 三相桥式 SPWM 逆变波形

（2）同步调制控制方式

在三相逆变电路中当载波比 $N=f_c/f_r$ 为 3 的整数倍时,载波与调制信号波能同步调制。在同步调制控制方式中,通常保持载波比 N 不变,若要增高逆变输出电压的频率,必须同时增高 f_c 与 f_r,且保持载波比 N 不变,保持同步调制不变。

同步调制控制方式的特点是:控制相对较复杂;输出波形等效于正弦;但当逆变电路输出频率 f_0 很低时,低频谐波通常不易滤除。

综上所述,同步调制方式效果比异步调制方式好,但同步调制控制方式较复杂,一般要用微机进行控制。为了克服同步调制控制方式低频段的缺点,通常采用"分段同步调制"的方法,即把逆变电路的输出频率范围划分成若干个频率段,每个频率段内都保持载波比为恒定,而不同频率段所取的载波比不同。电路在输出低频率段时采用异步调制方式。

4. SPWM 波形的生成电路

SPWM 的控制就是根据三角波载波和正弦调制波用比较器来确定它们的交点,在交点时刻对功率开关器件的通断进行控制。这个任务可以用模拟电子电路、数字电路或专用的大规模集成电路芯片等硬件电路来完成,也可以用计算机通过软件生成 SPWM 波形。

用模拟电路实现 PWM 控制,一般来说,模拟电路大多采用 SPWM 的自然采样法,它的结构图如图 5-22 所示。图中,正弦波发生器和三角波发生器分别由模拟电路组成,在异步调制方式下,三角波的频率是固定的,而正弦波的频率和幅值随调制深度的增大而线性增大。此方法原理简单而且直观,但也带来如下一些缺点:硬件开销大,体积大,系统可靠性降低,调试也比较困难;变频器输出频率和电压的稳定性差;系统受温漂和时漂的影响大,造成变频器性能在用户使用时和出厂时不一样。因此,难以实现最优化 PWM 控制。

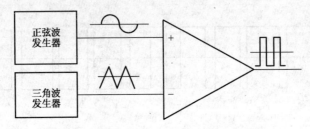

图 5-22　模拟电路产生 PWM 波电路结构图

用专用集成芯片实现 PWM 控制:如 HEF4752V,是全数字化的三相 SPWM 波生成集成电路。SEI4520,是一种应用 ACOMS 技术制作的低功耗高频大规模集成电路,是一种可编程器件。利用这些与微机配套的专用数字集成电路来完成逆变器的 PWM 控制会为系统设计带来不少方便,但也有一些不足。一是控制规律固定,不便于调整;二是使用该片时,需要一些模拟或数字器件作为外围支持电路,从而降低了集成芯片本来具有的集成度高、运行可靠等优点。

采用微机实现 PWM 控制:用微机软件实时产生 PWM 信号是一种既方便又经济可靠的方法,它的稳定性及抗干扰能力均明显优于相应的模拟控制电路。此外,用微机软件可以方便地实现具有多种优良性能而用模拟电路很难实现的复杂的 PWM 控制策略。目前,在使用微机产生 PWM 信号时比较常用的控制策略是 SPWM 的规则采样法和 SVPWM 法。由于受微机字长、运算速度等因素的影响,目前用微机产生 PWM 信号大多只能应用于控制精度不高,载波频率较低的场合。在高载波频率下产生 PWM 信号,计算机就显得颇有些力不从心。而且采用微机实现 PWM 控制要占用微机的 CPU 的资源。

目前,市场上的变频器大部分是采用专用集成芯片实现 PWM 控制,少量采用微机实现 PWM 控制。

任务 2　三相 SPWM 变频调速系统的调试

任务目标

1. 能正确测试 SPWM 电路各点波形。
2. 会测量并分析变频器输出正弦波信号的幅值与频率的关系。

SPWM 技术真妙,能得到变压变频的正弦交流信号,就是不知道用它来驱动交流电动机调速的实际效果怎么样。

那就一起来测试一下吧!

任务实施

图 5-23 为三相 SPWM 变频调速系统的原理图,由整流电路、滤波环节、逆变电路、交流电动机、SPWM 控制电路等组成。

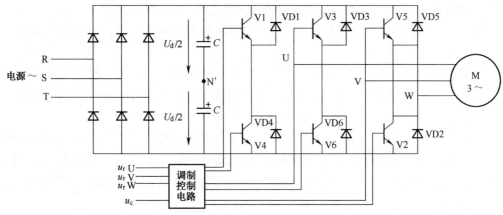

图 5-23　三相 SPWM 变频调速系统的原理图

三相 SPWM 变频调速系统调试步骤如下:

①按图 5-23 准备实验 SPWM 变频挂件,连接线路,接通挂件电源,关闭电动机开关,调制方式设定在 SPWM 方式(将控制部分 S、V、P 的三个端子都悬空),然后开启电源开关。

②点动"增速"按键,将频率设定在 0.5 Hz,用示波器在 SPWM 部分观测三相正弦波信号、三角载波信号、三相 SPWM 调制信号;再点动"转向"按键,改变转动方向,观测上述各信号的相位关系变化。

③逐渐升高频率,直至到达 50 Hz 处,重复以上的步骤。

④将频率设置为 0.5~60 Hz 的范围内改变,在测试点"2、3、4"中观测正弦波信号的频率和幅值的关系。分别测量 0.5~50 Hz、50~60 Hz 内正弦波信号的幅值与频率的关系(如选取 5 Hz、20 Hz、30 Hz、40 Hz、50 Hz、60 Hz 作为测试点),并自拟表格记录各点频率对应的转速和输出电压。

任务相关知识

一、三相异步电动机的调速方法

交流异步电动机是电气传动中使用最为广泛的电动机类型。根据统计,我国异步电动机的使用容量约占拖动总容量的八成以上，因此了解异步电动机的调速原理十分重要。

异步电动机又称感应电动机。由于电动机负载运行时，电动机转子转速略低于电动机的同步转速，即存在滑差，所以异步电动机的轴转速为

$$n = n_1(1-s) = 60f_1(1-s)/p$$

式中　n——交流电动机的轴转速；

　　　n_1——交流电动机的定子旋转磁场转速；

　　　p——磁极对数；

　　　s——转差率；

　　　f_1——电动机定子电源的频率。

从转速的公式可以看出：交流电动机的调速可以有以下三种方法：

①改变交流电动机的磁极对数调速。由于磁极对数只能是正整数，所以调速是具有阶跃性的。

②改变交流电动机的转差率调速。从电动机工作原理可以知道；增加转差率后，电动机有一部分能量就浪费了。效率较低。常用转子回路串接电阻的方法，只能使用在绕线式转子电动机上，而且这部分浪费的能量转换成热量，会形成环境的污染。

③改变交流电动机的供电电源的频率进行调速。由于改变频率时所采用的电力电子器件工作在开关状态，所以变频装置本身基本不消耗，电动机可以工作在自身参数状态下，效率较高，所以没有附加的损耗，只要变频器能够输出连续的可变频率，电动机的转动速度就可以做到连续调节。

二、异步电动机变频调速的机械特性

在调节异步电动机或电源的某些参数时会引起异步电动机机械特性的改变。那么改变电源频率 f_1 会引起异步电动机机械特性怎样的改变呢？

调节频率时通过几个特殊点来得出机械特性的大致轮廓。

理想空载点 $(0, n_0)$：

$$n_0 = \frac{60f_1}{p}$$

最大转矩点 (T_m, n)：

$$T_m = \frac{3pU_1^2}{4\pi f_1\left(R_s + \sqrt{R_s^2 + (L_{1s} + L_{1r}')^2}\right)}$$

式中　R_s、L_{1s}——定子每相绕组电阻和漏抗；

　　　L_{1r}'——经过折算后的转子每相绕组漏抗。

1. 基频以下时的机械特性

①理想空载转速：$f_1\downarrow \rightarrow n_0\downarrow$。

②最大转矩：最大转矩是确定机械特性的关键点，由于理论推导过于烦琐，下面通过一组实验数据来观察最大转矩点随频率变化的规律。表 5-2 是某四极电动机在调节频率时的实验结果。

表 5-2　基频以下时最大转矩点坐标

f/f_N	1.0	0.9	0.9	0.7	0.6	0.5	0.4	0.3	0.2
n_0	1 500	1 350	1 200	1 050	900	750	600	450	300
T_m/T_{mN}	1.0	0.97	0.94	0.9	0.85	0.79	0.7	0.6	0.45
Δn_m	285	285	285	285	279	270	255	225	186

表中 T_{mN} 为额定频率时的临界转矩。结合表中的数据,作出机械特性如图 5-24 所示。

观察各条机械特性,它们的特征如下:

①从额定频率向下调频时,理想空载转速减小,最大转矩逐渐减小。

②频率在额定频率附近下调时,最大转矩减少很少,可以近似认为不变;频率调得很低时,最大转矩减小很快。

③频率不同时,最大转矩点对应的转差 Δn_m 变化不是很大,所以稳定工作区的机械特性基本是平行的。

2. 基频以上时的机械特性

在基频以上调速时,频率从额定频率往上调节,但定子电压不可能超过额定电压,只能保持额定电压。

①理想空载转速:$f_1 \uparrow \rightarrow n_0 \uparrow$。

②最大转矩:

下面仍通过实验数据来观察最大转矩点位置的变化。表 5-3 是某四极电动机在额定频率以上时的实验结果。

表 5-3　基频以上时最大转矩点坐标

f/f_N	1.0	1.2	1.4	1.6	1.8	0.2
n_0	1 500	1 800	2 100	2 400	2 700	3 000
T_m/T_{mN}	1.0	0.72	0.55	0.43	0.34	0.28
Δn_m	291	294	296	297	297	297

结合表中的数据,作出机械特性如图 5-24 所示,各条机械特性具有以下特征:

①额定频率以上调频时,理想空载转速增大,最大转矩大幅减小。

②最大转矩点对应的转差 Δn_m 几乎不变,但由于最大转矩减小很多,所以机械特性斜度加大,特性变软。

3. 对额定频率以下机械特性的修正

由上面的特性可以看出,在低频时,最大转矩大幅减小,严重影响到电动机在低速时的带负载能力,为解决这个问题,必须了解低频时最大转矩减小的原因。

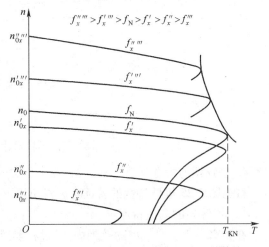

图 5-24　三相异步电动机变频调速机械特性

(1)最大转矩减小的原因

在进行电动机调速时,必须考虑的一个重要因素,就是保持电动机中每极磁通量 Φ_m 不变。如果磁通太弱,没有充分利用电动机的铁心,是一种浪费;如果过分增大磁通,又会使铁心饱和,从而导致励磁电流增加,严重时会因绕组过热而损坏电动机,这是不允许的。

我们知道,三相异步电动机定子每相电动势的有效值为

$$E_1 = 4.44 f_1 N_1 K_{N1} \Phi_m$$

式中 E_1——气隙磁通在定子每相中感应电动势的有效值(V);

   f_1——定子频率(Hz);

   N_1——定子每相绕组的匝数;

   k_{N1}——与定子绕组结构有关的常数;

   Φ_m——每极气隙磁通量(Wb)。

由式可知,要保持 Φ_m 不变,只要设法保持 E_1/f_1 为恒值即可。由于绕组中的感应电动势是难以直接控制的,当电动势较高时,可以忽略定子绕组的漏磁阻抗压降,而认为定子相电压 $U_1 \approx E_1$,即 $U_1/f_1 =$ 常数。这就是恒压频比控制。这种近似是以忽略电动机定子绕组阻抗压降为代价的,但低频时,频率降得很低,定子电压也很小,此时再忽略电动机定子绕组阻抗压降就会引起很大的误差,从而引起最大转矩大幅减小。

(2)解决的办法

针对频率下降时,造成主磁通及最大转矩下降的情况,可适当提高定子电压,从而保证 E_1/f 为恒值。这样一来,主磁通就会基本不变。最终使电动机的最大转矩得到补偿。由于这种方法是通过提高 U/f 比使最大转矩得到补偿的,因此这种方法被称为 V/F 控制或电压补偿,也有些叫做转矩提升。经过电压补偿后,电动机的机械特性在低频时的最大转矩得到了大幅提高,如图 5-25 所示。

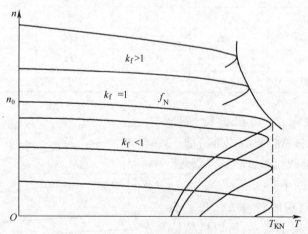

图 5-25 恒转矩、恒功率的调速特性

4. 变频调速特性

根据图 5-25 机械特性的特征可以得出以下结论。

(1)恒转矩的调速特性

在频率小于额定频率的范围内,经过补偿后的机械特性的最大转矩基本为一定值,因此这区域基本为恒转矩区域,适合带恒转矩的负载。

（2）恒功率的调速特性

在频率大于额定频率的范围内，机械特性的最大电磁功率基本为一定值，电动机近似具有恒功率的调速特性，适合带恒功率的负载。

三、异步电动机变频调速的基本控制方式

1. V/F 比恒定控制

V/F 比恒定控制是异步电动机变频调速中最基本的控制方式。它在控制电动机的电源频率变化的同时控制变频器的输出电压，并使二者之比（V/F）为恒定，从而使电动机的磁通基本保持恒定。在异步电动机调速时，保持电动机主磁通恒定是一个非常重要的因素。因为磁通太弱，电动机铁心利用不充分，电动机的负载能力会下降；磁通太强，会使电动机处于过励磁状态，导致过大的励磁电流，严重时会因绕组过热烧坏电动机。由前面分析可知，只要保持 E_1/f 为常数，就可以达到维持磁通恒定的目的。因此这种控制又称为恒磁通变频调速，属于恒转矩调速方式。

但是电动机的定子每相中感应电动势 E_1，难于直接检测和控制。根据电动机端电压和感应电势的关系式：

$$U_1 = E_1 + (r_1 + \mathrm{j}x_1)I_1$$

式中　　U_1——定子相电压；

　　　　r_1——定子电阻；

　　　　x_1——定子阻抗；

　　　　I_1——定子电流。

当电动机在额定运行情况下，电动机定子电阻和漏阻抗的压降较小，U_1 和 E_1 可以看成近似相等，所以保持 U_1/f = 常数即可。

由于 V/F 比恒定调速是从基频向下调速，所以当频率较低时，U_1 和 E_1 都变小，定子漏阻抗压降（主要是定子电阻压降）不能再忽略。这种情况下，可以人为地适当提高定子电压以补偿电阻压降的影响，使气隙磁通基本保持不变。带定子压降补偿的压频比控制特性为图 5-26 中的 b 线，无补偿的控制特性则为 a 线。

目前市场销售的通用变频器的控制多半为 V/F 比恒定控制，它的应用比较广泛，特别是在风机、泵及土木机械等方面应用较多，V/F 比恒定控制的突

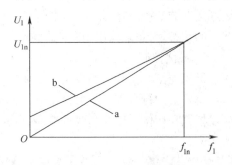

图 5-26　电动机定子压频比特性曲线

出优点是可以进行电动机的开环速度控制。但 V/F 比恒定控制存在的主要问题是低速性能差。

所以，V/F 控制常用于速度精度要求不十分严格或负载变动较小的场合。由于 V/F 控制是转速开环控制，无需速度传感器，控制电路简单，负载可以是通用标准异步电动机，所以这种控制方法通用性强、经济性好，是目前通用变频器产品中使用较多的一种控制方式。

2. 转差频率控制

转差频率控制方式是一种对 *V/F* 控制的一种改进。在采用这种控制方式的变频器中,电动机的实际速度由安装在电动机上的速度传感器和变频器控制电路得到,而变频器的输出频率则由电动机的实际转速与所需转差频率的和自动设定,从而达到在进行调速控制的同时,控制电动机输出转矩的目的。

转差频率控制是利用了速度传感器的速度闭环控制,并可以在一定程度上对输出转矩进行控制,所以和 *V/F* 控制方式相比,在负载发生较大变化时,仍能达到较高的速度精度和具有较好的转矩特性。但是,由于采用这种控制方式时,需要在电动机上安装速度传感器,并需要根据电动机的特性调节转差,通常多用于厂家指定的专用电动机,通用性较差。

3. 矢量控制

矢量控制是一种高性能的异步电动机的控制方式,它是从直流电动机的调速方法得到启发,利用现代计算机技术解决了大量的计算问题,是异步电动机一种理想的调速方法。

矢量控制的基本思想是将异步电动机的定子电流在理论上分成两部分:产生磁场的电流分量(磁场电流)和与磁场相垂直、产生转矩的电流分量(转矩电流),并分别加以控制。

由于在进行矢量控制时,需要准确地掌握异步电动机的有关参数,这种控制方式过去主要用于厂家指定的变频器专用电动机的控制。随着变频调速理论和技术的发展,以及现代控制理论在变频器中的成功应用,目前在新型矢量控制变频器中,已经增加了自整定功能。带有这种功能的变频器,在驱动异步电动机进行正常运转之前,可以自动地对电动机的参数进行识别,并根据辨识结果调整控制算法中的有关参数,从而使得对普通异步电动机进行矢量控制也成为可能。

4. 直接转矩控制

直接转矩控制是利用空间矢量坐标的概念,在定子坐标系下分析交流电动机的数学模型,控制电动机的磁链和转矩,通过检测定子电阻来达到观测定子磁链的目的,因此省去了矢量控制等复杂的变换计算,系统直观、简洁,计算速度和精度都比矢量控制方式有所提高。即使在开环的状态下,也能输出 100% 的额定转矩,对于多拖动具有负荷平衡功能。

5. 最优控制

最优控制在实际中的应用根据要求的不同而有所不同,可以根据最优控制的理论对某一个控制要求进行个别参数的最优化。例如,在高压变频器的控制应用中,就成功的采用了时间分段控制和相位平移控制两种策略,以实现一定条件下的电压最优波形。

任务 3　三菱 FR‐D700 变频器的参数设置及运行

任务目标

1. 熟悉变频器的操作方法及显示特点。
2. 能对变频器的各种运行模式进行切换。
3. 能熟练进行变频器的参数设定。

通过变频器调速特性测试,变频器确实能实现变频变压,进行平滑调速。不过现在市面上有那么多的变频器,具体都如何操作呢?

现在我们就一起来学习使用三菱 FR－D700 变频器!

任务实施

子任务1 认识三菱 FR－D700 变频器的结构

三菱 FR－D700 变频器结构如图 5-27 所示,由操作面板、主电路控制端子、控制电路端子等组成。标注①~④部分的说明如下。

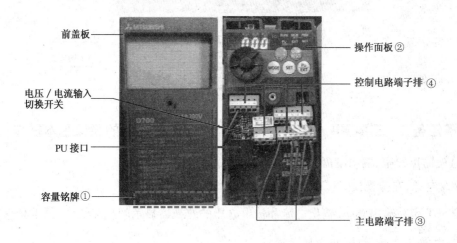

图 5-27 变频器 FR－D700 结构

①变频器容量说明:

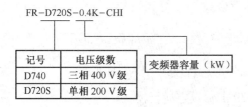

②使用操作面板可以进行运行方式、频率的设定,运行指令监视,参数设定,错误表示等,操作面板如图 5-28 所示。面板上的旋钮、按键功能具体可参见表 5-11,运行状态说明见表 5-12。

③主电路端子排如图 5-2 所示,FR－D740 系列采用三相电源输入:L1、L2、L3;FR－D720S系列采用单相电源输入:L1、N。端子具体说明参见表 5-4。

④控制电路端子如图 5-2 所示,端子具体说明参见表 5-5 ~ 表 5-7。

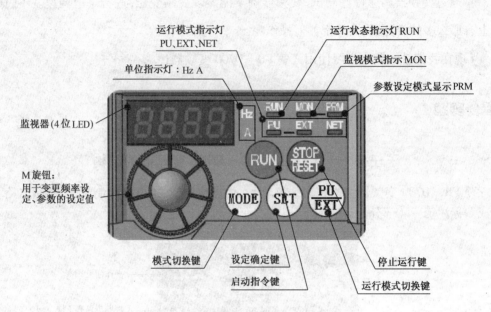

图 5-28　变频器 FR－D700 的操作面板

子任务 2　三菱 FR－D720S－0.4K－CHT 变频器的面板基本操作

1. 监视输出频率、输出电流和输出电压

①接通电源,在监视模式(MON灯亮);

②按 SET 键在输出频率、输出电流和输出电压的监视器显示间相互切换,显示频率时 HZ
亮灯,显示电流时 A 亮灯,显示电压时熄灯。

2. PU/EXT 运行模式切换

方法一:接通电源,若变频器处于外部运行模式(EXT 灯亮)。

①按 PU/EXT 键,切换为 PU 运行模式(PU 灯亮);

②按 PU/EXT 键,切换为 PU 点动运行模式,显示屏显示"JOG";

③按 PU/EXT 键后,再次切换为外部运行模式(EXT 灯亮)。

方法二:通过修改参数 Pr.79 的值设定运行模式。

在 PU 运行模式(PU 灯亮)下修改参数 Pr.79 的值:

①按 MODE 键使变频器进入参数设定状态;

②旋动 M 旋钮,选择参数 Pr.79,按 SET 键读出当前值;

③然后旋动 M 旋钮选择合适的设定值(可选择的设定值为 0,1,2,3,4,6,7),按 SET 键
确定;

④两次按 MODE 键后,变频器的运行模式将变更为设定的模式。

3. 参数全部清除

在 PU 运行模式(⬚PU⬚灯亮)下,通过修改参数 ALLC,可使参数恢复为初始值,操作步骤如下:

①按 MODE 键使变频器进入参数设定状态;

②旋动 M 旋钮,选择参数 ALLC,按 SET 键,读取当前值"0";

③然后旋动 M 旋钮将其值设定为"1",按 SET 键确定;

④两次按 MODE 键后,实现了变频器的参数清除操作。

注:只有在扩展参数 Pr. 77 对应的值为"0"时,才能进行参数修改。

子任务3　采用变频器操作面板实施电动机启停和正反转控制

①根据电动机铭牌数据选择适合变频器控制的电动机,在断电状态下,按图 5-29 接线。

②设置参数 Pr. 79,使变频器处于"PU 运行"模式。

③通过 M 旋钮设定电动机运行频率为 30 Hz,设置参数 Pr. 7、Pr. 8,按动 RUN 键,启动电动机加速运转,在 7 s 内达到设定频率;按动 STOP 键,控制电动机制动减速,在 10 s 内停止运转。

④设置扩展参数 Pr. 40,按动 RUN 键,使电动机正转或反转。

⑤设置参数 Pr. 1、Pr. 2 以及扩展参数 Pr. 161,按动 RUN 键,调节 M 旋钮,使变频器可在 5~45 Hz 范围调节输出频率。

⑥记录变频器运行参数的取值,并理解其含义。

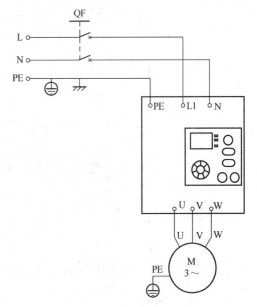

图 5-29　采用操作面板的电动机的启停和正反转控制原理图

子任务4　采用外部开关实施电动机的启停和正反转控制

①根据电动机铭牌数据选择适合变频器控制的电动机,在断电状态下,按图 5-30 正确连接线路。

②设置运行模式、加速和减速相关参数,按动"正转"或"反转"开关,启动电动机"正转"或"反转"运行到预先设定的频率值,要求启动加速时间为 6 s;按动"停止"按钮,应控制电动机在 8 s 内停止运转。

③设置与速度选择端子 RH、RL 相对应的参数,拨动"转速选择"开关,控制电动机高速(1 200 r/min)或低速(600 r/min)运转。

④记变频器运行参数的取值,并理解其含义。

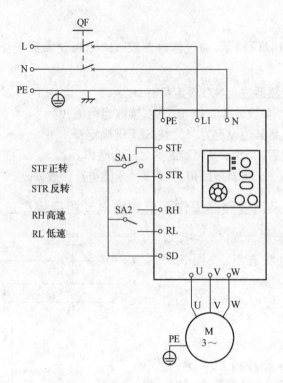

图 5-30 采用外部开关的电动机的启停和正反转控制原理图

任务相关知识

一、三菱 FR‑D700 变频器主电路与控制电路端子功能

1. 主电路端子说明

主电路端子的功能说明见表 5-4。

表 5-4 主电路端子的功能说明

端子记号	端子名称	内　容
L_1、L_2、$L_3$①	电源输入	连接工频电源
U、V、W	变频器输出	接三相鼠笼电动机
+、P1	连接改善功率因数直流电抗器	拆开端子+、P1 间的短路片,连接选件改善功率因数用直流电抗器(FR-BEL)。不需连接时,两端子间短路
+、PR	制动电阻器连接	在端子+和 PR 间连接选购的制动电阻器(FR-ABR、MRS)(0.1 kΩ、0.2 kΩ 不能连接)
+、-	制动单元连接	连接制动单元(FR-BU2)、共直流母线变流器(FR-CV)以及高功率因数变流器(FR-HC)
⏚	接地	变频器外壳接地用,必须接大地

注①:单相电源输入时,变成 L_1、N 端子。

2. 控制电路端子说明

控制电路端子分为控制输入、频率设定(模拟量输入)、继电器输出(异常输出)、集电极开路输出(状态检测)和模拟电压输出等五部分区域,各端子的功能可通过调整相关参数的值进行变更。控制电路输入端子的功能说明见表5-5,控制电路接点输出端子的功能说明见表5-6,控制电路网络接口的功能说明见表5-7。

表 5-5 控制电路输入端子的功能说明

种类	端子编号	端子名称	端子功能说明	
接点输入	STF	正转启动	STF 信号 ON 时为正转、OFF 时为停止指令	STF、STR 信号同时 ON 时变成停止指令
	STR	反转启动	STR 信号 ON 时为反转、OFF 时为停止指令	
	RH RM RL	多段速度选择	用 RH、RM 和 RL 信号的组合可以选择多段速度	
	SD	接点输入公共端(漏型)(初始设定)	接点输入端子(漏型逻辑)的公共端子	
		外部晶体管公共端(源型)	源型逻辑时当连接晶体管输出(即集电极开路输出),如可编程控制器(PLC)时,将晶体管输出用的外部电源公共端接到该端子时,可以防止因漏电引起的误动作	
		DC 24 V 电源公共端	DC 24 V、0.1 A 电源(端子 PC)的公共输出端子,与端子 5 及端子 SE 绝缘	
	PC	外部晶体管公共端(漏型)(初始设定)	漏型逻辑时当连接晶体管输出(即集电极开路输出),如可编程控制器(PLC)时,将晶体管输出用的外部电源公共端接到该端子时,可以防止因漏电引起的误动作	
		接点输入公共端(源型)	接点输入端子(源型逻辑)的公共端子	
		DC 24 V 电源	可作为 DC 24 V、0.1 A 的电源使用	
频率设定	10	频率设定用电源	作为外接频率设定(速度设定)用电位器时的电源使用(按照 Pr.73 模拟量输入选择)	
	2	频率设定(电压)	如果输入 DC 0～5 V(或 0～10 V),在 5 V(10 V)时为最大输出频率,输入、输出成正比。通过 Pr.73 进行 DC 0～5 V(初始设定)和 DC 0～10 V 输入的切换操作	
	4	频率设定(电流)	若输入 DC 4～20 mA(或 0～5 V,0～10 V),在 20 mA 时为最大输出频率,输入、输出成正比。只有 AU 信号为 ON 时端子 4 的输入信号才会有效(端子 2 的输入将无效)。通过 Pr.267 进行 4～20 mA(初始设定)和 DC 0～5 V、DC 0～10 V 输入的切换操作。 电压输入(0～5 V 或 0～10 V)时,请将电压/电流输入切换开关切换至"V"	
	5	频率设定公共端	频率设定信号(端子 2 或 4)及端子 AM 的公共端子,请勿接大地	

表5-6　控制电路接点输出端子的功能说明

种类	端子记号	端子名称	端子功能说明	
继电器	A、B、C	继电器输出（异常输出）	指示变频器因保护功能动作时输出停止的1c接点输出。异常时：B-C间不导通（A-C间导通），正常时：B-C间导通（A-C间不导通）	
集电极开路	RUN	变频器正在运行	变频器输出频率大于或等于启动频率（初始值0.5 Hz）时为低电平，已停止或正在直流制动时为高电平	
	SE	集电极开路输出公共端	端子RUN、FU的公共端子	
模拟	AM	模拟电压输出	可以从多种监示项目中选一种作为输出，变频器复位中不被输出，输出信号与监示项目的大小成比例	输出项目：输出频率（初始设定）

表5-7　控制电路网络接口的功能说明

种类	端子记号	端子名称	端子功能说明
RS-485	—	PU接口	通过PU接口，可进行RS-485通信。 ● 标准规格：EIA-485（RS-485） ● 传输方式：多站点通信 ● 通信速率：4 800～38 400 bit/s ● 总长距离：500 m
—	S1、S2 S0、SC	—	请勿连接任何设备，否则可能导致变频器故障。另外，请不要拆下连接在端子S1-SC、S2-SC间的短路片。任何一个短路用电线被拆下后，变频器都将无法运行

二、变频器的运行模式

在进行变频器操作以前，必须了解其各种运行模式，才能进行各项操作。FR-D700系列变频器的运行模式有"PU运行模式""外部运行模式"和"网络运行模式（NET运行模式）"等。

PU运行模式：利用变频器的面板直接输入给定频率和启动信号。

外部运行模式：使用控制电路端子、在外部设置电位器和开关控制变频器。

网络运行模式（NET运行模式）：通过PU接口进行RS-485通信或使用通信选件控制变频器。

FR-D700系列变频器可通过参数Pr.79的值来指定变频器的运行模式，设定值范围为0，1，2，3，4，6，7；这七种运行模式的内容及相关LED指示灯的状态如表5-8所示。

表5-8　运行模式选择（Pr.79）

设定值	内　容	LED显示状态（▰:灭灯　▱:亮灯）
0	外部/PU切换模式，通过 PU/EXT 键可切换PU与外部运行模式。 注意：接通电源时为外部运行模式	外部运行模式：[EXT] PU运行模式：[PU]

续表

设定值	内　　容	LED 显示状态（▭:灭灯　▮:亮灯）
1	固定为 PU 运行模式	 PU
2	固定为外部运行模式，可以在外部、网络运行模式间切换运行	外部运行模式：EXT　　网络运行模式：PU  
3	外部/PU 组合运行模式 1	 PU　EXT

	频率指令	启动指令	
3	用操作面板、PU（FR-PU04-CH/FR-PU07）设定，或外部信号输入（多段速设定，端子 4-5 间）（AU 信号 ON 时有效）	外部信号输入（端子 STF、STR）	PU　EXT

外部/PU 组合运行模式 2

	频率指令	启动指令	
4	外部信号输入（端子 2、4、JOG、多段速选择等）	通过操作面板的 RUN 键、或通过 PU（FR-PU04-CH/FR-PU07）的 FWD、REV 键来输入	

6	切换模式　可以在保持运行状态的同时，进行 PU 运行、外部运行、网络运行的切换	PU 运行模式：PU　　外部运行模式：EXT　　网络运行模式：NET   
7	外部运行模式（PU 运行互锁）　X12 信号 ON 时，可切换到 PU 运行模式（外部运行中输出停止）　X12 信号 OFF 时，禁止切换到 PU 运行模式	PU 运行模式：PU　　外部运行模式：EXT  

说明：变频器出厂时，参数 Pr. 79 设定值为 0。当停止运行时用户可以根据实际需要修改其设定值。修改 Pr. 79 设定值的一种方法是：按 MODE 键使变频器进入参数设定模式；旋动 M 旋钮，选择参数 Pr. 79，用 SET 键确定之；然后再旋动 M 旋钮选择合适的设定值，用 SET 键确定之；两次按 MODE 键后，变频器的运行模式将变更为设定的模式。

三、变频器常用参数设置

1. 输出频率的限制参数设置（Pr. 1、Pr. 2、Pr. 18）

为了限制电动机的速度，应对变频器的输出频率加以限制。当在 120 Hz 以下运行时，用 Pr. 1"上限频率"和 Pr. 2"下限频率"来设定，可将输出频率的上、下限钳位，频率与控制电压（电流）的关系如图 5-31 所示。

当在 120 Hz 以上运行时，用参数 Pr. 18"高速上限频率"设定高速输出频率的上限。

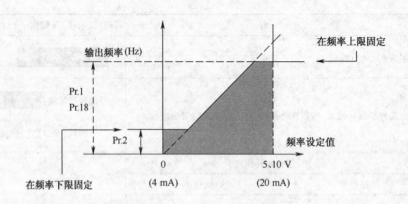

图 5-31　频率与控制电压(电流)的关系图

Pr. 1 与 Pr. 2 出厂设定范围为 0 ~ 120 Hz,出厂设定值分别为 120 Hz 和 0 Hz。Pr. 18 出厂设定范围为 120 ~ 400 Hz。

2. 加减速时间参数设置(Pr. 7、Pr. 8、Pr. 20、Pr. 21)

加减速时间参数设置见表 5-9。

表 5-9　加减速时间参数设置

参数号	参数意义	出厂设定	设定范围	备　注
Pr. 7	加速时间	5 s	0 ~ 3 600/360 s	根据 Pr. 21 加减速时间单位的设定值进行设定。初始值的设定范围为 0 ~ 3 600 s、设定单位为 0.1 s
Pr. 8	减速时间	5 s	0 ~ 3 600/360 s	
Pr. 20	加/减速基准频率	50 Hz	1 ~ 400 Hz	——
Pr. 21	加/减速时间单位	0	0/1	0∶0 ~ 3 600 s;单位∶0.1 s 1∶0 ~ 360 s;单位∶0.01 s

说明:①用 Pr. 20 为加/减速的基准频率,在我国就选为 50 Hz。

②Pr. 7 加速时间用于设定从停止到 Pr. 20 加减速基准频率的加速时间。

③Pr. 8 减速时间用于设定从 Pr. 20 加减速基准频率到停止的减速时间。

3. 多段速运行参数设置(Pr. 4 ~ Pr. 6、Pr. 24 ~ Pr. 27)

变频器在外部操作模式或组合操作模式 2 下,变频器可以通过外接的开关器件的组合通断改变输入端子的状态来实现。这种控制频率的方式称为多段速控制功能。

FR-D700 变频器的速度控制端子是 RH、RM 和 RL。通过这些开关的组合可以实现 3 段、7 段的控制。

转速的切换:由于转速的挡次是按二进制的顺序排列的,故三个输入端可以组合成 3 挡至 7 挡(0 状态不计)转速。其中,3 段速由 RH、RM、RL 单个通断来实现,7 段速由 RH、RM、RL 通断的组合来实现。

7 段速的各自运行频率则由参数 Pr. 4 ~ Pr. 6(设置前 3 段速的频率)、Pr. 24 ~ Pr. 27(设置第 4 段速至第 7 段速的频率)设定,见表 5-10。

表5-10 7段速对应频率参数设置

参数号	出厂设定	设定范围	备　注
4	50 Hz	0～400 Hz	
5	30 Hz	0～400 Hz	
6	10 Hz	0～400 Hz	
24～27	9 999	0～400 Hz,9 999	9 999:未选择

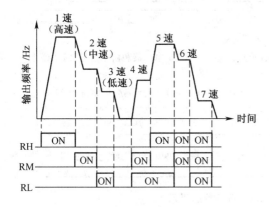

1 速:RH 单独接通,Pr. 4 设定频率
2 速:RM 单独接通,Pr. 5 设定频率
3 速:RL 单独接通,Pr. 6 设定频率
4 速:RM、RL 同时通,Pr. 24 设定频率
5 速:RH、RL 同时通,Pr. 25 设定频率
6 速:RH、RM 同时通,Pr. 26 设定频率
7 速:RH、RM、RL 全通,Pr. 27 设定频率

多段速度设定在 PU 运行和外部运行中都可以设定。运行期间参数值也能被改变。

3 速设定的场合(Pr. 24～Pr. 27 设定为 9 999),2 速以上同时被选择时,低速信号的设定频率优先。

最后指出,如果把参数 Pr. 183 设置为 8,将 RMS 端子的功能转换成多速段控制端 REX,就可以用 RH、RM、RL 和 REX(由)通断的组合来实现 15 段速。

4. 通过模拟量输入(端子 2、4)设定频率(Pr. 73、Pr. 267)

变频器的频率设定,除了多段速度设定外,也有连续设定频率的需求。例如,在变频器安装和接线完成进行运行试验时,常常用调速电位器连接到变频器的模拟量输入信号端,进行连续调速试验。此外,在触摸屏上指定变频器的频率,则此频率也应该是连续可调的。需要注意的是,如果要用模拟量输入(端子 2、4)设定频率,则 RH、RM、RL 端子应断开,否则多段速度设定优先。通过模拟量输入设定频率的具体用法见项目六。

四、变频器的面板基本操作

①面板旋钮、按键功能,见表5-11,运行状态说明见表5-12。

表 5-11　旋钮、按键功能

旋钮和按键	功　能
M 旋钮（三菱变频器旋钮）	旋动该旋钮用于变更频率设定、参数的设定值。按下该旋钮可显示以下内容。 ·监视模式时的设定频率 ·校正时的当前设定值 ·报警历史模式时的顺序
模式切换键 MODE	用于切换各设定模式。和运行模式切换键同时按下也可以用来切换运行模式。长按此键(2 s)可以锁定操作
设定确定键 SET	各设定的确定。此外，当运行中按此键则监视器出现以下显示： 运行频率 → 输出电流 → 输出电压
运行模式切换键 PU/EXT	用于切换 PU/外部运行模式。 使用外部运行模式(通过另接的频率设定电位器和启动信号启动的运行)时请按此键，使表示运行模式的 EXT 处于亮灯状态。 切换至组合模式时，可同时按 MODE 键 0.5 s，或者变更参数 Pr. 79
启动指令键 RUN	在 PU 模式下，按此键启动运行。通过 Pr. 40 的设定，可以选择旋转方向
停止运行键 STOP/RESET	在 PU 模式下，按此键停止运转。保护功能(严重故障)生效时，也可以进行报警复位

表 5-12　运行状态显示

显　　示	功　能
运行模式显示	PU:PU 运行模式时亮灯； EXT:外部运行模式时亮灯； NET:网络运行模式时亮灯
监视器(4 位 LED)	显示频率、参数编号等
监视数据单位显示	Hz:显示频率时亮灯；A:显示电流时亮灯(显示电压时熄灯，显示设定频率监视时闪烁)
运行状态显示 RUN	当变频器动作中亮灯或者闪烁。其中： 亮灯——正转运行中； 缓慢闪烁(1.4 s 循环)——反转运行中； 下列情况下出现快速闪烁(0.2 s 循环)： ·按键或输入启动指令都无法运行时 ·有启动指令，但频率指令在启动频率以下时 ·输入了 MRS 信号时
参数设定模式显示 PRM	参数设定模式时亮灯
监视器显示 MON	监视模式时亮灯

②变频器的面板基本操作方法参照图5-32。

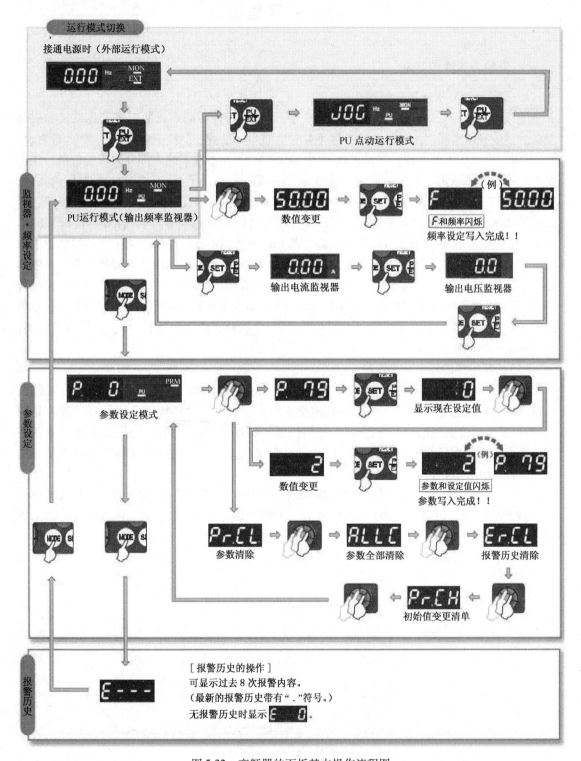

图5-32 变频器的面板基本操作流程图

项目拓展知识

一、变频器的选用

1. 按照控制要求选择变频器

变频器在世界范围内,已经发展了近30年,形成了各种不同系列的变频调速系统和成套设备。目前我国市场上主要的品牌有以下几种。日本的品牌:三肯、三菱、松下、富士、日立、东芝、安川。由于日本的变频器产品进入中国市场较早,一度占领了绝大部分的市场份额。现在在中小容量的领域仍占有主导地位。欧美的品牌:德国的西门子、法国的施耐德、英国的瓦萨、瑞士的ABB、美国的罗宾康、丹麦的丹佛斯等。现在国内市场上,大容量的变频器一般都选择欧美的品牌。原因是除了有较好的产品质量,还有良好的售后服务。国内的品牌:深圳的华威、山东的惠丰、无锡的东元,还有佳灵、森兰都是性能相当不错的品牌。由于变频器装置中采用了性能良好的中央处理单元、高度集成的功率单元,所以变频器使得整个调速系统具有极其良好的性能:体积较小、质量较轻、控制精度较高、保护功能较为齐全、工作安全可靠、操作过程简单、通用性强。和其他的调速方法相比,除了可以实现速度连续调节外,还具有能源利用率高的优点。变频器由于内部结构和原理不尽相同,可以分成许多种类,具有各自特殊的性能,可以满足不同的要求。

(1)按照变流的环节分类选择

①交-直-交变频器。交-直-交变频器首先将频率固定的交流电转换成直流电,经过滤波,再将平滑的直流电逆变成频率连续可调的交流电。由于把直流转换成交流的环节较容易控制,所以其输出交流电的频率是自由的,既可以低于转换前的固定频率,也可以高于转换前的固定频率。而且在较宽的频率调节范围内,改变后的频率及用电的电动机性能具有很明显的优势,目前运用相对普及。

②交-交变频器。交-交变频器是把频率固定的交流电直接转换成频率连续可调的交流电。其实际的作用过程是可控的整流,所以其最终的输出频率不可能高于转换前的固定频率。为了转换的效果,一般输出频率不大于输入频率的1/3。但由于没有了中间的直流环节,转换的效率就较高,所以在功率容量特别巨大的场合使用较多。交-交变频器结构如图5-33所示。

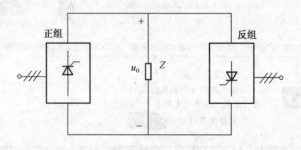

图5-33　交-交变频器结构

（2）按照电压的调制方法分类选择

①脉冲幅度调制（pulse amplitude modulation，PAM），是通过调节输出脉冲的幅值来实现输出电压调节的一种方法。在调节过程中，逆变器只负责调节频率，可控整流电路或是直流斩波器专门用于调节电压。由于电压和频率在两个电路中进行调节，虽然容易实现，但在集成制造上有一定的麻烦，所以这种方法现在已经基本上不再使用。

②脉冲宽度调制（pulse width modulation，PWM），是通过调节输出脉冲的宽值和占空比来实现输出电压调节的一种方法。在调节过程中，逆变器负责调节频率，同时也调节电压。目前，普遍运用的是脉冲宽度按照正弦规律变化的正弦脉宽调制方式，即 SPWM 方式。现在的中小容量的通用型的变频器几乎全部采用这种方式。

（3）按照滤波的方法分类选择

①电压型变频器。在交-直-交变频装置中，当中间直流环节采用大电容器作为滤波元件时，直流电压的波形比较平直。在理想状态下可以等效成一个内阻抗为零的恒压源。输出的电压波形是矩形波或是阶梯波，这类变频器具有电压源的特性就是电压型变频器。

②电流型变频器。在交-直-交变频装置中，当中间直流环节采用大电感作为滤波元件时，直流电流的波形比较平直。在理想状态下可以等效成一个内阻抗很大很大的恒流源。输出的电流波形是矩形波或是阶梯波，这类变频器具有电流源的特性就是电流型变频器。

（4）按照输入电源的相数分类选择

三进三出变频器，变频器的输入是三相交流电，输出也是三相交流电。工业场合用于三相交流电动机（功率较大）供电的都是这一类型。

单进三出变频器，变频器的输入是单相交流电，输出的是三相交流电。家用场合用于三相交流电动机（功率较小）供电的都是这一类型。

（5）按照电压等级分类选择

低压变频器，这类变频器的电压单相在 220 ~ 240 V，三相为 220 V 或 380 ~ 440 V。通常简称为 200 V 类、400 V 类。其容量一般为中小型，功率不超过 500 KF。本课程主要介绍此类型。高压大容量变频器，这类变频器具有两种形式。一种是在变频器的前后加变压器，现将高压电转换成低压电，经过变频后，再将其转换成高压电，中间的变频器就是上面的低压变频器，这种形式称为“高-低-高”式变频器，又称间接高压变频器；另一种是采用高压大容量的开关元件进行串、并联直接进行转换，而没有输入、输出变压器，称为直接高压变频器。

（6）按照变频过程的控制方式分类选择

①V/F 恒值控制变频器。只能用于控制精度要求不高的场合，而且这种方法可以实现的速度调节范围不会超过 1 : 40。

②转差频率控制变频器。用于有一定精度要求的场合，但这种方法可以实现的速度调节范围同样不会超过 1 : 40。

③矢量控制方式变频器。现在高控制精度的变频器大都采用此方式。这种控制方法可以实现的电动机速度调节范围可以达到 1 : 100，如果在矢量控制变频器的系统上再加速度传感器的话，速度调节范围更宽，可以达到 1 : 1 000。

（7）按照用途分类选择

①通用型变频器。具有在较低的频率下输出大力矩的功能、具有较强的抗干扰能力、噪音

较小,控制方式采用矢量随机 PWM 方式;可以实现固定的 3 段速、4 段速、8 段速以供选择;具有模拟量、数字量输入控制通道,能够满足一般自动化生产设备的基本要求,而且价格较为便宜,是自动化生产线的首选。

②风机、泵类专用变频器。这类变频器由于其负载的机械特性,力矩和转速的平方成正比,所以在防止过载方面的功能特别优秀。同时还具有其他完善的保护措施。水泵控制时可采用"一拖一""一拖二"控制模式,还经常构成变频-工频转换系统。由于电路内部具有 PID 调节器和软件制动等功能模块,可以保护变频器及生产机械不受损害。

③注塑机专业变频器。最主要的特点就是具有更高的过载能力,更高的稳定性和更快的响应速度,而且抗干扰的性能特别强,控制较灵活。具有模拟量输入/输出补偿的电流补偿功能,可以提供丰富多彩的补偿方法和补偿参数。

其他特殊用途的专用变频器,如电梯专业变频器、能量可回馈变频器、纺织机专用变频器等。

选择变频器,第一考虑是变频器的功能,第二考虑是变频器的控制精度,第三考虑是变频器的控制系统,第四考虑是变频器的价格。

一般仅有变速要求,而精度并不很重要的场合应考虑通用型变频器。基本无精度要求场合可考虑选用 V/F 控制变频器。

具有一定控制精度要求的场合,在经费不紧张的情况下可以考虑矢量控制变频器。经费较为紧张的场合可考虑选用转差率控制变频器。

控制精度要求高,调速范围要求高的场合选用带有负反馈的矢量控制变频器。

只要在一般通用变频器不能满足要求的地方,才考虑专用型变频器。因为专用型变频器的价格相对要高得多。

还有一点必须注意,就是 V/F 控制在低速时具有控制的死区,一般的矢量控制变频器虽然低速的控制死区较小,但还是存在,所以如果需要在 0 至最高速度范围都具有较好性能的话,就一定选择带速度负反馈的矢量控制变频器。

选择变频器时,还应该考虑的另一个问题就是变频器的防护结构。变频器的防护结构类似于电动机的 IP 等级,是一个可以表示变频器可以防止外部不良环境对变频器内部形成影响的能力。在选择防护结构时,要考虑环境温度、湿度、粉尘、酸碱度、腐蚀性气体等因素。这是变频器能否长期安全、可靠地运行的关键。防护结构的形式有以下几种。

开放型:对环境的要求相对较高,是一种正常情况下,人体不能触摸到变频器内部带电部分的结构,所以此类变频器一般应安装于电气控制柜的内部,或控制室的屏、盘上,尤其是相对集中的安装。

封闭型:这类变频器具有自己的外罩,可以单独地安装于建筑屋内。由于具有外部的壳罩,所以其散热受到一定的影响。

密封型:自身外壳的保护更加完善,但散热更受影响,应考虑使用专用于散热的风扇。

密闭型:具有防尘、防水的结构,可以独立使用于有水淋、粉尘、腐蚀性甚至可燃可爆的气体的工业现场。但应该考虑能超过风扇的冷却方式。

2. 按照控制功率选择变频器

变频器的容量选择是一个重要而复杂的问题,首先要考虑的是变频器和电动机的功率容量相匹配的问题。如果变频器的容量小于电动机的功率对应的容量,会使得电动机的有效力矩输出值变小,影响电动机拖动系统的正常运行。甚至会损害变频器装置。而变频器的容量选择过大,则输出电流的谐波分量就会增加,增加线路的电压损失和功率损耗,同时设备的投资也会增加很多。

按照常规,一个电气控制系统中,处在控制系统上游的设备的功率绝对不能小于处在控制系统下游的设备的功率。变频器和电动机在电气上的连接关系是变频器接受电源的固定工频交流电,转换成其他频率的交流电,供给电动机使用以满足工艺过程的不同速度要求。电动机是控制系统中的下游设备,所以变频器的容量一定要大于电动机的功率。

变频器的容量可以从三个方面进行考虑:后方电动机的额定电流、电动机的额度功率、电动机的额定容量。但对于一台电动机而言,正常情况下,电流、功率、容量是相互关联的。但是电动机在拖动机械变换速度时具有两种方式,即恒力矩调速和恒功率调速。所以这里的电动机功率就不再是固定不变的值。电动机的电流在恒力矩调速的过程中是一个不变化的数值。用电动机的电流作为选择变频器容量的依据是一个保证变频器正常工作的有效方法,原因如下。

在变频器-电动机调速控制系统中,变频器和电动机是串联的关系,电动机工作时的电流必然是变频器输出的电流。但变频器输出的电流是包含了基本频率及高次谐波的全部,而电动机用于产生拖动力矩的只是其中的基本频率电流,所以,应该考虑必要的余量系数(一般取 $1.1 \sim 1.3$)。

变频器在输出频率变化的过程中,输出电压有时是变化的。但在变频器制造时,是以所有变化中数值最大作为依据的,电流是选择变频器内部功率元器件的依据。如果以功率、容量这两个和电流电压乘积表示的量来选择变频器的话。在电压变化时,其选择结果就是不准确的。

还有一点要理解的是,电动机工作在低于额定频率的条件时,虽然输出的转动速度小了,但由于负载并未发生变化,力矩是保持不变的,所以电动机的工作电流是基本不变的(V/F 控制变频器就是根据这个原理来设计的)。

当然,变频器在不同的温度环境、散热条件和海拔高度工作时,应考虑不同的容量富裕系数。

要正确地使用变频器,必须认真地考虑散热的问题。变频器的故障率随温度升高而成指数地上升。使用寿命随温度升高而成指数地下降。环境温度升高 10 ℃,变频器使用寿命减半。因此,我们要重视散热问题,在变频器工作时,流过变频器的电流是很大的,变频器产生的热量也是非常大的,所以不能忽视其发热所产生的影响。

通常,变频器安装在控制柜中。我们要了解一台变频器的发热量大概是多少,可以用以下公式估算:

$$发热量的近似值 = 变频器容量(kW) \times 55 \ [W]$$

在这里,如果变频器容量是以恒转矩负载为准的(过流能力 150% ×60 s),变频器带有直流电抗器或交流电抗器,并且也在柜子里面,这时发热量会更大一些。电抗器安装在变频器侧面或侧上方比较好。这时可以用估算:变频器容量(kW)×60[W],因为各变频器厂家的硬件都差不多,所以上式可以针对各品牌的产品。注意:如果有制动电阻器的话,因为制动电阻的散热量很大,因此安装位置最好和变频器隔离开,如装在柜子上面或旁边等。那么,怎样才能降低控制柜内的发热量呢? 当变频器安装在控制机柜中时,要考虑变频器发热值的问题。要根据机柜内产生热量值的增加,适当地增加机柜的尺寸。因此,要使控制机柜的尺寸尽量减小,就必须使机柜中产生的热量值尽可能地减少。如果在变频器安装时,把变频器的散热器部分放到控制机柜的外面,将会使变频器有70%的发热量释放到控制机柜的外面。由于大容量变频器有很大的发热量,所以对大容量变频器更加有效。还可以用隔离板把本体和散热器隔开,使散热器的散热不影响到变频器本体,这样效果也很好。变频器散热设计中都是以垂直安装为基础的,横着放散热会变差。一般功率稍微大一点的变频器,都带有冷却风扇。同时,也建议在控制柜上出风口安装冷却风扇。进风口要加滤网以防止灰尘进入控制柜。注意控制柜和变频器上的风扇不能替代。

另外,散热问题还要注意以下几个问题。

(1) 海拔

在海拔高于1 000 m的地方,因为空气密度降低,因此应加大柜子的冷却风量以改善冷却效果。理论上变频器也应考虑降容,每1 000 m降5%,如图5-34所示。但由于实际上因为设计上变频器的负载能力和散热能力一般比实际使用的要大,所以也要看具体应用。如在1 500 m的地方,但是周期性负载,如电梯,就不必要降容。

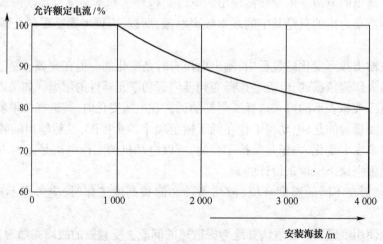

图 5-34　海拔对变频器容量的影响

(2) 开关频率

变频器的发热主要来自于功率器件(GTR、IGBT),这类器件主要的工作状态是饱和导通、截止。器件工作在饱和导通状态时,虽然流过器件的电流较大,但由于器件的管压降接近"0",所以器件基本不产生功率的损耗;器件工作在截止状态时,虽然器件的管压降较大,但流过器件的电流基本为"0",所以也是基本不产生功率损耗。而器件在这两个状态间进行转换时必然要经过放大区,此时的器件既有电流流过,同时还有一定的管压降件,所以器件在放大区就有较大的功率损耗。器件的功率损耗发热的原因:可以看出,功率元件的发热集中在开和关的转换过程中,因此开关频率高时这种转换过程次数就增加,自然变频器的发热量就变大了。有的厂家宣称降低开关频率可以扩容,就是这个道理。开关频率对变频器容量的影响如图5-35所示。

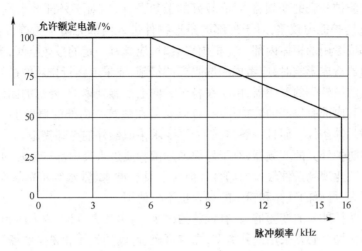

图 5-35　开关频率对变频器容量的影响

（3）冷却介质（自然冷却、强迫风冷时的环境温度）

在大部分的运用场合，变频器工作过程中产生的热量，必然会散发到周围的空气中，如果周围的环境温度比较高，那么这种散热的效果就较差，换言之，变频器的工作温度会升高。变频器内部的元件性能就会受到影响。从图 5-36 中可以看出，变频器是按照周围环境不超过40 ℃来进行设计的，当环境温度超过此值时应降低负载的容量。当环境温度超过 50 ℃时，就不能进行可靠工作（允许的输出为 0），在这种情况下，利用空气流动来散热，空气流动量越大，元件和电路的温度就越高，所以必须采取其他的冷却方法，如油冷、氢气冷却、水冷却。

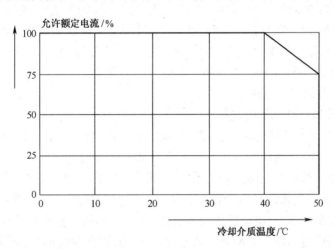

图 5-36　环境温度对变频器容量的影响

二、变频器的安装

1. 变频器安装的环境条件

由于变频器具有多种等级的保护内部结构的外壳，使得变频器在安装时需要对安装地点的环境做出选择。

具有开放型防护外壳的变频器,具有较好的散热条件,但对于外部的水汽、灰尘等进入设备(装置)内部的防护能力较差,对于外部的条形物件进入内部无防护措施,所以一般应安装在开关柜的内部或专用的柜体内部。在柜内安装时,应具有一定的散热空间,当附近有其他的热源可能对变频器造成影响时,应考虑采取隔离的措施,或采取强行排风的措施。

具有封闭型防护外壳的变频器,由于在各个方向上都有外罩,对外部的固体粉尘和一般的金属导电物进入其内部有较好的防护作用,可以安装在建筑物内部的墙壁上。一般工业建筑物的室内都能满足其条件。而且一般情况下,不要求采取额外的冷却措施。

具有密封型防护外壳的变频器,对于外部的细微物质进入其内部有较好的防护作用,所以可以独立安装于工业现场条件较差的场合。但对于具有淋水、溅水等特别场合应采取适当的措施。对于有可燃、可爆的气体和粉尘的场合也不可使用。

具有密闭型防护外壳的变频器,具有特殊的防水、防尘外壳,可以说内部和外部基本隔离,在现场条件很差的场合必须采用此种类型,在有可燃、可爆的气体和粉尘的场合也使用这种类型的变频器。

除此之外,变频器在安装时应注意环境的温度和湿度,通用等级的变频器工作环境温度为 $0 \sim 40$℃,特殊耐温的变频器工作环境温度为$-10 \sim 50$ ℃。如果不能满足,就要考虑其他的降温措施。变频器工作环境的相对湿度要求是 90% 以下,如果湿度过高,在金属物件的表面就会产生凝露,降低电气的绝缘。所以如果环境的湿度过高,应采用空调除湿,也可以采用对流加热器的方法解决。

在安装时,面板必须在电柜前门的方向,不能横向、更不能倒置。在电柜内部的安装应留有散热的空间,在装有强制通风的机柜内,风流一定要穿越变频器,不能以直线的方式绕过变频器。在同一只电柜内安装两台变频器时,应采用并列安装的方法,如图 5-37(a)所示,以防止从电柜底部进入的冷风流经过一台变频器后,再经过另一台变频器。从而把一台变频器的热量带给另一台变频器。确实由于位置关系不能进行并排安装的,应在两台变频器之间安装隔离风流的挡板,如图 5-37(b)所示,可防止上述情况的发生。

2. 变频器安装时的连接用线

(1)主电路的安装连接用线的选择

变频器的主回路是指连接电源、变频器、电动机的主电流经过的路径。在电源侧应能满足电压、电流的要求。所以连接线的电压等级不低于 500 V,通过电流的能力不低于变频器的额定电流,由于变频器一般距离电源不会太远,所以其电流密度可以按 4 A/mm² 来考虑。在变频器的输出侧连接线同样应该满足电动机的电压、电流的要求,所以连接线的电压等级不低于 500 V,通过电流的能力不低于电动机的额定电流,由于变频器一般情况下距离电动机不会太近,其线路的电流密度可以按 2.5 A/mm² 来考虑。有一点必须说明的是,电动机的电流是按正弦电流来进行计算的,但变频器输出的电流处了正弦基频电流外,还有许多高次谐波电流,所以在选择线路是应对电动机的电流考虑一定的裕量。

变频器的主回路接线端分为进线端和出线端,通常采用电气控制中的常规标注方法,如采用英文字母 R、S、T 或 L_1、L_2、L_3 来表示进线端,有时也会用 U、V、W 来表示进线,但一般会用 U_1、V_1、W_1 即带下标为 1 的符号来表示。而输出接线端通常用 U_2、V_2、W_2 来表示。

如果变频器的接线端分别在变频器的上部和下部,一般上部的接线端是进线接线端,下部

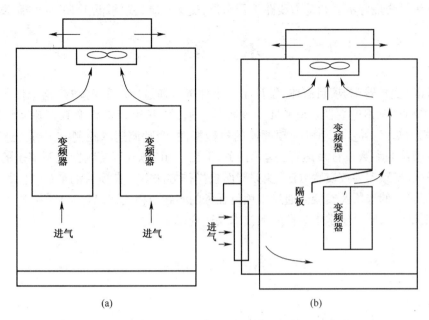

图 5-37　同一只电柜内安装两台变频器

的接线端是出线接线端。如果变频器的接线端分布在变频器的左右侧,一般在左边的是进线接线端,右边的是出线接线端。

变频器的进、出线端必须正确接线,否则的话,对变频器的功能和安全都将是严重的威胁。

由于变频器的输出线路中含有大量的高次谐波,具有较强的发送性,所以对周围的设备和线路具有较强的干扰,一般可以采用在输出线的外部穿上一根钢管,并将钢管和大地进行连接。

为了防止其他设备对变频器产生干扰,特别是电网电源中的谐波造成的电压波形畸变,有时在变频器和电源之间连接滤波用电抗器。

(2)控制电路的连接用线选择

变频器的控制回路中传递的信号可以分为两个大类。

一是模拟量信号,其电压值一般在几十伏以下,所以不需要特别的电压等级要求,电流值一般在毫安级别,最大不会超过安培,所以线路的通流能力也不成问题。这里的关键是模拟信号容易受到外来的干扰,所以应采取相应的抗干扰措施。一般情况下,线路选择带屏蔽的信号线,而屏蔽层应进行接地。考虑到模拟电压信号在传递的过程中,容易产生电压的损失,所以在信号传输距离较远的线路,一般信号不采用电压的形式,而是采用电压先转换成电流信号,传输到目的地后再转换成电压信号的形式(原因是电流在传输过程中不会有损失)。

模拟量信号线路不可能和电力线路长距离平行布设,如果必须要交叉的话,一定要垂直交叉,而且在变频器进线侧应相距在 10 cm 以上,在变频器的出线侧应相距在 20 cm 以上。

二是数字量信号,标准的数字量电压信号为 0 ~ 5 V,标准的数字量电流信号为 0 ~ 20 mA,也就是说线路的选择不需要考虑电压等级和载流能力的问题。而数字量信号本身具有较强的抗干扰能力,所以传输数字量信号的线路可以不考虑采用带屏蔽的线路,仅有一般的双绞线就可以了。

数字量信号线最好不要和动力线路平行布设,交叉时应相距不低于 10 cm 的距离。

小　　结

本项目以"变频器"为项目载体,设计了三个任务。通过"认识变频器"这一任务,引出了相关知识:单相和三相逆变器。SPWM 逆变器等。通过"三相 SPWM 变频调速系统"这一任务,引出了相关知识:异步电动机变频调速的机械特性、变频调速的控制方式等。通过"三菱 FR-D700 变频器的参数设置及运行"这一任务,引出了相关知识:变频器控制端子的功能、变频器运行模式、变频器参数设置方法、变频器面板操作方法等。在项目的最后,还设计了项目拓展知识:变频器的选用及安装。通过本项目任务的实施与相关知识学习,培养学生对变频器的操作与调试能力,同时使学生掌握变频技术及逆变技术。

练 一 练

一、单选题

1. 对电动机从基本频率向上的变频调速属于(　　　)调速。

    A. 恒功率　　　　B. 恒转矩　　　　C. 恒磁通　　　　D. 恒转差率

2. IGBT 属于(　　)控制型元器件。

    A. 电流　　　　　B. 电压　　　　　C. 电阻　　　　　D. 频率

3. 电压型逆变电路的特点是(　　　)。

    A. 直流侧接大电感　　　　　　　B. 交流侧电流接近正弦波

    C. 直流侧电压无脉动　　　　　　D. 直流侧电流无脉动

4. 交-直-交变频器输出频率通常(　　　)电网频率。

    A. 高于　　　　　B. 低于　　　　　C. 无关于

5. 下列不属于交–交变频器的特点的是(　　　　)。

    A. 换能方式:一次换能,效率较高　B. 换流方式:通过电网电压换流

    C. 调频范围:调频范围比较窄　　　D. 功率因数:功率因数比较高

二、填空题

1. 交流电动机的调速方法有＿＿＿＿＿＿、＿＿＿＿＿＿、＿＿＿＿＿＿。

2. 按逆变后能量馈送去向不同来分类,电力电子元件构成的逆变器可分为＿＿＿＿＿逆变器与＿＿＿＿＿逆变器两大类。

3. 通常变流电路实现换流的方式有＿＿＿＿＿、＿＿＿＿＿、＿＿＿＿＿、＿＿＿＿＿四种。

4. 180°导电型三相桥式逆变电路,晶闸管换相是在＿＿＿＿＿上的上、下两个元件之间进行的;而 120°导电型三相桥式逆变电路,晶闸管换相是在＿＿＿＿＿上的元件之间进行的。

5. SPWM 技术的基本方法是:以所期望的＿＿＿＿＿作为载波,以＿＿＿＿＿作为调制波,从而得到一组等幅而脉冲宽度正比于该期望波形曲线函数值的矩形脉冲系列。

6. SPWM 变频电路的基本原理是:对逆变电路中开关器件的通断进行有规律的调制,使输

出端得到_____脉冲列来等效正弦波。

7. 交-直-交变频器的基本电路包括_____和_____电路,前者将工频交流电流变为直流电,后者将直流电变为交流电。

8. 根据交-直-交变频器直流环节电源性质不同可分为_____和_____,其中_____不能适应再生制动运行。

9. 交流电动机的变频调速方法中,当在额定频率以下变频调速时,保持_____不变,是_____(恒转矩或恒功率)调速方式,当在额定频率以上变频调速时,保持_____不变,是_____(恒转矩或恒功率)调速方式。

三、简答题

1. 观察日常生活中使用变频器的场合,列举一个例子,简述其原理。

2. 单相并联逆变电路中换向电容器、限流电感器及二极管在电路中的作用分别是什么?

3. 举例说明单相 SPWM 逆变器怎样实现单极性调制和双极性调制。

4. 交-直-交变频器主要由哪几部分组成? 试简述各部分的作用。

5. 在何种情况下变频也需变压? 在何种情况下变频不能变压? 为什么? 在上述两种情况下电动机的调速特性有何特征?

6. 基频的值预置为 50 Hz,给定频率为 60 Hz、50 Hz 时,变频器对应的输出电压有何特征? 为什么? 如果将基频的值预置为 60 Hz,再观察给定频率为 60 Hz、50 Hz 时,变频器的输出电压与以前有何不同? 为什么会出现这种现象?

7. 低频时,临界转矩减小的原因是什么? 采用何种方式可增大其值? 为什么? 增大临界转矩有何意义?

8. 保持 $U/f=$ 常数的目的是维持电动机的哪个参数不变?

9. 什么是异步调制? 什么是同步调制?

10. 采用三菱 FR-D700 系列变频器驱动电动机,要求从控制面板启动、停止,通过速度选择端子 RH、RM、RL 控制变频器分别在 5 Hz、20 Hz、50 Hz 运行,试画出电路原理图,列出所有相关参数值。

11. 变频器设置为"PU 控制模式",实现以下控制,并列出变频器相关参数。

①按动 RUN 键,启动电动机加速运转, 在 7 s 内达到 f_{max}。

②调节"频率设定"旋钮,可在 5~45 Hz 调节输出频率。

③按动 STOP 键,控制电动机制动减速, 在 10 s 内停止运转。

项目 6 带式输送机闭环控制系统的调试与维护

任务目标

1. 认识带式输送机的结构和控制方式。
2. 会对带式输送机进行多段、模拟等开环调速控制。
3. 会对带式输送机进行闭环控制。

项目描述

带式输送机具有对已加工或装配的工件进行分拣,使不同颜色的工件从不同的料槽分流的功能。当工件放到传送带上并被进料定位 U 形板内置的光纤传感器检测到时,即启动变频器,工件开始送入分拣区进行分拣。

传送和分拣机构主要由传送带、出料滑槽、推料(分拣)气缸、进料检测(光电或光纤)传感器、属性检测(电感式和光纤)传感器及磁性开关组成。它的功能是把已经加工、装配好的工件从进料口输送至分拣区;通过属性检测传感器的检测,确定工件的属性,然后按工作任务要求进行分拣,把不同类别的工件推入三条物料槽中。带式输送机实物图如图 6-1 所示。

为了准确确定工件在传送带上的位置,在传送带进料口安装了定位 U 形板,用来纠偏机械手输送过来的工件并确定其初始位置。传送过程中工件移动的距离则通过对旋转编码器产生的脉冲进行高速计数确定。

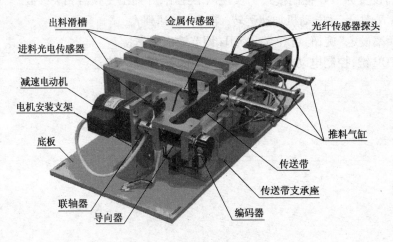

图 6-1 带式输送机实物图

任务1　采用 PLC 的变频器简单控制

任务目标

1. 认识带式输送机。
2. 能采用 PLC 对变频器进行启停、正反转、多段速控制。
3. 会将 PLC 与变频器进行连接与使用。

在前面项目五中我们已经了解了变频器的基本使用方法和工作方式,那么在实际载体上能否用 PLC 编程控制的方式实现变频器的多段、模拟量、通信等呢?

下面就来介绍 PLC 控制变频器的工作,这样更简便和适用。

任务实施

子任务1　带式输送机的安装

1. 带式输送机的结构

带式输送机(belt conveyer)又称胶带输送机,俗称"皮带输送机",其原型图见图6-2。目前输送带除了橡胶带外,还有其他材料的输送带,如 PVC、PU、特氟龙、尼龙带等。带式输送机由驱动装置拉紧输送带。中部构架和托辊组成输送带作为牵引和承载构件,借以连续输送散碎物料或成件品。

通用带式输送机由输送带、托辊、滚筒及驱动装置、制动器、张紧装置、装载、卸载、清扫器等装置组成。

①输送带,常用的有橡胶带和塑料带两种。橡胶带适用于工作环境温度-15~40 ℃。物料温度不超过50 ℃,超过50 ℃以上订货时需告知厂家,可以选用耐高温输送带。向上输送散粒料的倾角为12°~24°。对于大倾角输送可用裙边带。塑料带具有耐油、酸、碱等优点,但对于气候的适应性差,易打滑和老化。带宽是带式输送机的主要技术参数。

②托辊,有槽形托辊、平形托辊、调心托辊、缓冲托辊。槽形托辊(由三个辊子组成)支承承载分支,用以输送散粒物料;调心托辊用以调整带的横向位置,避免跑偏;缓冲托辊装在受料处,以减小物料对带的冲击。

③滚筒,分为驱动滚筒和改向滚筒。驱动滚筒是传递动力的主要部件,分为单滚筒(胶带对滚筒的包角为210°~230°)、双滚筒(包角达350°)和多滚筒(用于大功率)等。

④张紧装置,其作用是使输送带达到必要的张力,以免在驱动滚筒上打滑,并使输送带在托辊间的挠度保证在规定范围内,包含螺旋张紧装置、重锤张紧装置、车式拉紧装置。

2. 带式输送机安装维护

①启动和停机。输送机一般应在空载的条件下启动。在顺次安装有数台带式输送机时,

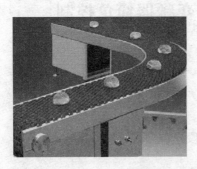

图6-2 带式输送机的原型图

应采用可以闭锁的启动装置，以便通过集控室按一定顺序启动和停机。除此之外，为防止突发事故，每台输送机还应设置就地启动或停机的按钮，可以单独停止任意一台。为了防止输送带由于某种原因而被纵向撕裂，当输送机长度超过 30 m 时，沿着输送机全长，应间隔一定距离（如 25～30 m）安装一个停机按钮。

②带式输送机的安装。皮带输送机的安装一般按下列几个阶段进行。

安装带式输送机的机架：机架的安装是从头架开始的，然后顺次安装各节中间架，最后装设尾架。在安装机架之前，首先要在输送机的全长上拉引中心线，因为保持输送机的中心线在一直线上是输送带正常运行的重要条件，所以在安装各节机架时，必须对准中心线，同时也要搭架子找平，机架对中心线的允许误差，每米机长为±0.1 mm。但在输送机全长上对机架中心的误差不得超过 35 mm。当全部单节安设并找准之后，可将各单节连接起来。

安装驱动装置：安装驱动装置时，必须注意使带式输送机的传动轴与带式输送机的中心线垂直，使驱动滚筒的宽度的中央与输送机的中心线重合，减速器的轴线与传动轴线平行。同时，所有轴和滚筒都应找平。轴的水平误差，根据输送机的宽窄，允许在 0.5～1.5 mm 的范围内。在安装驱动装置的同时，可以安装尾轮等拉紧装置，拉紧装置的滚筒轴线，应与带式输送机的中心线垂直。

安装托辊：在机架、传动装置和拉紧装置安装之后，可以安装上下托辊的托辊架，使输送带具有缓慢变向的弯弧，弯转段的托滚架间距为正常托辊架间距的 1/2～1/3。托辊安装后，应使其回转灵活轻快。

③带式输送机的维护。为了保证带式输送机运转可靠，最主要的是及时发现和排除可能发生的故障。为此操作人员必须随时观察运输机的工作情况，如发现异常应及时处理。机械工人应定期巡视和检查任何需要注意的情况或部件，这是很重要的。例如，一个托辊，并不显得十分重要，但输送磨损物料的高速输送带可能很快把它的外壳磨穿，出现一个刀刃，这个刀刃就可能严重地损坏一条价格昂贵的输送带。受过训练的工人或有经验的工作人员能及时发现即将发生的事故，并防患于未然。带式输送机的输送带在整个输送机成本里占相当大的比重。为了减少更换和维修输送带的费用，必须重视对操作人员和维修人员进行输送带的运行和维修知识的培训。

认识了带式输送机的使用，它的应用十分广泛，控制形式也很多。怎样把 PLC 和变频器安装连接起来？

下面使用变频器和PLC完成带式输送机的安装与连接。

子任务2　PLC与变频器的安装

本项目选择一带式输送机作为教学载体(见图6-3),该载体主要组成部件有一台三菱FX3U-48MR-ES-A型号PLC、三菱FR-D720S-0.75K-CHT变频器。

图6-3　教学载体图

1. FX3U-48MR 介绍

三菱 FX3U-48MR/ES-A 型 PLC 是三菱第三代小型可编程控制器,具有速度、容量、性能、功能的新型、高性能机器。业内最高水平的高速处理,内置定位功能得到大幅提升。

控制规模:24 点输入,24 点输出;可扩展到 128 点。自带两路输入电位器,8 000 步存储容量,并且可以连接多种扩展模块和特殊功能模块。晶体管型主机单元能同时输出 2 点 100 kHz 脉冲,并且配备有 7 条特殊的定位指令,包括零返回、绝对或相对地址表达方式及特殊脉冲输出控制。可安装显示模块 FX1N-5DM,能监控和编辑定时器、计数器和数据寄存器。网络和数据通信功能:支持 232、485、422 通信。通过 FX2N-16CCL 及 FX2N-32CCL,可充当 CC-LINK 主站或从站。

2. FR-D720S 介绍

FR-D700 系列变频器是一种紧凑型多功能变频器。功率范围:0.4 ~ 7.5 kW,通用磁通矢量控制,1 Hz 时 150% 转矩输出。采用长寿命元器件,内置 Modbus-RTU 协议,内置制动晶体管,扩充 PID,三角波功能,带安全停止功能。

变频器的型号说明：

$$FR-\boxed{D740}-\boxed{1.5K}-CHT$$

D740：三相 400 V 级   变频器容量"kW"

D720S：单相 200 V 级

3. PLC 与变频器的安装

外接电源线必须连接至 R/L1,S/L2,T/L3（没有必要考虑相序）。绝对不能接 U、V、W，否则会损坏变频器。D720S 的外接单相电源 220 V[见图 6-4(a)]，D740 的外接电源三相电源 380 V[见图 6-4(b)]。

电动机连接到 U、V、W，接通正转开关（信号）时，电动机的转动方向从负载轴方向看为逆时针方向，连接方式如图 6-5 所示。

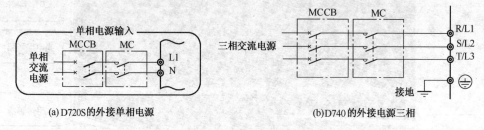

(a) D720S 的外接单相电源   (b) D740 的外接电源三相

图 6-4 变频器的电源连接

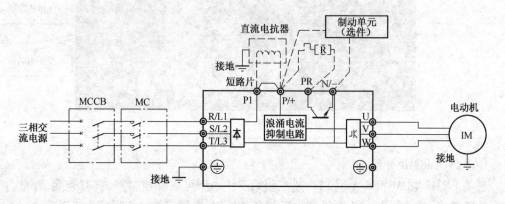

图 6-5 变频器连接电动机

主电路端子功能见表 6-1。

表 6-1 主电路端子功能

端子记号	端子名称	端子功能说明
R/L1 S/L2 T/L3	电流电源输入	连接工频电源 当使用高功率因数变流器(FR-HC)及共直流母线变流器(FR-CV)时不要连接任何东西
U、V、W	变频器输出	连接三相鼠笼电动机
+、PR	制动电阻器连接	在端子+和 PR 间连接选购的制动电阻器(FR-ABR、MRS),(0.1 kΩ、0.2 kΩ 不能连接)

续表

端子记号	端子名称	端子功能说明
+、-	制动单元连接	连接制动单元(FR-BU2)、共直流母线变流器(FR-CV)及高功率因数变流器(FR-HC)
+、P1	直流电抗器连接	拆下端子+和P1的短路片,连接直流电抗器
⏚	接地	变频器机架接地用,必须接大地

完成了变频器的主电路连接,以及变频器和 PLC 的连接。但是各种保护必不可少,规范的安装是电气工艺的要求。那么怎样让电动机转起来呢?

通过 PLC 编程来让变频器控制的带式输送机运转起来,既能正转又能反转。

子任务3　带式输送机的启停和正反转控制

1. 变频器开关指令信号输入控制频率

变频器的输入信号中包括对运行/停止、正转/反转、微动等运行状态进行操作的开关型指令信号,如图6-6所示。变频器通常利用继电器接点或具有继电器接点开关特性的元器件(如晶体管)与 PLC 相连,得到运行状态指令。

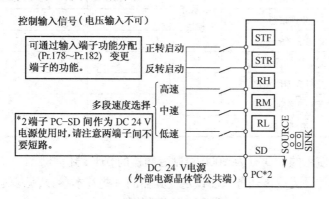

图 6-6　变频器开关型输入信号

在使用继电器进行连接时,常常因为接触不良而带来误动作;使用晶体管进行连接时,则需考虑晶体管本身的电压、电流容量等因素,保证系统的可靠性。

在设计变频器的输入信号电路时还应该注意,当输入信号电路连接不当时有时也会造成变频器的误动作。例如,当输入信号电路采用继电器等感性负载时,继电器开闭产生的浪涌电流带来的噪音有可能引起变频器的误动作,应尽量避免。

当输入开关信号进入变频器时,有时会发生外部电源和变频器控制电源(DC 24 V)之间的串扰。正确的连接是利用 PLC 电源,将外部晶体管的集电极经过二极管接到 PLC。

2. 带式输送机的启停控制

按前叙述要求连接好变频器电源和电动机,为了实现输送机的启停控制,采用开关指令信号的控制。

①PLC 和变频器的连接。表 6-2 给出了该教学载体(带式输送机)的所有 I/O 定义,在本项目后面的任务中不再全部列举。

表 6-2　PLC 的 I/O 信号表

序号	PLC 输入点	信号名称	信号来源	序号	PLC 输出点	信号名称	信号输出目标
1	X000	旋转编码器 A 相		1	Y000	STF	变频器
2	X001	旋转编码器 B 相		2	Y001	STR	变频器
3	X002	旋转编码器 Z 相		3			
4	X003	进料口工件检测		4			
5	X004	电感式传感器	装置侧	5			
6	X005	光纤传感器 1		6	Y004	推杆 1 电磁阀	
7	X006	光纤传感器 2		7	Y005	推杆 2 电磁阀	
8	X007	推杆 1 推出到位		8	Y006	推杆 3 电磁阀	
9	X010	推杆 2 推出到位		9	Y007	HL1(黄)	按钮/指示灯模块
10	X011	推杆 3 推出到位		10	Y010	HL2(绿)	
11	X012	启动按钮	按钮/指示灯模块	11	Y011	HL3(红)	
12	X013	停止按钮		12	Y014	RH	变频器
13	X014	急停按钮		13	Y015	RM	变频器
14	X015	单站/全线		14	Y016	RL	变频器
15	X017	推杆 1 缩回到位					
16	X020	推杆 2 缩回到位					
17	X021	推杆 3 缩回到位					
18	X022	废料检测					

本任务中主要使用的 I/O 点为 Y000 控制变频器的 STF 端信号。

②变频器的参数设置。该任务只要设定变频器的一些基本参数,见表 6-3。

表 6-3　变频器的参数

参数号	参数意义	出厂设定	设定范围	备 注
Pr. 1	上限频率	120		
Pr. 2	下限频率	0		
Pr. 7	加速时间	5 s	0～3 600 s/360 s	根据 Pr. 21 加减速时间单位的设定值进行设定。初始值的设定范围为"0～3 600 s"、设定单位为"0.1 s"
Pr. 8	减速时间	5 s	0～3 600 s/360 s	

③启停控制程序设计(图 6-7)。控制要求:当按下启动按钮,传送带开始单向运行,变频器输出一定的频率,运行 10 s 后自动停止,运行过程中也可以按下停止按钮,传送带立即停止。

3. 带式输送机的正反转控制

按前叙述要求连接好变频器的电源和电动机,为了实现输送机的正反转控制,采用开关指令信号的控制。

①PLC 和变频器的连接：本任务中所主要使用的 I/O 点为 Y000 控制变频器的 STF 端信号，Y001 控制变频器的 STR 端信号，其余暂时不用。

②启停控制程序设计：控制要求 1：当按下启动按钮，HL2 运行指示灯点亮，传送带开始正转，5 s 后传送带自动切换成反转，反转连续运行 5 s 后，又自动切换成正转，后面依次循环运行，任何时候按下停止按钮，电动机停止运行，运行指示灯熄灭。图 6-8 为自动正反转切换程序。

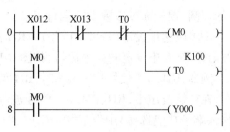

图 6-7　启停控制程序

控制要求 2：当按下启动按钮，HL2 运行指示灯点亮，在入料口（X003）放入一工件，传送带开始正转把工件传输，当工件输送到末端废料检测处（X022），传送带从正转自动切换成反转，又把工件重新输送到入料口，如此反复运行，任何时候按下停止按钮，电动机停止运行，运行指示灯熄灭。图 6-9 为入料废料检测程序。

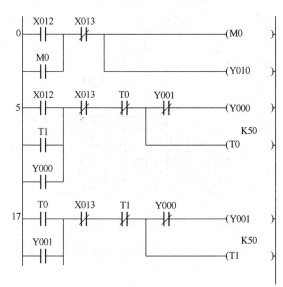

图 6-8　自动正反转切换程序

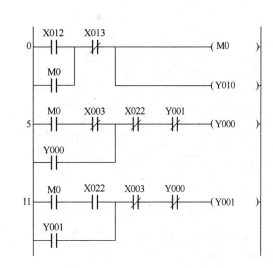

图 6-9　入料废料检测程序

③观察设备运行。记录设备运行的情况，如变频器运行频率等。可以适当地修改变频器的加减速时间为 1 s，通过面板读出变频器运行时的电流输出、电压输出、转速等参数。

用 PLC 编程实现了变频器的启停控制、正反转控制，已经摆脱了常规传统电气的控制方式，怎样让它变得更快或更慢呢？

下面让变频器实现各种方式来进行速度调节。

子任务4　带式输送机的多级调速控制

1. 通过外部端进行频率设定

变频器在外部操作模式或组合操作模式 2 下，变频器可以通过外接的开关器件的组合通断改变输入端子的状态来实现。这种控制频率的方式称为多段速控制功能。FR-D720 变频器的速度控制端子是 RH、RM、RL 和 REX,通过这些开关的 ON、OFF 操作组合可以实现 3 段、7 段的控制,预先通过参数设定运行速度。

①多段速度设定(Pr. 4 ~ Pr. 6)。RH 信号 ON 时以 Pr. 4、RM 信号 ON 时以 Pr. 5、RL 信号 ON 时以 Pr. 6 中设定的频率运行,如图 6-10 所示。

例如,RH、RM 信号均为 ON 时,RM 信号(Pr. 5)优先。

在初始设定下,RH、RM、RL 信号被分配在端子 RH、RM、RL 上。通过在 Pr. 178 ~ Pr. 182 (输入端子功能选择)中设定"0(RL)"、"1(RM)"、"2(RH)",还可以将信号分配给其他端子。

②4 速以上的多段速设定(Pr. 24 ~ Pr. 27、Pr. 232 ~ Pr. 239)。通过 RH、RM、RL、REX 信号的组合,可以设定 4 ~ 15 速。请在 Pr. 24 ~ Pr. 27、Pr. 232 ~ Pr. 239 中设定运行频率(初始值状态下 4 ~ 15 速为无法使用的设定),如图 6-11 所示。

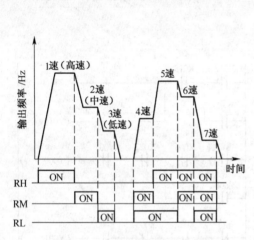

图 6-10　7 段速控制信号示意图

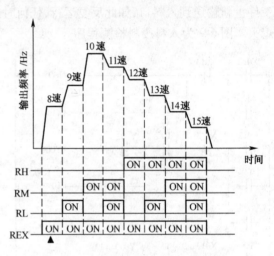

图 6-11　15 段速控制信号示意图

REX 信号输入所使用的端子,请通过将 Pr. 178 ~ Pr. 182 (输入端子功能选择)设定为"8"来分配功能。

当 Pr. 232 多段速设定(8 速)="9999",将 RH、RM、RL 设为 OFF、REX 设为 ON 时,将按照 Pr. 6 的频率动作。外部信号频率指令的优先次序是:"点动运行>多段速运行>端子 4 模拟量输入>端子 2 模拟量输入"。

外部运行模式或 PU/外部组合运行模式 Pr. 79 ="3"或"4"时有效。Pr. 24 ~ Pr. 27、Pr. 232 ~ Pr. 239 的设定值不存在先后顺序。在 Pr. 59 遥控功能选择的设定 ≠"0"时,RH、RM、RL 信号成为遥控设定用信号,多段速设定将无效。

2. 带式输送机的多级调速控制

①PLC 和变频器的连接。本任务中所主要使用的 I/O 点为 Y0 控制变频器的 STF 端信号,Y1 控制变频器的 STR 端信号。外部多功能端子的连接如图 6-12 所示。

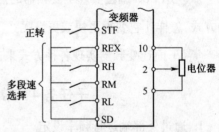

图 6-12　外部多功能端子的连接

②变频器的参数设置见表6-4。

表6-4　变频器的参数设置

参数编号	参　数	名　称	RL(Y16)	RM(Y15)	RH(Y14)
P4	50 Hz	1速(高速)	OFF	OFF	ON
P5	30 Hz	2速(中速)	OFF	ON	OFF
P6	10 Hz	3速(低速)	ON	OFF	OFF
P24	5 Hz	4速	ON	ON	OFF
P25	15 Hz	5速	ON	OFF	ON
P26	20 Hz	6速	OFF	ON	ON
P27	40 Hz	7速	ON	ON	ON

③多级调速控制程序设计

控制要求:当按下启动按钮,在入料口检测工件后,传送带开始以15 Hz的频率运行,当前进到光线传感器1的位置后以30 Hz的频率运行,当前进到光线传感器2的位置以40 Hz的频率运行,当前进到废料检测处以20 Hz的频率反转,返回到入料口停止系统运行(取走工件),下次重新启动和放入物料。启动运行时HL2运行指示灯常亮,当电动机正转时HL1灯以1 Hz的频率闪烁,当电动机反转时HL3灯以1 Hz的频率闪烁。

设计状态转移图(SFC如图6-13所示):

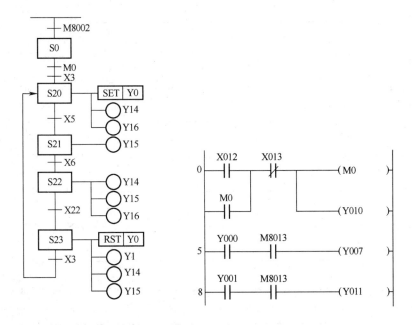

图6-13　SFC图设计与启停控制

梯形图程序:

X012启动和X013停止的起保停程序控制,运行指示灯Y010绿灯常亮,在传送带正转时Y007黄灯闪烁,传送带反转时Y011红灯闪烁。图6-14为多段速控制程序。

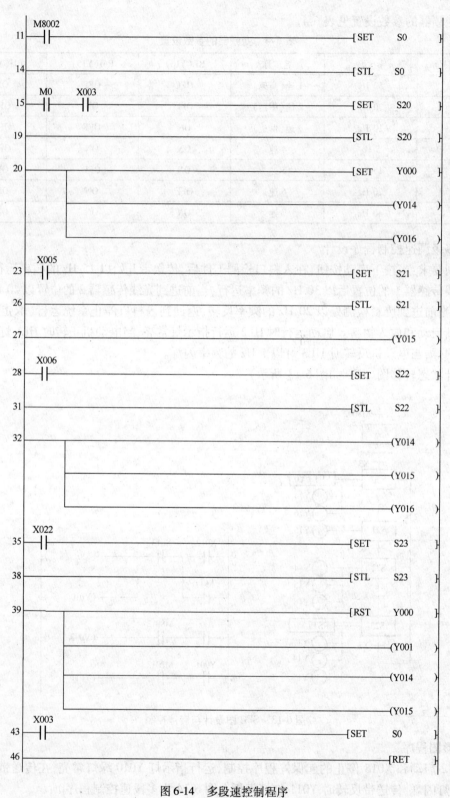

图 6-14　多段速控制程序

④拓展练习。在进行多段速控制任务之前,可以先做传送带运行测试,试编制程序对每个段速频率分别运行 5 s 作为测试。按下启动按钮,变频器分别以 5 Hz、10 Hz、20 Hz、30 Hz、40 Hz、50 Hz 运行 5 s,这过程自动加速,最后自动停止。

⚒️任务相关知识

一、气动的应用

气压传动系统的工作原理是利用空气压缩机将电动机或其他原动机输出的机械能转变为空气的压力能。然后在控制元件的控制和辅助元件的配合下,通过执行元件把空气的压力能转变为机械能,从而完成直线或回转运动并对外做功。气动元件主要由气源发生和处理元件、气动控制元件、气动执行元件、气动辅助元件等四部分组成。

气源处理元件及其回路原理图分别如图 6-15 所示。气源处理元件是气动控制系统中的基本组成元件,它的作用是除去压缩空气中所含的杂质及凝结水,调节并保持恒定的工作压力。在使用时,应注意经常检查过滤器中凝结水的水位,在超过最高标线以前,必须排放,以免被重新吸入。气源处理元件的气路入口处安装一个快速气路开关,用于启/闭气源,当把气路开关向左拔出时,气路接通气源,反之把气路开关向右推入时气路关闭。

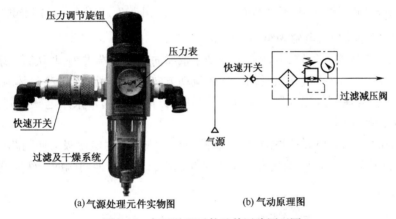

(a)气源处理元件实物图　　　　(b)气动原理图

图 6-15　气源处理元件及其回路原理图

气源处理元件输入气源来自空气压缩机,所提供的压力为 0.6～1.0 MPa,输出压力为0～0.8 MPa 可调。输出的压缩空气通过快速三通接头和气管输送到各工作单元。

1. 标准双作用直线气缸

标准气缸是指气缸的功能和规格是普遍使用的、结构容易制造的、制造厂通常作为通用产品供应市场的气缸。

双作用气缸是指活塞的往复运动均由压缩空气来推动。气缸的两个端盖上都设有进排气通口,从无杆侧端盖气口进气时,推动活塞向前运动;反之,从杆侧端盖气口进气时,推动活塞向后运动。双作用气缸具有结构简单,输出力稳定,行程可根据需要选择的优点,但由于是利用压缩空气交替作用于活塞上实现伸缩运动的,回缩时压缩空气的有效作用面积较小,所以产生的力要小于伸出时产生的推力。

为了使气缸的动作平稳可靠,应对气缸的运动速度加以控制,常用的方法是使用单向节阀来实现。单向节流阀是由单向阀和节流阀并联而成的流量控制阀,常用于控制气缸的运动速度,所以也称为速度控制阀。

图 6-16 给出了在双作用气缸装上两个单向节流阀的连接示意图,这种连接方式称为排气节流方式。即当压缩空气从 A 端进气、从 B 端排气时,单向节流阀 A 的单向阀开启,向气缸无杆腔快速充气;由于单向节流阀 B 的单向阀关闭,有杆腔的气体只能经节流阀排气,调节节流阀 B 的开度,便可改变气缸伸出时的运动速度。反之,调节节流阀 A 的开度则可改变气缸缩回时的运动速度。这种控制方式,活塞运行稳定,是最常用的方式。

节流阀上带有气管的快速接头,只要将合适外径的气管往快速接头上一插就可以将管连接好了,使用时十分方便。图 6-17 是安装了带快速接头的限出型气缸节流阀的气缸外观。

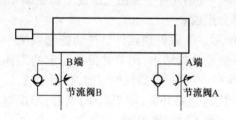

图 6-16　节流阀连接和调整原理示意图

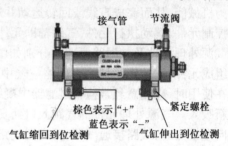

图 6-17　安装上气缸节流阀的气缸

2. 单电控电磁换向阀、电磁阀组

如前所述,顶料或推料气缸,其活塞的运动是依靠向气缸一端进气,并从另一端排气,再反过来,从另一端进气,一端排气来实现的。气体流动方向的改变则由能改变气体流动方向或通断的控制阀即方向控制阀加以控制。在自动控制中,方向控制阀常采用电磁控制方式实现方向控制,称为电磁换向阀。

电磁换向阀是利用其电磁线圈通电时,静铁心对动铁心产生电磁吸力使阀芯切换,达到改变气流方向的目的的。图 6-18 所示是一个单电控二位三通电磁换向阀的工作原理示意图。

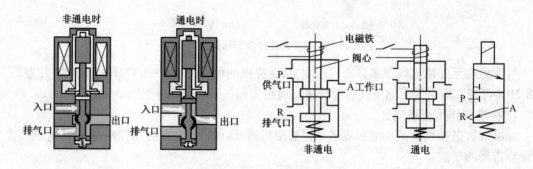

图 6-18　单电控电磁换向阀的工作原理

所谓“位”指的是为了改变气体方向,阀芯相对于阀体所具有的不同的工作位置。“通”的含义则指换向阀与系统相连的通口,有几个通口即为几通。图 6-18 中,只有两个工作位置,具有供气口 P、工作口 A 和排气口 R,故为二位三通阀。

图6-19分别给出二位三通、二位四通和二位五通单电控电磁换向阀的图形符号,图形中有几个方格就是几位,方格中的"┰"和"┸"符号表示各接口互不相通。

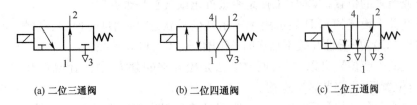

(a) 二位三通阀　　　　　　(b) 二位四通阀　　　　　　(c) 二位五通阀

图6-19　部分单电控电磁换向阀的图形符号

供料单元用了两个二位五通的单电控电磁阀。这两个电磁阀带有手动换向和加锁钮,有锁定(LOCK)和开启(PUSH)2个位置。用小螺丝刀把加锁钮旋到LOCK位置时,手控开关向下凹进去,不能进行手控操作。只有在PUSH位置,可用工具向下按,信号为"1",等同于该侧的电磁信号为"1";常态时,手控开关的信号为"0"。在进行设备调试时,可以使用手控开关对阀进行控制,从而实现对相应气路的控制,以改变推料缸等执行机构的控制,达到调试的目的。

两个电磁阀是集中安装在汇流板上的。汇流板中两个排气口末端均连接了消声器,消声器的作用是减少压缩空气在向大气排放时的噪声。这种将多个阀与消声器、汇流板等集中在一起构成的一组控制阀的集成称为阀组,而每个阀的功能是彼此独立的。阀组结构和本项目的三个料槽的推入机构的气缸组成的气动回路如图6-20所示。

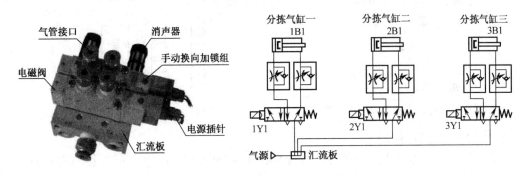

图6-20　电磁阀组和气动回路图

二、传感器的应用

1. 磁性开关

本装置使用的气缸都是带磁性开关的气缸。这些气缸的缸筒采用导磁性弱、隔磁性强的材料,如硬铝、不锈钢等。在非磁性体的活塞上安装一个永久磁铁的磁环,这样就提供了一个反映气缸活塞位置的磁场。而安装在气缸外侧的磁性开关则是用来检测气缸活塞位置,即检测活塞的运动行程的。

有触点式的磁性开关用舌簧开关做磁场检测元件。舌簧开关成型于合成树脂块内,并且一般还有动作指示灯、过电压保护电路也塑封在内。当气缸中随活塞移动的磁环靠近开关时,舌簧开关的两根簧片被磁化而相互吸引,触点闭合;当磁环移开开关后,簧片失磁,触点断开。触点闭合或断开时发出电控信号,在 PLC 的自动控制中,可以利用该信号判断推料及顶料缸的运动状态或所处的位置,以确定工件是否被推出或气缸是否返回。

在磁性开关上设置的 LED 显示用于显示其信号状态,供调试时使用。磁性开关动作时,输出信号"1",LED 亮;磁性开关不动作时,输出信号"0",LED 不亮。

磁性开关的安装位置可以调整,调整方法是松开它的紧定螺栓,让磁性开关顺着气缸滑动,到达指定位置后,再旋紧紧定螺栓。

磁性开关有蓝色和棕色两根引出线,使用时蓝色引出线应连接到 PLC 输入公共端,棕色引出线应连接到 PLC 输入端。磁性开关的内部电路如图 6-21 中点画线框内所示。

2. 电感式接近开关

电感式接近开关是利用电涡流效应制造的传感器。电涡流效应是指,当金属物体处于一个交变的磁场中,在金属内部会产生交变的电涡流,该涡流又会反作用于产生它的磁场这样一种物理效应。如果这个交变的磁场是由一个电感线圈产生的,则这个电感线圈中的电流就会发生变化,用于平衡涡流产生的磁场。

利用这一原理,以高频振荡器(LC 振荡器)中的电感线圈作为检测元件,当被测金属物体接近电感线圈时产生涡流效应,引起振荡器振幅或频率的变化,由传感器的信号调理电路(包括检波、放大、整形、输出等电路)将该变化转换成开关量输出,从而达到检测目的。电感式接近传感器工作原理框图如图 6-22 所示。

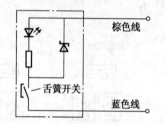

图 6-21　磁性开关的内部电路图

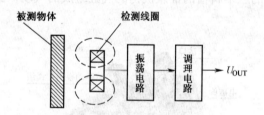

图 6-22　电感式接近开关工作电路

3. 漫射式光电接近开关

"光电传感器"是利用光的各种性质,检测物体的有无和表面状态的变化等的传感器。其中输出形式为开关量的传感器为光电式接近开关。

光电式接近开关主要由光发射器和光接收器构成。如果光发射器发射的光线因检测物体不同而被遮掩或反射,到达光接收器的量将会发生变化。光接收器的敏感元件将检测出这种变化,并转换为电气信号,进行输出。光电式接近开关大多使用可视光(主要为红色,也用绿色、蓝色来判断颜色)和红外光进行检测。

按照接收器接收光的方式的不同,光电式接近开关可分为对射式、漫射式和反射式 3 种,如图 6-23 所示。

用来检测物料台上有无物料的光电开关是一个圆柱形漫射式光电接近开关,工作时向上发出光线,从而透过小孔检测是否有工件存在,该光电开关选用 SICK 公司产品 MHT15-N2317 型。

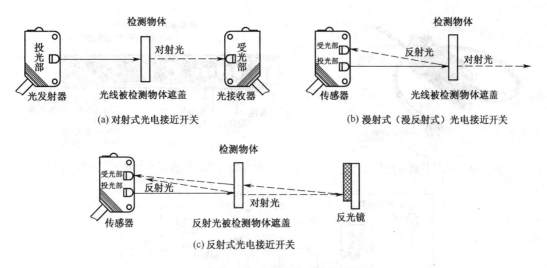

(a) 对射式光电接近开关　　　　　　(b) 漫射式（漫反射式）光电接近开关

(c) 反射式光电接近开关

图 6-23　光电式接近开关

图 6-24 给出了该光电开关的内部电路原理框图。光电开关外形如图 6-25 所示。

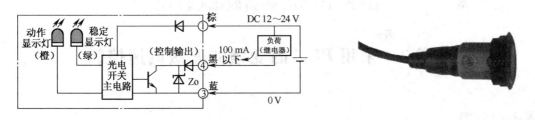

图 6-24　CX-441（E3Z-L61）内部电路原理图　　　图 6-25　光电开关外形

4. 认知光纤传感器

光纤型传感器由光纤检测头、光纤放大器两部分组成,光纤放大器和光纤检测头是分离的两部分,光纤检测头的尾端部分分成两条光纤,使用时分别插入放大器的两个光纤孔。光纤传感器组件如图 6-26 所示。

光纤传感器也是光电传感器的一种。光纤传感器具有下述优点:抗电磁干扰、可工作于恶劣环境,传输距离远,使用寿命长,此外,由于光纤头具有较小的体积,所以可以安装在很小空间的地方。

光纤式光电接近开关的放大器的灵敏度调节范围较大。当光纤传感器灵敏度调得较小时,对反射性较差的黑色物体,光电探测器无法接收到反射信号;而对反射性较好的白色物体,光电探测器就可以接收到反射信号。反之,若调高光纤传感器的灵敏度,则即使对反射性较差的黑色物体,光电探测器也可以接收到反射信号。

图 6-27 给出了放大器单元的俯视图,调节其中部的 8 旋转灵敏度高速旋钮就能进行放大器灵敏度调节(顺时针旋转灵敏度增大)。调节时,会看到"入光量显示灯"发光的变化。当探测器检测到物料时,"动作显示灯"会亮,提示检测到物料。

E3Z-NA11 型光纤传感器电路框图如图 6-28 所示,接线时请注意根据导线颜色判断电源极性和信号输出线,切勿把信号输出线直接连接到电源+24 V 端。

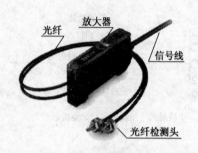

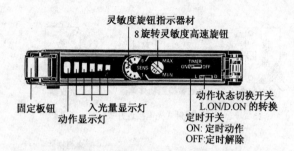

图 6-26 光纤传感器组件   图 6-27   光纤传感器放大器单元的俯视图

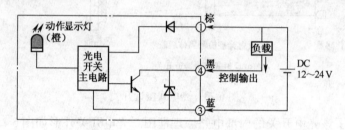

图 6-28   E3X-NA11 型光纤传感器电路框图

任务 2   采用 PLC 的变频器无级调速控制

任务目标

1. 会使用变频器的模拟量调速控制。

2. 会使用 PLC 模拟量模块控制变频器调速。

完成变频器的主电路连接后,学会了变频器的启停控制、正反转控制和多段速控制。

那么如何实现 PLC 控制变频器的无极调速控制呢?

要用 PLC+模拟量模块输出实现变频器的无极调速控制。

任务实施

子任务 1   变频器的模拟量端口连接

1. 变频器数值信号输入控制频率

变频器中也存在一些数值型(如频率、电压等)指令信号的输入,可分为数字输入和模拟输入两种。数字输入多采用变频器面板上的键盘操作和串行接口来给定;模拟输入则通过接线端子由外部给定,通常通过 0 ~ 5 V/10 V 的电压信号或 0/4 ~ 20 mA 的电流信号输入。由于接口电路因输入信号而异,因此必须根据变频器的输入阻抗选择 PLC 的输出模块。图 6-29 为 PLC 与变频器之间的信号连接图。

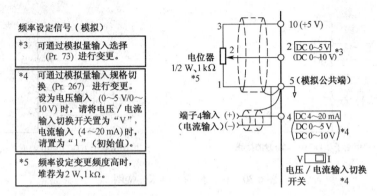

图 6-29　模拟量端子连接图

当变频器和 PLC 的电压信号范围不同时,如变频器的输入信号为 0～10 V 而 PLC 的输出电压信号范围为 0～5 V 时,或 PLC 的一侧的输出信号电压范围为 0～10 V 而变频器的输入电压信号范围为 0～5 V 时,由于变频器和晶体管的允许电压、电流等因素的限制,需用串联的方式接入限流电阻及分压方式,以保证进行开闭时不超过 PLC 和变频器相应的容量。此外,在连线时还应注意将布线分开,保证主电路一侧的噪音不传到控制电路。

2. 模拟量输入的连接

模拟量输入端子的功能说明见表 6-5。

表 6-5　模拟量输入端子的功能说明

端子号	端子名称	端子功能说明	参 数 范 围
10	频率设定用电源	作为外接频率设定(速度设定)用电位器时的电源使用	DC (5±0.2) V;容许负载电流 10 mA
2	频率设定(电压)	如果输入 DC 0～5 V(0～10 V),在 5 V(10 V)时为最大输出频率,输入输出成正比。通过 Pr.73 进行 DC 0～5 V 和 0～10 V 输入的切换操作	输入电阻(10±1)kΩ;最大容许电压 DC 20 V
4	频率设定(电流)	如果输入 DC 4～20 mA(或 0～5 V,0～10 V),在 20 mA 时为最大输出频率,输入、输出成正比。只有 AU 信号为 ON 时端子 4 的输入信号才有效(端子 2 的输入将无效)。通过 Pr.267 进行 4～20 mA 和 0～5 V,0～10 V 输入的切换操作。电压输入 (0～5 V,0～10 V)时将电压/电流输入切换开关切换至"V"	电流输入的情况下: 输入电阻(233±5)Ω; 最大容许电流 30 mA。 电压输入的情况下: 输入电阻(10±1)kΩ; 最大容许电压 DC 20 V
5	频率设定公共端	是频率设定信号(端子 2 或 4)及端子 AM 的公共端子,请不要接大地	

①以模拟量输入电压运行。频率设定信号在端子 2-5 之间输入 DC 0～5 V(或者DC 0～10 V)的电压。输入 5 V(10 V)时为最大输出频率。5 V 的电源既可以使用内部电源输入,也

可以使用外部电源输入。10 V 的电源,请使用外部电源输入。内部电源在端子 10-5 间输出 DC 5 V。图 6-30 为模拟量输入电压连接图。

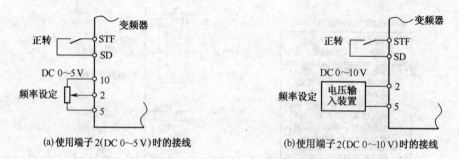

图 6-30　模拟量输入电压连接图

②以模拟量输入电流运行。在应用于风扇、泵等恒温、恒压控制时,将调节器的输出信号 DC 4 ~ 20 mA 输入到端子 4-5 之间,可实现自动运行。要使用端子 4,请将 AU 信号设置为 ON。图 6-31 为模拟量输入电流接线图。

③以模拟量输入来切换正转、反转(可逆运行)。可以选择根据模拟量输入端子的规格 (见表 6-6)、输入信号来切换正转、反转的功能。图 6-32 为模拟量输入可逆运行方式。

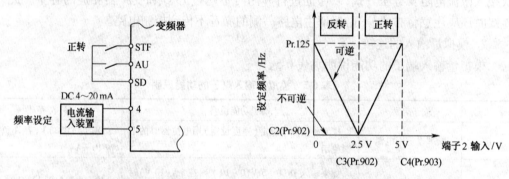

图 6-31　模拟量输入电流接线图　　　　　图 6-32　模拟量输入可逆运行方式

表 6-6　模拟量输入端子的规格

参数编号	名　称	初始值	设定范围	内　　容	
73	模拟量输入选择	1	0	端子 2 输入 0 ~ 10 V	无可逆运行
			1	端子 2 输入 0 ~ 5 V	
			10	端子 2 输入 0 ~ 10 V	有可逆运行
			11	端子 2 输入 0 ~ 5 V	
267	端子 4 输入选择	0	0	端子 4 输入 4 ~ 20 mA	
			1	端子 4 输入 0 ~ 5 V	
			2	端子 4 输入 0 ~ 10 V	

通过将 Pr. 73 设定为"10"或"11",并对 Pr. 125(Pr. 126)端子 2 频率设定增益频率(端子 4 频率设定增益频率)、C2(Pr. 902)端子 2 频率设定偏置频率、C7(Pr. 905)端子 4 频率设定增益进行调整,可以通过端子 2(端子 4)实现可逆运行。

当通过端子 2(0~5 V)输入进行可逆运行时,设定 Pr. 73 = "11",使可逆运行有效,在 Pr. 125(Pr. 903)中设定最大模拟量输入时的频率,将 C3(Pr. 902)设定为 C4(Pr. 903)设定值的 1/2,DC 0~2.5 V 为反转、DC 2.5~5 V 为正转。

3. 模拟量调速的维护

通常变频器也通过接线端子向外部输出相应的监测模拟信号。电信号的范围通常为 0~5 V(0~10 V)及 0~20 mA(4~20 mA)电流信号。无论哪种情况,都应注意:PLC 一侧的输入阻抗的大小要保证电路中电压和电流不超过电路的允许值,以保证系统的可靠性和减少误差。另外,由于这些监测系统的组成互不相同,有不清楚的地方应向厂家咨询。

因为变频器在运行中会产生较强的电磁干扰,为保证 PLC 不因为变频器主电路断路器及开关器件等产生的噪音而出现故障,将变频器与 PLC 相连接时应该注意以下几点:

①对 PLC 本身应按规定的接线标准和接地条件进行接地,而且应注意避免和变频器使用共同的接地线,且在接地时使二者尽可能分开。

②当电源条件不太好时,应在 PLC 的电源模块及输入/输出模块的电源线上接入噪音滤波器和降低噪音用的变压器等,另外,若有必要,在变频器一侧也应采取相应的措施。

③当把变频器和 PLC 安装于同一操作柜中时,应尽可能使与变频器有关的电线和与 PLC 有关的电线分开。

④通过使用屏蔽线和双绞线达到提高噪声干扰的水平。

完成变频器模拟量(无极)调速的连接,在不同模拟量电压、电流输入的情况如何实现调速控制?

下面我们用 PLC 的模拟量输出模块实现 PLC 控制变频器的无极调速。

子任务 2　PLC 实现模拟量调速编程

1. 模拟量模块与变频器的连接

可以选择连接模拟量电流输入和模拟量电压输入的 CH1、CH2 通道中的端口,以及模拟电压(V_{OUT} 和 COM)和电流输出(I_{OUT} 和 COM)端口,连接时注意极性,如图 6-33 所示。

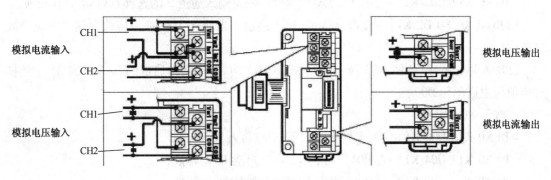

图 6-33　输入/输出通道的连接

2. FX0N-3A 的输入/输出编程

①A/D 输入程序,如图 6-34 所示。主机单元将数据读出或写入 FX0N-3A 缓冲存储器(BFM),当 X001＝ON 时,实现输入通道 1 的 A/D 转换,并将 A/D 转换对应值存储于主机单元 D01 中。当 X002＝ON 时,实现输入通道 2 的 A/D 转换,并将 A/D 转换对应值存储于主机单元 D02 中。

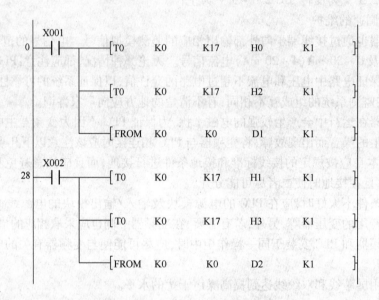

图 6-34　A/D 输入程序

当按下 X1 时:

[T0　K0　K17　H00　K1]→(H00)写入 BFM#17,选择输入通道 1 且复位 A/D 转换;

[T0　K0　K17　H02　K1]→(H02)写入 BFM#17,保持输入通道 1 的选择且启动 A/D 转换;

[FROM　K0　K0　D1　K1]→读取 BFM#0,输入通道 1 当前 A/D 转换对应值存储于主机单元(D1)中。

当按下 X2 时:

[T0　K0　K17　H01　K1]→(H01)写入 BFM#17,选择输入通道 2 且复位 A/D 转换;

[T0　K0　K17　H03　K1]→(H03)写入 BFM#17,保持输入通道 2 的选择且启动 A/D 转换;

[FROM　K0　K0　D2　K1]→读取 BFM#0,输入通道 2 当前 A/D 转换对应值存储于主机单元(D2)中。

②D/A 输出程序,如图 6-35 所示。当 X000＝ON 时,实现输出通道的 D/A 转换,D/A 转换对应值为主机单元 D00。

当按下 X0 时:

[T0　K0　K16　D00　K1]→D/A 转换对应值(D0)写入 BFM#16;

[T0　K0　K17　H04　K1]→(H04)写入 BFM#17,启动 D/A 转换;

[T0　K0　K17　H00　K1]→(H00)写入 BFM#17,复位 D/A 转换。

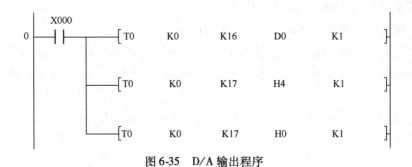

图 6-35　D/A 输出程序

3. 模拟量模块编程实现无极调速

按照 5 V/250 V 的对应，在 D10 寄存器中写入数值，启动 D/A 转换，并选择输入通道 1 进行转换输出电信号。

控制要求：按下启动按钮，系统进入运行状态，在入料口放入一工件，延时 1 s 后传送带开始以 20 Hz 的频率运行，当前进到光纤传感器 2 的位置后开始以 40 Hz 的频率运行，最后到废料检测处传送带停止运行，可以把工件重新放到入料口运行，按下停止按钮后系统停止。进入运行状态时，HL2 指示灯常亮，传送带前进时 HL2 指示灯以 1 Hz 的频率闪烁。无极调速程序如图 6-36 所示。

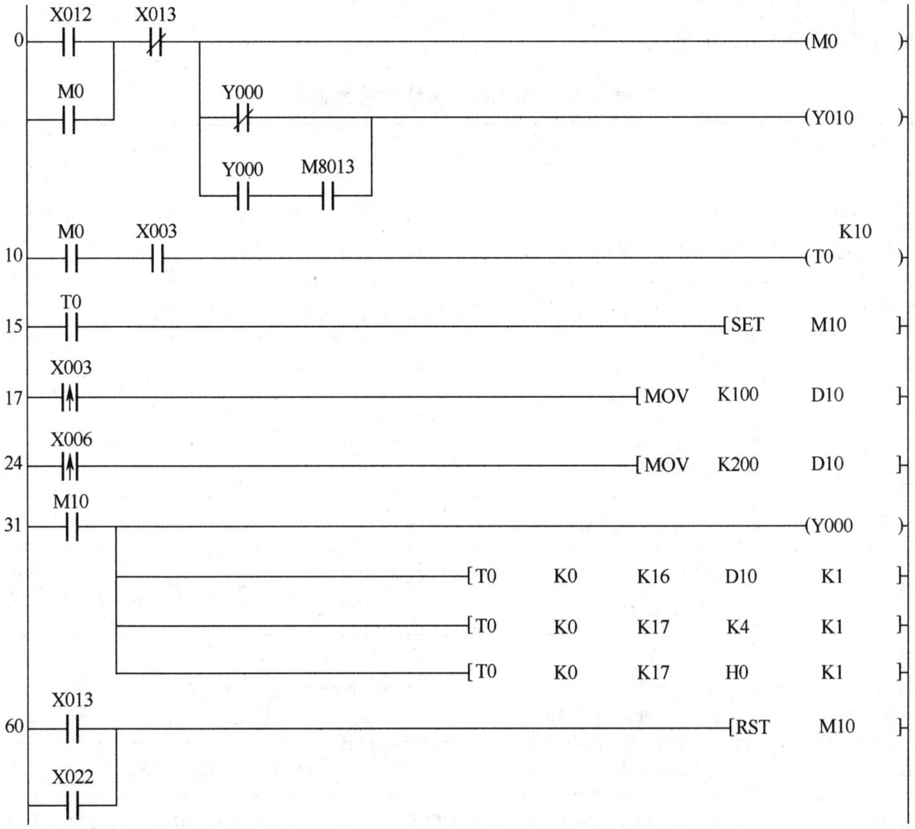

图 6-36　无极调速程序

当 D10 输入数值 K100,代表设定频率 20 Hz;

当 D10 输入数值 K200,代表设定频率 40 Hz。

在调试过程中,理论设定值的频率和实际运行值的频率之间产生误差的原因是频率精度,指变频器的实际输出频率与设定频率之间的误差大小,又称频率准确度或频率稳定度。

通常,当频率为数字量设定时,精度高些(误差小些);而在模拟量设定时,精度低些(误差大些)。

任务相关知识

认识 FX0N-3A 模块

FX0N-3A 是三菱 PLC 模拟量输入/输出模块,入位二进制分辨率的模拟量输入/输出模块,具有二通道模拟量输入和一通道模拟量输出的输入/输出混合模块。可以进行二通道的电压输入(DC 0~10 V,DC 0~5 V),或者电流输入(DC 4~20 mA)(两通道特性相同)。一通道的模拟量输出可以是电压输出(DC 0~10 V),也可以是电流输出(DC 4~20 mA)。

FX0N-3A 模块的技术指标见表 6-7。

缓冲存储器(BFM)分配见表 6-8。

表 6-7　FX0N-3A 模块的技术指标

A/D	电压输入	电流输入
模拟量输入范围	DC 0~10 V, DC 0~5 V(输入电阻 200 kΩ),绝对最大输入:-0.5 V, +15 V	DC 4~20 mA(输入电阻 250 Ω),绝对最大输入:-2 mA, +60 mA
输入特性	不可以混合使用电压输入和电流输入,两个通道的输入特性相同	
有效的数字量输出	8 位二进制(数字值为 255 上时,固定为 255)	
运算执行时间	TO 指令处理时间 X2+FROM 指令处理时间	
转换时间	100 ms	
D/A	电压输出	电流输出
模拟量输出范围	DC 0~10 V、DC 0~5 V(负载电阻 1 kΩ~1 MΩ)	DC 4~20 mA(负载电阻 500 Ω下)
有效的数字量输入	8 位二进制	
运算执行时间	TO 指令处理时间 X3	
通用部分	电压输入/输出	电流输入/输出
分辨率	40 mV(10 V/250)、20 mV(5 V/250)	64 mA min{(20-4)mA/250}

A/D	电压输入	电流输入
名合精度	±1%（对应满量程）	
隔离方式	采用光耦隔离模拟量输入/输出、可编程控制器采用 DC/DC 转换器隔离电源、模拟量输入/输出（各通道间不隔离）	
电源	DC 5V、30 mA（可编程控制器内部供电），DC 24 V、90 mA（可编程控制器内部供电）	
输入/输出占用点数	占用 8 点可编程控制器的输入/输出（计算在输入/输出侧都可）	
适用的 PLC	FX1N、FX2N、FX3U、FX1NC、FX2NC（需要 FX2NC-CNV-IF）、FX3UC（需要 FX2NC-CNV-IF 或 FX3UC-1PS-5 V）	
质量	0.2 kg	

表 6-8　缓冲存储器（BFM）分配

BFM No.	b15 ~ b8	b7	b6	b5	b4	b3	b2	b1	b0
#0				当前 A/D 转换，输入通道 8 位数据					
#1 ~ #15									
#16				当前 D/A 转换，输出通道 8 位数据					
#17						D/A 转换启动		A/D 转换启动	A/D 转换通道选择
#18 ~ #31									

表 6-8 中，表格空留部分为缓冲存储器存储保留区域；#0：输入通道 1（CH1）与输入通道 2（CH2）转换数据以二进制形式交替存储；#17：缓冲存储器（BFM）功能见表 6-9。

表 6-9　#17 缓冲存储器（BFM）功能

十六进制	二进制			说　　明	
	b2	b1	b0		
H000	0	0	0	选择输入通道 1 且复位 A/D 和 D/A 转换	b0 = 0：选择输入通道 1 b0 = 1：选择输入通道 2
H001	0	0	1	选择输入通道 2 且复位 A/D 和 D/A 转换	b1 = 0→1：启动 A/D 转换 b1 = 1→0：复位 A/D 转换
H002	0	1	0	保持输入通道 1 的选择且启动 A/D 转换	b2 = 0→1：启动 D/A 转换 b2 = 1→0：复位 D/A 转换
H003	0	1	1	保持输入通道 2 的选择且启动 A/D 转换	
H004	1	0	0	启动 D/A 转换	

在使用模拟量模块时，安装连接所需通道后，启动 A/D 转换，把从缓冲存储器（BFM）读入的转换后的数据进行处理。同样把准备输出的数据进行 D/A 转换。模拟量模块编程的流程图如图 6-37 所示。

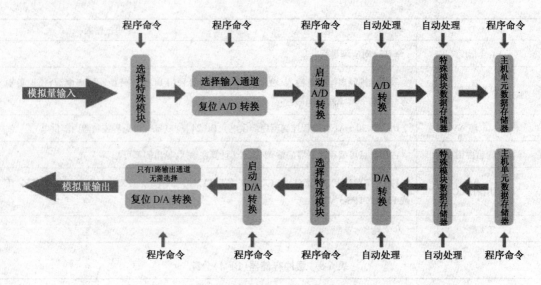

图 6-37　模拟量模块编程的流程图

任务3　带式输送机闭环控制系统的调试与维护

任务目标

1. 会使用编码器作为传送带定位闭环控制。
2. 会使用变频器的转速反馈闭环控制。
3. 会使用 PLC 与变频器的通信反馈闭环控制。

学会了使用 PLC 模拟量扩展模块实现对变频器的无极调速控制,如何实现变频器转速的闭环控制?

下面我们继续学习编码器实现传送带定位及速度反馈信号的闭环系统,以及用 PLC 与变频器的通信实现反馈闭环控制。

任务实施

子任务1　带式输送机的物料分拣

1. 分拣原理

本分拣控制装置是对已加工或装配的工件进行分拣。装置上安装了漫射式光电传感器、光纤传感器和磁感应接近式传感器等,具有使不同颜色的工件从不同的料槽分流的功能。

本装置传送和分拣的基本工作原理:当输送站送来工件放到传送带上并被入料口漫射式光

电传感器检测到时,将信号传输给 PLC,通过 PLC 的程序启动变频器,电动机运转驱动传送带工作,把工件带进分拣区,如果进入分拣区工件为白色,则检测白色物料的光纤传感器动作,作为 1 号槽推料气缸启动信号,将白色料推到 1 号槽里,如果进入分拣区工件为黑色,检测黑色的光纤传感器作为 2 号槽推料气缸启动信号,将黑色料推到 2 号槽里。自动生产线的加工结束。

2. 传送带脉冲当量的现场测试

根据传送带主动轴直径计算旋转编码器的脉冲当量,其结果只是一个估算值。在分拣单元安装调试时,除了要仔细调整尽量减少安装偏差外,尚须现场测试脉冲当量值。一种测试方法的步骤如下:

①分拣单元安装调试时,必须仔细调整电动机与主动轴联轴的同心度和传送带的张紧度。调节张紧度的两个调节螺栓应平衡调节,避免传送带运行时跑偏。传送带张紧度以电动机在输入频率为 1 Hz 时能顺利启动,低于 1 Hz 时难以启动为宜。测试时可把变频器设置为 Pr. 79 = 1,Pr. 3 = 0 Hz,Pr. 161 = 1,这样就能在操作面板进行启动/停止操作,并且把 M 旋钮作为电位器使用进行频率调节。

②安装调整结束后,变频器参数设置为:

Pr. 79 = 2(固定的外部运行模式),Pr. 4 = 25 Hz(高速段运行频率设定值)。

③编写图 6-38 所示的程序,编译后传送到 PLC。

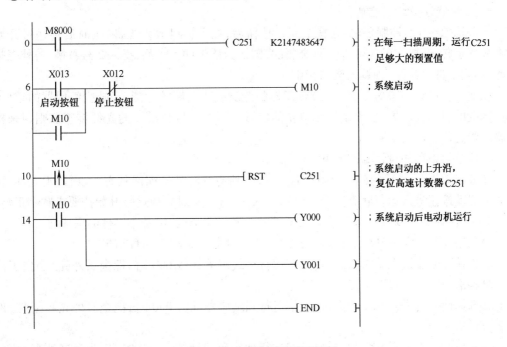

图 6-38　脉冲当量现场测试程序

④运行 PLC 程序,并置于监控方式。在传送带进料口中心处放下工件后,按启动按钮启动运行。工件被传送到一段较长的距离后,按下停止按钮停止运行。观察监控界面上 C251 的读数,将此值填写到表 6-10 中的"高速计数脉冲数"一栏中,然后在传送带上测量工件移动的距离,把测量值填写到表 6-10 中的"工件移动距离"一栏中,则脉冲当量 μ 计算值 = 工件移

动距离/高速计数脉冲数,填写到相应栏目中。

表 6-10 脉冲当量现场测试数据

序 号 \ 内 容	工件移动距离 (测量值)	高速计数脉冲数 (测试值)	脉冲当量 μ (计算值)
第一次	357.8	1 391	0.257 1
第二次	358	1 392	0.257 1
第三次	360.5	1 394	0.258 6

⑤重新把工件放到进料口中心处,按下启动按钮即进行第二次测试。进行三次测试后,求出脉冲当量 μ 平均值为:$\mu=(1+2+3)/3=0.257\ 6$。

按安装尺寸重新计算旋转编码器到各位置应发出的脉冲数:当工件从下料口中心线移至传感器中心时,旋转编码器发出 456 个脉冲;移至第一个推杆中心点时,发出 650 个脉冲;移至第二个推杆中心点时,约发出 1 021 个脉冲;移至第三个推杆中心点时,约发出 1 361 个脉冲。

在本项工作任务中,编程高速计数器的目的,是根据 C251 当前值确定工件位置,与存储到指定的变量存储器的特定位置数据进行比较,以确定程序的流向。

3. 传输带分拣编程控制

①分拣效果 1。控制要求:在按下启动按钮后,在入料口放入工件,延时后传送带开始按要求频率正转,若放入的工件外壳是金属的,则认为该工件为正品,推入 2 号料槽;若外壳是非金属的,则工件为次品,则调入废料箱中。

在此程序设计中考虑了 X4 电感传感器的金属或非金属的检测,当缺少编码器的定位时,使用传统的时间控制方式,来确定废料箱的位置。而在 2 号料槽口的光纤传感器则用来检测金属工件到位。

分拣效果 1 程序设计如图 6-39 所示。

②分拣效果 2。控制要求:上电检查初始态,所有气缸处于缩回状态,入料口无工件,再开始按下启动按钮进入运行状态。在入料口放入一工件,延时后传送带开始按要求频率正转,工件运输到电感–光纤安装支架处检测大工件的金属或非金属,以及小工件的黑或白。

分别用 M1 信号和 M2 信号来区分工件,选择性分支编程有四种结果:

①选择性分支进入 S21 状态,传送带运行到编码器计数 600 时,把金属外壳+小白工件推入 1 号料槽。

②选择性分支进入 S22 状态,传送带运行到编码器计数 950 时,把金属外壳+小黑工件推入 2 号料槽。

③选择性分支进入 S23 状态,传送带运行到编码器计数 1 310 时,把非金属外壳+小白工件推入 3 号料槽。

④选择性分支进入 S24 状态,传送带运行到 X22 处时,把非金属外壳+小黑工件推入废料槽。

分拣效果 2 程序设计如图 6-40 所示。

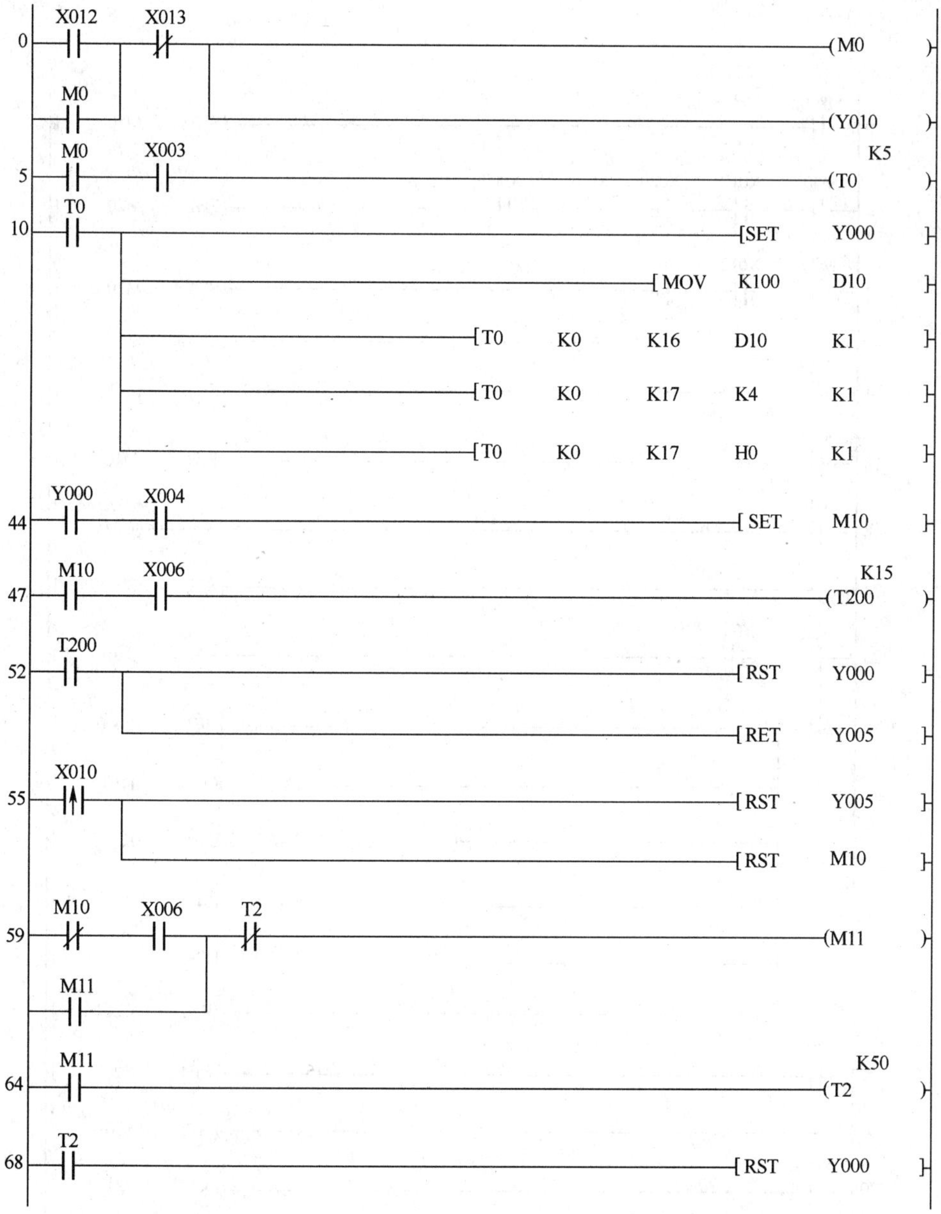

图6-39 分拣效果1程序

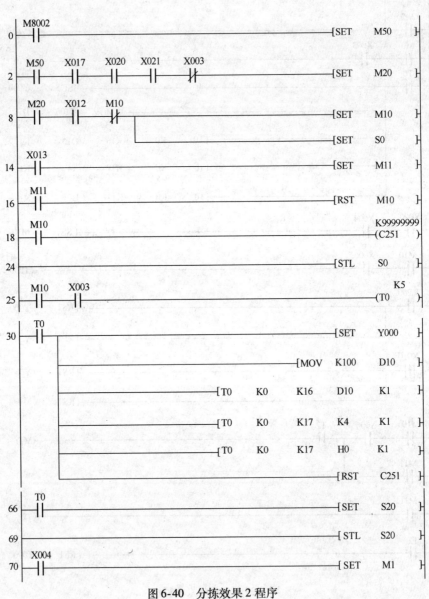

图 6-40　分拣效果 2 程序

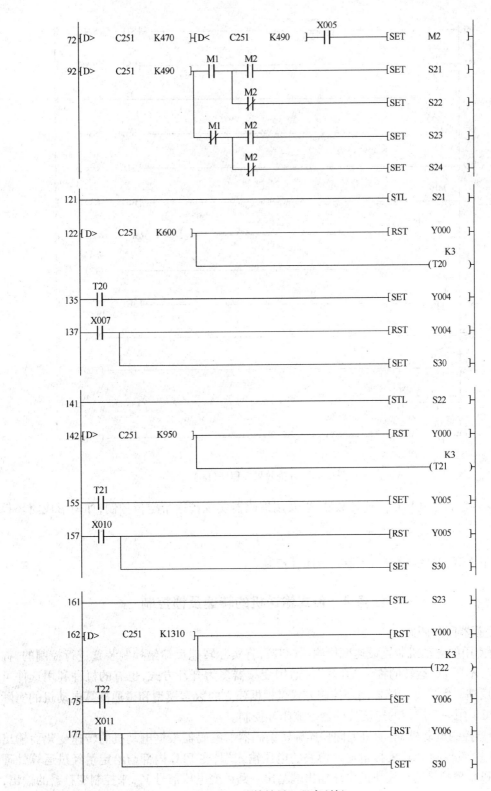

图 6-40 分拣效果 2 程序（续）

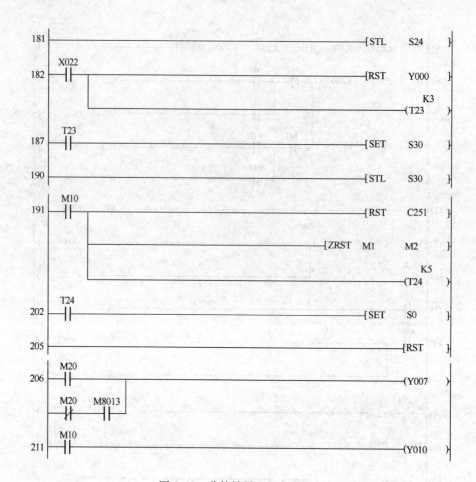

图 6-40　分拣效果 2 程序(续)

学会了使用 PLC 高速计数器,以及用编码器实现传送带定位控制,如何形成闭环控制呢?

下面我们继续学习变频器转速闭环控制。

子任务 2　带式输送机的转速反馈控制

1. 变频器闭环调速

给所使用的电动机装置设速度检测器(PG),将实际转速反馈给控制装置进行控制的,称为"闭环",不用 PG 运转的称为"开环"。通用变频器多为开环方式,也有的机种利用选件可进行 PG 反馈。无速度传感器闭环控制方式是根据建立的数学模型和磁通推算电动机的实际速度,相当于用一个虚拟的速度传感器形成闭环控制。

变频器控制电动机,电动机上同轴连旋转编码器。编码器根据电动机的转速变化而输出电压信号 V_{in} 反馈到 PLC 模拟量输入模块的电压输入端,在 PLC 内部与给定量经过运算处理后,通过 PLC 模拟量输出模块的电压输出端输出一路可变电压信号 V_{out} 来控制变频器的输出,达到闭环控制的目的。变频器闭环调速示意图如图 6-41 所示。

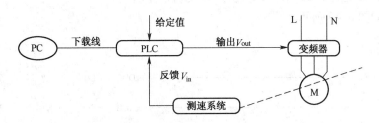

图 6-41 变频器闭环调速示意图

2. 基于 PLC 模拟量的闭环调速

按下列参数对变频器进行参数设置,设置完毕后,断电保存参数:Pr. 30 = 1、Pr. 73 = 1、Pr. 79 = 4、Pr. 160 = 0、Pr. 340 = 0 等。

完成 PLC 及模拟量模块和变频器的连接,PLC 模拟量输出模块连接到变频器的 2 脚、5 脚,测速编码器连接到模拟量模块的输入端上,接线如图 6-42 所示。

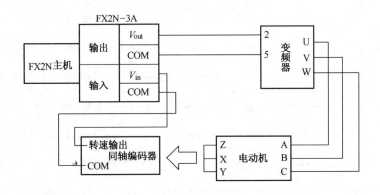

图 6-42 PLC 模拟量的闭环调速接线图

正确将导线连接完毕后,将程序下载至 PLC 主机,将"RUN/STOP"开关拨到"RUN"。

先设定给定值。单击标准工具条上的"软元件测试"快捷项(或选择"在线"菜单下"调试"选项中的"软元件测试"选项),进入软元件测试对话框。在"字软元件/缓冲存储区"栏中的"软元件"项中键入 D0,设置 D0 的值,确定电动机的转速。输入设定值 N,N 为十进制数,如 $N = 1\ 000$,则电动机的转速目标值就为 1 000 r/min。

按变频器面板上的 RUN 键,启动电动机转动。电动机转动平稳后,记录给定目标转速、电动机实际转速,以及它们之间的偏差,再改变给定值,观察电动机转速的变化并记录数据(注意:由于闭环调节本身的特性,所以电动机要过一段时间才能达到目标值)。

请观察并记录数据,填入表 6-11 中。

表 6-11 转速记录表

给定目标转速/(r/min)	电动机实际转速/(r/min)	变频器输出频率/Hz	最大振荡偏差

按变频器面板上的 STOP/RESET 键,使电动机停止转动。

参考程序如图 6-43 所示。

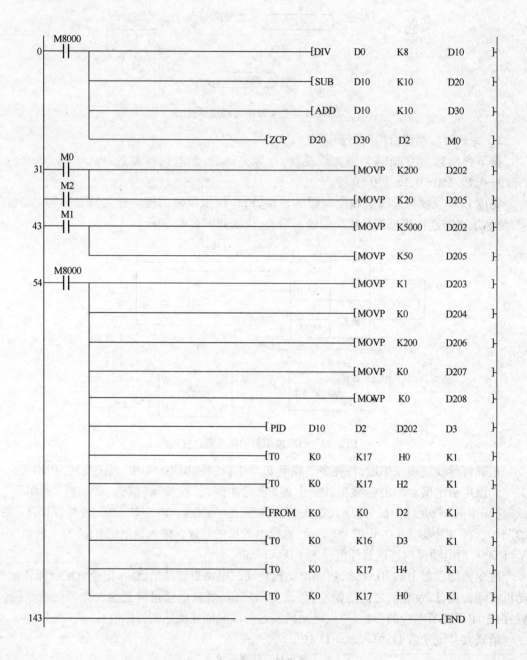

图 6-43 PLC 模拟量的闭环调速程序

学会了使用特定测速装置,以及模拟量信号处理构成的转速反馈闭环控制,还有其他方式吗?

下面我们继续学习用 PLC 与变频器的 RS-485 通信连接实现转速反馈闭环控制。

子任务3　PLC 与变频器的通信控制

1. 变频器的 RS-485 通信

PU 接口用通信电缆连接 PC 或 FA 等计算机,用户可以通过客户端程序对变频器进行操作、监视或读写参数。

Modbus RTU 协议的情况下,也可以通过 PU 接口进行通信。PU 接口插针排列见表6-12。PU 端子插针引脚功能如图 6-44 所示。

表6-12　PU 端子功能

种类	端子记号	端子名称	端子功能说明
RS-485	—	PU 接口	通过 PU 接口,可进行 RS-485 通信; 标准规格:EIA-485(RS-485); 传输方式:多站点通信; 通信频率:4 800 ~ 38 400 bit/s 总长距离:500 m

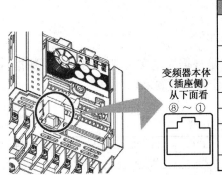

变频器本体
(插座侧)
从下面看
⑧ ~ ①

插针编号	名称	内容
①	SG	接地 (与端子5导通)
②	—	参数单元电源
③	RDA	变频器接收 +
④	SDB	变频器发送 −
⑤	SDA	变频器发送 +
⑥	RDB	变频器接收 −
⑦	SG	接地 (与端子5导通)
⑧	—	参数单元电源

图 6-44　PU 端子插针引脚功能

图 6-44 中,②、⑧号插针为参数单元用电源。进行 RS-485 通信时请不要使用。FR-D700系列、E500 系列、S500 系列混合存在进行 RS-485 通信的情况下,若错误连接了上述 PU 接口的②、⑧号插针(参数单元电源),可能会导致变频器无法动作或损坏。

请勿连接至 PC 的 LAN 端口、FAX 调制解调器用插口或电话用模块接口等。由于电气规格不一致,可能会导致产品损坏。

2. 基于 PLC 通信方式的变频器闭环控制

电动机上同轴连旋转编码器,变频器控制电动机。变频器按照设定值工作,带动电动机运行,同时电动机带动编码盘旋转,电动机每转一圈,从编码盘脉冲端输出 500 个脉冲信号到PLC 的高速计数端 X000,这样就可以根据计数器所计脉冲数计算出电动机转数。当计数器计数到设定阀值后执行减速程序段,控制电动机减速至停止,完成定位控制。PLC 与变频器的通信连接如图 6-45 所示,电动机转速曲线如图 6-46 所示。

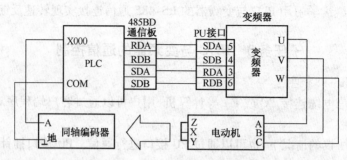

图 6-45　PLC 与变频器的通信连接

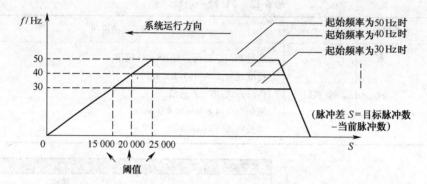

图 6-46　电动机转速曲线

注意：上述"阈值"只是系统中的一个设定参数，它是根据大量实验所得到的一个数据，在实验过程中，可根据实际情况加以适当修改，以达到最佳的控制效果。

按表 6-13 对变频器进行参数设置。

表 6-13　变频器通信参数设置

Pr. 79	Pr. 117	Pr. 118	Pr. 119	Pr. 120	Pr. 121	Pr. 122	Pr. 123	Pr. 340
0	1	48	10	0	9 999	9 999	9 999	1

在修改其他的参数时，要首先把 Pr. 340 改成 0、Pr. 79 改成 1。然后掉电，再开电把变频器打开，按 PU 键使变频器 PU 指示灯亮，然后修改其他参数，然后掉电。把参数保存入变频器，然后上电，再将 Pr. 340 参数改为 1、Pr. 79 该为 0，然后再上电保存参数。

单点击标准工具条上的"软件测试"快捷项（或选择"在线"菜单下"调试"选项中的"软件测试"项），进入软件测试对话框。

①在"字软元件/缓冲存储区"栏中的"软元件"项中键入 D10，设置 D10 的值，确定电动机的起始转速。输入设定值 N，N 为十进制数，为变频器设定的频率（如 $N=30$，则变频器的设定起始频率为 30 Hz），建议频率设定不要过大或过小。

②在"字软元件/缓冲存储区"栏中的"软元件"项中键入 D0，设置 D0 的值，确定电动机的转数。例如，输入十进制数"100"，则电动机将在启动的条件下转动 100 圈后停止运行。

③在位软元件中的软元件中键入 M0，由 M0 强制 ON 控制电动机转动。电动机将在转动设定圈数后停止运行。若想在此过程中让其停止，点击"强制 OFF"便可。

PLC 与变频器通信功能程序如图 6-47 所示。

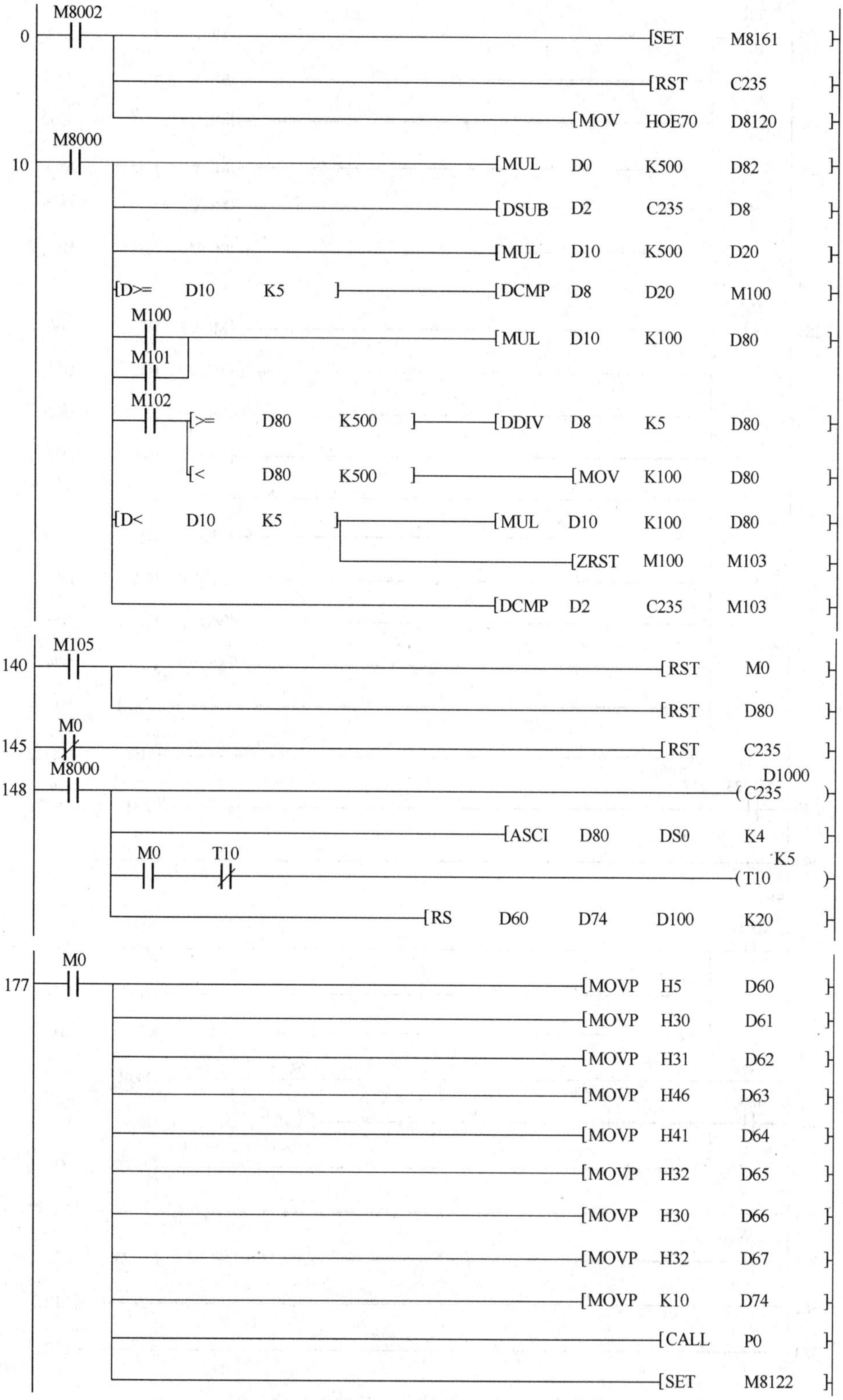

```
      M8002
0     ─┤├────────────────────────────────────────────[SET    M8161    ]
           │
           ├─────────────────────────────────────────[RST    C235     ]
           │
           └─────────────────────────────────[MOV    HOE70   D8120    ]

      M8000
10    ─┤├────────────────────────────────────[MUL    D0     K500    D82  ]
           │
           ├──────────────────────────────────[DSUB   D2     C235    D8   ]
           │
           ├──────────────────────────────────[MUL    D10    K500    D20  ]
           │
       [D>=   D10    K5    ]────────────────[DCMP   D8     D20    M100 ]
           M100
           ─┤├──┐
           M101 │
           ─┤├──┤───────────────────────────[MUL    D10    K100    D80  ]
           M102 │
           ─┤├──┴─[>=    D80    K500   ]────[DDIV   D8     K5     D80  ]
                │
                └─[<     D80    K500   ]────[MOV    K100   D80         ]

       [D<    D10    K5    ]────────────────[MUL    D10    K100    D80  ]
                            └───────────────[ZRST   M100   M103        ]
           │
           └───────────────────────────────[DCMP   D2     C235    M103 ]

      M105
140   ─┤├────────────────────────────────────────────[RST    M0       ]
           │
           └─────────────────────────────────────────[RST    D80      ]
      M0
145   ─┤╱├───────────────────────────────────────────[RST    C235     ]
      M8000                                              D1000
148   ─┤├─────────────────────────────────────────────(C235       )
           │
           ├──────────────────────────────[ASCI   D80    DS0    K4   ]
           M0   T10                                       K5
           ─┤├──┤╱├──────────────────────────────────────(T10        )
           │
           └──────────────────────[RS     D60    D74    D100   K20  ]

      M0
177   ─┤├────────────────────────────────────[MOVP   H5     D60  ]
           │
           ├─────────────────────────────────[MOVP   H30    D61  ]
           │
           ├─────────────────────────────────[MOVP   H31    D62  ]
           │
           ├─────────────────────────────────[MOVP   H46    D63  ]
           │
           ├─────────────────────────────────[MOVP   H41    D64  ]
           │
           ├─────────────────────────────────[MOVP   H32    D65  ]
           │
           ├─────────────────────────────────[MOVP   H30    D66  ]
           │
           ├─────────────────────────────────[MOVP   H32    D67  ]
           │
           ├─────────────────────────────────[MOVP   K10    D74  ]
           │
           ├────────────────────────────────────────[CALL   P0      ]
           │
           └────────────────────────────────────────[SET    M8122   ]
```

图 6-47　PLC 与变频器通信功能程序

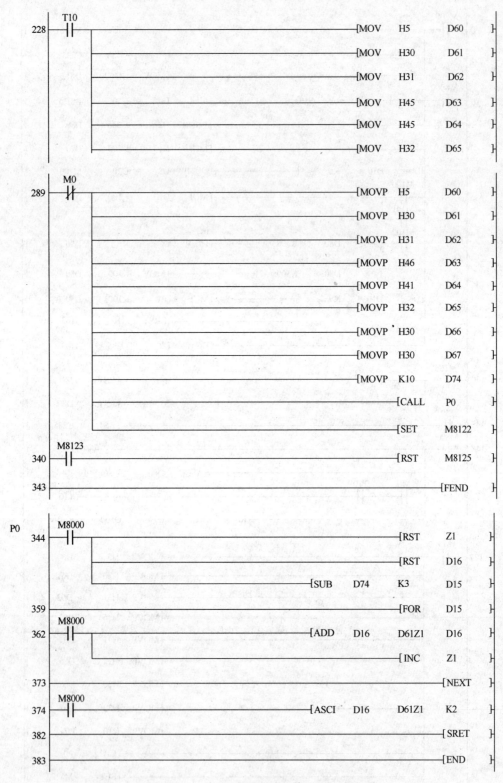

图 6-47　PLC 与变频器通信功能程序（续）

任务相关知识

一、编码器的分类

编码器(encoder)是将信号(如比特流)或数据进行编制、转换为可用以通信、传输和存储的信号形式的设备。编码器把角位移或直线位移转换成电信号,前者称为码盘,后者称为码尺。按照读出方式编码器可以分为接触式和非接触式两种;按照工作原理编码器可分为增量式和绝对式两类。增量式编码器是将位移转换成周期性的电信号,再把这个电信号转变成计数脉冲,用脉冲的个数表示位移的大小。绝对式编码器的每一个位置对应一个确定的数字码,因此它的示值只与测量的起始和终止位置有关,而与测量的中间过程无关。

编码器可按以下方式来分类。

1. 按码盘的刻孔方式不同分类

①增量型:就是每转过单位的角度就发出一个脉冲信号(也有发正余弦信号,然后对其进行细分,斩波出频率更高的脉冲),通常为 A 相、B 相、Z 相输出,如图 6-48 所示。A 相、B 相为相互延迟 1/4 周期的脉冲输出,根据延迟关系可以区别正反转,而且通过取 A 相、B 相的上升和下降沿可以进行 2 倍频或 4 倍频;Z 相为单圈脉冲,即每圈发出一个脉冲。

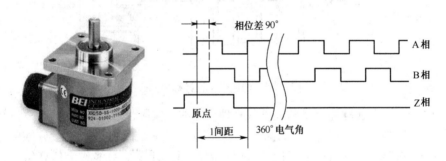

图 6-48　增量式编码器输出的三组方波脉冲

②绝对值型:就是对应一圈,每个基准的角度发出一个唯一与该角度对应二进制的数值,通过外部记圈器件可以进行多个位置的记录和测量。

2. 按信号的输出类型分类

按信号的输出类型分为:电压输出、集电极开路输出、推拉互补输出和长线驱动输出。

3. 按编码器机械安装形式分类

①有轴型:有轴型又可分为夹紧法兰型、同步法兰型和伺服安装型等。

②轴套型:轴套型又可分为半空型、全空型和大口径型等。

4. 按编码器的工作原理分类

按编码器工作原理可分为:光电式、磁电式和触点电刷式。

二、编码器的使用

本装置上使用了这种具有 A、B 两相90°相位差的通用型旋转编码器,用于计算工件在传送带上的位置。编码器直接连接到传送带主动轴上。该旋转编码器的三相脉冲采用 NPN 型集电极开路输出,分辨率 500 线,工作电源 DC 12 ~ 24 V。本装置没有使用 Z 相脉冲,A、B 两相输出端直接连接到 PLC 的高速计数器输入端。

计算工件在传送带上的位置时,需确定每两个脉冲之间的距离即脉冲当量。分拣单元主动轴的直径为 $d = 43$ mm,则减速电动机每旋转一周,皮带上工件移动距离 $L = \pi \cdot d \approx 3.14 \times 43 = 135.02$ mm。故脉冲当量 μ 为 $\mu = L/500 \approx 0.270$ mm。按如图 6-49 所示的安装尺寸,当工件从下料口中心线移至传感器中心时,旋转编码器约发出 430 个脉冲;移至第一个推杆中心点时,约发出 614 个脉冲;移至第三个推杆中心点时,约发出 963 个脉冲;移至第二个推杆中心点时,约发出 1284 个脉冲。

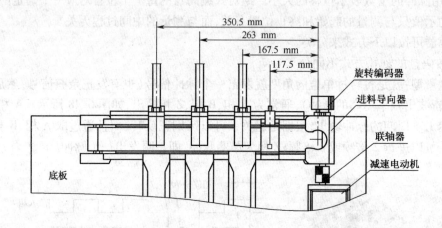

图 6-49 传送带位置计算用图

应该指出的是,上述脉冲当量的计算只是理论上的。实际上各种误差因素不可避免,如传送带主动轴直径(包括传送带厚度)的测量误差,传送带的安装偏差、张紧度,分拣单元整体在工作台面上定位偏差等,都将影响理论计算值。因此理论计算值只能作为估算值。脉冲当量的误差所引起的累积误差会随着工件在传送带上运动距离的增大而迅速增加,甚至达到不可容忍的地步。因而在分拣单元安装调试时,除了要仔细调整尽量减少安装偏差外,尚须现场测试脉冲当量值。

三、高速计数器的编程使用

高速计数器是 PLC 的编程软元件,相对于普通计数器,高速计数器用于频率高于机内扫描频率的机外脉冲计数,由于计数信号频率高,计数以中断方式进行,计数器的当前值等于设定值时,计数器的输出接点立即工作。

FX3U 型 PLC 内置有 21 点高速计数器 C235 ~ C255,每一个高速计数器都规定了其功能和占用的输入点。

1. 高速计数器的功能分配

高速计数器的功能分配如下:

C235 ~ C245 共 11 个高速计数器用做一相一计数输入的高速计数,即每一计数器占用 1

点高速计数输入点,计数方向可以是增序或者减序计数,取决于对应的特殊辅助继电器 M8□□□的状态。例如,C245 占用 X002 作为高速计数输入点,当对应的特殊辅助继电器 M8245 被置位时,作增序计数。C245 还占用 X003 和 X007 分别作为该计数器的外部复位和置位输入端。

C246 ~ C250 共 5 个高速计数器用作一相二计数输入的高速计数,即每一计数器占用 2 点高速计数输入,其中 1 点为增计数输入,另一点为减计数输入。例如,C250 占用 X003 作为增计数输入,占用 X004 作为减计数输入,另外占用 X005 作为外部复位输入端,占用 X007 作为外部置位输入端。同样,计数器的计数方向也可以通过编程对应的特殊辅助继电器 M8□□□状态指定。

C251 ~ C255 共 5 个高速计数器用做二相二计数输入的高速计数,即每一计数器占用两点高速计数输入,其中 1 点为 A 相计数输入,另 1 点为与 A 相相位差 90° 的 B 相计数输入。C251 ~ C255 的功能和占用的输入点见表 6-14。

表 6-14　高速计数器 C251 ~ C255 的功能和占用的输入点

项目	X000	X001	X002	X003	X004	X005	X006	X007
C251	A	B						
C252	A	B	R					
C253				A	B	R		
C254	A	B	R				S	
C255				A	B	R		S

如前所述,分拣单元所使用的是具有 A、B 两相 90° 相位差的通用型旋转编码器,且 Z 相脉冲信号没有使用。由表 6-14,可选用高速计数器 C251。这时编码器的 A、B 两相脉冲输出应连接到 X000 和 X001 点。

每一个高速计数器都规定了不同的输入点,但所有的高速计数器的输入点都在 X000 ~ X007 内,并且这些输入点不能重复使用。例如,使用了 C251,因为 X000、X001 被占用,所以规定为占用这两个输入点的其他高速计数器(如 C252、C254 等)都不能使用。

2. 高速计数器的编程

如果外部高速计数源(旋转编码器输出)已经连接到 PLC 的输入端,那么在程序中就可直接使用相对应的高速计数器进行计数。例如,在图 6-50 中,设定 C255 的设置值为 K999999999,当 C255 的当前值等于 1 000 时,计数器的输出接点立即工作,从而控制相应的输出 Y010 为 ON。图 6-50 为高速计数器的基本程序。

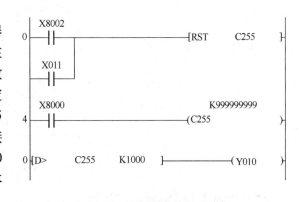

图 6-50　高速计数器基本程序

利用中断方式计数,且当前值 = 预置值时,计数器会及时动作,但实际输出信号却依赖于扫描周期。可以用比较的方式,解决高速计数器的各个不同数值时的执行结果。

如果希望计数器动作时就立即输出信号,就要采用中断工作方式,使用高速计数器的专用指令,FX3U 型 PLC 高速处理指令中有三条是关于高速计数器的,都是 32 位指令。

①高速计数器置位指令 HSCS(FNC53)——比较置位指令。

功能:应用于高速计数器的置位,使计数器的当前值达到预置值时,计数器的输出触点立即动作。立即的含义——用中断的方式使置位和输出立即执行而与扫描周期无关。

使用 HSCS 指令(见图 6-51),能中断处理比较外部输出,所以 C255 的当前值变为 99→100 或 101→100 时,Y10 立即置位。

②高速计数器比较复位指令 HSCR(FNC54)。

若用 HSCR 指令(见图 6-52),由于比较外部输出采用中断处理,C255 的当前值编程 199→200 或 201→200 时,不受扫描周期的影响,Y10 立即复位。

图 6-51　HSCS 指令使用　　　　　　　　图 6-52　HSCR 指令使用 1

C255 的当前值变为 400,C255 立即复位,当前值为 0,输出触点不工作,如图 6-53 所示。

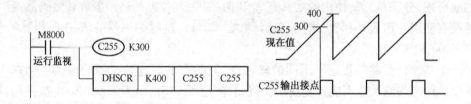

图 6-53　HSCR 指令使用 2

③高速计数器区间比较指令 HSZ(FNC55),如图 6-54 所示。

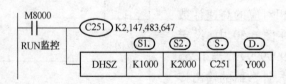

图 6-54　DHSZ 指令使用

若 K1000>C251 当前值,则 Y0 为 ON;

若 K1000≤C251 当前值≤K2000,则 Y1 为 ON;

若 K1000<C251 当前值,则 Y2 为 ON。

④速度检测指令 SPD(FNC56),如图 6-55 所示。

功能:用来检测给定时间内从高速计数输入端输入的脉冲数,并计算出速度。

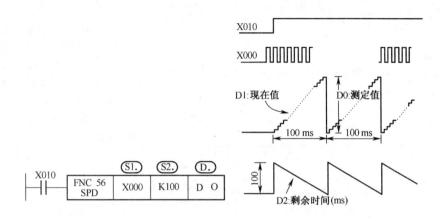

图 6-55　SPD 指令使用

将 S1 指定的输入脉冲在 S2 指定的时间(单位为 ms)内计数,将其结果存入 D 指定的软元件中。通过反复操作,能在 D 中得到脉冲密度(即与旋转速度成比例的值)。D 占有 3 点的软元件。

在图 6-55 中,X10 置 ON 时,D1 对 X000 的 OFF→ON 动作计数,100 ms 后将其结果存入 D0 中。随之 D1 复位,再次对 X000 的动作计数。D2 用于测定剩余时间。在此被指定的输入 X000 ~ X005 不能与高速计数器及终端输入重复使用。

项目拓展知识

一、PLC 控制变频器的几种方法比较(见表 6-15)

表 6-15　PLC 控制变频器的几种方法比较

控制方式	说　明	优　点	缺　点
PLC 的开关量信号控制变频器	PLC(MR 型或 MT 型)的输出点、COM 点直接与变频器的 STF(正转启动)、RH(高速)、RM(中速)、RL(低速)、输入端 SG 等端口分别相连。PLC 可以通过程序控制变频器的启动、停止、复位;也可以控制变频器高速、中速、低速端子的不同组合实现多段速度运行	启停、多段速控制控制简单	其调速曲线不是一条连续平滑的曲线,也无法实现精细的速度调节
PLC 的模拟量信号控制变频器	FX1N 型、FX2N 型 PLC 主机,配置 1 路简易型的 FX1N-1DA-BD 扩展模拟量输出板;或模拟量输入/输出混合模块 FX0N-3A;或两路输出的 FX2N-2DA;或四路输出的 FX2N-4DA 模块等	PLC 程序编制简单方便,调速曲线平滑连续、工作稳定	在大规模生产线中,控制电缆较长,尤其是 DA 模块采用电压信号输出时,线路有较大的电压降,影响了系统的稳定性和可靠性。另外,从经济角度考虑,如控制 8 台变频器,需要 2 块 FX2N-4DA 模块,其造价是采用扩展存储器通信控制的 5 ~ 7 倍

控制方式	说　明	优　点	缺　点
PLC 采用 RS-485 无协议通信方法控制变频器	这是使用最为普遍的一种方法,PLC 采用 RS 串行通信指令编程	硬件简单、造价最低,可控制 32 台变频器	编程工作量较大。从本文的第二章可知:采用扩展存储器通信控制的编程极其简单,从事过 PLC 编程的技术人员只要知道怎样查表,仅仅数小时即可掌握,增加的硬件费用也很低。这种方法编程的轻松程度,是采用 RS-485 无协议通信控制变频器的方法所无法相比的
PLC 采用 RS-485 的 Modbus-RTU 通信方法控制变频器	三菱新型 F700 系列变频器使用 RS-485 端子利用 Modbus-RTU 协议与 PLC 进行通信	Modbus 通信方式的 PLC 编程比 RS-485 无协议方式要简单便捷	PLC 编程工作量仍然较大
PLC 采用现场总线方式控制变频器	三菱变频器可内置各种类型的通信选件,如用于 CC-Link 现场总线的 FR-A5NC 选件、用于 Profibus DP 现场总线的 FR-A5AP(A) 选件、用于 DeviceNet 现场总线的 FR-A5ND 选件等。三菱 FX 系列 PLC 有对应的通信接口模块与之对接	速度快、距离远、效率高、工作稳定、编程简单、可连接变频器数量多	造价较高,远远高于采用扩展存储器通信控制的造价

综上所述,PLC 采用扩展存储器通信控制变频器的方法确有造价低廉、易学易用、性能可靠的优势;若配置人机界面,变频器参数设定和监控将变得更加便利。

二、三菱变频器的故障处理

三菱变频器目前在市场上用量最多的就是 A500 系列,以及 E500 系列了,A500 系列为通用型变频器,适合高启动转矩和高动态响应场合的使用。而 E500 系列则适合功能要求简单,对动态性能要求较低的场合使用,且价格较有优势。以下就三菱变频器在市场上使用最广的两款型号的一些新的故障及相应处理办法做一些简单介绍。

1. OC1、OC3 故障

在以前笔者介绍三菱变频器出现 OC(过电流故障)很多时候会是以下几方面原因造成的(现以 A500 系列变频器为例)。

①参数设置问题不当引起的,如时间设置过短。

②外部因素引起的,如电动机绕组短路(包括相间短路,对地短路等)。

③变频器硬件故障,如霍尔传感器损坏、IGBT 模块损坏等。

以上这些检测点只要有任何一处有问题都可能会报警,无法正常运行。在以前我们介绍的检测手段无法解决问题的情况下,要特别注意是否正常,检测方向主要包括刚才介绍的三菱驱动电路的几个组成部分。

2. UVT 故障

UVT 为欠压故障,相信很多客户在使用中还是会碰到这样的问题,我们常见的欠压检测点都是直流母线侧的电压,经大阻值电阻分压后采样一个低电压值,与标准电压值比较后输出电压正常信号、过压信号或是欠压信号。

3. E6、E7 故障

E6、E7 故障对于广大用户来说一定不陌生,这是一个比较常见的三菱变频器典型故障,当然损坏原因也是多方面的。

集成电路 1302H02 损坏。这是一块集成了驱动波形转换,以及多路检测信号于一体的 IC 集成电路,并有多路信号和 CPU 板关联,在很多情况下,此集成电路的任何一路信号出现问题都有可能引起 E6、E7 报警。

4. 开关电源损坏

开关电源损坏也是 A500 系列变频器的常见故障,排除掉以前我们经常提到的脉冲变压器损坏、开关场效应管损坏、启振电阻损坏、整流两极管损坏等一些因素。

5. 功率模块损坏

功率模块的损坏,主要出现在 E500 系列变频器。对于小功率的变频器,由于是集成了功率器件、检测电路于一体的智能模块,当模块损坏,因为维修成本较高,已无维修价值,所以只能更换。而对于 5.5 kW,7.5 kW 的 E500 系列变频器,选用了 7MBR 系列的 PIM 功率模块,更换的成本相对较低,对此类变频器的损坏可以做一些维修。

三、三菱最新变频器 L700 的使用

三菱电动机将在中国推出全新 L700 系列变频器产品。该款变频器是三菱电动机公司的第一台完全根据中国市场情况研发的专用型变频器。它延续了三菱电动机公司产品一贯的高性能、高精度、高可靠性、高性价比的产品特点。在原有的 A700 系列变频器基础上加入了收-放-卷的张力控制功能,同时此次新产品还内置 PLC 编程功能,为客户节约了使用成本。除此以外,L700 系列变频器具有节能运行模式、再生回避功能,并支持多种网络,操作简单高效,维护安全高效的特性也让 L700 系列的产品成为高性价比的一代新机。三菱电动机 L700 系列产品可以广泛应用于印刷包装、线缆材料、纺织印染、橡胶轮胎、物流机械等行业。L700 系列变频器的性能见表 6-16。

表 6-16 L700 系列变频器的性能

高水准的驱动性能	丰富而实用的应用功能	丰富的网络功能	简单高效、安全可靠的操作维护	友好的环境
发挥普通电动机的最高性能(无传感器矢量控制)	张力控制功能 * 任意卷径自动推算 * 速度增益自动调整 * 转矩张力控制 * 惯性补偿	标准附带独立的 RS-485 通信端子	参数单元(FR-PU07)数字键直接输入,缩短操作时间	电磁噪声降低

高水准的 驱动性能	丰富而实用 的应用功能	丰富的网 络功能	简单高效、安全可 靠的操作维护	友好的环境
驱动带编码器的 电动机实现高精度 控制(矢量控制)	内置 PLC 功能	通过 CC-Link 总 线可与三菱 PLC 连接	参数单元(PF- PU07BB)连接电池 组,变频器无需通电 进行参数设置	电源高次谐波大幅度 减少
V/F 控制和先进 磁通矢量控制也可 选用	节能运行模式	可以与多台变频 器通信	设置密码,进行参 数设置保护	采用高功率因数整流器 FR-HC2,有效控制电源谐 波,提高电源效率
	负载平衡	通过不同通信选 件,可以连接 Device- NET、 PROFIBUS- DP、 LonWorks 等 总线	接近使用寿命时, 选择报警输出,做到 防患于未然	抑制浪涌电流
	再生回避功能		通过专业软件搜 寻机械共振点,有效 抑制机械共振	输出浪涌电压对策,可 选择浪涌电压抑制滤波器

四、西门子 MM420 变频器的使用

在变频器领域,也存在着一些难以控制的东西。直到西门子功能强大的变频器问世之后,情况才有了改观。MICROMASTER 420 是专门针对与通常相比需要更加广泛的功能和更高动态响应的应用而设计的。这些高级矢量控制系统可确保一致的高驱动性能,即使发生突然负载变化时也是如此。由于具有快速响应输入和定位减速斜坡,因此,甚至在不使用编码器的情况下也可以移动至目标位置。该变频器带有一个集成制动斩波器,即使在制动和短减速斜坡期间,也能以突出的精度工作。所有这些均可在 0.12 ~ 250 kW(即 0.16 ~ 350 hp, 1 hp = 745.700 W)的功率范围内实现。该变频器广泛应用于物流系统、纺织工业、升降机、举升设备、机械工程以及食品饮料和烟草等领域。

拆卸盖板后可以看到变频器的接线端子如图 6-56 所示。

1. MM420 变频器的连接与使用

变频器主电路电源由配电箱通过自动开关 QF 单独提供一路三相电源供给,注意接地线 PE 必须连接到变频器接地端子,并连接到交流电动机的外壳,如图 6-57 所示。

进行主电路接线时,变频器模块面板上的 L1、L2 插孔接单相电源,接地插孔接保护地线;三个电动机插孔 U、V、W 连接到三相电动机(千万不能接错电源,否则会损坏变频器)。

MM420 变频器模块面板上引出了 MM420 的数字输入点:DIN1(端子⑤);DIN2(端子⑥);DIN3(端子⑦);内部电源+24 V(端子⑧);内部电源 0 V(端子⑨)。数字输入量端子可连接到 PLC 的输出点(端子⑧接一个输出公共端,如 2 L)。当变频器命令参数 P0700=2(外部端子控制)时,可由 PLC 控制变频器的启动/停止以及变速运行等。MM420 变频器端子接线图如图 6-58 所示。

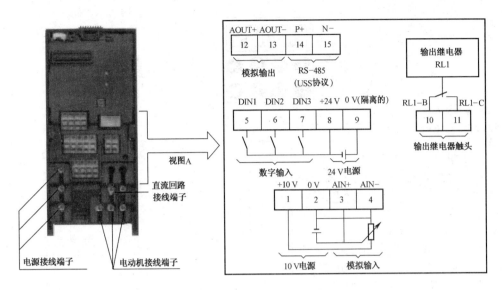

图 6-56 MM420 变频器的接线端子

基本操作面板（BOP）的外形。利用 BOP 可以改变变频器的各个参数。BOP 具有 7 段显示的五位数字，可以显示参数的序号和数值报警和故障信息，以及设定值和实际值。参数的信息不能用 BOP 存储。基本操作面板（BOP）备有 Fn、P、Jog 等共 8 个按钮。

2. MM420 的功能应用

（1）利用变频器调节电动机的转速

首先把变频器恢复出厂设置，设置方式参看工厂复位参数 P0970。

然后连好电动机与变频器的电源。接好后给变频器通电。这时要进入快速调试（P0010 = 1）查看变频器内的电动机参数是否是当前电动机的相关参数，不同的数值要校正。再设置参数 P0700 和 P1000 均设置为 1。

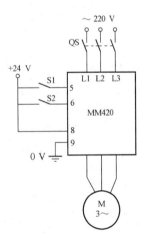

图 6-57 MM420 主电路图

调试结束后就可以按 🔘 运行电动机。按下"数值增加" 🔼 按钮，电动机转动频率将逐渐增加到 50 Hz。当变频器的输出频率达到 50 Hz 时，按下"数值降低" 🔽 按钮，电动机的转动频率及其显示值逐渐下降。用 🔄 按钮，可以改变电动机的转动方向。按下红 🔴 按钮，电动机停车。

（2）使电动机在固定的频率下启动

首先还是做好准备工作（就是接好电源和连线，查看快速调试中电动机的参数，如果所使用的电动机没有更换，此步骤可以省略）。

①按 🅿 访问参数，屏幕上显示"r0000"。

②按 🔼 直到显示 P0003，按 🅿 进入参数值访问级，把参数设定成 ≥2。按 🅿 确定。

③用同样方式把 P0004 设定成 0。

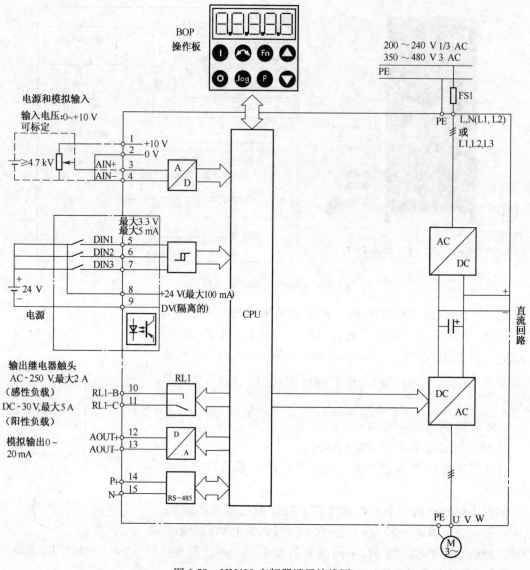

图 6-58 MM420 变频器端子接线图

④把 P1040 设定为想要确定的频率数值。

⑤按○启动电动机,电动机将按固定好的频率运行。

(3)通过调速电位器调节电动机的转速

先做好调试前的准备工作,然后将模块面板上的电位器接入到变频器的端口上,如图6-59所示。

接好后设定相关参数,相关参数设定。

①首先将 P0700 设定为 1,然后将 P1000 设定为 2。

②按下变频器上的启动键,就可以运行电动机,并且可以通过调速电位器对其转速进行调节。

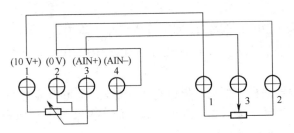

图 6-59　电位器与变频器的连线图

在有些工业环境中需要变频器的远程控制,这时可以通过数字输入端 1、2、3 和调速电位器对电动机进行远程控制,使操作变得更加安全、方便。

相关参数设定:

①将 P0700 设定为 1,P1000 设定为 2。

②P0701 设定为 1(正转启动),P0702 设定为 12(反转),P0703 设定为 25(直流制动)。

③这时只有通过数字输入端 1 上的开关进行控制变频器的启动了,通过调速电位器对电动机的频率进行调节,数字输入端 2 上的开关是启动反转的开关,在反转过程中也可以通过调速电位器调节频率。数字输入端 3 上的开关是直流制动,当闭合时电动机的绕组内通入直流电进行快速的制动,断开时电动机继续按制动前的频率运行。

在工业生产中,为了避开机械共振的影响,变频器有些频率带需要被跳跃过去。在这里就要用到变频器的跳转频率参数 P1091 ~ P1094 和跳转频率的频率带宽 P1101(参看参数说明表 P1091 ~ P1101)。图 6-60 为跳转频率与频带宽度说明图。

相关参数设定:

①将 P0700 设定为 1,P1000 设定 2。

②P0003(参数访问级)调到 3(下面使用的 P1091 ~ 1101 为 3 级参数,否则访问不到)。

③再调到 P1091(跳转参数 1)将其参数值设定为 20 Hz,然后将 P1101(跳转频率的频带宽度)设定为 4 Hz。

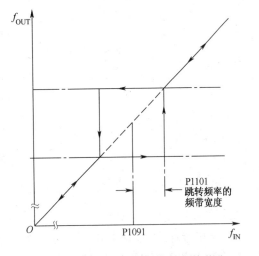

图 6-60　跳转频率与频带宽度说明图

④闭合数字输入端 1 的开关运行电动机,电动机运行后,按功能键 Fn 切换到"r0000"单击 ⓟ 观察频率变化。这时用电位器对频率进行调节,从 0 Hz 逐渐增加频率,当频率增加到 16 Hz 时,频率显示将保持 16 Hz 不变,继续调节旋钮,当增加到一定程度,频率会从 16 Hz 直接跳跃到 24 Hz,中间的频率带就被屏蔽掉了。

(4)通过数字输入端对速度进行调节

当设定数字输入端的特殊功能时,有时会与其他参数发生矛盾,功能不能正常使用。例如,当设定利用数字输入端调节电动机的转速时,就必须将参数修改成停止调速电位器的使用,其修改方法如下。

相关参数设定：

①将 P0700 设定为 1，P1000 设定 1（调速电位器停止使用）。

②P0701 设定为 2（反转启动），P0702 设定为 13（MOP 升速），P0703 设定为 14（MOP 减速）。

③现在可以用变频器面板上的启动键进行正转启动，也可以通过数字输入端 1 上的开关进行反转启动。然后通过数字输入端 2、3 的闭合时间来调节频率增加和减少的数值。

（5）通过数字输入端进行固定频率设定

在有些工业生产中需要几段固定频率的设定，本变频器提供了 7 个固定频率供用户选择。选择固定频率的办法：直接选择、直接选择+ON 命令、二进制编码选择+ON 命令。

①直接选择（P0701－P0703＝15）。在这种操作方式下，一个数字输入选择一个固定频率。如果有几个固定频率输入同时被激活，选定的频率是它们的总和。例如，FF1+FF2+FF3。

②直接选择+ON 命令（P0701－P0703＝16）。选择固定频率时，既有选定的固定频率，又带有 ON 命令，把它们组合在一起。在这种操作方式下，一个数字输入选择一个固定频率。如果有几个固定频率输入同时被激活，选定的频率是它们的总和。例如，FF1+FF2+FF3。

③二进制编码的十进制数（BCD 码）选择+ON 命令（P0701－P0703＝17）。使用这种方法最多可以选择 7 个固定频率。各个固定频率的数值根据表 6-16 选择。

表 6-17　二进制编码及对应参数

DIN1	DIN2	DIN3		
不激活	不激活	不激活	OFF	
激活	不激活	不激活	FF1	P1001
不激活	激活	不激活	FF2	P1002
激活	激活	不激活	FF3	P1003
不激活	不激活	激活	FF4	P1004
激活	不激活	激活	FF5	P1005
不激活	激活	激活	FF6	P1006
激活	激活	激活	FF7	P1007

为了使用固定频率功能，需要用 P1000 选择固定频率的操作方式。

在"直接选择"的操作方式（P0701～P0703＝15）下，还需要一个 ON 命令才能使变频器运行，这里以（P0701～P0703＝17）"二进制编码的十进制数（BCD 码）选择+ON 命令"。

相关参数设定：

①恢复出厂设置，并进行快速调试（P0010＝1），根据电动机铭牌写入相关参数（参看快速流程图）。

②将 P0003（参数访问级）设定为 3，P0700 设定为 1，P1000 设定为 3。

③P0701～P0703 均设定为 17［二进制编码的十进制数（BCD 码）选择+ON 命令］。

④P1001 设定为 10 Hz，P1002 设定为 15 Hz，P1003 设定为 20 Hz，P1004 设定为 25 Hz，P1005 设定为 30 Hz，P1006 设定为 35 Hz，P1007 设定为 40 Hz（关于频率设定可以根据自己的想法来设定）。

⑤闭合数字输入端1的开关,电动机将在10 Hz(P1001=10)的频率下运行,可以通过3个数字输入端上的开关闭合和断开的不同排列调出七种不同的速度(方法参见表6-17)。

另外,还可以将数字输入端1、2、3分别设定为低速、中速、高速,其频率值通过设定P1001、P1002、P1004的数值来实现。例如,相关参数设定如下:

①将P0700设定为1,将P1000设定为3。

②P0701～P0703均设定为17[二进制编码的十进制数(BCD码)选择+ON命令]。

③P1001设定为15 Hz(低速),P1002设定为30 Hz(中速),P1004设定为45 Hz(高速)(频率可以随意设定)。

④单独闭合数字输入端1、2、3,电动机将在其对应的频率下运行,进行低速、中速、高速的切换。

小　结

本项目以"变频器控制的带式输送机"为项目载体,设计了三个任务。通过"采用PLC的变频器简单控制"这一任务,引出了PLC与变频器的连接,用PLC编程实现对变频器的启停控制、正反转控制和多段调速控制等。通过"采用PLC的变频器无极调速控制"这一任务,引出了变频器的模拟量输入端口的连接,使用PLC及模拟量扩展模块实现对变频器的无极调速等。通过"带式输送机闭环控制系统的调试与维护"这一任务,引出了用编码器实现传送带定位,以及模拟信号的转速反馈、PLC与变频器的通信反馈构成闭环控制系统等。在项目的最后,还设计了项目拓展知识:气动的应用、传感器的应用、编码器的使用、三菱最新变频器L700的使用、西门子MM420变频器的使用。通过本项目任务的实施与相关知识学习,旨在培养学生的PLC与变频器的连接、编程多种控制方式。

练　一　练

一、单选题

1. 定时器T0设定值为1 000,则该定时器定时时间是(   )s。

A. 1 000　　　　　B. 100　　　　　C. 10　　　　　D. 1

2. 图6-61是变频器的主电路结构,变频器刚上电时,开关S打开,延时结束后闭合,若开关S在变频器一上电时就闭合,会损坏(   )电路

A. 整流　　　　　B. 储能　　　　　C. 逆变　　　　　D. 电动机绕组

3. (   )是利用光照射到被测物体上后反射回来的光线而工作的。

A. 漫射式接近开关　　　　　　　B. 电感式接近开关

C. 光电式接近开关　　　　　　　D. 光纤传感器

4. 光纤型传感器由(   )和光纤放大器两部分组成。

A. 光纤头　　　　B. 光纤衰减器　　　　C. 光纤检测头　　　　D. 光纤线

5. 变频器的问世,使电气传动领域发生了一场技术革命,即(   )取代直流调速。

A. 交流调速　　　　B. 逆变技术　　　　C. 整流技术　　　　D. 斩波技术

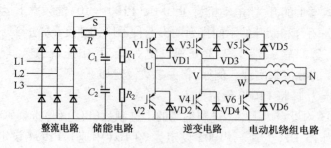

图 6-61　变频器的主电路结构

6. 变频器是通过电力电子器件的通断作用将工频交流电流变换(　　　)可调的一种电能控制装置。

　　A. 电压　　　　　　　　B. 电压频率均　　　C. 频率　　　　　　　D. 电流频率

7. 为了适应多台电动机的比例运行控制要求,变频器设置了(　　　)功能。

　　A. 频率增益　　　　　　B. 转矩补偿　　　　　C. 矢量控制　　　　　D. 回避频率

8. 三菱变频器操作面板上的 MODE 键可用于(　　　)模式。

　　A. 正转　　　　　　　　B. 反转　　　　　　　C. 操作或设定　　　　D. 以上都不是

9. 三菱变频器的操作模式包括(　　　)模式。

　　A. PU 和内部操作　　　B. PU 和外部操作　　C. 内部和外部操作　D. 以上都是

10. 变频器主电路由整流及滤波电路、(　　　)和制动单元组成。

　　A. 稳压电路　　　　　　B. 逆变电路　　　　　C. 控制电路　　　　　D. 放大电路

二、填空题

1. 可编程序控制器的输出接口电路有三种形式:_____输出、_____输出和晶闸管输出。

2. 可编程序控制器最常用的编程语言有_____、_____和状态转移图等,其中_____是最直观、最简单的一种编程语言。

3. 变频器种类很多,其中按滤波方式可分为电压型和_____型;按用途可分为通用型和_____型。

4. 变频器安装要求_____,其正上方和正下方要避免可能阻挡进风、出风的大部件,四周距控制柜顶部、底部、隔板或其他部件的距离不应小于_____ mm。

5. 变频器是由计算机控制_____,将工频交流电变为_____和_____可调的_____相交流电的电器设备。

6. 变频器可以在本机控制,也可在远程控制。本机控制是由_____来设定运行参数,远控时,通过_____来对变频调速系统进行外控操作。

7. 变频调速时,基频以下的调速属于_____调速,基频以上的属于_____调速。

8. SPWM 是_____的英文缩写。

9. 输入电源必须接到变频器输入端子_____上,电动机必须接到变频器输出端子_____上。

10. 变频器段速功能的设置与执行分为_____和_____两种情况。

11. 变频器的加速曲线有三种:线形上升方式、_____和_____,电梯的曳引电动机应用的是_____方式。

12. 某变频器需要回避的频率为 18 Hz ~ 22 Hz,可设置回避频率值为_____Hz,回避频率范围为_____ Hz。

13. 变频器的转差补偿原理是当电动机转速随着转矩的增加而_____时,通过内部计算机控制变频器的输出频率_____,用以补偿电动机转速的_____,使转速基本保持为设定值。

14. 变频器运行控制端子中,FWD 代表_____,REV 代表_____,JOG 代表_____,STOP 代表_____。

15. 频率控制功能是变频器的基本控制功能。控制变频器输出频率有以下几种方法:
①_____;②_____;③_____;④_____。

三、设计题

用 PLC 和变频器实现六站小车自动控制系统的设计。

控制要求:

①小车所停位置号小于呼叫号时,小车右行至呼叫号处停车。

②小车所停位置号大于呼叫号时,小车左行至呼叫号处停车。

③小车所停位置号等于呼叫号时,小车原地不动。

④具有左行、右行定向指示、原点不动指示。

⑤启动前报警信号,报警 2 s 后方可左行或右行。

⑥小车启动加速时间为 4 s、减速时间为 5 s。

⑦小车具有正反转点动运行功能,点动运行频率为 15 Hz。

⑧具有小车行走位置的七段数码管显示。

⑨具有变频器故障保护功能。

小车位置示意图如图 6-62 所示。

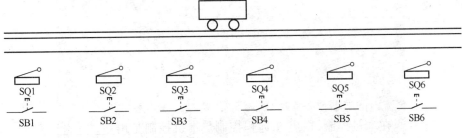

图 6-62　小车位置示意图

设计内容:

①写出 PLC 的 I/O 分配表。

②编写 PLC 控制梯形图程序。

③画出变频器主电路和列出变频器控制参数。

📎学习目标

1. 认识行走机械手的运动控制的方式和原理。
2. 会用步进驱动器和步进电动机实现运动定位控制。
3. 会用伺服驱动器和伺服电动机实现运动定位控制。

⚒项目描述

本项目主要以丝杠作为教学载体对象(见图7-1),驱动电动机既可以安装步进电动机,也可以安装伺服电动机,具有教学灵活性。第一种方式采用步进驱动系统实现行走机械手的速度与位置控制,也可以手动多速控制。第二种方式采用伺服驱动系统实现行走机械手的速度与位置控制,也可以手动多速控制。并可以结合采用光电编码器、高速计数器和其他类型的电动机实现行走机械手的定位控制。

滚珠丝杠

伺服电动机

步进电动机驱动器

步科步进驱动器

FX2N−20GM

MR−J2 伺服

FX3U−48MT

图 7-1　项目装置实物图

任务1　步进电动机控制系统的连接与调试

任务目标

1. 认识步进电动机和步进驱动器。
2. 会 PLC 与步进电动机及驱动器的连接和使用。
3. 会 PLC 高速脉冲指令使用。

在前面项目 6 中已经了解了用 PLC 与变频器的连接编程控制的方式实现变频器的多段、模拟量、通信等工作方式,还有其他运动控制方式吗?

还有使用控制电动机来实现精确定位,下面将重点学习步进电动机及驱动器、伺服电动机及驱动器的使用。

任务实施

子任务1　认识与使用步进电动机

1. 步进电动机的工作原理

步进电动机是一种感应电动机,将电脉冲信号转变为角位移或线位移的开环控制元步进电动机件。在非超载的情况下,电动机的转速、停止的位置只取决于脉冲信号的频率和脉冲数,而不受负载变化的影响,当步进驱动器接收到一个脉冲信号,它就驱动步进电动机按设定的方向转动一个固定的角度,称为"步距角",它的旋转是以固定的角度一步一步运行的。可以通过控制脉冲个数来控制角位移量,从而达到准确定位的目的;同时可以通过控制脉冲频率来控制电动机转动的速度和加速度,从而达到调速的目的。

下面以一台最简单的三相反应式步进电动机为例,简单介绍步进电动机的工作原理。图 7-2 为一台三相反应式步进电动机的原理图。定子铁心为凸极式,共有三对(六个)磁极,每两个空间相对的磁极上绕有一相控制绕组。转子用软磁性材料制成,也是凸极结构,只有四个齿,齿宽等于定子的极宽。

当 A 相控制绕组通电,其余两相均不通电,电动机内建立以定子 A 相极为轴线的磁场。由于磁通具有力图走磁阻最小路径的特点,使转子齿 1、3 的轴线与定子 A 相极轴线对齐,如图 7-2(a)所示。当 A 相控制绕组断电、B 相控制绕组通电时,转子在反应转矩的作用下,逆时针转过 30°,使转子齿 2、4 的轴线与定子 B 相极轴线对齐,即转子走了一步,如图 7-2(b)所示。若再断开 B 相,使 C 相控制绕组通电,则转子逆时针方向又转过 30°,使转子齿 1、3 的轴线与定子 C 相极轴线对齐,如图 7-2(c)所示。如此按 A-B-C-A 的顺序轮流通电,转子就会一步一步地按逆时针方向转动。其转速取决于各相控制绕组通电与断电的频率,旋转方向取决于控

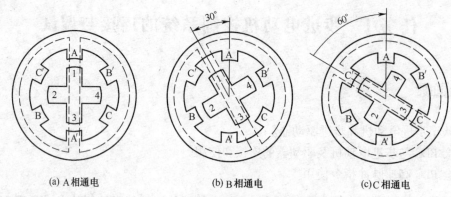

(a) A相通电　　　　　　　(b) B相通电　　　　　　　(c)C相通电

图 7-2　三相反应式步进电动机的原理图

制绕组轮流通电的顺序。若按 A-C-B-A 的顺序通电,则电动机按顺时针方向转动。

上述通电方式称为三相单三拍。"三相"是指三相步进电动机,"单三拍"是指每次只有一相控制绕组通电,控制绕组每改变一次通电状态称为一拍,"三拍"是指改变三次通电状态为一个循环。把每一拍转子转过的角度称为步距角。三相单三拍运行时,步距角为 30°。显然,这个角度太大,不能付诸实用。

如果把控制绕组的通电方式改为 A→AB→B→BC→C→CA→A,即一相通电接着二相通电间隔地轮流进行,完成一个循环需要经过六次改变通电状态,称为三相单、双六拍通电方式。当 A、B 两相绕组同时通电时,转子齿的位置应同时考虑到两对定子极的作用,只有 A 相极和 B 相极对转子齿所产生的磁拉力相平衡的中间位置,才是转子的平衡位置。这样,单、双六拍通电方式下转子平衡位置增加了一倍,步距角为 15°。

2. 步进电动机的分类

步进电动机在构造上有三种主要类型:反应式(variable reluctance,VR)、永磁式(permanent magnet,PM)和混合式(hybrid stepping,HS)。

反应式:定子上有绕组,转子由软磁材料组成。结构简单、成本低、步距角小,可达 1.2°,但动态性能差、效率低、发热大,可靠性难保证。

永磁式:永磁式步进电动机的转子由永磁材料制成,转子的极数与定子的极数相同。其特点是动态性能好、输出力矩大,但这种电动机精度差,步矩角大(一般为 7.5°或 15°)。

混合式:混合式步进电动机综合了反应式和永磁式的优点,其定子上有多相绕组,转子上采用永磁材料,转子和定子上均有多个小齿以提高步矩精度。其特点是输出力矩大、动态性能好。步距角小,但结构复杂、成本相对较高。

按定子上绕组来分,共有二相、三相、五相等系列。最受欢迎的是两相混合式步进电动机,约占 97% 以上的市场份额,其原因是性价比高,配上细分驱动器后效果良好。该种电动机的基本步距角为 1.8°/步,配上半步驱动器后,步距角减少为 0.9°,配上细分驱动器后其步距角可细分达 256 倍(0.007°/微步)。由于摩擦力和制造精度等原因,实际控制精度略低。同一步进电动机可配不同细分的驱动器以改变精度和效果。

3. 步进电动机的使用

目前打印机,绘图仪,机器人等设备都以步进电动机为动力核心。进一步减少步距角的措施是,采用定子磁极带有小齿、转子齿数很多的结构,分析表明,这样结构的步进电动机,其步距角可以做得很小。一般地说,实际的步进电动机产品,都采用这种方法实现步距角的细分。

本项目采用的装置是滚珠丝杠载体,如图7-1所示。控制形式三菱 FX3U-48MT 型 PLC 控制驱动步进电动机或伺服电动机,两种电动机机械安装可以替换。

滚珠丝杠是将回转运动转化为直线运动,或将直线运动转化为回转运动的理想产品。滚珠丝杠由螺杆、螺母和滚珠组成。它是滚珠螺栓的进一步延伸和发展,这项发展的重要意义就是将轴承从滚动动作变成滑动动作。由于具有很小的摩擦阻力,滚珠丝杠被广泛应用于各种工业设备和精密仪器。其实物如图7-3所示。

图7-3 滚珠丝杠的各类实物图

本任务先选用其中的是 Kinco(步科)三相步进电动机 3S57Q - 04056,它的步距角是在整步方式下为1.8°,半步方式下为0.9°。

除了步距角外,步进电动机还有如保持转矩、阻尼转矩等技术参数,这些参数的物理意义请参阅有关步进电动机的专门资料。3S57Q-04056部分技术参数见表7-1。

表7-1 3S57Q-04056 部分技术参数

参数名称	步距角/(°)	相电流/A	保持扭矩/N·m	阻尼扭矩/N·m	电动机惯量/kg·cm²
参数值	1.8	5.8	1.0	0.04	0.3

安装步进电动机,必须严格按照产品说明的要求进行。步进电动机是一精密装置,安装时注意不要敲打它的轴端,更千万不要拆卸电动机。

不同的步进电动机的接线有所不同,3S57Q - 04056 接线图如图7-4所示,三个相绕组的六根引出线,必须按头尾相连的原则连接成三角形。改变绕组的通电顺序就能改变步进电动机的转动方向。

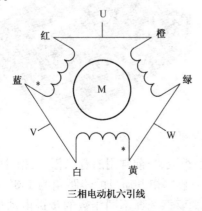

线色	电动机信号
红	U
橙	
蓝	V
白	
黄	W
绿	

三相电动机六引线

图7-4 3S57Q - 04056 的接线

认识了什么是步进电动机和它的工作原理,步进电动机是由谁驱动的?

下面将把步进驱动器和步进电动机联合使用,达到精确运动定位的功能。

子任务2 认识与使用步进驱动器

1. 认识步进驱动器

步进电动机不能直接接到工频交流或直流电源上工作,而必须使用专用的步进电动机驱动器,它由脉冲发生控制单元、功率驱动单元、保护单元等组成。驱动单元与步进电动机直接耦合,也可理解成步进电动机微机控制器的功率接口。驱动器和步进电动机是一个有机的整体,步进电动机的运行性能是电动机及其驱动器二者配合所反映的综合效果。步进电动机控制系统如图7-5所示,步进电动机驱动器实物图如图7-6所示。

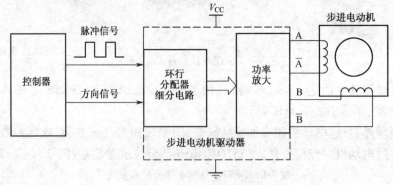

图7-5 步进电动机控制系统

驱动要求:

①能够提供较快的电流上升和下降速度,使电流波形尽量接近矩形。具有供截止期间释放电流流通的回路,以降低绕组两端的反电动势,加快电流衰减。

②具有较高功率及效率。

图7-6 步进电动机驱动器实物图

步进电动机的相数是指电动机内部的线圈组数,目前常用的有二相、三相、四相、五相步进电动机。电动机相数不同,其步距角也不同,一般二相电动机的步距角为1.8°、三相为1.5°、五相的为0.72°。在没有细分驱动器时,用户主要靠选择不同相数的步进电动机来满足步距角的要求。如果使用细分驱动器,则相数将变得没有意义,用户只需在驱动器上改变细分数,就可以改变步距角。

2. 步进驱动器的工作原理

现选择分析一种基于 AT89C2051 的四相步进电动机驱动器系统电路原理,原理图如图 7-7 所示。

AT89C2051 将控制脉冲从 P1 口的 P1.4 ~ P1.7 输出,经74LS14反相后进入 9014,经 9014 放大后控制光电开关,光电隔离后,由功率管 TIP122 将脉冲信号进行电压和电流放大,驱动步进电动机的各相绕组。使步进电动机随着不同的脉冲信号分别做正转、反转、加速、减速和停止等动作。图 7-7 中 L1 为步进电动机的一相绕组。AT89C2051 选用频率为 22 MHz 的晶振,选用较高晶振的目的是为了在方式 2 下尽量减小 AT89C2051 对上位机脉冲信号周期的影响。

图 7-7 中的 R_{L1} ~ R_{L4} 为绕组内阻,50 Ω 电阻器是一外接电阻器,起限流作用,也是一个改善回路时间常数的元件。VD1 ~ VD4 为续流二极管,使电动机绕组产生的反电动势通过续流二极管(VD1 ~ VD4)而衰减掉,从而保护了功率管 TIP122 不受损坏。

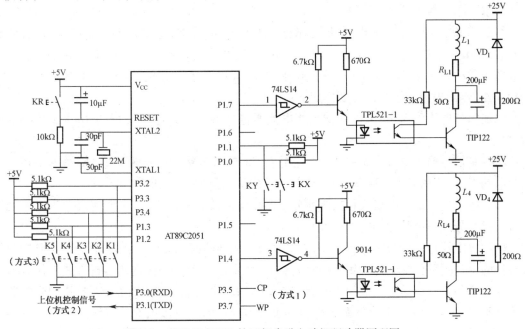

图 7-7   基于 89C2051 的四相步进电动机驱动器原理图

在 50 Ω 外接电阻器上并联一个 200 μF 电容器,可以改善注入步进电动机绕组的电流脉冲前沿,提高步进电动机的高频性能。与续流二极管串联的 200 Ω 电阻器可减小回路的放电时间常数,使绕组中电流脉冲的后沿变陡,电流下降时间变小,也起到提高高频工作性能的作用。

有三种基本的步进电动机驱动模式:整步、半步、细分。其主要区别在于电动机线圈电流的控制精度(即激磁方式)。

整步驱动:在整步运行中,同一种步进电动机既可配整/半步驱动器也可配细分驱动器,但运行效果不同。步进驱动器按脉冲/方向指令对两相步进电动机的两个线圈循环激磁(即将线圈充电设定电流),这种驱动方式的每个脉冲将使电动机移动一个基本步距角,即 1.80°(标准两相电动机的一圈共有 200 个步距角)。

半步驱动:在单相激磁时,电动机转轴停至整步位置上,驱动器收到下一脉冲后,如给另一相激磁且保持原来相继续处在激磁状态,则电动机转轴将移动半个步距角,停在相邻两个整步位置的中间。如此循环地对两相线圈进行单相然后双相激磁,步进电动机将以每个脉冲0.90°的半步方式转动。所有瑞亚宝公司的整/半步驱动器都可以执行整步和半步驱动,由驱动器拨码开关的拨位进行选择。和整步方式相比,半步方式具有精度高一倍和低速运行时振动较小的优点,所以实际使用整/半步驱动器时一般选用半步模式。

细分驱动:细分驱动模式具有低速振动极小和定位精度高两大优点。对于有时需要低速运行(即电动机转轴有时工作在 60 r/min 以下)或定位精度要求小于 0.90°的步进应用中,细分驱动器获得广泛应用。其基本原理是对电动机的两个线圈分别按正弦和余弦形的台阶进行精密电流控制,从而使得一个步距角的距离分成若干个细分步完成。例如,十六细分的驱动方式可使每圈 200 标准步的步进电动机达到每圈 200 步×16 = 3 200 步的运行精度(即0.112 5°)。

3. 使用步进驱动器

一般来说,每一台步进电动机大都有其对应的驱动器,例如,Kinco 三相步进电动机3S57Q-04056 与之配套的驱动器是 Kinco 3M458 三相步进电动机驱动器,图 7-8 是它的外观图。图中驱动器可采用直流 24 ~ 40 V 电源供电,本装置有专用的开关稳压电源(DC 24 V、6 A)供给,输出电流和输入信号规格如下:

①输出相电流为 3.0 ~ 5.8 A,输出相电流通过拨动开关设定,驱动器采用自然风冷的冷却方式。

②控制信号输入电流为 6 ~ 20 mA,控制信号的输入电路采用光耦隔离。输送单元 PLC 输出公共端 V_{cc} 使用的是 DC 24 V 电压,所使用的限流电阻 R_1 为 2 kΩ。

步进电动机驱动器的组成包括脉冲分配器和脉冲放大器两部分,主要解决向步进电动机的各相绕组分配输出脉冲和功率放大两个问题。

脉冲分配器是一个数字逻辑单元,它接收来自控制器的脉冲信号和转向信号,把脉冲信号按一定的逻辑关系分配到每一相脉冲放大器上,使步进电动机按选定的运行方式工作。由于步进电动机各相绕组是按一定的通电顺序并不断循环来实现步进功能的,因此脉冲分配器也称为环形分配器。实现这种分配功能的方法有多种,例如,可以由双稳态触发器和门电路组成,也可由可编程逻辑器件组成。

脉冲放大器是进行脉冲功率放大的。因为从脉冲分配器能够输出的电流很小(毫安级),而步进电动机工作时需要的电流较大,因此需要进行功率放大。此外,输出的脉冲波形、幅度、波形前沿陡度等因素对步进电动机运行性能有重要的影响。3M458 驱动器采取如下一些措施,大大改善了步进电动机的运行性能。

①内部驱动直流电压达 40 V,能提供更好的高速性能。

②具有电动机静态锁紧状态下的自动半流功能,可大大降低电动机的发热。而为调试方便,驱动器还有一对脱机信号输入线 FREE+ 和 FREE-,当这一信号为 ON 时,驱动器将断开输入到步进电动机的电源回路。如果没有使用这一信号,目的是使步进电动机在得电后,即使静止时也保持自动半流的锁紧状态。

③3M458 驱动器采用交流伺服驱动原理,把直流电压通过脉宽调制技术变为三路阶梯式正弦波形电流,如图 7-9 所示。

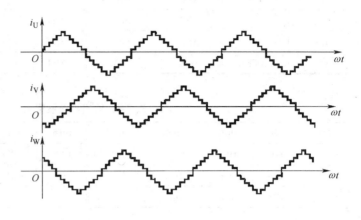

图 7-8　Kinco3M458 外观图　　　　　　图 7-9　相位差 120°的三相阶梯式正弦电流

④阶梯式正弦波形电流按固定时序分别流过三路绕组,其每个阶梯对应电动机转动一步。通过改变驱动器输出正弦电流的频率来改变电动机转速,而输出的阶梯数确定了每步转过的角度,当角度越小的时候,其阶梯数就越多,即细分就越大,从理论上说此角度可以设得足够小,所以细分数可以是很大。3M458 最高可达 10 000 步/转的驱动细分功能,细分可以通过拨动开关设定。

⑤细分驱动方式不仅可以减小步进电动机的步距角,提高分辨率,而且可以减少或消除低频振动,使电动机运行更加平稳均匀。

在 3M458 驱动器的侧面连接端子中间有一个红色的 8 位 DIP 功能设定开关,可以用来设定驱动器的工作方式和工作参数,包括细分设置、静态电流设置和运行电流设置。图 7-10 是3M458 DIP 开关功能划分说明,表 7-2 和表 7-3 分别为细分设置表和输出电流设定表。

DIP 开关的正视图

ON 1 2 3 4 5 6 7 8

开关序号	ON 功能	OFF 功能
DIP1～DIP3	细分设置用	细分设置用
DIP4	静态电流全流	静态电流半流
DIP5～DIP8	电流设置用	电流设置用

图 7-10　3M458 DIP 开关功能划分说明

本装置中步进电动机传动组件的基本技术数据是:3S57Q－04056 步进电动机步距角为1.8°,即在无细分的条件下 200 个脉冲电动机转一圈(通过驱动器设置细分精度最高可以达到10 000 个脉冲电动机转一圈)。驱动器细分设置为 10 000 步/转,则直线运动组件的同步轮齿距为 5 mm,共 12 个齿,旋转一周搬运机械手位移 60 mm。即每步机械手位移 0.006 mm;电动机驱动电流设为 5.2 A,静态锁定方式为静态半流。

表 7-2　细分设置表

DIP1	DIP2	DIP3	细分/(步/转)	DIP1	DIP2	DIP3	细分/(步/转)
ON	ON	ON	400	OFF	ON	ON	2 000
ON	ON	OFF	500	OFF	ON	OFF	4 000
ON	OFF	ON	600	OFF	OFF	ON	5 000
ON	OFF	OFF	1 000	OFF	OFF	OFF	10 000

表 7-3　输出电流设置表

DIP5	DIP6	DIP7	DIP8	输出电流/A	DIP5	DIP6	DIP7	DIP8	输出电流/A
OFF	OFF	OFF	OFF	3.0	OFF	ON	ON	ON	5.2
OFF	OFF	OFF	ON	4.0	ON	ON	ON	ON	5.8
OFF	OFF	ON	ON	4.6					

4. 使用步进电动机应注意的问题

控制步进电动机运行时,应注意考虑在防止步进电动机运行中失步的问题。

步进电动机失步包括丢步和越步。丢步时,转子前进的步数小于脉冲数,越步时,转子前进的步数多于脉冲数。丢步严重时,将使转子停留在一个位置上或围绕一个位置振动;越步严重时,设备将发生过冲。

使机械手返回原点的操作常常会出现越步情况。当机械手装置回到原点时,原点开关动作,使指令输入 OFF。但如果到达原点前速度过高,惯性转矩将大于步进电动机的保持转矩而使步进电动机越步。因此回原点的操作应确保足够低速为宜;当步进电动机驱动机械手装配高速运行时紧急停止,出现越步情况不可避免,因此急停复位后应采取先低速返回原点重新校准,再恢复原有操作的方法(注:所谓保持扭矩是指电动机各相绕组通额定电流,且处于静态锁定状态时,电动机所能输出的最大转矩,它是步进电动机最主要参数之一)

由于电动机绕组本身是感性负载,输入频率越高,励磁电流就越小。频率高,磁通量变化加剧,涡流损失加大。因此,输入频率增高,输出力矩降低。最高工作频率的输出力矩只能达到低频转矩的 40% ~ 50%。进行高速定位控制时,如果指定频率过高,会出现丢步现象。此外,如果机械部件调整不当,会使机械负载增大。步进电动机不能过负载运行,哪怕是瞬间,都会造成失步,严重时停转或不规则原地反复振动。

学会了连接步进电动机和步进驱动器,以及对步进驱动器设置运行精度,那么如何用 PLC 产生和发送脉冲?

下面学习用 PLC 实现高速脉冲来对步进驱动器和电动机进行控制。

子任务 3　PLC 控制步进驱动器及电动机

1. PLC 与步进驱动器及电动机的连接

PLC 可以通过本体的输出点或各种扩展模块或单元,向步进电动机、伺服电动机等执行机构输出脉冲指令、定位指令,从而进行驱动定位控制。

本任务中主要介绍脉冲指令,从控制器中发出脉冲信号给伺服电动机或者步进电动机驱动器,脉冲信号的脉冲数量就决定了电动机的转动量,而脉冲信号的频率决定了电动机转动的速度。电动机转动拖动直线位移装置,让定位对象进行直线运动。控制了电动机的转动角度和转动速度,实际上也就是控制了定位对象直线运动的位移量以及移动速度。脉冲信号的作用如图 7-11 所示。

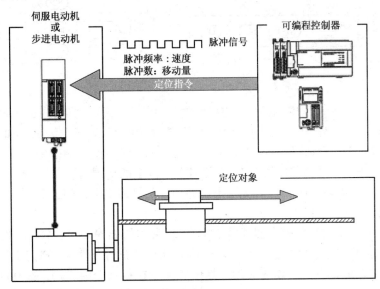

图 7-11　脉冲信号的作用

由图 7-11 可见,步进电动机驱动器的功能是接收来自控制器(PLC)的一定数量和频率脉冲信号以及电动机旋转方向的信号,为步进电动机输出三相功率脉冲信号。

步进电动机驱动器的接线:光电隔离元件的作用:电气隔离、抗干扰。图 7-12 为 Kinco 3M458 的典型接线图。

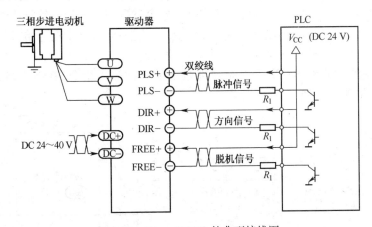

图 7-12　Kinco 3M458 的典型接线图

控制信号有三种接法:共阳极接法、共阴极接法、差分信号接法。不管什么接法都要确保驱动器光耦的电流在 10 ~ 15 mA;否则,电流过小,驱动器工作不可靠、不稳定,会有丢步等问题;电流过大,会损坏驱动器。

2. PLC 高速脉冲指令

①脉冲输出指令(PLSY),是用来发出指定频率、指定脉冲总量的高速脉冲串的指令。图 7-13 为 PLSY 的使用格式与发出脉冲图。

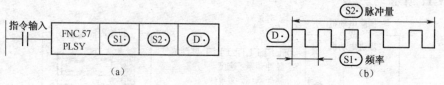

图 7-13 PLSY 的使用格式与发出脉冲图

图 7-13 说明当执行要求满足时,可编程控制器[D]可以发出图 7-13(b)的脉冲。

图 7-13 所示指令格式中,[S1]用来指定发出脉冲的频率,当指令为 16 位时,允许设定的范围为:1 ~ 32 767 Hz,而如果指令为 32 位时,那么[S1]允许设定的范围为:1 ~ 200 000 Hz。[S2]用来指定发出脉冲的数量,指令为 16 位时允许设定的范围为:1 ~ 32 767,[S2]允许设定的脉冲数为 1 ~ 2 147 483 647。[D]为发出脉冲的开关量输出接口的编号,允许的设定的接口为:晶体管型接口的 Y0 和 Y1。

PLSY 指令有很多的特殊寄存器辅助工作,比较常用的如 M8029,当输出脉冲到达设定值数时,脉冲输出停止,执行指令结束标志位 M8029 置 1,若执行条件为 OFF,则 M8029 复位,请务必紧邻需要监视的指令后使用 M8029。复位后重新执行指令时,[S1]的内容可以变更,但[S2]的内容不能变更。将[S2]中的发送脉冲个数设为 0 时,可无限制发出脉冲串。

再比如记录脉冲个数的数据寄存器,输出 Y0 或 Y1 输出脉冲的个数分别保存在(D8141、D8140)和(D8143、D8142)中,Y0 和 Y1 的总数保存在(D8137、D8136)中。各数据寄存器的内容可以通过[DMOV K0 D81□□]加以清除。

脉冲输出指令(PLSY)是采用的开环控制的方式,就是控制器发出命令之后,脉冲信号的数量和频率就指定了,控制器发完脉冲就结束。至于电动机有没有运行到位,控制器就不管了。频率一旦指定,电动机在高频运行,特别是开始突然升速和末端突然降速时往往存在着失步的风险,这样就达不到所要定位的位置。因此在工业控制中,常常在开始时和结束时将输出的脉冲频率逐渐升高或降低,从而达到防止失步的目的。

②带加减速的脉冲输出(PLSR),是带加减速的脉冲输出指令,其指令格式如图 7-14 所示,指令执行效果如图 7-15 所示。

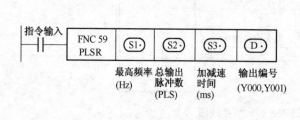

图 7-14 PLSR 指令格式

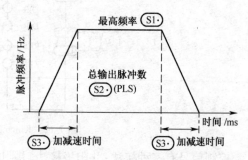

图 7-15 PLSR 指令执行效果

图 7-14 中各操作数的设定内容如下：

[S1]最高频率，设定范围为 10 ~ 20 kHz，并以 10 的倍数设定。若指定 1 位数时，则结束运行。在进行定减速时，按指定的最高频率的 1/10 作为减速时的一次变速量，即[S1]的 1/10。在应用该指令于步进电动机时，一次变速量应设定在步进电动机不失调的范围。

[S2]是总输出脉冲数(PLS)，设定范围为：16 位运算指令，110 ~ 32 767(PLS)；32 位指令，110 ~ 2147 483 647(PLS)；若设定不满 110 值时，脉冲不能正常输出。

[S3]是加减速度时间(ms)，加速时间与减速时间相等。加减速时间设定范围为 5 000 ms 以下，应按以下条件设定：

a. 加减速时需设定在 PLC 的扫描时间最大值(D8012)的 10 倍以上，若设定不足 10 倍时，加减速不一定计时。

b. 加减速时间最小值设定应大于式：[S3]>9 000/[S1]×5，若小于此式的最小值，加减速时间的误差增大，此外，设定不到 90 000/[S1]值时，在 90 000/[S1]值时结束运行。

c. 加减速时间最大值设定应小于式：[S3]<[S2]/[S1]×818。

d. 加减速的变速数按[S1]/10，次数固定在 10 次。

在不能按以上条件设定时，应降低[S1]设定的最高频率。

[D]为指定脉冲输出的地址号，只能是 Y0 及 Y1，且不能与其他指令共用。其输出频率为 10 ~ 20 kHz，当指令设定的最高频率、加减速时的变速速度超过了此范围时，自动在该输出范围内调低或进位，FNC59(PLSR)指令的输出脉冲数存入的特殊数据寄存器与 FNC57(PLSY)相同。

③脉宽调制指令(PWM)。在工业中，常常遇到一些不具备模拟量的输出模块，而又需要用模拟量来描述或者控制的场合。这时，采用脉宽调制指令来描述模拟量往往是一种较好的解决方法。PWM 指令可以指定脉冲宽度、脉冲周期，产生脉宽可调脉冲输出，指令格式如图 7-16 所示。

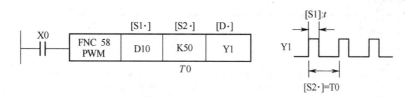

图 7-16　PWM 指令格式图与效果图

图 7-16 中[S1]指定 D10 存入脉冲宽度 t，t 理论上可以在 0 ~ 32 767 ms 选取，但不能大于周期[S2]。本图中 D10 的内容只能在[S2]指定脉冲周期 $T0$=50 以内变化，否则会出现错误；[D]指定脉冲输出口(晶体管输出型 PLC 中 Y0 或 Y1)为 Y1，其平均输出对应为 0 ~ 100%。当 X0 接通时，Y1 输出为 ON/OFF 脉冲，脉宽调制比为 $t/T0$，可进行中断处理。

3. PLC 控制步进驱动器及电动机实例

①控制要求。某一切纸机需要可编程控制器驱动步进电动机进行送纸动作，步进电动机带动压轮(周长 40 mm)进行送纸动作，也就是说步进电动机转动一圈那么送纸 40 mm。该切纸机的切刀由电磁阀带动。每送一定长度的纸，那么切刀动作，切开纸。如图 7-17 所示。

目前,市场上步进电动机的驱动往往都直接采用步进电动机驱动器,也就是说 PLC 只管发出脉冲信号就可以了。根据机械结构与精度要求(误差小于 0.1 mm),本例将驱动器细分度设为 4 细分,也就是驱动器接收到 800 个脉冲,步进电动机转一圈,那么 40 mm/800 脉冲就意味着,PLC 输出一个脉冲,切纸机送纸 0.05 mm。现在要求要将纸张切成 50 mm 大小,那么意味着 PLC 每发出 1 000 个脉冲,切刀就要做一次切纸动作。

②硬件配置。本例采用的步进电动机驱动器的型号为 XDL-15,根据图 7-18,驱动器的控制端 P1 中 1 端接收 PLC 脉冲,2 端控制电动机方向,4 端为驱动器的使能端,一般默认使能端始终有效,因此该引脚往往不接。驱动器控制端使用了公共端 3 端,接+5 V 驱动。

PLC 的 Y0 作为脉冲输出端,连接了步进电动机驱动器的脉冲信号端子;PLC 的 Y2 作为方向控制输出,连接了驱动器的 2 端。X010 接启动按钮,X011 接停止按钮,Y006 控制切刀电磁阀。

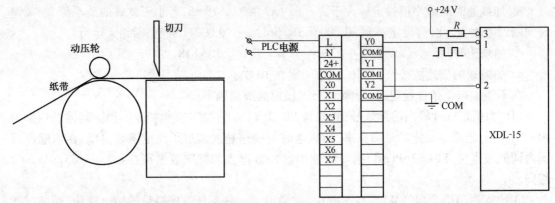

图 7-17　切纸机示意图　　　　图 7-18　PLC 与步进电动机驱动器的接线图

③控制编程。不考虑电动机转动的方向,认为切纸机只朝一个方向运行。程序如图 7-19 所示,具体实验装置 I/O 表参考本项目任务 3 中子任务 1 中的表 7-4。

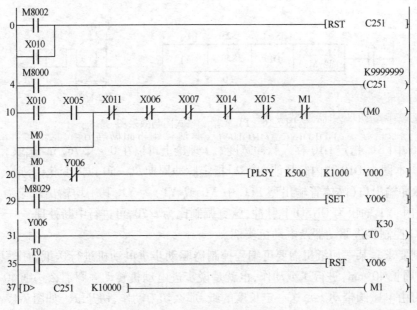

图 7-19　切纸机的控制程序

当启动按钮按下之后,采用了一个自锁程序,将启动信号传递给 M0。而 M0 则驱动脉冲输出指令 PLSY 以 500 Hz 的频率(这里的频率值可以改变,从而改变电动机的速度)发出脉冲。脉冲为 1 000 个,从 Y0 中发出。一旦脉冲全部发完就表示已经到位,那么 M8029 给出上升沿信号,驱动切刀动作,并停止 PLSY 的驱动。切刀动作完成,T0 延时给出信号,让切刀回位。这样又可以让 Y000 口发出脉冲,从而形成不断往复的重复动作。除非停止按钮按下,让自锁解除,使 M0 复位。高速计数器 C251 在运行过程中进行脉冲计数,设置上限 10000;程序加入了左右限位和左右超限位保护。

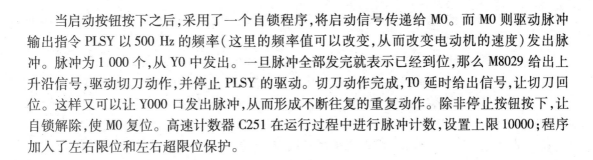 **任务相关知识**

步进电动机的选型

1. 步进电动机选型三大要素

步进电动机有步距角(涉及相数)、静转矩及电流三大要素组成。一旦三大要素确定,步进电动机的型号便确定了。

(1)步距角的选择

电动机的步距角取决于负载精度的要求,将负载的最小分辨率(当量)换算到电动机轴上,每个当量电动机应走多少角度(包括减速),电动机的步距角应等于或小于此角度。市场上步进电动机的步距角一般有 0.36°/0.72°(五相电动机)、0.9°/1.8°(二、四相电动机)、1.5°/3°(三相电动机)等。

(2)静力矩的选择

步进电动机的动态力矩一下子很难确定,我们往往先确定电动机的静力矩。静力矩选择的依据是电动机工作的负载,而负载可分为惯性负载和摩擦负载二种。单一的惯性负载和单一的摩擦负载是不存在的。直接启动时(一般由低速)时两种负载均要考虑,加速启动时主要考虑惯性负载,恒速运行进只要考虑摩擦负载。一般情况下,静力矩应为摩擦负载的 2~3 倍为好,静力矩一旦选定,电动机的机座及长度便能确定下来(几何尺寸)。

(3)电流的选择

静力矩一样的电动机,由于电流参数不同,其运行特性差别很大,可依据矩频特性曲线图判断电动机的电流。

2. 步进电动机驱动器选型要素

①选择坚持转矩(HOLDING TORQUE)。坚持转矩也叫做静力矩,是指步进电动机通电但没有转变时,定子锁住转子的力矩。因为步进电动机低速运转时的力矩接近坚持转矩,而步进电动机的力矩跟着速度的增大而疾速衰减,输出功率也随速度的增大而转变,所以说坚持转矩是权衡步进电动机负载才能最主要的参数之一。例如,普通不加阐明地讲到 1 N·m 的步进电动机,可以理解为坚持转矩是 1 N·m。

②选择相数。两相步进电动机本钱低,步距角起码 1.8°,低速时的震动较大,高速时力矩下降快,适用于高速且对精度和平稳性要求不高的场所;三相步进电动机步距角起码 1.5°,振动比两相步进电动机小,低速功能好于两相步进电动机,最高速度比两相步进电动机高 30%~50%,适用于高速且对精度和平稳性要求较高的场所;五相步进电动机步距角更小,低

速功能好于三相步进电动机,但成本偏高,适用于中低速段且对精度和平稳性要求较高的场所。

③选择步进电动机。应遵照先选电动机后选驱动器的准则,先明白负载特征,再经过比拟分歧型号步进电动机的静力矩和矩频曲线,找到与负载特征最匹配的步进电动机;精度要求高时,应采用机械减速安装,以使电动机任务在效率最高、噪声最低的形态;要防止使电动机任务在振动区,如若必需则经过改动电压、电流或添加阻尼的办法处理;电源电压方面,建议57电动机采用直流24~36 V、86电动机采用直流46 V、110电动机采用高于直流80 V;大转变惯量负载应选择机座号较大的电动机;大惯量负载、任务转速较高时,电动机而应采用逐步升频提速,以避免电动机掉步,同时削减噪声、进步停转时的定位精度;鉴于步进电动机力矩普遍在40 N·m以下,超出此力矩局限,且运转速度大于1 000 r/min时,即应考虑选择伺服电动机,普通交流伺服电动机可正常运转于3 000 r/min,直流伺服电动机可正常运转于10 000 r/min。

④选择驱动器和细分数。最好不选择整步形态,因为整步形态时振动较大,尽量选择小电流、大电感、低电压的驱动器;配用大于任务电流的驱动器,在需求低振动或高精度时配用细分型驱动器,关于大转矩电动机配用高电压型驱动器,以取得优越的高速功能;在电动机实际运行转速较高且对精度和平稳性要求不高的场所,不用选择高细分数驱动器,以便节省本钱;在电动机实际运行转速很低的情况下,应选用较大细分数,以确保运转光滑,削减振动和噪声;总之,在选择细分数时,应综合思索电动机的实践运转速度、负载力矩局限、减速器设置状况、精度要求、振动和噪声要求等。

3. 步进电动机使用注意事项

①步进电动机应用于低速场合——转速不超过1 000 r/min(0.9°时为6 666 p/s,常写作pps,表示脉冲数/秒),最好在1 000~3 000 pps(0.9°)间使用,可通过减速装置使其在此间工作,此时电动机工作效率高,噪声低。

②步进电动机最好不使用整步状态,整步状态时振动大。

③由于历史原因,只有标称为12 V电压的电动机使用12 V,其他电动机的电压值不是驱动电压伏值,可根据驱动器选择驱动电压(建议:57BYG采用直流24~36 V,86BYG采用直流50 V,110BYG采用高于直流80 V),当然12 V的电压除12 V恒压驱动外也可以采用其他驱动电源,不过要考虑温升。

④转动惯量大的负载应选择大机座号电动机。

⑤电动机在较高速或大惯量负载时,一般不在工作速度启动,而采用逐渐升频提速,一电动机不失步,二可以减少噪声同时可以提高停止的定位精度。

⑥高精度时,应通过机械减速、提高电动机速度,或采用高细分数的驱动器来解决,也可以采用五相电动机,不过其整个系统的价格较贵,生产厂家少,其被淘汰的说法是外行话。

⑦电动机不应在振动区内工作,如若必须可通过改变电压、电流或加一些阻尼的方法解决。

⑧电动机在600 pps(0.9°)以下工作,应采用小电流、大电感、低电压来驱动。

⑨应遵循先选电动机后选驱动的原则。

任务2　交流伺服电动机控制系统的连接与调试

任务目标

1. 认识伺服电动机和伺服驱动器。
2. 会 PLC 与伺服电动机及驱动器的连接和应用。

学会了使用 PLC 与步进电动机和步进驱动器连接,以及用 PLC 高速脉冲指令实现对步进驱动器和电动机进行控制,还有更快更精确的控制电动机及驱动器的方法吗?

下面学习精度更高的伺服电动机及伺服驱动器的使用。

任务实施

子任务1　认识伺服电动机

1. 认识伺服电动机

伺服电动机(servo motor)是指在伺服系统中控制机械元件运转的发动机,是一种补助电动机间接变速装置(见图7-20和图7-21)。伺服电动机可使控制速度、位置精度非常准确,可以将电压信号转化为转矩和转速以驱动控制对象。伺服电动机转子转速受输入信号控制,并能快速反应,在自动控制系统中,用做执行元件,且具有机电时间常数小、线性度高、始动电压等特性,可把所收到的电信号转换成电动机轴上的角位移或角速度输出。伺服电动机分为直流和交流两大类,其主要特点是,当信号电压为零时无自转现象,转速随着转矩的增加而匀速下降。

图 7-20　伺服电动机实物图

2. 伺服电动机的分类

伺服电动机有直流伺服电动机和交流伺服电动机之分。

(1)交流伺服电动机

交流伺服电动机定子的构造基本上与电容分相式单相异步电动机相似,如图7-22所示。

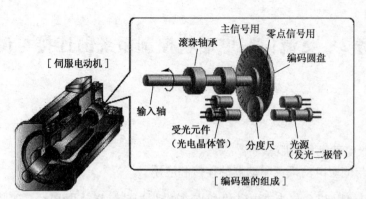

图 7-21　内置编码器的伺服电动机

其定子上装有两个位置互差 90°的绕组,一个是励磁绕组 R_f,它始终接在交流电压 U_f 上;另一个是控制绕组 L,连接控制信号电压 U_c。所以交流伺服电动机又称两个伺服电动机。

　　交流伺服电动机的转子通常做成鼠笼式,但为了使伺服电动机具有较宽的调速范围、线性的机械特性、无"自转"现象和快速响应的性能,它与普通电动机相比,应具有转子电阻大和转动惯量小这两个特点。目前应用较多的转子结构有两种形式:一种是采用高电阻率的导电材料做成的高电阻率导条的鼠笼转子,为了减小转子的转动惯量,转子做得细长;另一种是采用铝合金制成的空心杯形转子,杯壁很薄,仅 0.2~0.3 mm,为了减小磁路的磁阻,要在空心杯形转子内放置固定的内定子。空心杯形转子的转动惯量很小,反应迅速,而且运转平稳,因此被广泛采用。

　　交流伺服电动机在没有控制电压时,定子内只有励磁绕组产生的脉动磁场,转子静止不动。当有控制电压时,定子内便产生一个旋转磁场,转子沿旋转磁场的方向旋转,在负载恒定的情况下,电动机的转速随控制电压的大小而变化,当控制电压的相位相反时,伺服电动机将反转。

　　交流伺服电动机的工作原理与分相式单相异步电动机虽然相似,但前者的转子电阻比后者大得多,所以伺服电动机与单机异步电动机相比,有三个显著特点:

　　①启动转矩大。由于转子电阻大,其转矩特性曲线如图 7-23 中曲线 1 所示,与普通异步电动机的转矩特性曲线 2 相比,有明显的区别。它可使临界转差率 $S_0>1$,这样不仅使转矩特性(机械特性)更接近于线性,而且具有较大的启动转矩。因此,当定子一有控制电压,转子立即转动,即具有启动快、灵敏度高的特点。

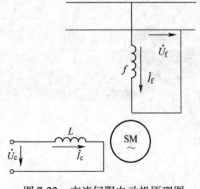

图 7-22　交流伺服电动机原理图

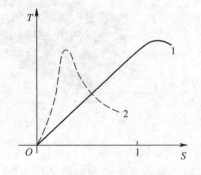

图 7-23　转矩特性

②运行范围较宽。如图7-23所示,转差率 S 在 $0 \sim 1$ 内伺服电动机都能稳定运转。

③无自转现象。正常运转的伺服电动机,只要失去控制电压,电动机立即停止运转。当伺服电动机失去控制电压后,它处于单相运行状态,由于转子电阻大,定子中两个相反方向旋转的旋转磁场与转子作用所产生的两个转矩特性($T_1 - S_1$ 、 $T_2 - S_2$ 曲线)以及合成转矩特性($T - S$ 曲线)如图7-24所示,与普通的单相异步电动机的转矩特性(图中 $T' - S$ 曲线)不同。这时的合成转矩 T 是制动转矩,从而使电动机迅速停止运转。

图7-25是伺服电动机单相运行时的机械特性曲线。负载一定时,控制电压 U_c 愈高,转速也愈高,在控制电压一定时,负载增加,转速下降。

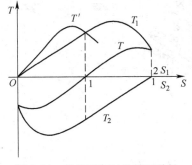

图7-24　单相运行时的转矩特性

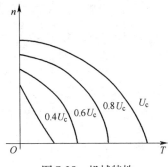

图7-25　机械特性

交流伺服电动机的输出功率一般是 $0.1 \sim 100$ W。当电源频率为 50 Hz,电压有 36 V、110 V、220、380 V;当电源频率为 400 Hz,电压有 20 V、26 V、36 V、115 V 等多种。交流伺服电动机运行平稳、噪声小。但控制特性是非线性,并且由于转子电阻大、损耗大、效率低,因此与同容量直流伺服电动机相比,体积大、质量重,所以只适用于 $0.5 \sim 100$ W 的小功率控制系统。

(2)直流伺服电动机

直流伺服电动机的结构和一般直流电动机一样,只是为了减小转动惯量而做得细长一些。它的励磁绕组和电枢分别由两个独立电源供电。也有永磁式的,即磁极是永久磁铁。通常采用电枢控制,就是励磁电压 f 一定,建立的磁通量 Φ 也是定值,而将控制电压 U_c 加在电枢上,其接线图如图7-26所示。

直流伺服电动机的机构特性($n = f(T)$)和直流他励电动机一样。图7-27所示是直流伺服电动机在不同控制电压下(U_c 为额定控制电压)的机械特性曲线。由图可见:在一定负载转矩下,当磁通不变时,如果升高电枢电压,电动机的转速就升高;反之,降低电枢电压,转速就下降;当 $U_c = 0$ 时,电动机立即停转。要电动机反转,可改变电枢电压的极性。

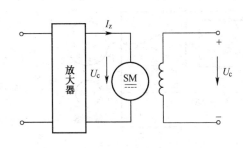

图7-26　直流伺服电动机接线图

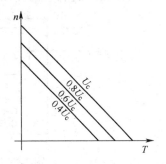

图7-27　直流伺服电动机的 $n = f(T)$ 曲线

直流伺服电动机和交流伺服电动机相比,它具有机械特性较硬、输出功率较大、不自转,启动转矩大等优点。

3. 伺服电动机的使用

认识三菱伺服电动机,如图 7-28 所示,主要外部部件有连接电源电缆、内置编码器、编码器电缆等。其中编码器电缆和电源电缆为选件。对于带电磁制动的伺服电动机,单独需要电磁制动电缆。

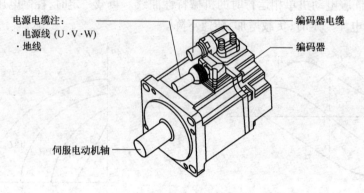

图 7-28　伺服电动机部件图

在使用伺服电动机时,需要先计算一些关键的电动机参数,如位置分辨率、电子齿轮、速度和指令脉冲频率等,以此为依据进行后面伺服驱动器的参数设置。

(1)位置分辨率和电子齿轮计算

位置分辨率(每个脉冲的行程 ΔL)取决于伺服电动机每转的行程 ΔS 和编码器反馈脉冲数量 P_t,用式(7-1)表示,反馈脉冲数目取决于伺服电动机系列。

$$\Delta L = \frac{\Delta S}{P_t} \tag{7-1}$$

式中　ΔL——每个脉冲的行程(mm/pulse);

　　　ΔS——伺服电动机每转的行程(mm/rev);

　　　P_t——每转反馈脉冲数目(pulse/rev)。

当驱动系统和编码器确定之后在控制系统中 ΔL 为固定值。但是,每个指令脉冲的行程可以根据需要利用参数进行设置。图 7-29 为位置分辨率和电子齿轮的关系图。

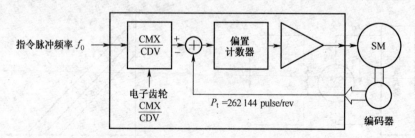

图 7-29　位置分辨率和电子齿轮关系图

如上所示,指令脉冲乘以参数中设置的 CMX/CDV 则为位置控制脉冲。每个指令脉冲的行程用式(7-2)表示:

$$\Delta L_0 = \frac{P_t}{\Delta S} \cdot \frac{CMX}{CDV} = \Delta L \cdot \frac{CMX}{CDV} \tag{7-2}$$

式中　CMX——电子齿轮(指令脉冲乘数分子);

　　　CDV——电子齿轮(指令脉冲乘数分母)。

利用上述关系式,每个指令脉冲的行程可以设置为整数值。

(2)速度和指令脉冲频率计算

伺服电动机以指令脉冲和反馈脉冲相等时的速度运行。因此,指令脉冲频率和反馈脉冲频率相等。参数(CMX, CDV)设置的关系如下所示:

$$f_0 \cdot \frac{CMX}{CDV} = P_t \cdot \frac{N_0}{60} \tag{7-3}$$

式中　f_0——指令脉冲的频率(采用差动线性驱动器时,pps);

　　　CMX——电子齿轮(指令脉冲乘数分子);

　　　CDV——电子齿轮(指令脉冲乘数分母);

　　　N_0——伺服电动机速度(r/min);

　　　P_t——反馈脉冲数目(pulses/rev)(Pt 262144,HF－KP)。

根据式(7-3),可以推导得出伺服电机的电子齿轮和指令脉冲频率的计算公式,使伺服电动机旋转。图 7-30 为电子齿轮比与反馈脉冲关系图。

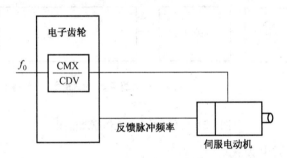

图7-30　电子齿轮比与反馈脉冲关系图

了解了伺服电动机的工作原理和选择使用,有哪些主流品牌的伺服驱动器?

下面学习使用伺服驱动器,认识主流三菱的三大系列伺服驱动的比较。

子任务2　认识和使用伺服驱动器

1. 认识伺服驱动器

伺服驱动器(servo drives)又称"伺服控制器""伺服放大器",是用来控制伺服电动机的一种控制器,其作用类似于变频器作用于普通交流电动机,属于伺服系统的一部分,主要应用于高精度的定位系统。一般是通过位置、速度和力矩三种方式对伺服电动机进行控制,实现高精度的传动系统定位,目前是传动技术的高端产品。

（1）伺服驱动器的工作原理

目前主流的伺服驱动器均采用数字信号处理器（DSP）作为控制核心，可以实现比较复杂的控制算法，实现数字化、网络化和智能化。功率器件普遍采用以智能功率模块（IPM）为核心设计的驱动电路，IPM内部集成了驱动电路，同时具有过电压、过电流、过热、欠压等故障检测保护电路，在主回路中还加入软启动电路，以减小启动过程对驱动器的冲击。功率驱动单元首先通过三相全桥整流电路对输入的三相电或者市电进行整流，得到相应的直流电。经过整流好的三相电或市电，再通过三相正弦PWM电压型逆变器变频来驱动三相永磁式同步交流伺服电动机。功率驱动单元的整个过程简单地说就是AC/DC/AC变换的过程，整流（AC/DC）单元主要的拓扑电路是三相全桥不控整流电路。图7-31为伺服驱动器工作原理框图。

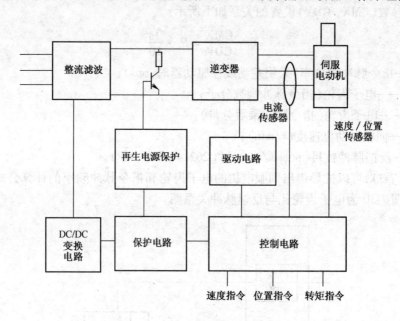

图7-31　伺服驱动器工作原理框图

（2）伺服驱动器的控制模式

一般伺服都有三种控制模式：转矩控制模式、位置控制模式、速度控制方式。

速度控制和转矩控制都是用模拟量来控制的。位置控制是通过发脉冲来控制的。如果对电动机的速度、位置都没有要求，只要输出一个恒转矩，当然是用转矩模式。如果对位置和速度有一定的精度要求，而对实时转矩不是很关心，用转矩模式不太方便，用速度或位置模式比较好。如果上位控制器有比较好的闭环控制功能，用速度控制效果会好一点。如果本身要求不是很高，或者基本没有实时性的要求，用位置控制方式对上位控制器没有很高的要求。就伺服驱动器的响应速度来看，转矩模式运算量最小，驱动器对控制信号的响应最快；位置模式运算量最大，驱动器对控制信号的响应最慢。

①转矩控制：转矩控制模式是通过外部模拟量的输入或直接的地址赋值来设定电动机轴对外的输出转矩的大小，具体表现为：例如，10 V对应5 N·m的话，当外部模拟量设定为5 V时电动机轴输出为2.5 N·m，如果电动机轴负载低于2.5 N·m时电动机正转，外部负载等于

2.5 N·m时电动机不转,大于2.5 N·m时电动机反转(通常在有重力负载情况下产生)。可以通过即时改变模拟量的设定来改变设定的力矩大小,也可通过通信方式改变对应的地址的数值来实现。转矩控制模式主要应用在对材质的受力有严格要求的缠绕和放卷的装置中。例如,饶线装置或拉光纤设备,转矩的设定要根据缠绕的半径的变化随时更改以确保材质的受力不会随着缠绕半径的变化而改变。

②位置控制:位置控制方式一般是通过外部输入的脉冲的频率来确定转动速度的大小,通过脉冲的个数来确定转动的角度,也有些伺服可以通过通信方式直接对速度和位移进行赋值。由于位置模式可以对速度和位置都有很严格的控制,所以一般应用于定位装置。应用领域如数控机床、印刷机械等。

③速度控制:通过模拟量的输入或脉冲的频率都可以进行转动速度的控制,在有上位控制装置的外环PID控制时速度模式也可以进行定位,但必须把电动机的位置信号或直接负载的位置信号给上位反馈以做运算用。位置模式也支持直接负载外环检测位置信号,此时的电动机轴端的编码器只检测电动机转速,位置信号就由直接的最终负载端的检测装置来提供了,这样的优点在于可以减少中间传动过程中的误差,增加了整个系统的定位精度。

2. 认识三菱伺服驱动器

(1)三菱伺服驱动器的系列型号

MR-C 系列:30～400 W;

MR-J 系列:50～3.5 kW;

MR-J2 系列:50～3.5 kW;

MR-J2-Super 系列:50～55 kW;

MR-H-N 系列:50～55 kW(30～50 kW 为 440 V);

MR-E-A/AG 系列:100～2 kW;

MR-Jr 系列:10～30 W;

(2)MR-J2S 三菱伺服放大器

三菱通用交流伺服放大器 MR－J2S 系列是在 MR－J2 系列的基础上开发的具有更高性能和更高功能的伺服系统,其控制模式有位置控制、速度控制和转矩控制,以及它们之间的切换控制方式可供选者,如图 7-32(b)所示。

(3)MR-J3 三菱伺服放大器

通用交流三菱伺服放大器 MR－J3 系列是在 MR－J2S 系列的基础上开发的具有更高性能和更高功能的伺服系统,其控制模式有位置控制、速度控制和转矩控制,以及它们之间的切换控制方式可供选者,如图 7-32(c)所示。

(4)MR-ES 三菱伺服放大器

三菱通用交流伺服 MR-ES 系列是在 MR－J2S 系列的基础上开发的,保持了高性能但是限定了功能的交流伺服系列。

MR-ES 系列从控制模式上又可分成 MR－E－A－KH003(位置控制模式和速度控制模式)和 MR-E-AG-KH003(模拟量输入的速度控制模式和转矩控制模式),如图 7-32(a)所示。

MR-ES 系列的配套伺服电动机的最新编码器采用 131072 脉冲/转分辨率的增量位置编码器。

产品型号：

MR - E - A - KH003：位置控制型伺服放大器；

MR - E - AG - KH003：模拟量控制型伺服放大器（速度控制和转矩控制）。

(a)MR-E系列   (b)MR-J2S系列   (b)MR-J3系列

图 7-32 三菱伺服驱动器实物图

3. 伺服驱动器和伺服电动机的连接

本装置选用的是三菱伺服驱动器（MR - E - 20A - KH003）和伺服电动机（HF - KN23J - S100）。

伺服放大器与伺服电动机在接线上需注意电源端子的连接处必须实行绝缘处理，否则可能会引起触电。同时在接线时需要小心伺服放大器和伺服电动机电源的相位（U、V、W）要正确连接，否则会引起伺服电动机运行异常。更不要把商用电源直接接到伺服电动机上，否则会引起故障。

在接线的同时不要给伺服电动机的接触针头直接提供测试铅条或类似测试器，这样做会使针变形，产品接触不良。伺服放大器与伺服电动机的连接方法会因伺服电动机的系列、容量及是否有电磁制动器的不同而异。

接地时要将伺服电动机的地线接至伺服放大器的保护接地（PE）端子上，将伺服放大器的地线经过控制柜的保护端子接地。

带有电磁制动器的伺服放大器的制动线路，应由专门的 DC 24 V 电源供电。

（1）伺服系统设备型号说明

三菱伺服驱动器的型号说明如图 7-33 所示。

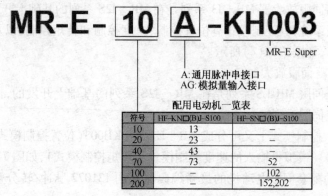

符号	HF-KN□(B)J-S100	HF-SN□(B)J-S100
10	13	–
20	23	–
40	43	–
70	73	52
100	–	102
200	–	152,202

图 7-33 三菱伺服驱动器的型号说明

三菱伺服电动机的型号说明如图 7-34 所示。

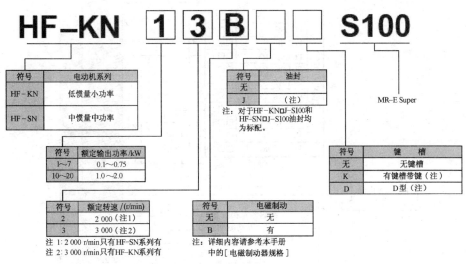

图 7-34　三菱伺服电动机的型号说明

（2）伺服驱动器和伺服电动机的连接

下面以 MR－E－A－KH003 型伺服驱动器与 QD75D 的连接作为示例（位置伺服、增量型），按照位置控制运行模式。

①伺服驱动器电源。伺服驱动器的电源端子（L1、L2、L3）连接三相电源，如果使用再生用选购件 MR－E－100A 以下型号时，电源和再生用连接器的 D-P 间的连接导线已拆去，而且所用的线是双绞线，如图 7-35 所示。

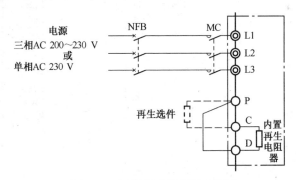

图 7-35　伺服驱动器电源连接图

②CN1 连接图。主要的几个信号为定位模块的脉冲发出等，编码器的 A、B、Z 的信号脉冲，以及急停、复位、正转行程限位、反转行程限位、故障、零速检测等。CN1 连接图如图 7-36 所示。

③CN2 和伺服电动机连接图。CN2 连接伺服电动机内置编码器，伺服驱动器输出 U、V、W 依次连接伺服电动机 2、3、4 引脚，不能相序错误。伺服报警信号接入内部电磁制动器。CN2 和伺服电动机连接图如图 7-37 所示。

④CN3 连接图。CN3 的连接与 PC 的 RS－232 串口读写，连接双通道示波器的监控输出，

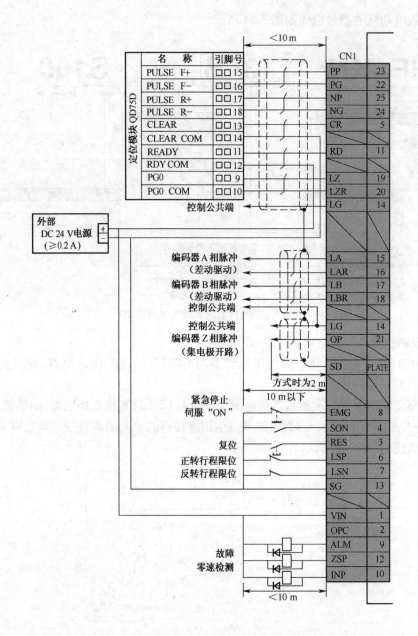

图 7-36 CN1 连接图

以及 2 路模拟量输出的监控。CN3 连接图如图 7-38 所示。

知道了伺服驱动器的工作原理,认识了主流三菱的三大系列伺服驱动的比较,如何

完成伺服驱动器的连接?

下面学习用 PLC 实现对伺服驱动器及伺服电动机的精确控制。

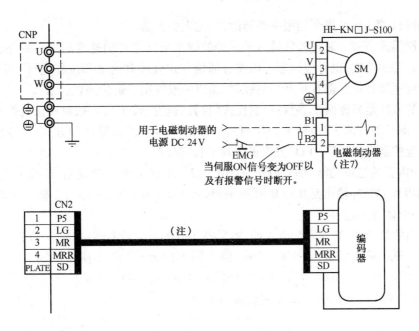

图 7-37 CN2 和伺服电动机连接图

注:必须使用屏蔽多芯线,对噪声环境良好的情况,最长可达 15 m。但是,在 RS-232
通信中设置 38.4 kbit/s 以上的比特率时,电缆长度不得超过 3 m。

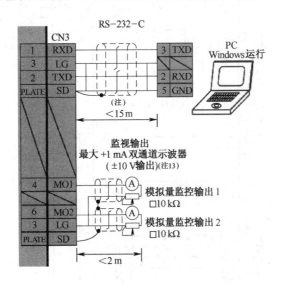

图 7-38 CN3 连接图

注:该图显示两线制编码器接线情况,
而 30 m 以上编码器使用四线制接线。

子任务 3 三菱 PLC 控制伺服驱动器及电动机

1. 三菱 PLC 与伺服驱动器及电动机的连接

伺服电动机就是真正的执行机构,好比人的手;驱动器是伺服电动机的电源,好比人的胳膊;PLC 是微型计算机,给指令伺服驱动器的,好比人的大脑。

位置控制模式一般是通过外部输入的脉冲的频率来确定转动速度的大小的,通过脉冲的个数来确定转动的角度,也有些伺服可以通过通信方式直接对速度和位移进行赋值。由于位置模式可以对速度和位置都有很严格的控制,所以一般应用于定位装置。

最简单的方法是只改两个参数:控制模式(位置、速度、转矩),一般要用位置控制;第二个是脉冲类型(脉冲加方向、正反脉冲、AB 相),一般的 PLC 只能选脉冲加方向。一般伺服驱动器设定成位置控制模式,接受 PLC 发来的脉冲进行定位。

FX3U 带内置的定位功能,伺服应该是 MR－J2。手册应该有接线图,接线方式选择脉冲加方向。FXPLC 的脉冲输出是集电极开路输出,从 PLC Y0～Y2 中选一个做脉冲输出信号,Y4～Y7 选一个做方向输出。

如果选用的是 DOG 原点回归方式的话,另外还要接一个清零信号(Y4～Y7),原点回归的时候要用到。PLC 输入需要接 DOG 信号(原点回归的近点狗),伺服的零信号。剩下的线SON 可以接 PLC 也可接外部开关,EMG、LSP、LSR 必须接,PC 等就看具体的工艺要求了。图 7-39 为 FX 系列 PLC 与 MR－J2 系列伺服连接图。

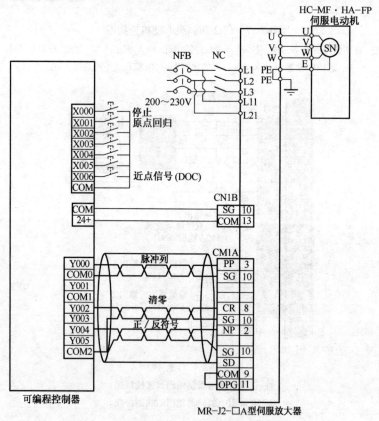

图 7-39　FX 系列 PLC 与 MR－J2 系列伺服连接图

2. PLC 控制伺服驱动器及电动机实例

设计某自动剪板机电气控制系统及 PLC 程序设计:

该剪板机的送料有电动机驱动,送料电动机由伺服驱动器及伺服电动机控制;剪断装置为一把剪刀;另外还有一打孔装置;图7-40为自动剪板机结构示意图;本任务只完成5段4孔规格的板料;图7-41为板料加工后产品示意图。

设备操作及控制流程说明:

①打开整机电源,徒手把料板放入设备中,并利用触摸屏(HMI)上点动按钮、剪断装置对料板剪除顶端废料,剪齐整。

②在触摸屏(HMI)上按照生产要求设置参数及运行方式与控制信号的设定。

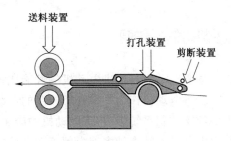

图7-40　自动剪板机结构示意图

③启动自动运行方式,送料机构开始按照一定距离要求运行送料,并按要求对料板进行打孔;送料速度由孔距大小来决定,最小孔距不得小于50 mm,最大孔距不得大于1 000 mm,设定孔距均为正整数。表7-4所列为孔距与速度(脉冲数)的关系。

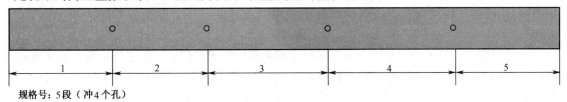

规格号:5段(冲4个孔)

图7-41　产品示意图

表7-4　孔距和速度(脉冲数)关系

孔　　距	50 ~ 300 mm	301 ~ 600 mm	601 ~ 800 mm	801 ~ 1 000 mm
速度(脉冲数每秒)	5 m/s	6 m/s	7 m/s	8 m/s

④设备原来距离定位是由编码器反馈控制,综合考虑设备因素,现用固定脉冲发出进行控制,脉冲数和孔距的比例来决定,暂时不考虑机械齿轮比等关系。脉冲数:孔距=50:1;

⑤本任务只完成5段4孔规格的板料,每次打孔时,送料电动机停止(停止时间即为打孔时间),完成打孔后继续送料,持续不断地加工。

⑥完成指定规格的板料后,送料电动机停止(停止时间即为剪断时间),剪断装置剪切,即一件产品完成,后面以此继续送料按规格加工、打孔、剪切的动作循环。

⑦当完成设定数量的产品后,指示灯按2 Hz频率闪烁,系统自动停止。

⑧自动运行中,按下停止按钮,当前一件产品加工完成后停止,并可以重新启动,触摸屏参数不需重设,产量会在之前基础上累加。

图7-42是全自动剪板机基本操作流程。

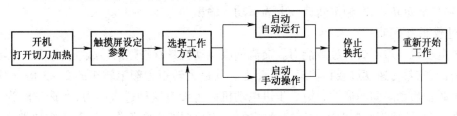

图7-42　基本操作流程图

任务相关知识

伺服电动机与步进电动机的性能比较

步进电动机作为一种开环控制的系统,和现代数字控制技术有着本质的联系。在目前国内的数字控制系统中,步进电动机的应用十分广泛。随着全数字式交流伺服系统的出现,交流伺服电动机也越来越多地应用于数字控制系统中。为了适应数字控制的发展趋势,运动控制系统中大多采用步进电动机或全数字式交流伺服电动机作为执行电动机。虽然两者在控制方式上相似(脉冲串和方向信号),但在使用性能和应用场合上存在着较大的差异。

1. 控制精度不同

两相混合式步进电动机步距角一般为 1.8°、0.9°,五相混合式步进电动机步距角一般为 0.72°、0.36°。也有一些高性能的步进电动机通过细分后步距角更小。如三洋公司(SANYO DENKI)生产的二相混合式步进电动机其步距角可通过拨码开关设置为 1.8°、0.9°、0.72°、0.36°、0.18°、0.09°、0.072°、0.036°,兼容了两相和五相混合式步进电动机的步距角。

交流伺服电动机的控制精度由电动机轴后端的旋转编码器保证。以三洋全数字式交流伺服电动机为例,对于带标准 2000 线编码器的电动机而言,由于驱动器内部采用了四倍频技术,其脉冲当量为 360°/8 000 = 0.045°。对于带 17 位编码器的电动机而言,驱动器每接收 131 072 个脉冲,电动机转 1 圈,即其脉冲当量为 360°/131 072 ≈ 0.002 746 6°,是步距角为 1.8° 的步进电动机的脉冲当量的 1/655。

2. 低频特性不同

步进电动机在低速时易出现低频振动现象。振动频率与负载情况和驱动器性能有关,一般认为振动频率为电动机空载起跳频率的一半。这种由步进电动机的工作原理所决定的低频振动现象对于机器的正常运转非常不利。当步进电动机工作在低速时,一般应采用阻尼技术来克服低频振动现象,比如在电动机上加阻尼器,或驱动器上采用细分技术等。

交流伺服电动机运转非常平稳,即使在低速时也不会出现振动现象。交流伺服系统具有共振抑制功能,可涵盖机械的刚性不足,并且系统内部具有频率解析机能(FFT),可检测出机械的共振点,便于系统调整。

3. 矩频特性不同

步进电动机的输出力矩随转速升高而下降,且在较高转速时会急剧下降,所以其最高工作转速一般在 300~600 r/min。

交流伺服电动机为恒力矩输出,即在其额定转速(一般为 2 000 r/min 或 3 000 r/min)以内,都能输出额定转矩,在额定转速以上为恒功率输出。

4. 过载能力不同

步进电动机一般不具有过载能力。交流伺服电动机具有较强的过载能力。以三洋交流伺服系统为例,它具有速度过载和转矩过载能力。其最大转矩为额定转矩的 2~3 倍,可用于克服惯性负载在启动瞬间的惯性力矩。步进电动机因为没有这种过载能力,在选型时为了克服这种惯性力矩,往往需要选取较大转矩的电动机,而机器在正常工作期间又不需要那么大的转矩,便出现了力矩浪费的现象。

5. 运行性能不同

步进电动机的控制为开环控制,启动频率过高或负载过大易出现丢步或堵转的现象,停止时转速过高易出现过冲的现象,所以为保证其控制精度,应处理好升、降速问题。

交流伺服驱动系统为闭环控制,驱动器可直接对电动机编码器反馈信号进行采样,内部构成位置环和速度环,一般不会出现步进电动机的丢步或过冲的现象,控制性能更为可靠。

6. 速度响应性能不同

步进电动机从静止加速到工作转速(一般为几百转每分钟)需要 200~400 ms。

交流伺服系统的加速性能较好,以三洋 400 W 交流伺服电动机为例,从静止加速到其额定转速 3 000 r/min 仅需几毫秒,可用于要求快速启停的控制场合。

综上所述,交流伺服系统在许多性能方面都优于步进电动机。但在一些要求不高的场合也经常用步进电动机来做执行电动机。所以,在控制系统的设计过程中要综合考虑控制要求、成本等多方面的因素,选用适当的控制电动机。

任务3　行走机械手的速度与位置控制系统的调试与维护

任务目标

1. 会伺服定位的回原点控制。
2. 会伺服定位的相对定位指令及控制。
3. 会伺服定位的绝对定位指令及控制。

认识了伺服驱动器的工作原理,以及主流三菱的三大系列伺服驱动的比较,并学会了 PLC 与伺服驱动器的连接,还有其他编程指令实现精确控制吗?

用多种指令方式实现定位控制,总有一种适合你的编程想法。

任务实施

子任务1　回原点控制

1. 回原点指令

在采用伺服电动机做定位控制时,不管是初始状态,或是重新上电,都需要进行原点回位的动作,以保证定位的准确。如图 7-43 所示,某一工作台当按下归位按钮时,就能从初始位置以一定的速度后退,当接近原点时,工作台低速后退,到达原点时停止。

2. 原点回位指令 ZRN

原点回位指令 ZRN 如图 7-44 所示。

S1:原点回归速度,需要指定回归原点开始时的速度,16 位指令范围为 10~32 767 Hz,32

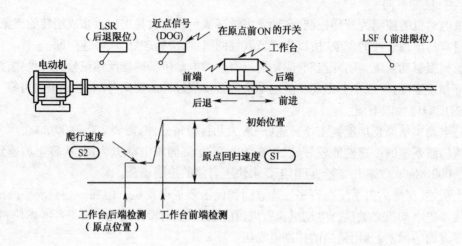

图 7-43　工作台工作示意图

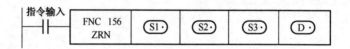

图 7-44　原点回位指令

位指令范围为 10～100 000 Hz。

S2:爬行速度,当近点信号置 ON 时的速度,指定范围为 10～32 767 Hz。

S3:近点信号,指定近点信号的输入。

D:脉冲输出地址,仅能指定晶体管型 Y0 或 Y1。

当该指令执行时,首先电动机将以 S1 的初始速度做后退动作,一旦近点信号置 ON,那么电动机将以 S2 的爬行速度运行,当近点信号重新变为 OFF 时,停止脉冲输出。同时,如果 D 为 Y0,那么[D8141,D8140]将被清零;如果 D 为 Y1,那么[D8143,D8142]将清零。一旦清零,那么 Y2(D 为 Y0)或 Y3(D 为 Y1)将给出清零信号。然后 M8029 将置 ON,给出执行完成信号。

3. 回原点的编程控制

(1)完成设备的 I/O 分配

该设备主要连接器件有光电编码器、各类传感器、限位保护、按钮指示灯盒、步进驱动器及步进电动机、伺服驱动器及伺服电动机等。表 7-5 为 PLC 的 I/O 信号表。

(2)三菱 MR-J2 伺服驱动器参数设置

表 7-6 为三菱 MR-J2 伺服驱动器的参数设置。

(3)程序编写

设备上电后自动搜索原点 X00(设备选择 X6 左限位或 X3 电感式传感器),回到原点后做原点中心的对齐,最后并对脉冲寄存器 D8140 重新清零。回原点程序如图 7-45 所示。

表 7-5　PLC 的 I/O 信号表

输入信号				输出信号			
序号	PLC 输入点	信号名称	信号来源	序号	PLC 输出点	信号名称	信号输出目标
1	X000	旋转编码器 A 相	装置侧	1	Y000	PLS-	步进驱动器
2	X001	旋转编码器 B 相		2	Y001	DIR-	
3	X002	旋转编码器 Z 相		3	Y002	FRE-	
4	X003	电感式传感器 1（左）		4			
5	X004	电感式传感器 2（中）		5	Y004	HL1（黄）	按钮/指示灯模块
6	X005	电感式传感器 3（右）		6	Y005	HL2（绿）	
7	X006	左限位		7	Y006	HL3（红）	
8	X007	右限位		8			
9	X010	SB1 启动按钮	按钮/指示灯模块	9			
10	X011	SB2 停止按钮		10			
11	X012	SA 单站/全线		11			
12	X013	QS 急停按钮					
13	X014	左超限位					
14	X015	右超限位					

表 7-6　三菱 MR-J2 伺服驱动器的参数设置

序号	参数		设置值	功能与含义
	参数编号	参数名称		
1	P0	控制模式和再生选购件选择	1 000	HC-KFE 系列 200 W 电动机，位置控制模式。设置此参数值必须在控制电源断电重启之后才能修改、写入成功
2	P3	电子齿轮分子（指令脉冲倍率分母）	32 768	脉冲单量
3	P4	电子齿轮分母（指令脉冲倍率分子）	1 000	
4	P21	功能选择 3（指令脉冲选择）	0011	指令脉冲+指令方向。设置此参数值必须在控制电源断电重启之后才能修改、写入成功
5	P41	输入信号自动 ON 选择	0001	伺服放大器内自动伺服 ON。设置此参数值必须在控制电源断电重启之后才能修改、写入成功
6	P54	功能选择 9	0001	对于输入脉冲串，变更伺服电动机的旋转方向。设置此参数值必须在控制电源断电重启之后才能修改、写入成功

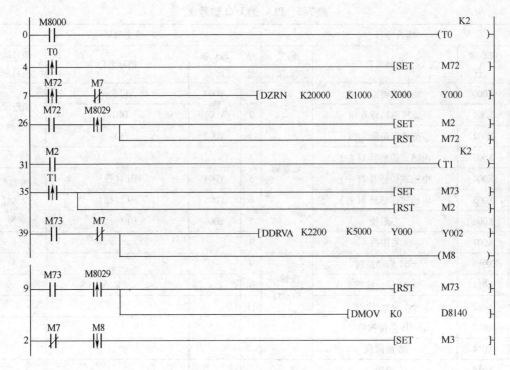

图 7-45　回原点程序

子任务 2　相对定位控制

1. 相对位置控制

在定位控制时,以相对驱动方式执行单速定位的指令,用带正/负的符号制定从当前位置开始的移动距离的方式称为相对位置控制(DRVI),也称为增量(相对)驱动方式。

如图 7-46 所示,在上海如果我们的当前位置在徐家汇,现在要去上海火车站,距离是 20.7 km。那么就只需要从当前位置向火车站方向移动 20.7 km 就可以到达目的地了。

2. 相对位置控制指令

相对位置控制指令(DRVI)如图 7-47 所示。

S1:指定输出的脉冲数,16 位指令的范围为 –32768 ~ +32767,32 位指令的范围为 –999999 ~ +999999。

S2:指定输出脉冲频率,16 位指令的范围为 10 ~ +32767 Hz,32 位指令的范围为 10 ~ 100 000 Hz。

D1:输出脉冲的输出端口,晶体管型 Y0 或 Y1。

D2:指定方向的输出端口。

当该指令的执行条件满足时,那么可编程控制器就向 D1 发送脉冲。方向由 S1 决定,当 S1 为正值时,D2 为 ON;当 S1 为负值时,D2 为 OFF。这样以 S2 指定的频率发送脉冲,并采用 [D8141,D8140] (D1 为 Y0)及 [D8143,D8143] (D1 为 Y1)记录相对位置脉冲数,反转即数值减小。脉冲发送完,M8029 置 ON。

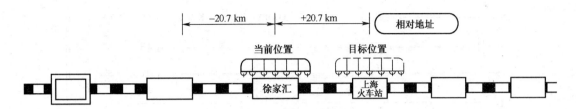

图 7-46　相对位置移动示意图

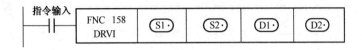

图 7-47　相对位置控制指令

3. 相对位置控制的编程

设备上电后可以手动或自动搜索原点 X006,回到原点后做原点中心的对齐,并对脉冲寄存器 D8140 重新清零。这些准备工作在前面原点程序中已经介绍,在此不再重复。在满足原点条件后,可以开始启动,按下启动按钮 X10,丝杠开始运行,每个位置停止 2 s,设置每个运行的相对(增量)位置脉冲为 4 300、5 200、5 500、−15 000,最后退到原点,如图 7-48 所示。相对定位指令程序如图 7-49 所示。

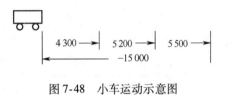

图 7-48　小车运动示意图

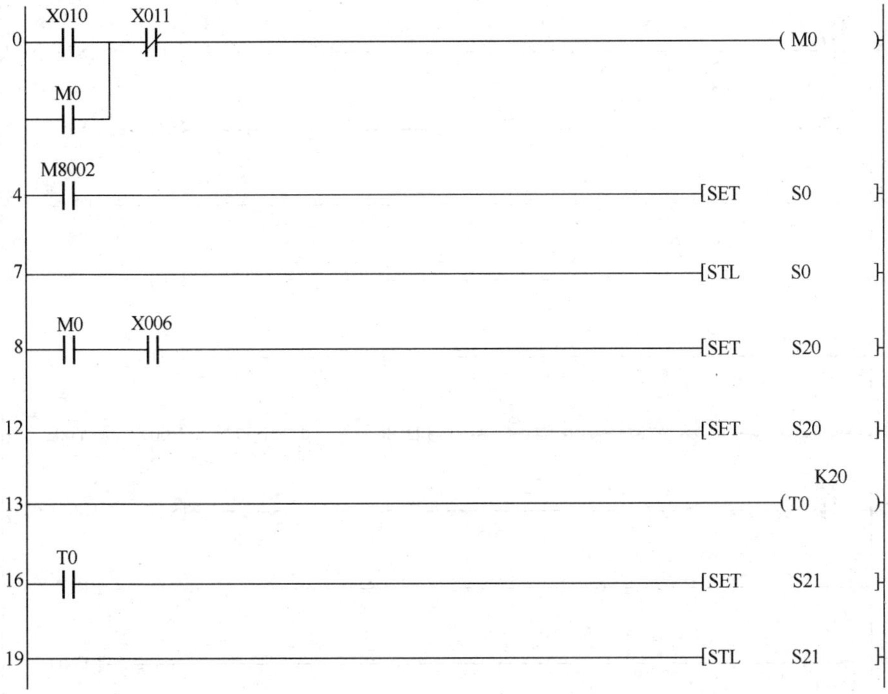

图 7-49　相对定位指令程序

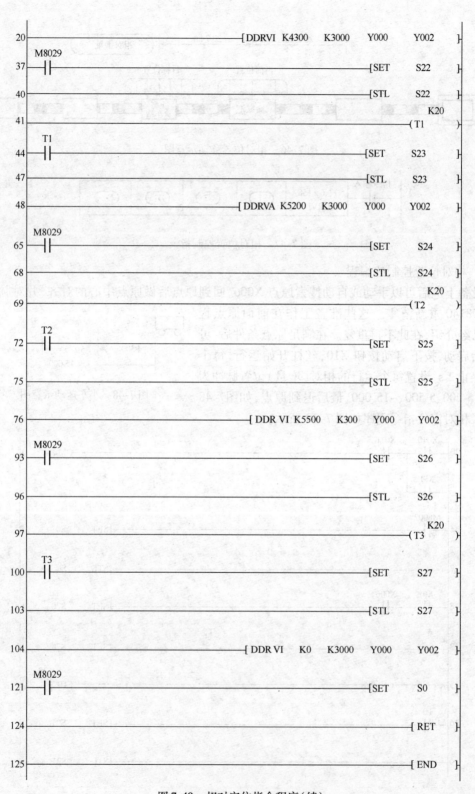

图 7-49　相对定位指令程序(续)

子任务 3 绝对定位控制

1. 绝对位置控制

在定位控制中,除相对位置控制之外,还有就是绝对位置控制。绝对位置是依据原点的,如图 7-50 所示。

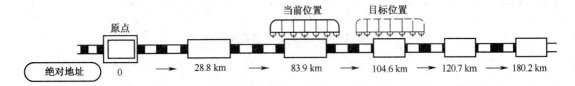

图 7-50 绝对位置移动示意图

我们的位置是在徐家汇,位置是在 83.9 km 处。现在要去上海火车站,位置是在 104.6 km 处,那么去 104.6 km 处,就到达目的地了。

2. 绝对位置控制指令 DRVA

绝对位置控制指令如图 7-51 所示。

图 7-51 绝对位置控制指令

S1:目标位置(绝对地址),16 位指令的范围为 -32 768 ~ +32 767,32 位指令的范围为 -999999 ~ +999999。

S2:指定输出脉冲频率,16 位指令的范围为 10 ~ +32 767 Hz,32 位指令的范围为 10 ~ 100 000 Hz。

D1:输出脉冲的输出端口,晶体管型 Y0 或 Y1。

D2:指定方向的输出端口。

当该指令的执行条件满足时,可编程控制器就向 D1 发送脉冲。方向由 S1 与当前位置决定,当 S1 减当前位置为正值时,D2 为 ON;当 S1 减当前位置为负值时,D2 为 OFF。这样以 S2 指定的频率发送脉冲,并采用[D8141,D8140](D1 为 Y0)及[D8143,D8143](D1 为 Y1)记录绝对位置脉冲数,反转即数值减小。脉冲发送完,M8029 置 ON。

3. 绝对位置控制编程

设备上电后可以手动或自动搜索原点 X06,回到原点后做原点中心的对齐,并对脉冲寄存器 D8140 重新清零。这些准备工作在前面原点程序中已经介绍,在此不再重复。在满足原点条件后,可以开始启动,按下启动按钮 X10,丝杠开始运行,每个位置停止 2 s,设置每个运行的绝对位置脉冲为 4 300、9 500、15 000、0,最后退到原点。

在上述相对位置参考程序图 7-48 的基础上进行修改。

第一段前进运行的绝对位置 4300 脉冲程序如图 7-52 所示。

第二段前进运行的绝对位置 9500 脉冲程序如图 7-53 所示。

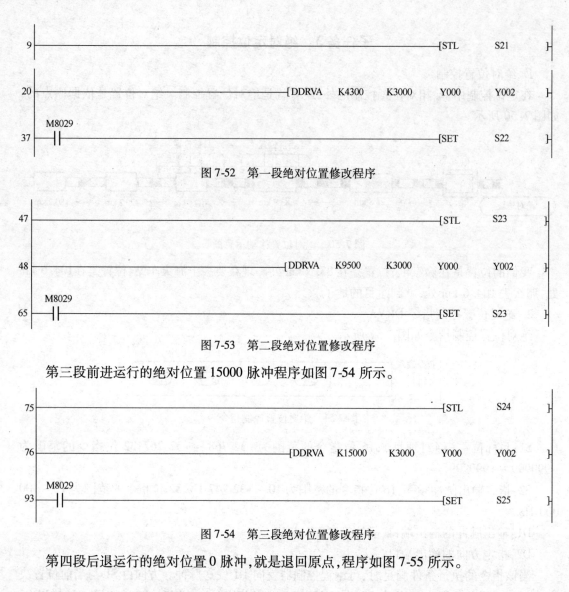

图 7-52 第一段绝对位置修改程序

47 ────────────────────────────────────[STL   S23]

48 ──────────────────[DDRVA   K9500   K3000   Y000   Y002]

65 ─┤M8029├──────────────────────────[SET   S23]

图 7-53 第二段绝对位置修改程序

第三段前进运行的绝对位置 15000 脉冲程序如图 7-54 所示。

75 ────────────────────────────────────[STL   S24]

76 ──────────────────[DDRVA   K15000   K3000   Y000   Y002]

93 ─┤M8029├──────────────────────────[SET   S25]

图 7-54 第三段绝对位置修改程序

第四段后退运行的绝对位置 0 脉冲,就是退回原点,程序如图 7-55 所示。

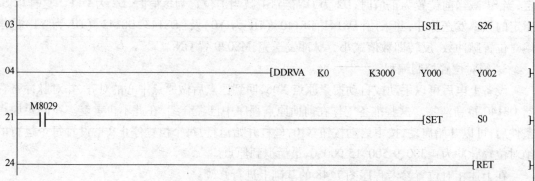

图 7-55 第四段绝对位置修改程序

4. 拓展实例编程

在某应用中,控制器让工作台正向移动了 50 cm,设每发一个脉冲,工作台移动 0.02 cm,那么程序采用 DRVI,如何实现?如果要用 DRVA 指令实现,又应该怎么去做?

任务相关知识

三菱 FX 系列 PLC 高速脉冲指令及定位指令使用注意事项:

FX 系列 PLC 目前主要包括 FX1S、FX1N、FX2N、FX3U 几种,也有 FX1NC、FX2NC、FX3UC,但使用非常少,这几款在做控制伺服或步进时应注意以下几点:

①PLC 要选择晶体管型号的,即 MT 的,这是最基本的要求。

②注意各种 PLC 的脉冲输出频率及数目,FX1S、FX1N 的为二路 100 kHz 脉冲,FX2N 的为二路 20 kHz 脉冲,FX3U 为三路 100 kHz 脉冲。

③指令方面,FX2N 只能用脉冲指令;FX1S、FX1N、FX3U 既可以用脉冲指令,也可以用定位指令。

④ 虽然有二路或三路脉冲输出,但每个 PLC 在同一时刻只能用一个定位指令,即在同一时刻不能在两个(或三个)输出点进行定位控制。可以先后输出或是用脉冲指令。表 7-7 为各 FX 系列 PLC 的脉冲性能和指令使用。

表 7-7　各 FX 系列 PLC 的脉冲性能和指令使用

型号		FX1S	FX1N	FX2N	FX3U
控制轴数		2	2	2	3
脉冲频率		100 kHz	100 kHz	20 kHz	100 kHz
指令	PLSY	有	有	有	有
	PLSR	有	有	有	有
	ABS	有	有	无	有
	ZRN	有	有	无	有
	PLSV	有	有	无	有
	DRVI	有	有	无	有
	DRVA	有	有	无	有
	DSZR	无	无	无	有
	DVIT	无	无	无	有
	TBL	无	无	无	有

项目拓展知识

一、伺服电动机的选型

1. 机电领域中伺服电动机的选择原则

现代机电行业中经常会碰到一些复杂的运动,这对电动机的动力荷载有很大影响。伺服驱动装置是许多机电系统的核心,因此,伺服电动机的选择就变得尤为重要。首先要选出满足给定负载要求的电动机,然后再从中按价格、质量、体积等技术经济指标选择最适合的电动机。

（1）传统的选择方法

这里只考虑电动机的动力问题,对于直线运动用速度 $v(t)$,加速度 $a(t)$ 和所需外力 $F(t)$ 表示,对于旋转运动用角速度、角加速度和所需转矩 $T(t)$ 表示,它们均可以表示为时间的函数,与其他因素无关,如图 7-56 所示。很显然,电动机的最大功率 $P_{电动机,最大}$ 应大于工作负载所需的峰值功率 $P_{峰值}$,但仅仅如此是不够的,物理意义上的功率包含转矩和速度两部分,但在实际的传动机构中它们是受限制的。用 $T_{峰值}$ 表示最大值或峰值。电动机的最大速度决定了减速器减速比的上限,$n_{上限} = T_{电动机,最大}/T_{峰值}$,同样,电动机的最大转矩决定了减速比的下限,$n_{下限} = T_{峰值}/T_{电动机,最大}$,如果 $n_{下限}$ 大于 $n_{上限}$,选择的电动机是不合适的。反之,则可以通过对每种电动机的广泛类比来确定上、下限之间可行的传动比范围。只用峰值功率作为选择电动机的原则是不充分的,而且传动比的准确计算非常烦琐。

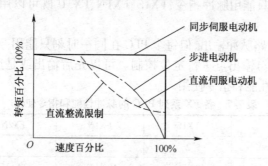

图 7-56　各种电动机的 $T\text{-}V$ 曲线

（2）新的选择方法

一种新的选择原则是将电动机特性与负载特性分离开,并用图解的形式表示,这种表示方法使得驱动装置的可行性检查和不同系统间的比较更方便,另外,还提供了传动比的一个可能范围。这种方法的优点:适用于各种负载情况;将负载和电动机的特性分离开;有关动力的各个参数均可用图解的形式表示并且适用于各种电动机。因此,不再需要用大量的类比来检查电动机是否能够驱动某个特定的负载。

在电动机和负载之间的传动比会改变电动机提供的动力荷载参数。选择一个合适的传动比就能平衡这相反的两个方面。通常,应用有如下两种方法可以找到这个传动比 n,它会把电动机与工作任务很好地协调起来。一是从电动机得到的最大速度小于电动机自身的最大速度 $V_{电动机,最大}$;二是电动机任意时刻的标准转矩小于电动机额定转矩 $M_{额定}$。

2. 一般伺服电动机选择考虑的问题

（1）电动机的最高转速

电动机选择首先依据机床快速行程速度。快速行程的电动机转速应严格控制在电动机的额定转速之内。

（2）惯量匹配问题及计算负载惯量

为了保证足够的角加速度使系统反应灵敏和满足系统的稳定性要求,负载惯量 J_L 应限制在 2.5 倍电动机惯量 J_M 之内,即 $J_L < 2.5 J_M$。

（3）空载加速转矩

空载加速转矩发生在执行部件从静止以阶跃指令加速到快速时。一般应限定在变频驱动系统最大输出转矩的80%以内。

（4）切削负载转矩

在正常工作状态下，切削负载转矩 T_{ms} 不超过电动机额定转矩 T_{MS} 的80%。

（5）连续过载时间

连续过载时间 t_{lon} 应限制在电动机规定过载时间 t_{Mon} 之内。

3. 根据负载转矩选择伺服电动机

根据伺服电动机的工作曲线，负载转矩应满足：当机床做空载运行时，在整个速度范围内，加在伺服电动机轴上的负载转矩应在电动机的连续额定转矩范围内，即在工作曲线的连续工作区；最大负载转矩、加载周期及过载时间应在特性曲线的允许范围内。加在电动机轴上的负载转矩可以折算出加到电动机轴上的负载转矩。

计算转矩时下列几点应特别注意：

①由于镶条产生的摩擦转矩必须充分考虑。通常，仅仅从滑块的质量和摩擦系数来计算的转矩是很小的。请特别注意由于镶条加紧及滑块表面的精度误差所产生的力矩。

②由于轴承、螺母的预加载，以及丝杠的预紧力滚珠接触面的摩擦等所产生的转矩均不能忽略，尤其是小型轻质量的设备，这样的转矩会影响整个转矩，所以要特别注意。

③切削力的反作用力会使工作台的摩擦增加，因此承受切削反作用力的点与承受驱动力的点通常是分离的。在承受大的切削反作用力的瞬间，滑块表面的负载也增加。当计算切削期间的转矩时，由于这一载荷而引起的摩擦转矩的增加应给予考虑。

④摩擦转矩受进给速率的影响很大，必须研究测量因速度工作台支撑物（滑块、滚珠、压力）、滑块表面材料及润滑条件的改变而引起的摩擦的变化。已得出正确的数值。

⑤通常，即使在同一台机械上，转矩也会随调整条件、周围温度或润滑条件等因素的变化而变化。当计算负载转矩时，请尽量借助测量同种机械上而积累的参数来得到正确的数据。

4. 根据负载惯量选择伺服电动机

由电动机驱动的所有运动部件，无论旋转运动的部件，还是直线运动的部件，都成为电动机的负载惯量。电动机轴上的负载总惯量可以通过计算各个被驱动的部件的惯量，并按一定的规律将其相加得到。

假设是计算圆柱体惯量，如滚珠丝杠，考虑齿轮等围绕其中心轴旋转时的惯量；如果是轴向移动物体的惯量工件，考虑工作台等轴向移动物体的惯量，如图7-57所示。例如，大直径的齿轮，为了减少惯量，往往在圆盘上挖出分布均匀的孔，这时的惯量可以这样计算。相对电动机轴机械变速的惯量计算将图7-57所示的负载惯量 J_o 折算到电动机轴上。

5. 电动机加减速时的转矩

①电动机按线性加减速时的转矩曲线如图7-58所示。

②电动机按指数曲线加速时的加速转矩曲线如图7-59所示。

6. 根据电动机转矩均方根值选择电动机

当工作机械做频繁启动、制动时，必须检查电动机是否过热，为此需计算在一个周期内电动机转矩的均方根值（见图7-60），并且应使此均方根值小于电动机的连续转矩。

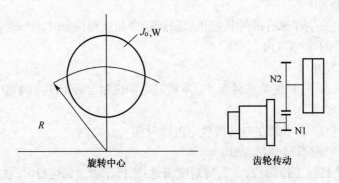

图 7-57　圆柱体围绕中心运动时的惯量

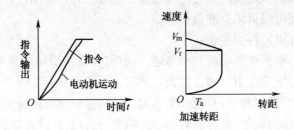

图 7-58　电动机按线性加速或减速时的转矩曲线

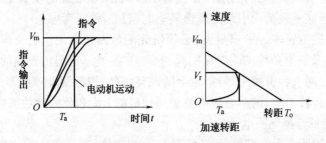

图 7-59　电动机按指数曲线加速时的加速转矩曲线

　　负载周期性变化的转矩计算(图 7-61)，也需要计算出一个周期中的转矩均方根值，且该值小于额定转矩。这样电动机才不会过热，正常工作。

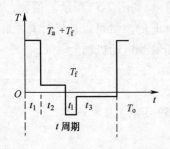

图 7-60　t_1，t_2，t_3，$T_{周}$的转矩曲线

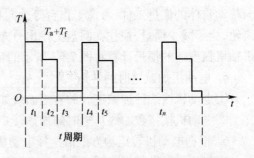

图 7-61　负载周期性变化的转矩计算图

设计时进给伺服电动机的选择原则是：首先根据转矩-速度特性曲线检查负载转矩，加减速转矩是否满足要求，然后对负载惯量进行校合，对要求频繁启动、制动的电动机还应对其转矩均方根进行校合，这样选择出来的电动机才能既满足要求，又可避免由于电动机选择偏大而引起的问题。

7. 伺服电动机选择的步骤和方法

①决定运行方式。根据机械系统的控制内容，决定电动机运行方式，启动时间 t_a、减速时间 t_d 由实际情况和机械刚度决定。

②计算负载换算到电动机轴上的转动惯量 GD^2。

③初选电动机。

④核算加减速时间或加减速功率。对初选电动机根据机械系统的要求，核算加减速时间，必须小于机械系统要求值。

选择加入启动信号后的时间，必须加算作为控制电路滞后的时间 5～10 ms。负载加速转矩 T_P 可由启动时间求出，若 T_P 大于初选电动机的额定转矩，但小于电动机的瞬时最大转矩（5～10 倍额定转矩），也可以认为电动机初选合适。

⑤考虑工作循环与占空因素的实效转矩计算。在机器人等激烈工作场合，不能忽略加减速超过额定电流这一影响，则需要以占空因素求实效转矩。该值在初选电动机额定转矩以下，则选择电动机合适。

二、数控机床中伺服系统的应用

1. 数控伺服系统概述

伺服系统是以机械运动的驱动设备，电动机为控制对象，以控制器为核心，以电力电子功率变换装置为执行机构，在自动控制理论的指导下组成的电气传动自动控制系统。这类系统控制电动机的转矩、转速和转角，将电能转换为机械能，实现运动机械的运动要求。具体在数控机床中，伺服系统接收数控系统发出的位移、速度指令，经变换、放调与整大后，由电动机和机械传动机构驱动机床坐标轴、主轴等，带动工作台及刀架，通过轴的联动使刀具相对工件产生各种复杂的机械运动，从而加工出用户所要求的复杂形状的工件。

作为数控机床的执行机构，伺服系统将电力电子器件、控制、驱动及保护等集为一体，并随着数字脉宽调制技术、特种电动机材料技术、微电子技术及现代控制技术的进步，经历了从步进到直流，进而到交流的发展历程。数控机床中的伺服系统（见图7-62）种类繁多，本文通过分析其结构及简单归分，对其技术现状及发展趋势做简要探讨。

2. 伺服系统的结构及分类

从基本结构来看，伺服系统主要由三部分组成：控制器、功率驱动装置、反馈装置和电动机（图7-63）。控制器按照数控系统的给定值和通过反馈装置检测的实际运行值的差调节控制量；功率驱动装置作为系统的主回路，一方面按控制量的大小将电网中的电能作用到电动机之上，调节电动机转矩的大小，另一方面按电动机的要求把恒压恒频的电网供电转换为电动机所需的交流电或直流电，电动机则按供电大小拖动机械运转。图7-64 为数控系统组成功能。

图7-64 中的主要成分变化多样，其中任何部分的变化都可构成不同种类的伺服系统。如根据驱动电动机的类型，可将其分为直流伺服和交流伺服；根据控制器实现方法的不同，可将其分

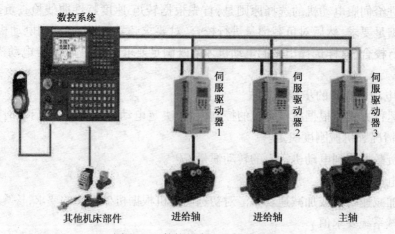

图 7-62 数控机床中的伺服系统

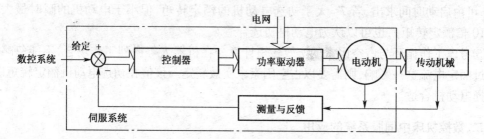

图 7-63 数控伺服系统的结构

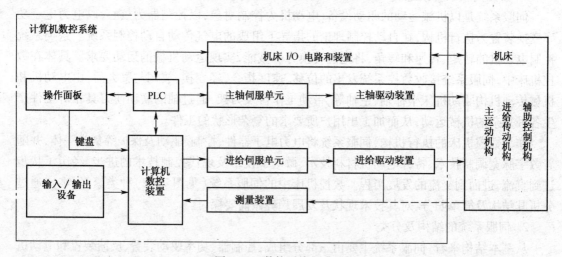

图 7-64 数控系统组成功能

为模拟伺服和数字伺服;根据控制器中闭环的多少,可将其分为开环控制系统、单环控制系统、双环控制系统和多环控制系统。考虑伺服系统在数控机床中的应用,首先按机床中传动机械的不同将其分为进给伺服与主轴伺服,然后再根据其他要素来探讨不同伺服系统的技术特性。

3. 进给伺服系统的现状与展望

进给伺服以数控机床的各坐标为控制对象,产生机床的切削进给运动。为此,要求进给伺服能快速调节坐标轴的运动速度,并能精确地进行位置控制。具体要求其调速范围宽、位移精度高、稳定性好、动态响应快。根据系统使用的电动机,进给伺服可细分为步进伺服、直流伺服、交流伺服和直线伺服。

(1)步进伺服系统

步进伺服是一种用脉冲信号进行控制,并将脉冲信号转换成相应的角位移的控制系统。其角位移与脉冲数成正比,转速与脉冲频率成正比,通过改变脉冲频率可调节电动机的转速。如果停机后某些绕组仍保持通电状态,则系统还具有自锁能力。步进电动机每转一周都有固定的步数,如 500 步、1 000 步、50 000 步等,从理论上讲其步距误差不会累计。

步进伺服结构简单,符合系统数字化发展需要,但精度差、能耗高、速度低,且其功率越大移动速度越低。特别是步进伺服易于失步,使其主要用于速度与精度要求不高的经济型数控机床及旧设备改造。但近年发展起来的恒斩波驱动、PWM 驱动、微步驱动、超微步驱动和混合伺服技术,使得步进电动机的高、低频特性得到了很大的提高,特别是随着智能超微步驱动技术的发展,将把步进伺服的性能提高到一个新的水平。

(2)直流伺服系统

直流伺服的工作原理是建立在电磁力定律基础上的。与电磁转矩相关的是互相独立的两个变量主磁通与电枢电流,它们分别控制励磁电流与电枢电流,可方便地进行转矩与转速控制。另一方面从控制角度看,直流伺服的控制是一个单输入单输出的单变量控制系统,经典控制理论完全适用于这种系统,因此,直流伺服系统控制简单,调速性能优异,在数控机床的进给驱动中曾占据着主导地位。

然而,从实际运行考虑,直流伺服电动机引入了机械换向装置。其成本高、故障多、维护困难,经常因碳刷产生的火花而影响生产,并对其他设备产生电磁干扰。同时机械换向器的换向能力,限制了电动机的容量和速度。电动机的电枢在转子上,使得电动机效率低、散热差。为了改善换向能力,减小电枢的漏感,转子变得短粗,影响了系统的动态性能。

(3)交流伺服系统

目前,在机床进给伺服中采用的主要是永磁同步交流伺服系统,有三种类型:模拟形式、数字形式和软件形式。模拟伺服用途单一,只接收模拟信号,位置控制通常由上位机实现。数字伺服可实现一机多用,如做速度、力矩、位置控制。可接收模拟指令和脉冲指令,各种参数均以数字方式设定,稳定性好。具有较丰富的自诊断、报警功能。软件伺服是基于微处理器的全数字伺服系统。其将各种控制方式和不同规格、功率的伺服电动机的监控程序以软件实现。使用时可由用户设定代码与相关的数据即自动进入工作状态。配有数字接口,改变工作方式、更换电动机规格时,只需重设代码即可,故又称万能伺服。

交流伺服已占据了机床进给伺服的主导地位,并随着新技术的发展而不断完善,具体体现在三个方面。一是系统功率驱动装置中的电力电子器件不断向高频化方向发展,智能化功率模块得到普及与应用;二是基于微处理器嵌入式平台技术的成熟,将促进先进控制算法的应用;三是网络化制造模式的推广及现场总线技术的成熟,将使基于网络的伺服控制成为可能。

(4)直线伺服系统

直线伺服系统采用的是一种直接驱动方式(direct drive),与传统的旋转传动方式相比,最大特点是取消了电动机到工作台间的一切机械中间传动环节,即把机床进给传动链的长度缩短为零。这种"零传动"方式,带来了旋转驱动方式无法达到的性能指标,如加速度可达 $3g$ 以上,为传统驱动装置的 10~20 倍,进给速度是传统的 4~5 倍。从电动机的工作原理来讲,直线电动机有直流、交流、步进、永磁、电磁、同步和异步等多种方式;而从结构来讲,又有动圈式、动铁式、平板型和圆筒型等形式。目前应用到数控机床上的主要有高精度高频响小行程直线电动机与大推力长行程高精度直线电动机两类。

直线伺服是高速高精数控机床的理想驱动模式,受到机床厂家的重视,技术发展迅速。在 2001 年欧洲机床展上,有几十家公司展出直线电动机驱动的高速机床,快移速度达 100~120 m/min,加速度为 1.5~2g,其中尤以德国 DMG 公司与日本 MAZAK 公司最具代表性。2000 年 DMG 公司已有 28 种机型采用直线电动机驱动,年产 1 500 多台,约占总产量的 1/3。而 MAZAK 公司最近也将推出基于直线伺服系统的超音速加工中心,切削速度 8 马赫(1 马赫 =340.3 m/s),主轴最高转速达 80 000 r/min,快移速度达 500 m/min,加速度达 6g。所有这些,都标志着以直线电动机驱动为代表的第二代高速机床将取代以高速滚珠丝杠驱动为代表的第一代高速机床,并在使用中逐步占据主导地位。

4. 主轴伺服系统的现状及展望

主轴伺服提供加工各类工件所需的切削功率,因此,只需完成主轴调速及正反转功能。但当要求机床有螺纹加工、准停和恒线速加工等功能时,对主轴也提出了相应的位置控制要求,因此,要求其输出功率大,具有恒转矩段及恒功率段,有准停控制,主轴与进给联动。与进给伺服一样,主轴伺服经历了从普通三相异步电动机传动到直流主轴传动。随着微处理器技术和大功率晶体管技术的进展,现在又进入了交流主轴伺服系统的时代。

(1)交流异步伺服系统

交流异步伺服通过在三相异步电动机的定子绕组中产生幅值、频率可变的正弦电流,该正弦电流产生的旋转磁场与电动机转子所产生的感应电流相互作用,产生电磁转矩,从而实现电动机的旋转。其中,正弦电流的幅值可分解为给定或可调的励磁电流与等效转子力矩电流的矢量和;正弦电流的频率可分解为转子转速与转差之和,以实现矢量化控制。

交流异步伺服通常有模拟式、数字式两种方式。与模拟式相比,数字式伺服加速特性近似直线,时间短,且可提高主轴定位控制时系统的刚性和精度,操作方便,是机床主轴驱动采用的主要形式。然而交流异步伺服存在两个主要问题:一是转子发热,效率较低,转矩密度较小,体积较大;二是功率因数较低。因此,要获得较宽的恒功率调速范围,就要求较大的逆变器容量。

(2)交流同步伺服系统

近年来,随着高能低价永磁体的开发和性能的不断提高,使得采用永磁同步调速电动机的交流同步伺服系统的性能日益突出,为解决交流异步伺服存在的问题带来了希望。与采用矢量控制的异步伺服相比,永磁同步电动机转子温度低,轴向连接位置精度高,要求的冷却条件不高,对机床环境的温度影响小,容易达到极小的低限速度;即使在低限速度下,也可做恒转矩运行,特别适合强力切削加工;转矩密度高,转动惯量小,动态响应特性好,特别适合高生产率运行;较容易达到很高的调速比,允许同一机床主轴具有多种加工能力,既可以加工像铝一样的低硬度材料,也可以加工很硬很脆的合金,为机床进行最优切削创造了条件。

(3)电主轴

电主轴是电动机与主轴融合在一起的产物,它将主轴电动机的定子、转子直接装入主轴组件的内部,电动机的转子即为主轴的旋转部分,由于取消了齿轮变速箱的传动与电动机的连接,实现了主轴系统的一体化、"零传动"。因此,其具有结构紧凑、质量轻、惯性小、动态特性好等优点,并可改善机床的动平衡,避免振动和噪声,在超高速切削机床上得到了广泛的应用。

从理论上讲,电主轴为一台高速电动机,其既可使用异步交流感应电动机,也可使用永磁同步电动机。电主轴的驱动一般使用矢量控制的变频技术,通常内置一脉冲编码器,来实现厢位控制及与进给的准确配合。由于电主轴的工作转速极高,对其散热、动平衡、润滑等提出了特殊的要求。在应用中必须妥善解决,才能确保电主轴高速运转和精密加工。

三、三菱 FX2N–10GM/20GM 定位模块的使用

1. 定位模块的基本功能

定位单元 FX2N-10GM 和 FX2N-20GM 是输出脉冲序列的专用单元,定位单元允许用户使用步进电动机或伺服电动机并通过驱动单元来控制定位。

(1)控制轴数目

控制轴数目表示控制电动机的个数,一个 FX2N-10GM 能控制一根轴,一个 FX2N-20GM 能控制两根轴,FX2N-20GM 具有线性/圆弧插补功能。

(2)定位语言

定位单元配有一种专用定位语言 cod 指令和顺序语言基本指令和应用指令 FX2N-10GM,用存于 PLC 主单元中的程序来进行位置控制无须采用专用定位语言,这叫做表格方法。

(3)手动脉冲发生器

当连上一个通用手动脉冲发生器集电极开路型后手动进给有效。

(4)绝对位置 ABS 检测

当连接上一个带有绝对位置 ABS 检测功能的伺服放大器后每次启动时的回零点可被保存下来。

(5)连接的 PLC

当连上一个 FX2N/2NC 系列 PLC 时定位数据可被读/写,当连接一个 FX2NC 系列 PLC 时需要一个 FX2NC-CNV-IF,定位单元也可不需要任何 PLC 而单独运行。

2. 模块的组成

①FX2N-10GM 每一部分的名称和描述解释如图 7-65 所示。

②FX2N-20GM 每一部分的名称和描述解释如图 7-66 所示。

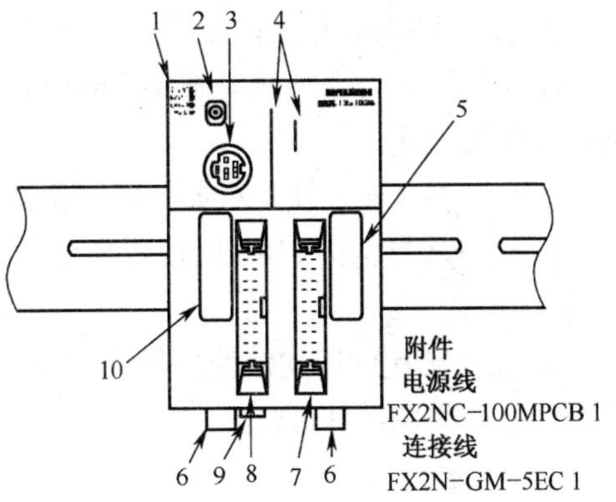

图 7-65　FX2N-10GM 的组成
1—运行指示 LED；2—手动/自动开关；
3—编程工具连接器；4—I/O 显示；
5—PLC 扩展模块连接器；6—用于 DIN 轨道安装的挂钩；
7—电动机放大器的连接器 CON2；8—I/O 连接器 CON1；
9—电源连接器；10—PLC 连接器

手动操作时,定位此开关到 MANU;自动操作时则定位到 AUTO。

写程序或设定参数时选择手动 MANU 模式,在 MANU 模式下定位程序和子任务程序停止。在自动操作状态下,当开关从 AUTO 切换到 MANU 时,定位单元执行当前定位操作然后等待结束 END 指令。

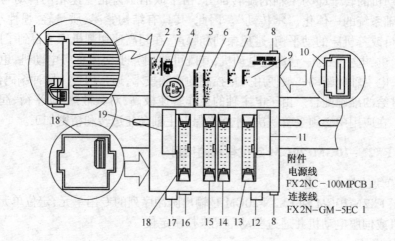

图 7-66　FX2N-20GM 的组成

1—电池参见；2—运行指示 LED；3—手动/自动开关；4—编程工具连接器；5—通用 I/O 显示；
6—设备输入显示；7—x 轴状态显示；8—锁定到 FX2N-20GM 的固定扩展模块；9—y 轴状态显示；
10—FX2N-20GM 扩展模块连接器；11—PLC 扩展模块连接器；12—用于 DIN 轨道安装的挂钩；
13—y 轴电机放大器的连接器 CON4；14—x 轴电机放大器的连接器 CON3；15—输入设备连接器 CON2；
16—电源连接器；17—通用 I/O 连接器 CON1；18—存储板连接器；19—PLC 连接器

3. 安装和接线注意事项

①在开始安装和连线前确保切断所有外部电源供电,如果电源没有被切断可能使用户触电或部件被损坏。

②部件不能安装在具有如下环境条件的场所中：

a. 过量或导电的灰尘,腐蚀或易燃的气体,湿气或雨水,过度热量,常规的冲击或过量的震动。

b. 在安装途中即切割修整导线时,特别注意不要让碎片落入部件中。当安装结束时移去保护纸带以避免部件过热。

③一般注意事项：

a. 确保安装部件和模块尽可能地远离高压线高压设备和电力设备。

b. 连线警告：

不要把输入信号和输出信号置于同一多芯电缆中,进行传输也不要让它们共享同一根导线。

不要把 I/O 信号线置于电力线附近或使它们共享同一根导线管,低压线应可靠地与高压线隔离开或进行绝缘。

当 I/O 信号线具有较长的一段距离时,必须考虑电压降和噪声干扰。

④连接 PLC 主单元。用 PLC 连接电缆 FX2N-GM-5EC（作为附件提供）或 FX2N-GM-65EC 单独出售来连接 PLC 主单元和定位单元。

FX2N 系列 PLC 最多能连接 8 个定位单元,FX2NC 系列 PLC 最多能连接 4 个定位单元。

当连接定位单元到 FX2NC 系列 PLC 时需要 FX2NC-CNV-IF 接口,当连接定位单元到 FX2N 系列 PLC 时不需要 FX2NC-CNV-IF 接口。

在一个系统中仅能使用一条扩展电缆 FX2N-GM-65EC 650 mm。

连接到如图 7-65 所示连接器上的扩展模块扩展单元,专用模块或专用单元被看做是 PLC 主单元的扩展单元。

当扩展 I/O 点到 FX2N-20GM 时把它们连接到 FX2N-20GM 右部提供的扩展连接器上, I/O 点不能扩展到 FX2N-10GM。

小　　结

本项目以"步进和伺服控制的滚珠丝杠装置"为项目载体,设计了 3 个任务。通过"步进电动机控制系统的连接与调试"这一任务,引出了步进电动机和步进驱动器的基本原理、使用 PLC 与步进驱动器连接编程、高速脉冲指令实现精确定位控制等。通过"交流伺服电动机控制系统的连接与调试"这一任务,引出了伺服电动机和伺服驱动器的基本原理、使用 PLC 与伺服驱动器的连接编程实现精确定位控制等。通过"行走机械手的速度与位置控制系统的调试与维护"这一任务,引出了 PLC 的回原点控制、相对定位控制、绝对定位控制等方式,进行运动定位。在项目的最后,还设计了项目拓展知识:伺服电动机的选型、数控机床中伺服系统的使用、三菱 FX2N-10GM/20GM 定位模块的使用。通过本项目任务的实施与相关知识学习,旨在培养学生的 PLC 与步进驱动器及步进电动机连接、编程和调试,PLC 与伺服驱动器及伺服电动机的连接、编程和调试,以及多种高速脉冲指令和定位指令的应用。

练　一　练

一、单选题

1. 正常情况下步进电动机的转速取决于(　　　)。

　　A. 控制绕组通电频率　　　B. 绕组通电方式　　　C. 负载大小　　　D. 绕组的电流

2. 某三相反应式步进电动机的转子齿数为 50,其齿距角为(　　　)。

　　A. 7. 2°　　　　　　　　　B. 120°　　　　　　　C. 360°电角度　　D. 120°电角度

3. 某四相反应式步进电动机的转子齿数为 60,其步距角为(　　　)。

　　A. 1. 5°　　　　　　　　　B. 0. 75°　　　　　　　C. 45°电角度　　D. 90°电角度

4. 伺服系统是一种以(　　　)为控制对象的自动控制系统。

　　A. 功率　　　　　　　　　B. 机械位置或角度　　C. 加速度　　　　D. 速度

5. 鉴相式伺服系统中采用(　　　),鉴别两个输入信号的相位差和相位超前、滞后的关系。

　　A. 鉴相器　　　　　　　　B. 基准脉冲发生器　　C. 分频器　　　　D. 伺服放大电路

6. 闭环伺服系统的速度环由下列(　　　)组件构成。

　　A. 测速装置、位置控制、伺服电动机

　　B. 伺服电动机、伺服驱动装置、测速装置、速度反馈

　　C. 位置控制、位置检测装置、位置反馈

7. 增益越大,伺服系统的响应越( )。

    A. 快   B. 慢   C. 响应与增益无关

二、填空题

1. 三相反应式步进电动机的通电状态包括_____、_____和_____。

2. 五相反应式步进电动机多相通电时,其最大静转矩为_____。

3. 提高步进电动机的带负载能力的方法有_____和_____。

4. 在伺服控制系统中,使输出量能够以一定_____跟随输入量的变换而变换的系统称为_____,亦称为伺服系统。

5. 伺服系统按使用的驱动元件分类可分为:_____、_____、_____。

6. 交流伺服电动机的转子有两种形式,即_____和非磁性空心杯形转子。

7. 闭环伺服驱动系统一由_____、_____、机床、检测反馈单元、比较控制环节等五个部分组成。

三、问答题

1. 如何控制步进电动机的角位移和转速?步进电动机有哪些优点?

2. 步进电动机的转速和负载大小有关系吗?怎样改变步进电动机的转向?

3. 为什么转子的一个齿距角可以看做是360°的电角度?

4. 反应式步进电动机的步距角和哪些因素有关?

5. 步进电动机的负载转矩小于最大静转矩时,电动机能否正常步进运行?

6. 为什么随着通电频率的增加,步进电动机的带负载能力会下降?

7. 进给伺服系统在数控机床的主要作用是什么?它主要由哪几部分组成?试用框图表示各部分的关系,并简要介绍各部分的功能。

8. 闭环、半闭环进给伺服系统按其控制信号的形式可分为哪几类?各类的主要特点是什么?

四、设计题

机床控制要求:某机床的工作台、刀架、主轴分别由双速电动机 M1、步进电动机 M2 及三相交流异步电动机 M3 驱动。主轴电动机 M3 采用变频器调速,具有第一、第二、第三、第四共四级递增的转速,其值由选手采用触摸屏在系统启动前预置,值的大小由选手模拟加工工件的材质自拟,M3 运转过程中,触摸屏显示其当前运转频率的大小。第四级转速的加速时间为 0.5 s,减速时间为 0.2 s。该机床可由触摸屏上的一键启/停按钮 SB4,也可由机床操作台上的启动按钮 SB3、停止按钮 SB2 启停。系统启动前,可由触摸屏预置每次需要加工的工件数,加工过程中显示当前已加工的工件数。

系统上电后,触摸屏上的电源指示灯 HL1 以 0.5 Hz/s 闪烁,指示电源完好。

按下启动按钮后,工作台由原位高速快进,同时 HL1 灯熄灭、触摸屏上的运行指示灯 HL2 长亮;工作台快进到加工工位后转为低速工进,同时刀架由原位进给;刀架进给到位后刀架停止,工作台继续低速工进,同时主轴电动机以第一转速正转启动运行加工,10 s 后切换为第二转速正转运行加工,再过 10 s 后切换为第三转速正转运行加工,再过 10 s 后切换为第四转速正转运行加工,再过 10 s 后主轴电动机停止加工,工作台继续低速工进,2 s 转为低速后退,再过 2 s 后,主轴电动机以第四转速反转启动运行加工,10 s 后切换为第三转速反转运行加工,再过10 s后切换为第二转速反转运行加工,再过10 s后切换为第一转速反转运行加工,再过10 s后主轴电动机停止加工,同时刀架以进给时的速度后退;刀架后退到位后停止,同时工作台转为高速继续后退;工作台快退至原位后停止,同时 HL1 灯以 0.5 Hz/s 闪烁、HL2 灯熄灭,10 s 安装完新工件后,如此循环工作。

按下停止按钮,系统完成当前循环后(即加工完当前工件)停止。系统启动后,若连续加工了已预置的工件数,则系统自动停止;若加工的工件已达预置的工件数,但不是连续加工的,则系统不停止。

系统应具有急停功能,即加工过程中遇到突发情况,按下设备操作面板上的急停按钮 SB1,则设备上的所有运转部件立即停止,工件报废,同时 HL2 灯熄灭,触摸屏上的急停指示灯 HL4 以 2 Hz/s 闪烁报警。急停解除后,手动恢复设备至初始位置,按下设备操作面板上的启动按钮 SB3,进行下一次加工。

系统应具有断电保持功能,即加工过程中,若电网突然断电,则设备上的所有运转部件立即停止。当恢复供电时 HL2 灯熄灭,触摸屏上的断电指示灯 HL5 以 2 Hz/s 闪烁,若按下触摸屏上的恢复按钮 SB6,则工作接着断电时的状态继续。

步进电动机参数设置:正向脉冲频率400 Hz/s,反向脉冲频率800 Hz/s,步进驱动器细分设置为2,电流设置为1.5 A,热继电器的整定电流为0.45~0.5 A。